普通高等教育"十一五"国家级规划教材

高等学校计算机教材建设立项项目

刘永军　刘玉红　主编

秦　彭　刘永伟　王建东　副主编

微型计算机技术与接口应用基础（第2版）

21世纪计算机科学与技术实践型教程

丛书主编　陈明

清华大学出版社

北京

内 容 简 介

本书包含微型计算机基本原理、汇编语言程序设计、微型计算机接口技术与应用三大主体内容，对微型计算机技术所涉及的知识进行了系统而全面的介绍。从微型计算机系统与微处理器、微型计算机指令系统与汇编语言程序、微型计算机 I/O 系统、总线与存储原理，到微型计算机中断系统、定时器、DMA 等技术，以及串口、并口、人机接口、模拟接口和系统开发应用等。每章附有代表性的习题，可作为巩固、检验和综合练习、进一步思考的依据，参考性的附录包含课程所需的基础知识以便查阅和进行实践的指导。根据读者在课程、时间、内容和学习程度上的定位不同，可通过内容的选取、深浅的取舍满足不同的需要，也有一些内容可作为自行阅读、课外实践、拓展延伸，以期帮助读者满足参考的目的。

图书在版编目（CIP）数据

微型计算机技术与接口应用基础/刘永军，刘玉红主编. --2 版. --北京：清华大学出版社，2016
21 世纪计算机科学与技术实践型教程
ISBN 978-7-302-42206-8

Ⅰ. ①微…　Ⅱ. ①刘…　②刘…　Ⅲ. ①微型计算机－高等学校－教材　②微型计算机－接口－高等学校－教材　Ⅳ. ①TP36

中国版本图书馆 CIP 数据核字(2015)第 278890 号

责任编辑：汪汉友
封面设计：何凤霞
责任校对：时翠兰
责任印制：刘海龙

出版发行：清华大学出版社
　　网　　址：http://www.tup.com.cn，http://www.wqbook.com
　　地　　址：北京清华大学学研大厦 A 座　　**邮　　编**：100084
　　社 总 机：010-62770175　　**邮　　购**：010-62786544
　　投稿与读者服务：010-62776969，c-service@tup.tsinghua.edu.cn
　　质量反馈：010-62772015，zhiliang@tup.tsinghua.edu.cn
　　课件下载：http://www.tup.com.cn，010-62795954
印 装 者：三河市中晟雅豪印务有限公司
经　　销：全国新华书店
开　　本：185mm×260mm　　**印　　张**：22.5　　**字　　数**：519 千字
版　　次：2011 年 3 月第 1 版　2016 年 3 月第 2 版　　**印　　次**：2016 年 3 月第 1 次印刷
印　　数：1～2000
定　　价：44.50 元

产品编号：065021-01

《21世纪计算机科学与技术实践型教程》

编辑委员会

《21 世纪计算机科学与技术实践型教程》

序

21 世纪影响世界的三大关键技术：以计算机和网络为代表的信息技术；以基因工程为代表的生命科学和生物技术；以纳米技术为代表的新型材料技术。信息技术居三大关键技术之首。国民经济的发展采取信息化带动现代化的方针，要求在所有领域中迅速推广信息技术，导致需要大量的计算机科学与技术领域的优秀人才。

计算机科学与技术的广泛应用是计算机学科发展的原动力，计算机科学是一门应用科学。因此，计算机学科的优秀人才不仅应具有坚实的科学理论基础，而且更重要的是能将理论与实践相结合，并具有解决实际问题的能力。培养计算机科学与技术的优秀人才是社会的需要、国民经济发展的需要。

制订科学的教学计划对于培养计算机科学与技术人才十分重要，而教材的选择是实施教学计划的一个重要组成部分，《21 世纪计算机科学与技术实践型教程》主要考虑了下述两方面。

一方面，高等学校的计算机科学与技术专业的学生，在学习了基本的必修课和部分选修课程之后，立刻进行计算机应用系统的软件和硬件开发与应用尚存在一些困难，而《21 世纪计算机科学与技术实践型教程》就是为了填补这部分空白。将理论与实际联系起来，使学生不仅学会了计算机科学理论，而且也学会了应用这些理论解决实际问题。

另一方面，计算机科学与技术专业的课程内容需要经过实践练习，才能深刻理解和掌握。因此，本套教材增强了实践性、应用性和可理解性，并在体例上做了改进——使用案例说明。

实践型教学占有重要的位置，不仅体现了理论和实践紧密结合的学科特征，而且对于提高学生的综合素质，培养学生的创新精神与实践能力有特殊的作用。因此，研究和撰写实践型教材是必需的，也是十分重要的任务。优秀的教材是保证高水平教学的重要因素，选择水平高、内容新、实践性强的教材可以促进课堂教学质量的快速提升。在教学中，应用实践型教材可以增强学生的认知能力、创新能力、实践能力以及团队协作和交流表达能力。

实践型教材应由教学经验丰富、实际应用经验丰富的教师撰写。此系列教材的作者不但从事多年的计算机教学，而且参加并完成了多项计算机类的科研项目，他们把积累的经验、知识、智慧、素质融于教材中，奉献给计算机科学与技术的教学。

我们在组织本系列教材过程中，虽然经过了详细的思考和讨论，但毕竟是初步的尝试，不完善甚至缺陷不可避免，敬请读者指正。

本系列教材主编　陈明

2005 年 1 月于北京

前　言

微型计算机系统作为人类历史上最伟大的科技成就之一，一经出现便得到迅猛的发展和普及，尤其是在科技、教育、军事、工业、办公领域，数据管理、控制过程、家电等方面成为人们工作、生活、学习、娱乐的必需。微型计算机的一些技术成为现代人知识结构的必要组成部分，尤其对于电子信息类和机电类工科学生更具有重要的价值。

本书第 2 版的编写获得“全国高等学校计算机教育研究会”教材立项，本版的编著保持“宽编窄用”的原则，选取微型计算机的基础性知识和重点内容，在微型计算机系统整体概念建立的基础上，以微型计算机的硬件技术为主，突出体现软硬结合、理论与实践结合，强调基本概念、基本原理、基本方法和技能，淡化内部原理、强化外部接口与应用，着重微型计算机基础和技术应用，深入浅出引导工程实践能力、实际动手能力、科技创新能力的素质培养，把微型计算机系统的概念、理论和技术知识融入工程实践的应用，加深对微型计算机技术的本质内涵知识的认知、理解和规律性掌握。

根据教育部高等学校计算机类专业教学指导委员会和教育部高等学校大学计算机课程教学指导委员会对相关课程的要求，并结合作者多年在计算机方面工作的钻研和体会，尤其是对于微型计算机系统教学、科研的积累和理解，组织编写适合本科院校学习的微型计算机技术的这本教材。本书体系完整，结构严谨，理论结合实际，注重“宽基础、高素质”的创新能力培养，并具有启发、引导自主学习的作用。本书再版是在第 1 版基础上进行了一定的改进，更加突出基础和技术应用，在内容、顺序、用例和说法上有较大修正，并改正了一些错误之处，愿本书为读者提供更有价值的学习指导和参考。

本书包含微型计算机基本原理、汇编语言程序设计、微型计算机接口技术与应用三大主体内容，对微型计算机技术所涉及的知识进行了系统而全面的编排。从微型计算机系统与微处理器、微型计算机指令系统与汇编语言程序、微型计算机 I/O 系统、总线与存储原理，到微型计算机中断系统、定时器、DMA 等技术，以及串口、并口、人机接口、模拟接口和系统开发应用等。每章附有代表性的习题，可作为巩固、检验和综合练习、进一步思考的依据，参考性的附录包含课程所需的基础知识以便查阅和进行实践的指导。根据读者在课程、时间、内容和学习程度上的定位不同，可通过内容的选取、深浅的取舍满足不同的需要，也有一些内容可作为自行阅读、课外实践、拓展延伸，以期帮助读者满足参考的目的。

微型计算机技术内容丰富，广博而精深，是计算机系统平台知识领域的深入课程，其针对的计算环境是微型计算机系统，既涉及指令级的问题求解又涉及局部模块、系统级

(硬件层面)的问题求解;由于定位和篇幅等因素,内容无法面面俱到和深入剖析,尤其参考性内容没有过多涉及或展开,“人生也有涯,而知也无涯”,本书以期能为读者呈现微型计算机系统的主干脉络的基本而关键的技术,在把握微型计算机计算环境的构成和运行机理基础上,通过相应环境上的应用开发方法,初步领悟计算机系统级的问题求解及其计算思维解决应用问题的思路和方法,即达到此书的目的;另外,由于编者知识的局限性加上时间仓促,本书难免存在不足之处,希望读者见谅,并恳请广大读者和各界同行不吝赐教,以求日臻完善,不愧对读者。

全书内容的组织和统稿由刘永军完成,并编写第1章、第8～13章等内容,第2～7章和附录分别由刘玉红、王建东、秦彭、刘永伟、温超、井海明、孙素静编写。本版的成书过程和出版得到了众多朋友同仁和出版社老师的鼎力相助,在此表示衷心的谢意,也对提供参考文献和资料的专家、学者表示感谢。

编　者

2015年9月

目　　录

第 1 章　微型计算机系统概述

计算机是 20 世纪人类最伟大的科技成就之一，自诞生以来，经过几十年的发展，计算机技术得到了迅猛发展和广泛应用，尤其是微型计算机的出现，使计算机得以进入社会生产生活的各个领域，为计算机的应用开拓了更广泛的前景，人们对微型计算机的依赖是广泛而深入的。微型计算机的重要作用日益体现，强力推动着社会的进步。掌握相关的计算机技术成为现代人知识结构中的必需部分。

本章主要介绍微型计算机的基本技术、微型计算机系统的构成特点、微型计算机的发展与应用等知识，从微型计算机系统的整体层面构建起整体的必要性认识，并通过后面内容的学习，逐步而深入地掌握微型计算机的基本技术和应用。

1.1　微型计算机系统的构成

微型计算机系统包含硬件系统和软件系统两大部分，硬件系统是构成微型计算机的"硬"设备，软件系统则是运行在硬件系统上的程序，广义的软件还包括计算机的文档资料和管理数据等。

1.1.1　微型计算机的硬件系统

微型计算机从体系结构上看，采用计算机经典结构——冯·诺依曼结构，即包括运算器、控制器、存储器、输入设备和输出设备，其结构框图，如图 1.1 所示。微型计算机的实际构成部件有微处理器、存储器、I/O 设备接口、总线和外部设备等，如图 1.2 所示。微型计算机的物理实体或物理装置，按照习惯包括 CPU、主板、内存储器、键盘、鼠标、显示器、硬盘、机箱、电源、打印机等部件和装置。

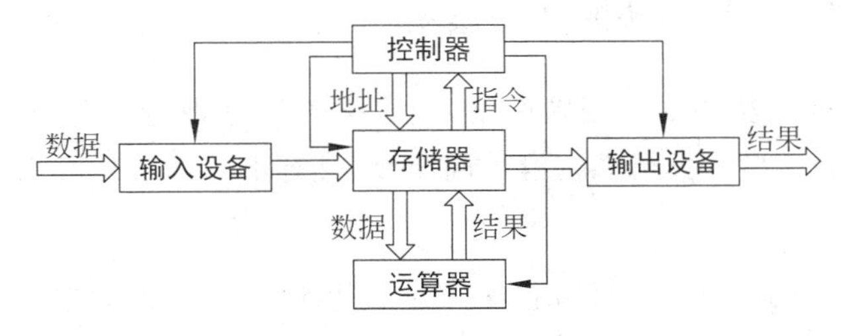

图 1.1　计算机基本结构图

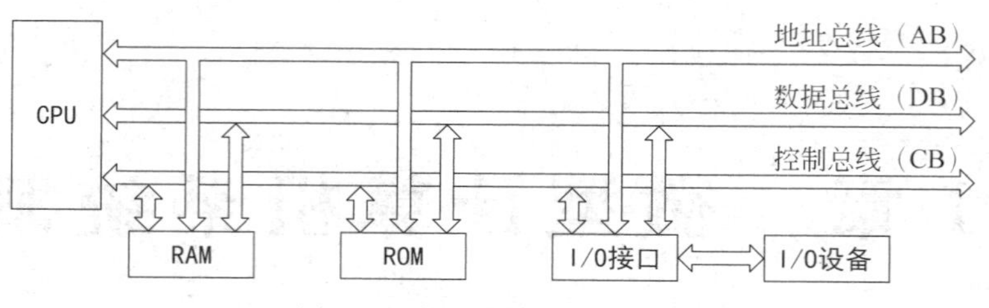

图 1.2 微型计算机基本构成

1.1.2 微型计算机系统

在微型计算机硬件系统上配备软件系统，加上电源、箱体、散热等装置，就构成可使用的微型计算机系统了。计算机系统的软硬件构成如图 1.3 所示。

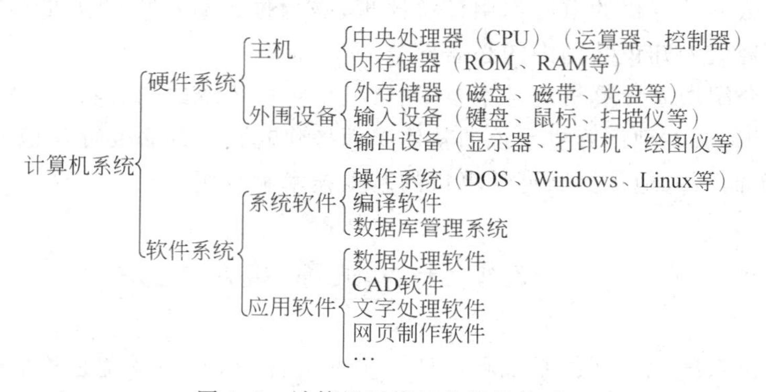

图 1.3 计算机系统的软硬件构成

现代计算机系统的软硬件界线不十分明显，计算机的软件和硬件具有功能和逻辑意义上的等价性，不同发展时期，软硬件实现的功能可互相替换，从计算机技术发展的历史看，因为硬件具有价格低廉、工作可靠、效率高、性能好等优点，为了追求良好的性价比，硬件在计算机系统中被大量普遍采用，尤其是专用场合的计算机系统；但是随着计算机应用领域的深入和扩大，作为通用计算机系统，软件规模在计算机系统的比重有增无减。要想掌握计算机专业的知识和技术，就需要按照学科内涵、计算机系统、计算机应用、计算机使用等层次来进行学习。

1.1.3 微型计算机系统的 3 个层次

微型计算机系统中从局部到全局存在 3 个层次：微处理器—微型计算机—微型计算机系统。3 个层次的微型计算机系统有不同内涵，具有不同的组装形式和系统规模。

1. 微处理器

微处理器(MPU)也叫微处理机，它本身并不是计算机，而是微型计算机的核心部件。微处理器包括算术逻辑部件(ALU)、控制部件(CU)和寄存器组(Registers)3 个基本部分，通常由一片或几片 LSI、VLSI 器件组成。

2. 微型计算机

微型计算机(简称微机)是以微处理器为核心,加上由大规模集成电路制作的存储器(ROM 和 RAM)、输入输出接口和系统总线组成的,具有了独立运算的功能。有的微型计算机则是将这些组成部分做在一个印刷电路板上或集成在一个超大规模芯片上,称之为单板计算机和单片机(国际上的标准名称是微控制器—MCU),一般属于专用计算机范畴。

3. 微型计算机系统

微型计算机系统是以微型计算机为核心,再配以相应的外围设备、电源、辅助电路和控制微型计算机工作的软件而构成的完整的计算系统。软件分为系统软件和应用软件两大类,系统软件是用来支持应用软件的开发与运行的,它包括操作系统、标准实用程序和各种语言处理程序等,应用软件是用来为用户解决具体应用问题的程序及有关的文档和资料。微型计算机系统是完整的计算系统,是能够正常独立工作的一般意义上的"电脑",属于通用计算机范畴。

计算机系统的应用形式从智能家电、手机,到超级计算机,有着相同的技术,不同的应用形成不同的设计需求,技术实现的方式也会有所不同,如个人机范畴的桌面台式计算机、网络服务范畴的服务器、集成到其他设备的嵌入式计算机等。

1.1.4 微型计算机的运行本质

计算机作为一个有机的整体,其工作的实质便是运行程序,程序则是由程序员依解决问题的需要编写的一系列有序的机器指令,程序的运行离不开计算机软硬件协调地配合工作。从层次上看,计算机分为硬件层体系和软件层体系两大部分,硬件层体系提供电路逻辑和面向机器的代码语言等支持,软件层体系在硬件层体系支撑下提供面向用户的各种工具、操作和系统管理的手段,其层次体系如图 1.4 所示。

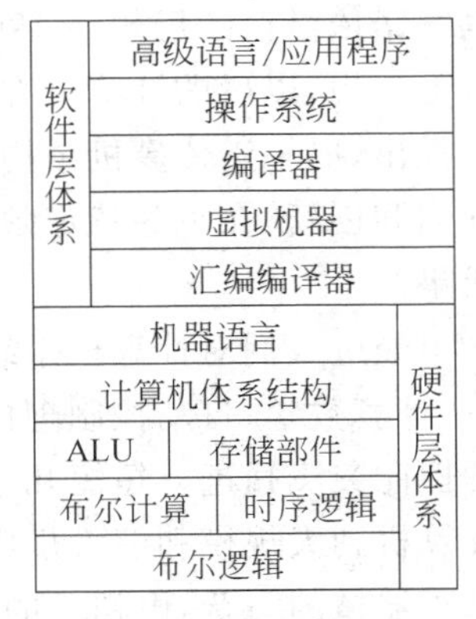

图 1.4 计算机的层次体系

当今的计算机大多是基于冯·诺依曼体系结构的,冯·诺依曼首先提出的"存储程序"的思想成为计算机最核心的构建依据,即把计算机程序用 0、1 的数字方式通过输入设备顺序存放在计算机的存储器,程序存放在存储部件中,并按地址读写访问,计算机的控制器获得程序地址,并在控制信号作用下一条一条地读出指令,指令包含操作码字段和地址码字段,通过操作码字段译码形成执行的操作,地址码字段提供操作的对象,即指令或数据的地址信息等。一条机器指令的执行,会使计算机进行一连串动作,从而完成特定的功能,如此周而复始地工作,直到程序执行完毕,实现更复杂的功能。

可见,计算机的工作过程是在程序控制下自动完成设定的各种操作从而实现各种处理的,而计算机运行用户程序和各种操作命令的本质是通过机器指令形成各种操作信号来实现的。

1.2 微型计算机的发展和技术

1.2.1 微型计算机的产生与发展

随着人类社会生产的发展,产生了计数、数据计算以及信息与处理的要求,计算工具与方法从简单到复杂、从低级到高级的进化过程,从结绳计数、算筹、算盘、计算尺、计算表、计数器、机械计算机、电动计算机、电子计算机等,经历了原始时期、简单工具时期、手动机械时期、机电自动运算时期。

现代计算机的历史从1943年英国数学家图灵领导制造出的一台名叫Colossus(巨人)的电子计算机(它专门用于译码,由于二战期间英国政府的保密制度,故人们对它的成就了解甚少)和哈佛大学研制的Mark-I开始,直至1946年出现的ENIAC电子计算机具有了划时代意义,它由美国宾夕法尼亚大学莫尔学院的莫科里和艾克特领导小组研制,用电子管实现,编程通过接插线进行,采用字长10位的十进制计数方式,每秒可以进行5000次加法运算。该机研制目的是用于为陆军编制各种武器的弹道表,后来经过多次改进,成为能进行各种科学计算的通用计算机。

著名数学家冯·诺依曼(John von Neumann)获知ENIAC的研制后,研究了计算机的系统结构,他提出了计算机采用二进制计算、存储程序并在程序控制下自动执行的思想。按照这个思想,计算机将由5个部件构成:运算器、控制器、存储器、输入和输出系统,并描述了各部件的功能和相互间的联系,这种模式的计算机被称为冯·诺依曼机。冯·诺依曼机的思想在1949年由英国剑桥大学的维尔克斯(M. V. Wilkes)等在EDSAC机上实现,以后的计算机都遵循了冯·诺依曼机的思想和结构,但随着对计算机更高要求的提出,冯·诺依曼机结构的特点成为进一步提高机器性能的固有制约因素,人们一直在探索和创新,在一些特定领域和计算机本身的研究上也出现了一些尝试性实验和突破性成果。

经过人们对计算机系统本身的研究和应用的导向,结合当时电子技术、逻辑学、信息论、计算数学、自动控制理论、制造技术等的成就,计算机发展逐渐完善、功能日益强大、处理性能突飞猛进。短短几十年的发展,从真空管和电子管计算机、晶体计算机、集成电路计算机到大规模和超大规模集成电路(VLSI)计算机,人类实现了人工机械、动力机械到电子器械的飞跃,由初步的计算机技术构思、初步的程序控制理论、电子管技术、晶体管技术、集成电路技术的产生和突破,计算机已经经历了少年时期的疯长,进入到了青年时期,靠人类智慧的营养哺育,下一轮的飞速成长,将使计算机变成众多学科交叉结合而成的精灵。

这里值得一提的是,我国古代技术文明也为计算机的诞生起到了间接地推动作用,公元前12世纪的伏羲八卦的计数方式(阴爻、阳爻)直接关联计算机的二进制基本计算方法,伏羲八卦的演化成书《周易》,是古人认识自然世界和人类社会的经典著作,但被后人误解为算命书,确是中国文明史上的愚昧造成的悲哀。另外,自古出现流传久远而广泛的算盘,是构思奇妙的手动装置,不是可以像计算机一样可以记忆、具有指令和程序吗?

现在普遍使用的微型计算机是20世纪70年代，集成电路的出现、发展和应用，微处理器诞生并把计算机的算术逻辑部件和控制部件，以及寄存器集成在一个大规模集成电路芯片中，微型计算机以微处理器为核心，加上大规模集成电路制作的存储芯片、输入输出系统和系统总线等，构成体积小、价格低廉、耗电省、使用方便的桌上系统，以Intel为代表的微处理器系列构建了以IBM微型计算机及其兼容机为代表的系列微型计算机系统。由于当时集成电路技术水平的制约，开始于单芯片微处理器、16位系统的微型计算机不得不做了很多妥协，这一简化的计算机系统迅速普及，以后随着技术的进步，微处理器迅速发展，微型计算机与之同步发展，不断满足更高性能、更多功能的需求。

微处理器MPU是构成微型计算机的核心部件，统称中央处理单元或中央处理器(CPU)，简称处理器。几十年来微处理器和微型计算机的发展非常迅速，几乎每两年微处理器性能和集成度能够提高一倍，几乎每3～5年微型计算机就要更新换代一次。按照微处理器的处理能力和特性，其发展按时间顺序排列，微型计算机发展经历了几个历史阶段。

(1) 第一阶段(1971—1972)是4位和低档8位微型计算机，采用美国Intel公司的Intel 4004微处理器芯片，代表性机器是MCS微型计算机。

(2) 第二阶段(1973—1977)是中高档8位微型计算机，MPU采用Intel 8080和8085、Motorola公司的MC 6800、美国Zilog公司的Z 80等微处理器芯片的微型计算机。

(3) 第三阶段(1978—1984)是16位微型计算机，微处理器以Intel 8086/8088、Z 8000和MC 68000为代表构成的微型计算机，其中Intel 8088，即Intel 8086加上8位外部总线，构成最初的IBM-PC的心脏，最初的机器型号只有32 768B的存储器和两个软驱(没有硬盘驱动器)，IBM与当时起步的微软公司签订合同，开发MS-DOS操作系统，体系结构上，这种机器只有655 360B的地址空间——地址位是20位长(1 048 576B的寻址空间，操作系统保留393 216B的自用空间)；1982年将IBM- PC进一步扩展，扩充内存、增加硬磁盘驱动器，成为IBM-PC/XT机，由于IBM公司在发展个人计算机(PC)时采用了技术开放策略，吸引众多公司围绕PC研制了大量的配套产品和兼容机，并提供了大量的软件支持，使得PC风靡全世界；1984年，Intel推出的新一代MPU Intel 80286，增加了更多寻址模式(现在有些已经废弃)，构成IBM-AT个人微型计算机，这种机器是MS Windows最初的使用平台。IBM-PC/XT/AT统称为IBM-PC系列机。

(4) 第四阶段(1985—1992)是32位微型计算机，微处理器以Intel i386、Intel i486为代表构成的微型计算机，性能得以改善和提高，浮点运算单元FPU(相当于80387)集成到Intel i486处理器芯片，增加了平面寻址模式，Linux和近期版本的Windows都是使用这个模式，也是Intel系列微型计算机开始支持UNIX操作系统。

(5) 第五阶段(1993—1999)是Intel公司的Pentium机时代的开始，Intel无法获得CPU编号的商标保护，改变了沿用数字命名的惯例，创造了Pentium这个词，汉译为“奔腾”，称为P5，即公司的第五代机；1995年向世界宣布了它的第六代机Pentium Pro(高能奔腾)，1997年和1999年，Intel先后发布了Pentium Ⅱ(奔腾2代)和Pentium Ⅲ(奔腾3代)，称为P6。

(6) 第六阶段(2000年以后)是Intel公司推出的第一个非P6核心的全新32位微处

理器的 Pentium 4,采用 20 级分支预测/恢复的超级管道技术,算术逻辑单元(ALU)能运行到 2 倍的处理器核心频率,具备乱序执行等从大型计算机下移的技术。在这个阶段,AMD、Intel、HP、IBM 等各大计算机业内公司研制成功字长 64 位的微处理器芯片,采用 0.18～0.25μm 技术工艺制作,工作频率达 1GHz 以上,以 Intel 推出的 64 位微处理器芯片 Itanium 为代表的芯片为标志,进入 21 世纪,以 64 位技术为核心的"64 位微型计算机时代"已经到来。

1965 年,Intel 公司创始人 Gordon Moore,根据当时芯片制作的技术,做出判断,预测未来 10 年内,每年芯片上的晶体管数量都会翻一番,这个预测成为摩尔定律。实际情况是在这些年的历史中,半导体工业能够每 18 个月成就了晶体管数目加倍;对于计算机技术的其他方面,都有类似地呈现了指数增长的情况,如磁盘容量、存储器容量、处理器性能、网络发展普及等。

1.2.2　微型计算机基本特性与技术术语

1. 微型计算机基本特性

(1) 通用性。微型计算机具有一般计算机的属性与技术,但作为计算机特殊分支之一,有着非常广泛的应用领域,能够满足一般大众的绝大多数需求,有很好的通用性,其硬件配置和软件具有通用性,操作技术很容易普及。

(2) 开放性。微型计算机的普及和发展得益于 Win-Tel 战略联盟针对计算机个人化的"启蒙运动"掀起者苹果公司而制定的发展策略,开放的 PC 架构成为了个人计算机消费领域新的标准。在这个开放性架构大潮中最大的受益者是英特尔公司,通过向 PC 生产厂商提供其核心的零件——CPU,英特尔公司获得了巨大的成功。英特尔给自己研制的 CPU 定下了一个标准,即新的 CPU 对老的 CPU 环境下的软件必须百分之百的兼容,即使是最原始的 CPU 8086/8088 环境下的软件用如今最先进一代的 CPU 也能正常运行,这就是英特尔系列 CPU 一个最显著的特点,而从 8086 延续下来的这个架构则被称为 x86 架构。动荡的岁月里,新的行业标准层出不穷,但是随着兼容性、开放性的计算机发展潮流涌动,个人计算机的世界被 IBM PC 及其兼容机制订的标准所统一。而借助于这股大潮,英特尔和微软这两个未来世界 PC 行业的主宰者迅速地成长起来。经过几十年的发展,如今的英特尔已经成为一个年收益达到 300 亿美元的世界上最大的 CPU 制造商。英特尔有一个伟大的创始人——戈登·摩尔,他在 1965 年提出了一个至今还在引领 IT 界飞速发展的摩尔定律。开放性保障了其产品社会寿命长、产品能适应广泛用户的需求、市场需求稳定。

(3) 方便性。微型计算机硬件的模块化组合、设备和软件的可维护性与可操作性,微型计算机成为人人可以使用的设备,良好的编程手段和"傻瓜式"软件应用,经过熟练性学习和适应,微型计算机协助人们在各自的工作、生活、学习等方面方便应用计算机的发展成果。

(4) 功能性。微型计算机借鉴大型计算机技术,为普及而特别设计制作,具备普通计算机的功能,完成高精度快速运算、大量记忆信息和处理、逻辑判断等工作,微型计算机通用性硬件设备加上特定应用性软件,使微型计算机的功能大大增强,适应人们各种不同的应用。

(5) 可靠性。大规模集成电路的成就和发展是微型计算机出现与升级换代的最主要原因之一，集成电路把几千、几万甚至几千万的电子分立元件集成在一个小小的硅片上，大大减少了电路的体积、连线、焊点、插接、功率等，从而减少不可靠因素，提高可靠性，目前的微处理器与外围系列芯片的平均无故障时间可达几千万小时。随着大规模集成电路、超大规模集成电路的发展与应用，微型计算机硬件电路制作从模块化到简约化集成，很少几块电路板和配件构成的微型计算机其可靠性远远超出人们的期望。

(6) 价格低。微型计算机的普及推广与价格优势，和微处理器及配套的芯片的批量生产互为因果的，芯片集成度的提高也进一步促进微型计算机成本不断下降，形成良性降价循环。

(7) 轻便性。由于芯片集成度和封装技术的提高、可编程门阵列器件的采用、尺寸电路板工艺的提高等，使得微型计算机体积、重量、功耗等大大缩减。

2. 微型计算机基本术语

一台微型计算机其性能的优劣，由它的体系结构、硬件构成、硬件配置以及软件配备等因素决定，主要技术指标也是人们通常关心的几个术语。

(1) 主频。微处理器和外围芯片本质上是数字电路，数字电路的工作需要时钟频率信号作为数据传递和处理的关键信号，微处理器工作需要的时钟信号以时钟振荡频率表示，是微型计算机的主频。在微处理器系统结构和技术一定时，主频越高，速度越快，这是采用电子技术、物理手段提高机器性能的途径。一般用兆赫(MHz)或吉赫(GHz)来表示，这里的 $1GHz=10^3 MHz$，速度更快的吉赫兹(GHz)、太赫兹(THz)的关系也是 1000 倍递增的，另外遇有带宽、速率、外存容量的情况也是如此。

(2) 字长。微型计算机字长是微处理器内部一次可以处理的二进制的位数。字长与微处理器内部数据总线宽度、寄存器位数、存储字长、算术/逻辑运算一次处理的位数一致，表征了微型计算机处理能力和处理的精度，一般用“位”来表示。

(3) 存储容量。存储容量是微型计算机的内部存储部件能够存储二进制信息多少的指标。8 位(bit，b)二进制代码称为 1 字节(Byte，B)，处理器字长的位数称为 1 个字(Word)，比如，对于 16 位的 Intel 8086，其字长为 16 位，即 2 字节，2 个字的二进制位称为双字(Double Word，DW)。字节是存储容量的基本衡量单位，1 字节记为 1B，按 $2^{10}=1024$ 的倍数关系递增，依次有 KB、MB、GB、TB、PB、EB、ZB、YB、NB、DB……。

(4) RISC 与流水技术。RISC 是精简指令系统的计算机的简称，它是把不常用的系统指令通过精简，只保留最常用的指令，并采用预取技术、乱序执行、多发射技术、流水线技术等大型计算机下移的技术，使微处理器降低成本、提高处理性能、增加可靠性。这是通过计算机本身的系统结构与策略提高机器性能的途径，现代微型计算机普遍应用了这些技术。

RISC 计算机的指令系统采取数目精简、指令长度固定、访存只通过 Load/Store 结构、设置大量寄存器、流水处理等技术提高 CPU 性能。x86 的 CPU 属于 CISC，具有复杂的指令系统、多种寻址方式等。但目前 RISC 不会取代 CISC，发展的趋势呈现出的现象是 RISC 越来越像 CISC、CISC 越来越像 RISC，技术的发展逐步借鉴、交融、趋同，所谓

"十年河东、十年河西",历史上的技术成就随着时代的发展也焕发新的活力。

(5) 多核处理器。早期的微处理器集成了单个 CPU 内核,80486 以后的微处理器把外围选配的协处理器集成进去,协处理器完成浮点运算功能;多核处理器的思想是将大规模并行处理器中的 SMP(对称多处理器)集成到同一芯片内,各个处理器并行执行不同的进程,从而利用多线程的并行性提高系统性能。其优点是简化处理器核,利于优化设计并获得较高主频,缩短设计和验证时间,发展前景非常好。

(6) 系统总线。系统总线是连接微型计算机各个功能部件的公用通道,其性能对微型计算机系统性能起到关键的作用。系统总线的数据宽度和传输数据的时钟频率是主要指标,总线的传输位数越多、工作的时钟频率越高,系统总线的数据吞吐率就越高,则微型计算机整体性能越好。总线通常传递地址信息、数据信息和控制信息等,即系统总线包括"地址总线"、"数据总线"和"控制总线"。微型计算机采用的系统总线形成一定的标准,微型计算机总线标准有 ISA、EISA、VESA、PCI 等,兼容部件遵循这些标准设计,具有很好的连接性。

(7) 外围配置。微型计算机的外围设备用来与用户交互,为用户使用计算机提供方便,在微型计算机系统中具有重要地位,配置设备的功能直接影响微型计算机的可用性。常用外围设备有键盘、鼠标、硬盘、光驱、打印机、音箱、显示器、网卡等。

(8) 系统的软件配备。微型计算机的处理部件和存储部件构成了主机部分,外围设备的配置按用户需要选择构成,这些成为微型计算机的硬件系统,是一台裸机,微型计算机能够工作,还需要系统软件和应用软件,系统软件包括 DOS、Windows、UNIX、Linux 等操作系统和其他软件,负责管理微型计算机系统的软硬件资源,为用户使用计算机资源提供管理手段,用户不用考虑计算机内部如何工作、如何使用资源、如何排除故障、如何响应用户要求等,微型计算机硬件资源的性能发挥,依赖于软件的配置与功能,如是否支持多任务、多用户、虚拟存储等;应用软件是在系统软件之上,依据用户具体要完成的工作合理安装配置或编制的,针对专用场合或通用领域,微型计算机软件配置是否丰富、软件功能如何直接影响微型计算机的用途。

1.2.3 计算机领域的人物和组织

1. 计算机发展史上的先驱

在计算机发展和应用历史进程中,出现了大量的明星人物,他们用智慧和创新的精神推动计算机技术不断进步,这些计算机科学的先驱为人类文明做出了卓越的贡献。

(1) 帕斯卡(Blalse Pascal,1623—1662):法国数学家,机械式计算机的发明人;程序设计语言 Pascal 语言是为纪念他而命名的。

(2) 莱布尼兹(Gottfried Wilhelm Von.Leibniz,1646—1716):德国数学家,与牛顿同时独立发明微积分,四则运算机械计算机发明人,创立了二进制系统和符号逻辑,驱动他花费 6 年时间研制完成乘法运算的机器的动力来自他本人的一段话:"让一些杰出的人才像奴隶般的把时间浪费在计算上是不值得的。"

(3) 巴贝奇(Charles Babbage,1791—1871):英国剑桥大学数学教授,他设计了具有存储、处理和控制的分析机。他提出了顺序控制的思想,就是把计算时所需要的数据和分解成的计算步骤输给计算机，机器按顺序一步一步地执行。其思想的远见卓识和天才设想，令100多年后研制继电式计算机的哈佛大学和IBM公司震撼，巴贝奇被后人称为现代电子"计算机之父"。

(4) 艾达(Augusta Ada Lovlace，1815—1852)：艾达是英国著名诗人拜伦的女儿，世界上第一个程序员。她作为巴贝奇的学生，描述了一台尚未存在的计算机，并在注解中为这台虚有的计算机写下了计算贝努利数的计算机程序。后人为表彰她为程序设计所成就的功勋，用她的名字命名了Ada计算机程序设计语言。

(5) 图灵(Alan Mathi son Turing，1912—1954)：英国皇家学会会员，天才的数学家、密码学家、计算机科学的创始人和现代计算机思想的奠基人，"理论计算机"——图灵机发明者，他清楚地表达了计算的数学基础和界限，定义了可计算性理论，首次提出了理想计算机的模型，设计了著名的"图灵测验"，第二次世界大战期间德国恩尼格玛(Enigma)密码机联合密码分析的主要贡献者，设计的机器为破译德军的密码信息贡献卓著；他的一生很短暂，但为人类的计算机事业具有突出的功绩和伟大贡献，其一是建立了图灵机理论模型，其二是奠定了人工智能的理论基础，被后人称为"计算机科学之父"，其理论工作成就了在计算科学领域里重大理论先于任何实践的罕见情况，而一般理论与实践关系是"蒸汽机对热力学的功劳要比热力学对蒸汽机的功劳大"，即蒸汽机如何运作的科学即热力学是在蒸汽机问世后很久才出现。

美国计算机协会(ACM)设立图灵奖，表彰那些开发出推动信息技术行业发展的系统和基本理论基础的计算机科学家和工程师，奖金由Intel公司和Google公司等进行赞助，这是目前计算机科学界的最高奖励，有"计算机界诺贝尔奖"之称。

(6) 冯·诺依曼(John von Neumann，1903—1957)：美籍匈牙利数学家，他奠定了计算机的体系结构基础，由他最新提出了"存储程序"的思想，并成功将其运用在世界上1949年研制的第一台冯·诺依曼体系结构计算机EDSAC的设计之中，冯·诺依曼的计算机设计思想，一直主导着计算机的发展。由于他对现代计算机技术的突出贡献，因此冯·诺依曼又被称为数字时代的"计算机之父"。

(7) 阿塔纳索夫(Atanasoff，1903—1995)：美国依阿华州立大学物理系教师阿塔纳索夫，1939年用申请并获得的650美元科研经费，与物理系研究生克利福德·贝里合作研究制造出来了一台真正现代意义上的电子计算机，人们把这台样机称为ABC(Atanasoff-Berry Computer)。与之持续近30年争议、构成美国历史上耗时最久的知识产权官司的是，1943年，美国国防部批准的宾夕法尼亚大学教授莫科里(Mauchly)和艾克特(Eckert)而拨款40万美元的一项为解决军事问题机器的研究计划，即1946年问世的名叫ENIAC的计算机，一台在功能上比ABC强得多的计算机。虽然由于战争，ABC计算机没有获得专利保护，但法庭经过6年、77个证人、80多份书面证词、100多次开庭辩护，证明了ENIAC是沿袭阿塔纳索夫研究后的发明，法庭根据调查结果，1973年拉森法官宣判："在1939年至1942年期间，阿塔纳索夫和贝里在依阿华州立大学制造了第一台电子数字计算机。"当时美国的新闻媒体为此惊呼：阿塔纳索夫是"被遗忘了的计算机之父"。

2007年10月，阿塔纳索夫之子小阿塔纳索夫(John Atanasoff Jr.)应CSDN和中关村创新研修学院的邀请来到中国,为人们还原那段历史真相,但国内文献仍然保留 1946 年宾夕法尼亚大学莫科里和艾克特的 ENIAC 是世界上的第一台电子计算机的说法,没有还原真正的历史。1990 年,美国总统布什在白宫为他颁发国家技术奖,一个工程类别的最高奖励。1995 年阿塔纳索夫去世,为了永远地纪念他,美国依阿华州的阿木斯市通往机场的一条大街被命名为“阿塔纳索夫大道”。

(8) 莫里斯・威尔克斯(Maurice V. Wilkes,1913—2010):英国剑桥大学科学家,图灵奖获得者。1951 年提出了微程序设计思想,用于克服组合逻辑控制单元线路庞杂的缺点,设想与存储程序类似的方法,解决微操作命令序列的形成。

(9) 肯尼思・汤普森(Kenneth L. Thompson,1943—)、丹尼斯・里奇(Dennis M. Ritchie,1941—):图灵奖获得者,两人主导发明了 C 语言和 UNIX 操作系统,C 语言和 UNIX 操作系统是目前最流行的语言和操作系统,是教学标准语言和系统,其理论价值和应用价值都无与伦比。

(10) 比尔・盖茨(Bill Gates,1955—):美国微软公司创始人,软件帝国神话的成就者,主宰了计算机操作系统和办公软件,并涉足软件和网络的诸多领域,其计算机成就和商业成功,造就了比尔・盖茨作为全球首富连续多年的榜首地位。

(11) 王选(1937—2006):北京大学教授、中国科学院和工程院院士,先后主持发明若干代的“汉字激光照排系统”,实现报纸和印刷业等媒体传播领域的几次技术革命,推动了计算机技术对印刷行业的技术普及与设备改造,使印刷领域告别“铅与火”,迎来“光与电”的新纪元。中国计算机学会设立“王选奖”以致纪念。

2. 计算机相关的行业组织

随着计算机的诞生和发展,从事计算机领域科研、教育和开发、生产工作的国内外同行间的学术交流变得非常必要,各个学术组织为大家的学习、交流提供了良好的平台,这些组织对国内外 IT 行业的作用非常关键。

(1) 美国电气与电子工程师协会计算机分会(IEEE-CS)。这是一个群众性社会组织,是世界上最大的国际性电子技术与信息科学工程师协会。其宗旨是促进计算机和信息科学理论与应用的发展,促进会员间的学术交流与合作。IEEE 为世界广大专家、教授、学者及学生提供了一个科学技术跨国交流的平台,对世界科学与技术的发展起到了极大的促进作用。IEEE-CS 是 IEEE 成员最多的分会,是全球计算机界影响最大的学术团体之一,它推荐的标准、制订的计算机课程教学计划、专委的学术活动、出版的学术期刊等都受到计算机工业界和教育界的足够重视。

(2) 美国计算机协会(ACM)。这是全球最大的教育和科研计算协会,是全球计算机界影响最大的学术团体之一,其宗旨是推进信息科学与技术的研究、设计、开发及应用,促进学科技术人员和非专业技术人员的自由交流,维护业内从业人员的权益等。它将计算教育者、研究者和专业人士联系起来,促进了交流、分享资源和解决该领域的挑战,通过强大的领导能力、最高标准的推广以及对技术卓越的认可来增强计算职业的协作影响力,该协会提供终生学习、职业发展和专业网络机会来支持会员的专业发展。协会建立的几十个专委会和出版的学术杂志,基本覆盖了计算机科学的所有领域。ACM 和 IEEE-CS 提交的计算学科教学计划 CC 1991、CC 2001、CC 2005 等在学科划分、学科定义、学科方法论、学科内容规范、学科实质性主题问题、学科核心领域等方面的贡献避免了学科的随意性、盲目性等具有重大意义,对世界的计算机教育与发展产生了深远的影响。

(3) 国际信息处理联合会(IFIP)。这是一个各国信息处理方面学术团体联合组成的国际性学术组织,是非政府的、非营利的,由联合国科教文组织(UNESCO)负责管理。宗旨是推动信息科学和信息技术的发展,加强信息处理领域的国际合作,促进信息处理的研究、开发及其在科学和人类活动中的应用,普及和交流信息处理方面的情报,扩大信息处理方面的教育事业。其标志性活动是世界计算机大会(World Computer Congress, WCC),每两年举办一次,这是目前国际 IT 界唯一的一个综合性科技大会,被誉为 IT 界的奥林匹克,北京曾于 2000 年 8 月 21 至 25 日成功举办了第 16 届世界计算机大会。大会摆脱庆典式的、学术领域面面俱到的形式,而由一系列独立的专业会议组成,并同时同地举行,每个会议针对一个专业主题,这些专业会议为所有与会者在参与社交和其他活动的同时可以聆听更多的主旨报告提供了极好的机会。

(4) 中国计算机学会(CCF)。这个学会是国内计算机及相关领域的学术团体,属群众性学术团体,全国性一级学会,中国科学技术协会的成员,其宗旨是团结和组织计算机科技界、应用界、产业界的专业人士,促进计算机科学技术的繁荣和发展,促进学术成果、新技术的交流、普及和应用,促进科技成果向现实生产力的转化,促进产业的发展,发现、培养和扶植年轻的科技人才。通过学会的活动,为计算机与信息领域的专业人员和学生的职业发展服务,学会的 32 个专业委员会覆盖信息与计算机科研、教育、开发、生产和应用、服务的各个方面和各种方向领域,每年都举办年会或相应的学术活动。学会下设的微型计算机专业委员会在近年来主要以嵌入式系统领域的学术和技术为主,致力于嵌入式系统技术的发展、合作、交流等,涉及嵌入式微处理器与系统芯片、嵌入式系统设计、嵌入式软件工程、嵌入式系统应用技术等专业方向。学会出版的学术刊物《中国计算机学会通讯》、《计算机学报》、《软件学报》、《计算机科学》、《计算机工程》、《计算机应用》等在国内外专业人员中具有极大的影响作用。自 1962 创办以来,CCF 已成为国内计算领域的权威学术组织。学会与国际上许多相关学术组织如 IEEE-CS、ACM、IFIP 等都有密切的合作。

(5) 计算机专业认证组织。美国工程技术认证委员会(ABET)是工程领域类本科专业鉴定、评估、认证的组织,制订用于专业的培养目标、专业标准、课程体系、专业知识的构成、教学设施与师资等的总体标准;我国教育部高等学校计算机科学与技术教学指导委员会是研究专业发展战略、制订专业规范、制订专业教育办学评估方案、社会认证等的机构;国内政府机构组织的考试认证,如专业技术资格和水平考试有全国计算机软件专业技术资格和水平考试(人事部和信息产业部)、全国计算机等级考试(教育部考试中心)、全国计算机及信息高新技术培训考试(劳动和社会保障部职业技能鉴定中心)、计算机应用水平测试(教育部考试中心)、嵌入式工程师认证(中国电子学会)、计算机工程教育认证(CCF)等,国外著名的计算机公司组织的计算机证书考试,比较知名的如 Novell 公司组织的 Novell 授权工程师证书(CNE)考试、微软公司组织的微软专家认证(MCP)考试和 Oracle 大学证书等,由于这些公司在计算机行业有着举足轻重的地位,人们一旦获得了这些公司的证书,其水平和能力也就相当于获得了全球计算机界的认可,对人们有极大的吸引力。

《华盛顿协议》是工程教育本科专业认证的国际互认协议,1989 年由美国、英国、加拿大、爱尔兰、澳大利亚、新西兰 6 个国家的工程专业团体发起成立,旨在通过校准、系统的工程教育本科专业认证保证工程教育质量,为工程师资格国际互认奠定基础。另外,计算机界为表彰为计算机领域做出具有持久而重大的先进性技术,设立了图灵奖、计算机先驱奖等奖项,国内有诸如中国计算机学会的王选奖、杰出教育奖等,代表了专业领域的最高认可度。

(6) 国际标准化组织(ISO)。国际标准化组织(International Organization for Standardization,ISO),是一个全球性的非政府组织,是世界上最大的非政府性标准化专门机构,是国际标准化领域中一个十分重要的组织。ISO 的任务和宗旨是促进全球范围内的标准化及其有关活动,以利于国际间产品与服务的交流,以及在知识、科学、技术和经济活动中发展国际间的相互合作。标准的内容涉及广泛,从基础的紧固件、轴承各种原材料到半成品和成品,其技术领域涉及信息技术、交通运输、农业、保健和环境等。每个工作机构都有自己的工作计划,该计划列出需要制订的标准项目(试验方法、术语、规格、性能要求等)。它显示了强大的生命力,吸引了越来越多的国家参与其活动。

ISO 的主要功能是为人们制订国际标准达成一致意见提供一种机制,其主要机构及运作规则都在一本名为 ISO/IEC 技术工作导则的文件中予以规定,其技术结构在 ISO 是有 800 个技术委员会和分委员会,它们各有一个主席和一个秘书处,秘书处是由各成员国分别担任,目前承担秘书国工作的成员团体有 30 个,各秘书处与位于日内瓦的 ISO 中央秘书处保持直接联系。通过这些工作机构,ISO 已经发布了 17 000 多个国际标准,如 ISO 公制螺纹、ISO 的 A4 纸张尺寸、ISO 的集装箱系列(目前世界上 95%的海运集装箱都符合 ISO 标准)、ISO 的胶片速度代码、ISO 的开放系统互联(OS2)系列(广泛用于信息技术领域)和著名的 ISO 9000 质量管理系列标准。ISO 与 450 个国际和区域的组织在标准方面有联络关系,特别与国际电信联盟(ITU)有密切联系。在 ISO/IEC 系统之外的国际标准机构共有 28 个,每个机构都在某一领域制订一些国际标准,通常它们在联合国控制之下,一个典型的例子就是世界卫生组织(WHO)。国际标准化活动最早开始于电子领域,于 1906 年成立了世界上最早的国际标准化机构——国际电工委员会(IEC)。

(7) 国际电工委员会(IEC)。国际电工委员会(International Electrotechnical Commission,IEC)是非政府性国际组织和联合国社会经济理事会的甲级咨询机构,正式成立于 1906 年,是世界上成立最早的专门国际标准化机构,总部设在日内瓦。1947 年 ISO 成立后,IEC 曾作为电工部门并入 ISO,但在技术上、财务上仍保持其独立性。根据 1976 年 ISO 与 IEC 的新协议,两组织都是法律上独立的组织,IEC 负责有关电工、电子领域的国际标准化工作,其他领域则由 ISO 负责。IEC 的宗旨是促进电工、电子领域中标准化及有关方面问题的国际合作,增进相互了解。为实现这一目的,出版包括国际标准在内的各种出版物,并希望各国家委员会在其本国条件许可的情况下,使用这些国际标准。IEC 的工作领域包括了电力、电子、电信和原子能方面的电工技术,现已制订国际电工标准 3000 多个。

IEC 现有成员团体包括了世界上绝大多数工业发达国家及一部分发展中国家。这些国家拥有世界人口的 80%,生产和消费全世界电能的 95%,制造和使用的电气、电子产品占全世界产量的90%。凡要求参加IEC的国家,应先在其国内成立国家电工委员会,并承认其章程和议事规则。被接纳为IEC成员后,该电工委员会就成为这个国家委员会,代表本国参加IEC的各项活动。我国于已于1957年1月以中华人民共和国动力会议国家委员会的名义向IEC提出入会申请,同年8月被接纳为会员,1960年9月我国确定以中国电机工程学会代替动力会议国家委员会作为我国的IEC国家委员会,1982年月1日又以中国标准化协会代替中国电机工程学会作为我国国家委员会,参加IEC的各项活动,后又改用国家标准局、国家技术监督局的名义参与IEC的活动。

(8) 国际电信联盟(ITU)。这是电信界最具权威的标准制订机构,1865年5月17日,为了顺利实现国际电报通信,1865年5月17日,法、德、俄、意、奥等20个欧洲国家的代表在巴黎签订了《国际电报公约》,国际电报联盟(International Telegraph Union,ITU)也宣告成立,1947年10月15日成为联合国的一个专门机构,总部设在瑞士日内瓦。经过100多年的变迁,1992年12月,为适应不断变化的国际电信环境,保证ITU在世界电信标准领域的地位,ITU决定对其体制、机构和职能进行改革。改革后的ITU最高权力机构仍是全权代表大会。全权代表大会下设理事会、电信标准部门、无线电通信部门和电信发展部门。理事会下设秘书处,设有正、副秘书长。电信标准部、无线电通信部和电信发展部承担着实质性标准制订工作。随着电话与无线电的应用与发展,ITU的职权不断扩大。1906年,德、英、法、美、日等27个国家的代表在柏林签订了《国际无线电报公约》,1932年,70多个国家的代表在西班牙马德里召开会议,将《国际电报公约》与《国际无线电报公约》合并,制定《国际电信公约》,并决定自1934年1月1日起正式改称为国际电信联盟(International Telecommunication Union,ITU),经联合国同意,1947年10月15日国际电信联盟成为联合国的一个专门机构,其总部由瑞士伯尔尼迁至到日内瓦。联合国的任何一个主权国家都可以成为ITU的成员。ITU的宗旨,按其"基本法",一是保持和发展国际合作,促进各种电信业务的研发和合理使用;二是促使电信设施的更新和最有效的利用,提高电信服务的效率,增加利用率和尽可能达到大众化、普遍化;三是协调各国工作,达到共同目的,这些工作可分为电信标准化、无线电通信规范和电信发展3个部分,每个部分的常设职能部门是"局",其中包括电信标准局(TSB)、无线通信局(RB)和电信发展局(BDT)。

目前电信标准部设有14个研究组,分别从事网络和业务运营、电信经济和政策在内的资费和结算原则、电信管理网和网络维护、对电磁环境影响的保护、外部设备、数据网和开放系统通信、远程信息处理系统的特性、电视和声音传输、电信系统的语言和一般的软件问题、信令要求和规约、网络和终端的端对端传输特性、网络总体方面、传送网络、系统和设备、多媒体业务和系统等方面的研究;无线电通信部设有8个研究组,分别从事频谱管理和业务间共用与兼容、无线电波传播、固定卫星业务、科学业务、移动业务、固定业务、声音广播和电视广播等方面的研究。

(9) 开放软件基金会(OSF)。开放软件基金会(Open Software Foundation,OSF)是一个会员式机构、用户团体,它从其他厂商处获得技术来建立计算环境。它定义需要什么,然后向任何人提供这些定义,称为"为技术而请求(RFT)"。OSF实际创造的技术只是那些获得技术的组合。OSF开放式系统软件环境是一组开放式系统技术的集合,这些技术使用户能够在虚拟无缝的环境,对来自多厂商的软硬件进行融合和匹配。厂商无须考虑的软件环境,分布式计算环境(DCE)可以简化异构环境中的产品开发,是一种平台或基础设施;分布式管理环境(DME)为分布式混合厂商环境中的系统和网络管理人员提供工具;开放软件基金/1(OSF/1)开放环境的 UNIX 操作系统,它支持对称多处理机工作,增强的安全性功能和动态配制,它是围绕 Carnegie Mellon 大学的 Mach 操作系统微内核建造的;OSF/Motif 一种图形化的用户接口,它具有与 Microsoft Windows 和 Apple Macintosh 操作系统相似的界面,提供一种通用的外观和感觉。它在 IBM 系统上广泛使用,并且和 IBM 的通用用户访问(CUA)有关系;OSF 体系结构无关分布格式(ANDF)它使得开发人员可以生产和包装一个应用成为在不同的硬件体系结构上使用的一个版本,它为大市场开放式系统软件开辟了一个市场。

OSF 在开放式系统和互操作产品标准开发中扮演着关键角色,通过 OSF 的分布式计算环境,向开发人员提供了可以隐藏不同技术和产品间差异的软件。DCE 使得开发人员可以建造在分布式客户机/服务器环境工作的应用产品。典型的分布式环境是异构的,他们包括许多不同厂商的产品、操作系统、应用和数据库。在过去,用户可以从 IBM、DEC 等厂商处获得公共基础设施,但是他们都是专有的。OSFDCE 的基本目标是提供一个开放环境,它定义了一种客户可以与后端服务器进行交互的客户机-服务器体系结构。然而,在分布式环境,服务器可能是分散放置的,并且是通过广域网(WAN)链路连接的。由于这种网络可能是范围很广的,而且数据访问速度也是可变的(WAN 连接的结果),数据同步和其他问题将出现,从而导致了创建分布式应用的复杂性。由于在创建这样的应用时的复杂性,OSFDCE,以及类似产品,已经变得至关重要,并且被许多厂商支持,如 IBM、DEC、Hewlett-Packard 等厂商,这些厂商将 OSFDCE 集成到了自己的产品中。Novell 将要把 DCE 以可装入模块的形式集成到 NetWare 中,它还在一些大学资助了一些与 DCE 相关的计划。IBM 为它的 OS/2 产品增加了 DCE 客户机软件,因而用户可以在包括运行 DCE 的 OS/2 在内的 IBMDCE 服务器上访问 DCE 文件和目录服务。Hewllet Packard 也加入了 DCE,它提供联机事物处理(OLTP)产品、对象管理系统和其他基于 DEC 的产品。

(10) 自由软件基金会(FSF)。自由软件基金会(Free Software Foundation,FSF)是一个致力于推广自由软件的美国民间非营利性组织。它于 1983 年 10 月由理查德·斯托曼建立,旨在通过自由软件运动促进自由软件的开发,其主要工作是执行 GNU(Gnu's Not UNIX)计划,希望发展出一套完整的开放源代码操作系统来取代 UNIX,计划中的操作系统名为 GNU,1989 年发表的 GNU 通用公共许可协议(GPL)致力于开发更多的自由软件,如编辑器、编译器、Shell 和 Hurd 计划的操作系统等。

从其建立到 20 世纪 90 年代中期,自由软件基金会的基金主要被用来雇用编程师来发展自由软件,由于开始写自由软件的公司和个人太多了,因此自由软件基金会的雇员和志愿者主要在自由软件运动的法律和结构问题上工作。自由软件基金会具有施行 GNU 通用公共许可证和其他 GNU 许可证的能力和资源,但自由软件基金会只对它拥有版权的软件负责。其他软件必须由它们自己的拥有人来负责,原因是从法律规定上自由软件基金会无法为这些其他软件负责。自由软件基金会每年约接触到 50 个违反 GNU 通用公共许可证的事件，自由软件基金会试图不通过法院使对方遵守 GNU 通用公共许可证。2002 年 11 月 25 日自由软件基金会向个人提供自由软件基金会附属会员的可能性，2003 年 3 月 5 日它向商业企业提供公司保护计划。

1.2.4　国内计算机方面的主要刊物

国内有关计算机的部分主要刊物在计算机领域有深远广泛的影响力，影响因子可反映刊物文献在上一年被引用参考的重要程度，每年都有一定的变化，但影响力大体稳定，参考数据如表 1.1 所示。

表 1.1　计算机方面的主要期刊参考

期刊名称	影响因子参考	期刊名称	影响因子参考
计算机学报	0.921	计算机工程与应用	0.28
软件学报	0.919	计算机科学	0.28
计算机集成制造系统-CIMS	0.855	小型微型计算机系统	0.275
计算机研究与发展	0.806	物探化探计算技术	0.239
计算机辅助设计与图形学学报	0.692	计算机工程与科学	0.234
中文信息学报	0.635	计算机工程	0.232
中国图形图象学报	0.616	计算机仿真	0.206
计算机应用研究	0.428	计算机工程与设计	0.203
计算机测量与控制	0.406	微型电脑应用	0.134
模式识别与人工智能	0.39	数值计算与计算机应用	0.123
计算机与应用化学	0.388	计算机辅助工程	0.098
J COMPUT SCI&TECH	0.33	微型机与应用	0.096
计算机应用	0.329	微计算机应用	0.034

1.3　微型计算机分类与应用

1.3.1　微型计算机的分类

微型计算机品种繁多、型号各异、系列齐全，从技术角度来看，可以按以下几种方法分类。

1. 按微处理器的位数

按微处理器位数(即字长)，微型计算机可分为 4 位机、8 位机、16 位机、32 位机和 64 位机等，以不同微处理器为核心构成不同的微型计算机。

2. 按微型计算机的用途

按不同用途,微型计算机可分为专用机和通用机两大类。如工业过程控制、通信控制等单一用途的专用机,数据处理、教育、科研、办公等场合用途的通用机。

3. 按微型计算机档次

按档次,微型计算机可分为低档机、中档机、高档机等,档次划分主要依据微型计算机核心部件,即微处理器芯片型号,如根据微处理器芯片分为8086/88机、286机、386机、486机、Pentium机、Pentium Ⅱ机、Pentium Ⅲ机、Pentium 4机等。

4. 按微型计算机组装形式

按组装情况可分为单片机、单板机、个人机等。

(1) 单片机。顾名思义,单片机(Single Chip Computer)就是用单个芯片实现一个计算机系统,由于历史原因,国内一直沿用的这一称呼,国际上的标准叫法是微处理器(Micro-processor),或微控制器(MCU),在英语中很少使用"单片机"这一叫法。这种机型是将计算机的CPU、存储器(包括随机存储器RAM、只读存储器ROM)和I/O接口(输入输出接口)模块集成在一个电路芯片上,并将应用程序固化在存储器中,再嵌入到应用对象里,故称为嵌入式系统。因为其应用对象几乎是无限的,所以嵌入式系统的设计往往是个性化的、专用性的系统,这种微型计算机系统的应用也是计算机最重要领域之一,也是最活跃、最广泛、最有前途的。这个领域的主流机型有Freescale(前身为Motorola半导体部)系列、ARM系列、Intel的MCS系列的产品和SOPC技术为代表,广泛用于汽车电子、工业控制、网络产品、家电、移动产品等。

(2) 单板机。将CPU芯片、存储器芯片、I/O接口以及简单的输入输出设备(如小键盘、数码显示LED、液晶显示LCD)等做在一块电路板中,这个电路板就是一台完整的微型计算机,称为单板机。它具有系统独立性和独立操作能力,通常的手持设备、实验教学系统、实时系统等应用非常广泛。典型产品有以Z 80为CPU的TP801、以Intel 8086为CPU的TP86等。

(3) 个人机。通常意义上的微型计算机,它的微处理器芯片、存储芯片、各种I/O接口芯片、外围驱动支持电路和电源等由多个电路板构成,各个电路板构成的子系统通过系统总线连接在一起,形成满足各种需求的通用计算机,如Acer、HP、Dell、联想、方正等厂家品牌,本书即以这种微型计算机为对象,学习微型计算机的基本知识和应用技术。

1.3.2 微型计算机的应用

计算机研制的初衷为了满足复杂的科学计算以摆脱繁重的人工劳动,但随着计算机技术的发展和应用领域的不断扩大,正深刻影响着人类的生产方式、认知方式和社会生产方式,计算机科学成为当前最活跃的生产要素和战略资源。尤其是微型计算机的出现和普及,其应用已经渗透到了人类生活、生产的各个方面,近些年来微型计算机的普及、计算机网络的出现、自动精密制造工业的需求、多媒体技术的使用需要,为微型计算机在深度与广度上的应用提出了各式各样的挑战,其前景将会更加绚丽多彩。

1. 科学计算

科学计算的特点是计算强度大、计算复杂、数据量不大的数值计算。这是计算机应用的最早领域,也是发展比较成熟的领域。但随着智能计算、并行计算、新算法的提出等需要,这个领域一直有很大的发展空间,是计算机技术发展的主要动力之一。以微型计算机构成的机群高性能计算系统在性能、价格、伸缩性等方面仍然满足着人们的需求。

2. 信息处理

信息处理是对信息进行有效的采集、加工、处理、利用等工作,具有数据量大、计算简单等特点。这是计算机随着微型计算机应用的普及后发展起来的应用领域,也是当今应用计算机最广泛的领域之一。它涉及的范围很宽,如银行系统、企业信息系统、财务系统、办公系统、铁路售票系统、教学系统、地理信息系统等,信息处理系统主要完成信息的输入、修改、删除、查询、统计和输出等功能。

3. 自动控制系统

自动控制是通过计算机对某一过程进行的自动操作,不需要人工干预就能按人预先设定的目标和预定状态进行过程的控制。过程控制主要是对数据进行实时的采集、传输、检测、处理和判断等,并按最佳结果进行调节。计算机的自动控制系统被广泛应用于复杂的工业、农业、医药等的生产中,恶劣的环境、高精度、高强度、无人环境、高速场合等都是自动控制系统发挥作用的地方,它可以大大提高控制的实时性、智能性和准确性,提高生产效率和产品质量,降低生产成本、缩短生产周期。作为专门用途的微型计算机——微控制器/嵌入式芯片在这一领域占据了绝大部分计算量。

4. 辅助系统

计算机辅助系统是计算机应用的又一主要领域,通常包含计算机辅助设计(CAD)、计算机辅助制造(CAM)、计算机辅助工艺(CAPP)、计算机辅助测试(CAT)、计算机集成制造系统(CIMS)、计算机辅助工程(CAE)、计算机辅助软件工程(CASE)、计算机辅助教学(CAI)等,广泛用于各种设计、制造、生产、教育等领域,大大提高了生产效率、提高了质量和竞争力,节省人力、物力和财力等绿色节能目标是微型计算机技术对现代社会最突出的贡献之一。

5. 网络系统

当计算机硬件资源十分昂贵的时期,基于硬件资源共享的动机,计算机网络诞生。尤其近年来随着微型计算机的普及和通信技术的发展,Internet 的发展速度和规模达到了惊人的程度,人们称为新 Moore 定律,全球入网量每 6 个月翻一番。全球网络化促进了微型计算机在网络时代的应用,并迅速改变着工业生产、科学研究、商务经济以及人们工作、生活、娱乐的各个方面,基于网络的微型计算机应用,涉及电子商务、网络教育、敏捷制造、虚拟图书馆、虚拟娱乐等,微型计算机通过网络影响了 21 世纪的政治、经济、文化、教育、科技等社会的各个角落,它正在改变着整个世界。随着物联网、移动计算、泛在网、云计算、传感器网络等互联网应用技术的发展,可以预见未来的网络会更复杂、更智能,普适计算成为当今的发展趋势,而各个层次的微型计算机在硬件和软件上普遍支持计算机互联的各种网络应用,并且随着计算机技术的飞速发展和应用形式的深刻变化,用传统的以器件升级换代来划分"第几代计算机"的思路已经显得不合时宜了。

6. 人工智能

人类是万物之灵,拥有高度发达的大脑,其功能的完美无论如何赞美都不为过,人类智力活动的机器模拟,是人类长期追求的理想。人工智能(AI)是一门模拟智能的技术,是一门崭新的信息处理的学科,也是对冯·诺依曼机的突破性探索。其近期目标是让计算机更聪明、更有用,尽管计算机可以计算10亿位的圆周率、快速处理海量的人口普查数据、精确控制航天器登月的每一步,是任何绝顶聪明的人所不及的,但另外一方面其智力水平不及3岁的孩子,是"快速按规矩做事的傻子机器"。如何使计算机能够进行抽象思维,具有获得能力的能力,生物行为尤其是人类自身的智力,成为计算机发展的新途径。

计算机智能技术是计算机发展的永久目标,也是当前计算机应用最具挑战性的应用领域,人工智能是用计算机模拟人类智力或某些生物特殊行为的理论、技术和应用。它包括传统人工智能(即符号主义观点的人工智能)、神经计算(NC,即所谓的连接主义观点)、演化计算(EC,即借鉴生物遗传、变异、选择的达尔文演化学说)和模糊计算(FC)等。人工智能模拟人脑进行思维、推理、学习、联想和决策,使计算机具有一定的"思维能力",广泛用于机器人、语言翻译、机器博弈、定理证明、专家系统、智能识别和控制等,实现机器的听、看、感知、理解、动作等人类所具备的能力。计算机表现出人类智力活动的特征,从而延伸和放大了人类的智能。如今,人类在人工智能领域已经取得了一定的成就,如《数学原理》中全部350多条定理的证明、"四色定理"的证明、世界级数学难题的演化计算、游戏中的智能路径选择、计算机棋手、图形图像识别、机器人、无人驾驶等。

7. 数据管理

过去人们一直孜孜不倦的追求计算机系统的性能和效率,在高性能计算机、超级计算机、嵌入式计算机、微型计算机和网络的换代和普及等方面有着全面的研究和显著的提高,然而,计算机运算速度尽管百万倍甚至上亿倍提升,机器翻译和天气预报等领域的应用仍然不如人意,这显然不是计算机性能不够好。如今,多年积累的海量数据将成为未来计算的核心,就像PC时代Intel芯片是核心一样,数据是新一代计算的核心,即"数据是新的Intel Inside",计算的核心不再是速度,而是数据!未来世界将承载在数据之上,以有效的数据管理技术驾驭和使用积累下来的海量而嘈杂的数据,基于网络的Google、Yahoo!、Facebook等社会化媒体公司,它们的服务所产生的"大数据",需要一种全新的解决方案,如果利用得当现代化对于数据可以产生经济价值的冲击,大数据源源不断地产生新的用途和应用。

大数据带来了更多让人欣喜的成果,其中包含了一些令人深思的用途,并最大限度地提高宝贵的个人时间和精力的利用率。从大数据中更好地理解用户和为用户服务也是普适计算一个新的重要研究方向,这涉及用户数据的传感测量、行为理解、情感计算,也涉及对特定类型的用户数据的分析与挖掘,而普适计算的核心特征是"围绕人的计算"。

简单的模型加上海量的数据比精巧的模型加上少量的数据更有效,对数据的处理并从中提取洞察、理解和表达的能力,如Google公司的机器自动翻译系统和语音输入,基于海量的语料库而不是好的算法，Google 翻译采用“统计式”翻译算法，统计、分析某一单词在语言环境中被运用的概率和位置，寻找出词汇的排列规则，采用“类比式”算法，通过分析数亿的翻译作品，遇到新的语句时，在现有数据中搜索与之最相似的语句进行翻译；又如基于海量数据的 Facebook 数据管理团队，通过数据的分析建立的商业智能系统成为其成功的基础。

大数据更可能是被称为“多层结构”，因为它可以包含文本字符串、所有类型的文件、音频和视频文件、元数据、网页、电子邮件、社交媒体供稿、表格数据，等等。容量仅仅是界定大数据定义的关键要素之一，而对于大数据的定义至少有 3 个方面的重要因素，其他两方面分别是种类和传输速度。一般来说，专家们普遍认为皮字节(PB)级的数据为大数据的起点，尽管这一指标仍然是一个变化中的目标，所以容量这一因素是非常重要的，种类则是指许多不同的数据和文件类型，对于管理和更深入的分析数据是至关重要的，但不适合传统的关系数据库。这方面的例子包括各种声音和电影文件、图像、文档、地理定位数据、网络日志和文本字符串。速度是有关数据的变化率，以及其必须如何快速地被使用，以创造真正的价值。传统技术，尤其不适合用于高速数据储存和使用，因此采用新的方法是必要的。如果有问题的数据创建和聚合速度非常快，就必须使用迅速的方式来揭示其相关的模式和问题。发现问题的速度越快，就越有利于从大数据分析中获得更多的机会。大数据的技术如世界使用排名第一的 Web 服务器软件 Apache 的 Hadoop 工具成为大数据工作的开源软件框架；NoSQL 不仅仅是 SQL，除了 SQL 或类似 SQL 接口，它对相关类型的数据存储提供特定领域的访问和查询技术，包括关键值存储、面向文档的数据库、图形数据库、大表结构和缓存数据存储。

目前的大数据技术主要应用于谷歌、雅虎、Facebook、腾讯、百度、中移动、中联通这样的互联网或通信运营巨头，用户将逐步了解大数据并不仅仅指处理网络数据，而行业对大数据处理的需求也会增加，包括数据流监测和分析。数据挖掘、知识发现、数据智能分析和应用等无不基于海量数据管理，尤其网络环境下数据密集型计算将是未来最具吸引力的数据管理。

微型计算机的出现、普及和应用相互推动，促进良性发展的态势，随着智能家居、物联网、移动计算、普适计算、传统产业升级、通信电子、消费电子市场的进一步发展和拓展，可以预见计算机未来的发展和应用，方向将集中体现在普适化、智能化、网络化和嵌入式等领域，可预见其技术的未来会更加活跃，其应用会给人类生活带来迅猛而巨大的变革，绽放更多绚丽。

1.3.3 计算机的内涵和职位

计算机科学作为一个学科，有其深厚的理论基础、学科形态、学科定义、知识体系、学科领域、学科内涵与本质、核心概念、典型学科方法以及学科能力、学科的发展等。这也是计算机专业教育所遵循的内在规律。

1. 计算学科的内涵

计算学科(通常也称作计算机科学与技术)作为现代技术的标志，已成为世界各国经济增长的主要动力,是现代科学体系的主要基石之一,计算机科学与量子力学、相对论、宇宙大爆炸模型、DNA双螺旋结构、板块构造理论这六大科学确立了现代科学体系的基本结构。计算机的出现和发展已经改变了科学的定义,当今人们所说的4种科学模式,除了传统的理论和实验外,需要加上因为计算机而产生的计算科学和数据驱动科学两个新模式。

计算学科诞生于20世纪40年代初,它的理论基础可以说在这之前就已经建立起来了。美国普渡大学于1962年开设了最早的计算机科学学位课程,但如何认识这门学科,它究竟属于理科还是工科,属于科学还是属于工程的范畴,这是困扰国内外计算机科学界很长时间且争论不休的问题。

在计算机产生之初及随后的一二十年时间里,计算机主要用于数值计算。20世纪七八十年代,计算技术得到了迅猛的发展和广泛的应用,并开始渗透到大多数科学领域。这时人们普遍争论的问题是,计算机科学是否作为一门学科?它是科学还是工程?它属于理科还是工科?或者只是一门技术、一个计算商品的研制者或销售者?1985年春,ACM和IEEE—CS组成联合攻关小组,开始了对"计算作为一门学科"的存在性证明,1989年1月,该小组提交了《计算作为一门学科》(Computing as a discipline)的报告(以下简称"报告")。第一次给出了计算学科一个透彻的定义,回答了计算学科中长期以来一直争论的一些问题,完成了计算学科的"存在性"证明,还提出了未来计算科学教育必须解决的二个重大问题——整个学科核心课程详细设计及整个学科综述性导引课程的构建。1991年,在这个报告的基础上提交了关于计算学科教学计划CC 1991(Computing Curricula 1991),2001年12月,提交了最终的CC 2001。

"报告"及CC 1991、CC 2001的一系列成就一起解决了3个重要问题:第一个重大问题(计算作为一门学科的存在性证明)的解决,对学科本身的发展至关重要。如果在众多分支领域都取得了重大成果并已得到广泛应用的"计算",连作为一门学科的地位都不清楚,那么它的发展势必要受到很大的限制。第二个重大问题(整个学科核心课程详细设计)的解决,将为高校制定计算机教学计划奠定基础。确定一个公认的本科生应该掌握的核心内容,将避免教学计划设计中的随意性,从而为人们科学地制定教学计划奠定基础。第三个重大问题(整个学科综述性导引课程的构建)的解决,将使人们对整个学科的认知科学化、系统化和逻辑化。

如果人们对计算学科的认知能建立在公理化的基础之上,则该学科可被认为是严谨的科学、成熟的学科,从而有助于它的发展,并将由此而得到人们的尊重。计算学科的基本原理已纳入理论、抽象和设计这3个具有科学技术方法意义的过程中。这3个过程要解决的都是计算过程中的"能行性"和"有效性"问题,学科的各分支领域正是通过这3个过程来实现它们各自的目标。计算问题的本质即为"能行性",也是数学问题的"算法化",算法也称为能行方法或能行过程,英国科学家图灵用形式化方法揭示了这一本质——计算就是计算者(人或机器)对一条两端可无限延长的纸带上的一串0和1执行指令,一步一步地改变纸带上的0和1,经过有限步骤,最后得到一个满足预先规定的符号串的变换过程。

2. 计算学科的根本问题

"报告"定义计算学科如下：计算学科是对描述和变换信息的算法过程，包括对其理论、分析、设计、效率、实现和应用等进行的系统研究。"报告"对学科的根本问题进行了概括，即什么能被有效地自动进行。这是根本问题"能行性"的讨论，在极为宽广的领域内，根本任务就是进行计算，实质就是字符串的变换，而"能行性"这一根本问题决定了计算机处理的对象是离散的，而非连续的。以离散型变量为研究对象的离散数学成为学科的第一个领域——离散结构，它包括集合论、数理逻辑、近世代数、图论及组合数学等内容，并以抽象和理论的学科形态为计算学科领域提供强有力的数学工具。

计算科学的研究包括从算法与可计算性的研究到根据可计算硬件和软件的实际问题的研究，涉及理论研究、实验方法和工程设计。计算机学科研究计算机的系统设计、制造和应用，如何进行信息的获取、表示、存储、处理、控制等的理论、方法、原则和技术等，包含科学、工程、技术 3 个层次领域，既注重理论和抽象，研究现象揭示规律，进行抽象和设计，也注重理论和实践紧密结合，研究计算机系统进行信息的处理方法和技术手段等。

计算学科作为一门新兴学科，是以数学和电子科学为基础的，理论和实践相结合，学科发展的动力来自于科学理论和工程技术发展的驱动，具有自身发展的深度和广度，尤其是应用需求的牵引推动了学科持续高速的发展，并且具有很强的开放性、包容性和吸纳性，其应用的广泛普及与其他学科的渗透，呈现多学科的交叉和融合，跨学科、跨方向的创新与应用形成计算学科发展的新形态，同时还具有促进其他学科发展的作用。

从工具性使用到初步编程使用、从零碎的知识掌握到系统级内涵式设计、从跟踪模仿到计算思维的养成，勤于积累、精于应用，主动激发热情，培养自己的创新能力和独立思考能力，扩大计算思维面——这是一种普适的思维，即一切皆可计算，从物理世界模拟到人类社会模拟，从人类社会模拟再到智能活动，都是计算的某种形式，包括形式化、模型化描述和抽象思维与逻辑思维能力。"微型计算机与接口技术"这门课程是计算机系统平台知识领域的深入课程，其针对的计算环境是微型计算机系统，既涉及指令级的问题求解，采用与计算机硬件联系较紧密的汇编语言，又涉及系统级(硬件系统)的问题求解。课程的内容学习，一是要把握相应计算环境的构成和运行机理，二是通过相应环境上的应用开发方法，初步领悟微型计算机系统级的问题求解。

3. 计算学科的学科形态(过程)

计算学科的确立，反映了人们对计算的认识从感性到理论，再由理论回到实践的科学思维方法，其认知领域的三个最基本最原始的概念，即三个学科形态：抽象、理论和设计，它提供了定义计算学科的条件，是构成学科方法论的第一个方面。

这三个学科形态源于人们认识客观事物的规律，反映了对现实世界的感性认识、依靠数学的理性认识以及完成工程设计的全过程，是从事该领域工作的文化方式。从研究过程、发展过程和实现过程看，三个学科形态都有各自的步骤和内容。抽象形态包括形成假设、建造模型、进行预测、设计实验、收集数据和对结果进行分析；理论形态则包含定义和公理(对对象特征的研究和表述)、定理(假设对象间的基本性质和可能关系)、证明(确定关系是否为真)以及结论；设计形态包括需求分析、建立规格说明、设计并实现系统、系统的测试与分析。学科的三个形态在研究过程中,都有相应的作用和内在的联系。一般是在理论指导下,运用抽象工具进行设计,最后形成计算机的软硬件系统和文档资料。三个形态(过程)错综缠绕,也可侧重深入、独立开展工作。

结合学科知识体系,从领域、知识和主题三个不同层次,详细设计学科结构,寻找整个学科的科学的、系统的分析和总结方法,避免认识上的"只见树木、不见森林"和"盲人摸象"症结。学科包含14个主领域的定义:离散结构、程序设计基础、算法与复杂性、体系结构、操作系统、网络计算、程序设计语言、人机交互、图形学与可视化计算、智能系统、信息管理、软件工程、社会和职业问题、科学计算。

4. 学科的分支与领域知识

早期的技术学科代表两个领域的专业分支,即计算机科学和计算机工程,俗称软件和硬件。计算学科的知识发展演化也在与时俱进的变化着,经过近些年的积累和飞速发展,学科本身发生巨大变化,其范畴拓宽,并涵盖了许多其他学科范围,已是软件和硬件所不能所同日而语的了,远远超出计算机科学和计算机工程的单一范畴。ACM和IEEE—CS的报告CC 2001和CC 2004把学科分为计算机科学(CS)、计算机工程(CE)、软件工程(SE)、信息技术(IT)、信息系统(IS),并为未来预留了一定的发展空间。新的专业分支具有不同的内涵和知识侧重的领域,需要不同的知识和技能背景,更主要的还在于不同的思维方式和工作模式。

(1) 计算机科学:知识领域侧重理论与算法,在于发现规律,其根本问题即为"什么能被有效地自动进行计算"。领域知识具体包括离散结构、程序设计基础、算法与复杂性、计算机结构与组织、操作系统、网络计算、程序设计语言、人机交互、图形学与可视化计算、智能系统、信息管理、软件工程、社会和职业问题、数值科学计算。

(2) 计算机工程:知识领域侧重技术与工程实现,具体包括离散结构、概率与统计、计算机体系结构与组织、计算机系统工程、电路与信号、数据库系统、数字逻辑、数字信号处理、电子学、嵌入式系统、VLSI设计与构造、算法与复杂性、操作系统、计算机网络、人机交互、程序设计基础、软件工程、社会和职业问题。与计算机科学有不同的侧重,但又相互交叉。计算机工程反映现代计算系统和计算机控制设备的软硬件设计、建造、实现的科学与技术。它以计算、数学及工程理论与原理为基础,基于计算机进行系统设计,围绕应用需求,解决硬件、软件、网络的设计及其他过程中的技术问题,在目标和约束之间折中处理,在软硬件解决问题中进行设计和取舍,关注计算机产品的正常运行和维护,其根本问题即为"如何低成本、高效率地实现自动计算"。

(3) 软件工程:软件工程的定义是"以系统的、学科的、定量的途径,把工程应用于软件的开发、运营和维护;同时开展其过程中的方法、途径的研究",这体现了软件工程领域的两大研究和应用方向——工程学和方法学,其重点在于构建系统。面向软件工程教育和行业教育的从业要求分别形成两个知识体系,即IEEE-CS/ACM的CC 2004公布的SEEK和IEEE的SWEBOK-2004,其中SEEK包含的知识体系是计算的本质、数学与工程基础、职业训练、软件建模与分析、软件设计、软件验证、软件进化、软件过程、软件质量、软件管理、系统与应用专题;SWEBOK-2004包含的知识体系有软件需求、软件设计、软件构造、软件测试、软件维护、软件配置管理、软件工程管理、软件工程过程、软件质量、软件工程工具和方法及相关学科知识。

(4) 信息技术：信息技术以计算机硬件和体系结构为基础，覆盖了组织与系统、应用技术、软件开发和系统设施等内容，与应用技术相关性强，其根本问题是如何分别、有效地利用系统进行计算，即实现服务。涉及信息的分类、获取、存储、处理、传输、再生和输出等，拓展到Web的数字技术、信息应用等。是计算机学科新增加的专业分支。

(5) 信息系统：信息系统属于管理学学科，涉及计算机各个应用领域和行业，侧重工程实施和系统构建，涵盖信息技术、组织管理、系统理论和开发，包含的知识体系有计算机组织与体系结构、算法与数据结构、编程语言、操作系统、数据库、信息系统设计、系统实现与测试、系统操作与维护、信息系统管理、商务分析、项目管理、风险管理、应用计划及系统开发方法、开发工具、技术、途径等内容。

计算学科的各分支领域通过理论、抽象和设计这3个过程来实现它们各自的目标，而这3个过程要解决的都是计算过程中的“能行性”和“有效性”问题。这两个问题渗透在包括硬件和软件在内的理论、方法、技术的研究和应用的研究和开发中，并且学科的方法论的主要理论基础——以离散数学为代表的构造性数学与能行性问题形成了天然的一致。因此，计算机科学各个分支学科的理论、技术理论和计算机工程的各学科的工程和技术常常既有理论特征，又有技术特征，二者之间的界限往往不很清楚。现在把计算机科学、计算机工程、计算机科学与工程、计算机信息学以及其他类似名称的及其研究范畴统称为计算学科了，计算学科在能力方面的要求表现在：计算思维能力、算法设计与分析能力、程序设计与实现能力、系统分析与开发应用能力。

计算学科作为一级学科(计算机科学与技术)包括计算机系统结构、计算机软件与理论、计算机应用技术3个二级学科。计算学科与其他学科之间，以及自身的3个二级学科之间日益渗透、互为影响，在学科内涵和应用不断拓展的同时，跨学科、跨专业的研究也将促进本学科以及相关学科更快、更广的发展。

5. 学科的核心概念和典型方法

学科方法论的第一个方面使得计算学科得以确立，抽象、理论和设计这3个学科形态提供了定义计算学科的条件。而计算机学科的核心概念蕴含学科的基本思想，则是学科方法论的第二个方面。学科涉及的重要概念是问题求解中考虑的要点，是学科的重要思想、原则、方法、技术过程的集中体现。计算机专业工作中使用这些概念有助于在学科的深层次统一认识，对学科的核心概念的深入理解和正确拓展也是计算机专业工作人员的重要标志之一。这些体现学科基本思想的12个重要概念：绑定、问题复杂性、概念和形式模型、一致性和完备性、效率、演化、抽象层次、按空间排序、按时间排序、重用、安全性、折中与决策。

作为学科方法论的第三个方面是典型的学科方法，即数学方法和系统科学方法。它们以数学为工具进行的科学研究方法，包括问题的描述和变换，如公理化方法、构造性方法、内涵与外延法、模型化与具体化方法等，以及以抽象思维对应问题整体的抽象级别，并进行系统的整体优化，如系统分析方法、黑箱法、功能模拟方法、信息分析方法、分治法、自顶向下、自底向上、模块法和逐步求精等。

6. 计算机专业职位

学科的能力除了交流、获取知识、分析信息的基本能力,还包括程序设计与实现能力、算法设计与分析能力、系统分析、开发与应用能力以及计算思维能力。学科不但强调信息的获取、存储、处理等为主,更强调与人类社会、健康、艺术、生物、能源、材料等领域的联系,作为一门独立的学科的同时,也是一种典型的通用技术,并与各种学科建立广泛的横向关系,形成技术的多样性、开放性和个性化局面。

当今时代的人们大多能够熟练使用计算机,通过计算机专业教育,成为计算机专业或相关专业的毕业生,其专业素质、工作领域和职位有一定的内在要求,与计算机技术的应用或使用有本质的区别。归纳起来看,计算机的专业职位大体可分为计算机硬件、软件编程、计算机网络、计算机应用技术、信息系统、技术支持/服务、数字媒体/娱乐、人才培养等八大类,如表1.2所示。

表1.2 计算机专业职位

计算机硬件	软件编程	计算机网络	计算机应用技术
硬件工程师 计算机维护与管理 硬件系统设计	系统分析师 系统架构师 软件设计师 软件评测师 程序员 技术文档员	网络工程师 网络策划师 网络分析师 网络管理员 网站管理员	计算机辅助设计师 嵌入式系统设计师 网站设计师 单片机应用设计师 电子商务设计师
信息系统	**技术支持/服务**	**数字媒体/娱乐**	**人才培养**
数据库系统工程师 信息系统管理工程师 信息系统运行管理员 信息系统设计师 信息系统监理师	技术支持工程师 产品支持工程师 产品/技术销售人员 顾客服务代表 技术部客户经理 服务台技术员	多媒体应用设计师 多媒体应用制作 动画制作 计算机平面设计师 游戏程序设计师 流媒体技术 虚拟现实技术	计算机专业教师 计算机认证培训师 公司技术推广

习 题 1

1. 微处理器在微型计算机中有什么作用?
2. 微型计算机经历了哪些发展?
3. 微型计算机系统的构成包含哪些部分?
4. 计算机有哪些技术指标?
5. 计算机方面的组织有什么作用?
6. 思考计算机使用和计算机应用的区别。
7. 理解和思考计算机学科的内涵。

第 2 章 微处理器与系统总线

微处理器(Microprocessor)是采用大规模或超大规模集成电路技术制成的半导体芯片,上面集成了计算机的主要部件:控制器、运算器和寄存器组。微处理器是计算机系统的核心部件,所以它又称为中央处理器(Central Processing Unit,CPU)。由微处理器与各部件及外部设备组成微型计算机系统,它们之间通过系统总线相互进行信息或数据的交换,从而构成一个完整微型计算机系统。

系统总线上传送的信息包括数据信息、地址信息、控制信息,因此,系统总线包含有3种不同功能的总线,即数据总线(Data Bus,DB)、地址总线(Address Bus,AB)和控制总线(Control Bus,CB)。

数据总线 DB 用于传送数据信息。数据总线是双向三态形式的总线,即他既可以把 CPU 的数据传送到存储器或 I/O 接口等其他部件,也可以将其他部件的数据传送到 CPU。数据总线的位数是微型计算机的一个重要指标,通常与微处理器的字长相一致。例如 Intel 8086 微处理器字长 16 位,其数据总线宽度也是 16 位。这里的数据的含义是广义的,它可以是真正的数据,也可以指令代码或状态信息,有时甚至是一个控制信息,因此,在实际工作中,数据总线上传送的并不一定仅仅是真正意义上的数据。

地址总线(AB)是专门用来传送地址的,由于地址只能从 CPU 传向外部存储器或 I/O 端口,所以地址总线总是单向三态的,这与数据总线不同。地址总线的位数决定了 CPU 可直接寻址的内存空间大小,比如 8 位微型计算机的地址总线为 16 位,则其最大可寻址空间为 $2^{16}=4$KB,16 位微型计算机的地址总线为 20 位,其可寻址空间为 $2^{20}=1$MB。一般来说,若地址总线为 n 位,则可寻址空间为 2^n 字节。例如,一个 16 位宽度的地址总线可以寻址的内存空间为 2^{16}KB=65 536KB=64KB 的内存空间,而一个 32 位地址总线可以寻址的内存空间为 2^{32}GB=4 294 967 296GB=4GB 的内存空间。

控制总线 CB 用来传送控制信号和时序信号。控制信号中,有的是微处理器送往存储器和 I/O 接口电路的,如读写信号,片选信号、中断响应信号等;也有是其他部件反馈给 CPU 的。比如,中断申请信号、复位信号、总线请求信号、设备就绪信号等。因此,控制总线的传送方向由具体控制信号而定,一般是双向的,控制总线的位数要根据系统的实际控制需要而定。实际上控制总线的具体情况主要取决于 CPU。

2.1 Intel 8086/8088的结构

Intel 8086是由Intel公司于1978年推出的16位微处理器芯片。它是以8080和8085的设计为基础,拥有类似的寄存器组,但是数据总线扩充为16位,8086和8088属于第三代微处理器。8088与存储器和I/O进行数据传输的外部数据总线宽度为8位,而8086为16位宽度,8086的指令队列存放6条指令而8088为4条之外,两者几乎没什么区别,程序不需要任何修改就能在另一个CPU上运行。8086有20条地址线,可直接寻址1MB的存储空间。8086内部有8个通用寄存器、一个指令指针寄存器、一个标志寄存器和四个段寄存器。x86架构的PC从一开始就是追求整机的性价比,在保证处理能力的同时,更追求可靠性、可用性和功能性,并和大型机一样,有着良好而强劲的软硬件支持,丰富的产品系列针对不同的市场,促进着其越来越广的应用范围持久不衰。

2.1.1 8086的基本结构与功能

8086的结构由总线接口单元(Bus Interface Unit,BIU)和执行单元(Execution Unit,EU)组成。BIU主要负责CPU内部与存储器和I/O接口之间的信息传送,包括取指令、传送指令执行所需的操作数到EU,以及将EU的执行结果传送到内存或I/O接口。EU则主要负责分析和执行指令,并产生相应的控制信号。8086的基本结构如图2.1所示。

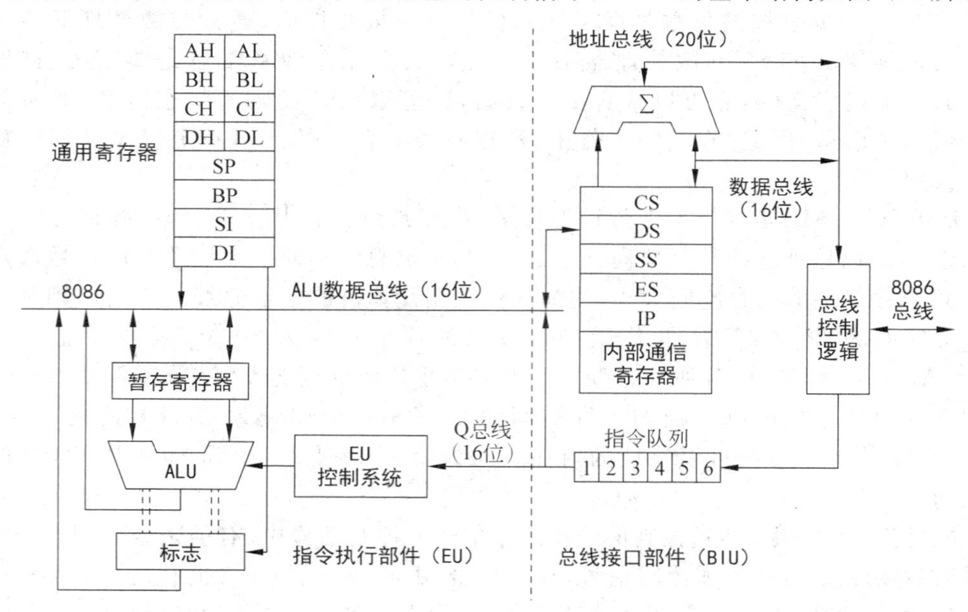

图2.1 8086的基本结构图

1. 总线接口单元(BIU)

总线接口单元的功能是负责CPU与存储器、I/O端口之间的信息传送。总线接口单元负责从内存取指令送到指令队列。CPU执行指令时,总线接口单元从指定的内存单元或者外设端口中取数据，将数据传送给执行单元，或者把执行单元的操作结果传送到指定的内存单元或外设端口中。BIU根据执行单元EU得到的16位偏移地址和16位段寄存器提供的16位段地址，通过地址加法器产生20位物理地址，然后对存储器或I/O端口进行读写操作。

总线接口单元由下列各部分组成。

(1) 4个16位段地址寄存器。代码段寄存器(Code Segment,CS)存放程序代码段起始地址(20位物理地址)的高16位；数据段寄存器(Data Segment,DS)存放数据段起始地址的高16位；堆栈段寄存器(Stack Segment,SS)存放堆栈段起始地址的高16位；附加段寄存器(Extra Segment,ES)存放附加数据段的起始地址的高16位。

(2) 16位的指令指针寄存器IP。用于存放下一条预取指令的偏移地址。其基本工作过程是，取指令时，IP将其中的值作为指令的偏移地址，该地址与CS寄存器中的值组合生成指令的物理地址，然后CPU按照该物理地址读取指令，同时IP本身自动加1。IP最基本的工作方式是自动加1。

(3) 20位的地址加法器。用于将段地址(16位)与偏移地址(16位)合成为20位的物理地址。

(4) 指令队列。用来存放预先从主存取出的指令。通过总线接口单元中的指令队列实现流水操作。

2. 执行单元(EU)

执行单元EU主要由算术逻辑单元ALU、通用寄存器、指针寄存器、标志寄存器、暂存寄存器、指令译码器和控制电路等组成。其主要功能就是执行指令，执行指令的过程首先是指令译码，即从BIU的指令队列中取出指令码，在执行单元EU中翻译成可直接执行的微指令码。然后根据对指令译码后所得到的微指令码，向各有关部件发出相应的控制信号，完成指令规定的功能。指令要完成的各种运算处理由算术逻辑单元ALU和有关的寄存器实现。在指令的执行过程中如果需要和存储器交换数据，则向BIU发出总线请求，同时将指令直接提供的或者计算出来的逻辑地址中的偏移量送往BIU，由BIU计算出相应的物理地址。在执行指令时不仅要使用算术逻辑单元ALU，同时还要配合使用相关的通用寄存器和标志寄存器，来提供操作数，存放运算的中间结果，反映运算结果的状态标志等等。因此，对通用寄存器的使用管理也是EU的任务。

总线接口单元和执行单元大部分的操作可以并行，可以同时进行读写操作和执行指令的操作。这样就减少了微处理器为取指令而需要等待的时间，从而提高了微处理器执行指令的速度，这便是流水线结构的雏形。例如总线接口单元从存储器中预先取出一些指令存放在指令队列中，这样执行单元就不必等待总线接口单元去取指令，从而实现流水线操作，如图2.2所示。流水线工作方式减少了CPU的等待时间，提高了微处理器的利用率和整个系统的效率。

2.1.2　8086的内部寄存器

寄存器是CPU内部的重要组成部分，寄存器拥有非常高的读写速度，所以在寄存器之间的数据传送非常快。CPU对存储器中的数据进行处理时，通常先把数据取到内部寄存器中再作处理。8086中有14个16位的寄存器。这14个寄存器按其用途可分为：通

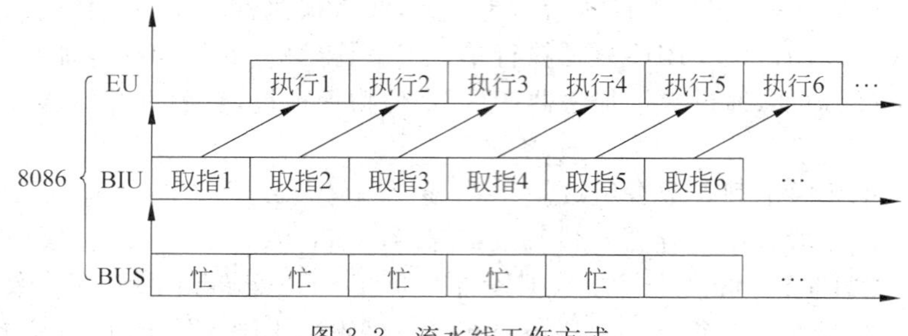

图 2.2 流水线工作方式

用寄存器、控制寄存器和段寄存器三大类,8086 的寄存器结构如图 2.3 所示。

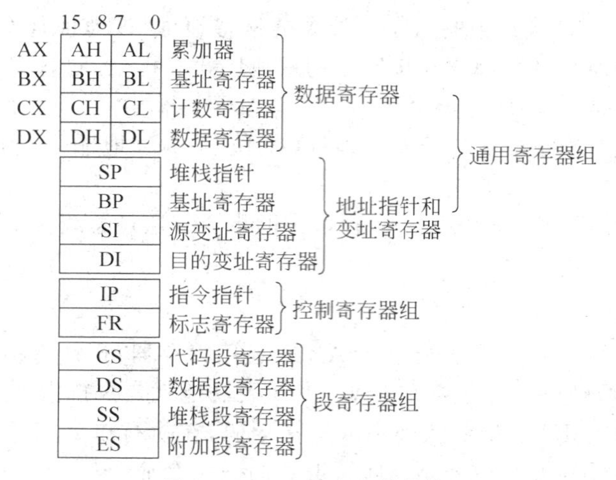

图 2.3 8086 的寄存器结构

1. 通用寄存器

通用寄存器共 8 个 16 位的寄存器:AX、BX、CX、DX、SP、BP、DI 及 SI,包括 4 个数据寄存器,两个地址指针寄存器和两个变址寄存器。

(1) 通用数据寄存器 AX、BX、CX、DX。通用数据寄存器既可以用作 16 位的寄存器,也可分为 8 位的独立寄存器 AL、AH、BL、BH、CL、CH、DL 和 DH 使用。通用数据寄存器既可以存放指令所需的操作数,也可存放运算后的结果,具有通用性,使用灵活。8086/8088 CPU 的 14 个寄存器除了这 4 个 16 位寄存器能分别当作两个 8 位寄存器来用之外,其他寄存器都不能如此使用,这 4 个通用数据寄存器除通用功能外,还有如下专门用途。

AX(Accumulator)称为累加器:主要用于算术逻辑运算。用该寄存器存放运算结果可使指令简化,提高指令的执行速度。此外,所有的 I/O 指令都使用该寄存器与外部设备端口交换信息。

BX(Base)称为基址寄存器:8086/8088 中有两个基址寄存器 BX 和 BP。BX 用来存放位于内存数据段中操作数的偏移地址,BP 用来存放位于堆栈段中操作数的偏移地址。

CX(Counter)称为计数器:常用来保存计数值,在移位指令、循环指令和串操作指令中作计数器使用。在设计循环程序时使用该寄存器存放循环次数,可使程序指令简化,有利于提高程序的运行速度。

DX(Data)称为数据寄存器：在寄存器间接寻址的I/O指令中存放I/O端口地址；在做双字长乘除法运算时，DX与AX一起存放一个双字长操作数，其中DX存放高16位数，AX存放低16位数据。

(2) 地址指针寄存器SP、BP。SP(Stack Pointer)称为堆栈指针寄存器：和堆栈段寄存器SS一起用来确定栈顶的地址。在使用堆栈操作指令(PUSH或POP)对堆栈进行操作时，每执行一次进栈或出栈操作，系统会自动将SP的内容减2或加2，以使其始终指向栈顶。

BP(Base Pointer)称为基址寄存器：作为通用寄存器，它可以用来存放数据，但更经常更重要的用途是存放操作数在堆栈段内的偏移地址，和堆栈段寄存器SS一起用来确定堆栈段中的任意存储单元的地址。

(3) 变址寄存器SI、DI。SI(Source Index)称为源变址寄存器：SI用来存放源操作数的偏移地址，与数据段寄存器DS联用，以确定源操作数在数据段中的存储单元地址。在串操作指令中使用时SI拥有自增和自减的变址功能。

DI(Destination Index)称为目的变址寄存器：DI用来存放目的操作数的偏移地址。与附加段寄存器ES联用，以确定目的操作数在附加段中的存储单元地址，在串操作指令中使用时DI拥有自增和自减的变址功能。

2. 控制寄存器

(1) 指令指针IP (Instruction Pointer)。IP称为指令指针，是一个16位的专用控制寄存器，用来存放下一条预取指令的偏移地址，与代码段寄存器CS联用。CS存放代码段的基地址，IP存放段内偏移量。当BIU从内存中取出一个字节的指令代码后，IP自动加1，指向下一条指令代码。用户程序不能直接访问IP。

(2) 标志寄存器FLAGS。FR称为标志寄存器，它是一个按位定义的一个16位寄存器。在8086中只使用了FR中的9位，其中6位是状态标志，3位是控制标志，如图2.4所示。

15…12	11	10	9	8	7	6	5	4	3	2	1	0
	OF	DF	IF	TF	SF	ZF		AF		PF		CF

图2.4 8086状态标志寄存器各位含义

状态标志位：CF、PF、AF、ZF、SF、OF，用来反映EU执行算术和逻辑运算以后的结果特征，这些标志常作为条件转移类指令的测试条件，控制程序的运行方向。

CF(Carry Flag)：进位标志，当CF=1，表示指令执行结果在最高位上产生一个进位(加法)或借位(减法)；CF=0，则无进位或借位产生。CF标志主要用于加、减运算，移位和循环指令也能把存储器或寄存器中的最高位(左移)或最低位(右移)移入CF位中。

PF(Parity Flag)：奇偶标志，当PF=1，表示指令执行结果中有偶数个1；PF=0，则表示结果中有奇数个1。PF标志用于检查在数据传送过程中，是否有错误发生。

AF(Auxiliary Carry Flag)：辅助进位标志，当AF=1，表示结果的低4位产生了一个进位或借位；AF=0，则无进位或借位。AF标志主要用于实现BCD码算术运算结果的调整。

ZF(Zero Flag)：零标志，当ZF=1，表示运算结果为零；ZF=0，则运算结果不为零。

SF(Sign Flag):符号标志,当 SF=1,表示运算结果为负数,即最高位为 1;SF=0,则表示结果为正数,即最高位为 0。

OF(Overflow Flag):溢出标志,当 OF=1,表示带符号数在进行算术运算时产生了算术溢出,即运算结果超出带符号数所能表示的范围;OF=0,则无溢出。

控制标志位:TF、IF、DF,用来控制 CPU 的工作方式或工作状态,它一般由程序设置或由程序清除。

TF(Trap Flag):陷阱标志,TF 标志是为了调试程序方便而设置的。若 TF=1,则 8086 处于单步工作方式。8086 执行完一条指令就自动产生一个内部中断,转去执行一个中断服务程序;当 TF=0 时,8086 正常执行程序。

IF(Interrupt Enable Flag):可屏蔽中断允许标志,它是控制可屏蔽中断的标志。若 IF=1,表示允许 CPU 接受外部从 INTR 引脚上发来的可屏蔽中断请求信号;若 IF=0,则禁止 CPU 接受可屏蔽中断请求信号。

DF(Direction Flag):方向标志,DF 用于控制字符串操作指令的步进方向。当 DF=1 时,字符串操作指令按递减的顺序从高地址到低地址的方向对字符串进行处理;若 DF=0,字符串操作指令按递增的顺序从低地址到高地址的方向对字符串进行处理。

3. 段寄存器

为了对 1MB 的存储空间进行管理,8086/8088 对存储器进行分段管理,即将程序代码和数据分别放在代码段、数据段、堆栈段或附加数据段中,每个段最多可达 64K 个存储单元。段地址分别放在对应的段寄存器中,代码或数据在段内的偏移地址由有关寄存器或立即数给出。8086CPU 共有 4 个 16 位的段寄存器,用来存放每一个逻辑段的段起始地址。

(1) CS(Code Segment)。CS 为代码段寄存器,用来存储程序当前使用的代码段的段地址。CS 的内容左移 4 位再加上指令指针寄存器 IP 的内容就是下一条要读取的指令在存储器中的物理地址。

(2) DS(Data Segment)。DS 为数据段寄存器,用来存放程序当前使用的数据段的段地址。DS 的内容左移四位再加上按指令中存储器寻址方式给出的偏移地址即得到对数据段指定单元进行读写的物理地址。

(3) SS(Stack Segment)。SS 为堆栈段寄存器,用来存放程序当前所使用的堆栈段的段地址。堆栈是存储器中开辟的按先进后出原则组织的一个特殊存储区,主要用于调用子程序或执行中断服务程序时保护断点和现场。

(4) ES(Extra Segment)。ES 为附加数据段寄存器,用来存放程序当前使用的附加数据段的段地址。附加数据段用来存放字符串操作时的目的字符串。

2.1.3 8086/8088 的存储器与 I/O 组织

1. 内存地址分段与合成

8086/8088 系统的 20 位地址线可寻址 1MB 的存储空间,其中任何一个内存单元都有一个 20 位的地址,称为内存单元的物理地址。访问内存单元在多数情况下都要通过寄存器间接寻址,而 8086/8088 内部寄存器只有 16 位,可寻址 2^{16}=64KB,这成为微型计算机的一大限制。为了解决访存的矛盾,8086/8088 采用了将存储器地址空间分段的方法,即将 1 MB 空间划分成若干个逻辑段，每个逻辑段的最大长度为 64KB，用段起始地址加上偏移地址达到 20 位地址来访问物理存储器。段基地址放在段寄存器中，因为 8086/8088 中有 4 个段寄存器，所以它可以同时访问 4 个存储段。段与段之间可以重合、重叠、紧密连接或间隔分开，内存空间分段示意如图 2.5 所示。

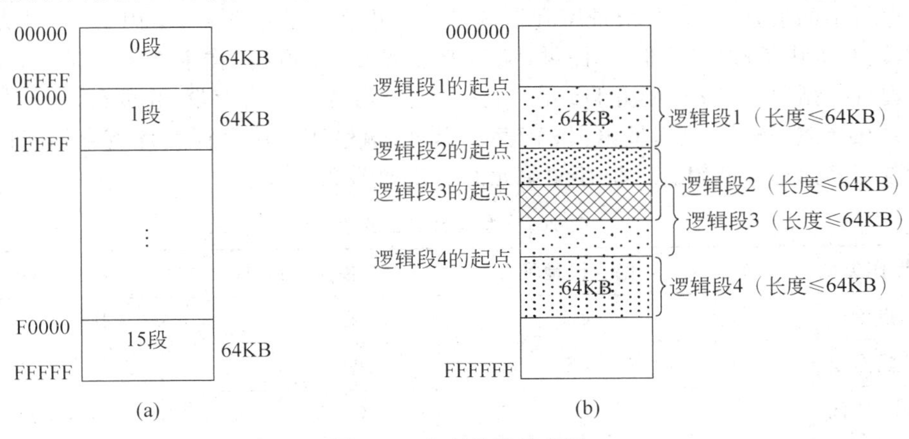

图 2.5　内存分段示意图

把段起始地址的高 16 位称为段基地址，相对于段起始地址的一个偏移量称为偏移地址（也叫有效地址），把“段基地址：偏移地址”的表示形式称为存储单元的逻辑地址，逻辑地址也是编程时采用的地址形式。

物理地址是内存的绝对地址，从 00000H～FFFFFH，是 CPU 访问内存的实际寻址地址。物理地址和逻辑地址的关系为：

物理地址＝段基址×16＋偏移地址

物理地址在 BIU 的地址加法器中形成。段基址×16 相当于段基址左移 4 位（或在段基址后面加 4 个 0），然后再与偏移地址相加，得到 20 位的物理地址，物理地址的计算如图 2.6 所示。

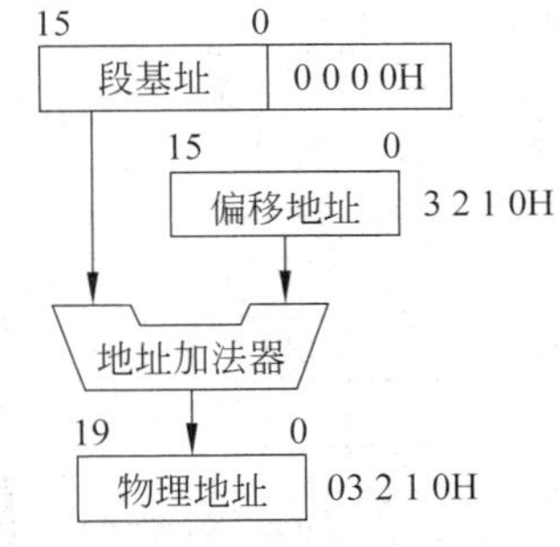

图 2.6　内存物理地址计算

【例 2.1】　若 CS＝2000H，IP＝003AH，CS 存放当前代码段基地址，IP 存放了下一条要执行指令的段内偏移地址，则物理地址＝CS×16＋IP＝2000H×10H＋003AH＝2003AH。

存储器采用分段寻址的好处是允许程序在存储器内重定位（浮动），可重定位程序是一个不加修改就可以在任何存储区域中运行的程序。这是因为段内偏移总是相对段起始地址的，所以只要在程序中不使用绝对地址访问存储器，就可以把一个程序作为一个整体移到一个新的区域。在 DOS 中，程序载入到内存时由操作系统指定寄存器的内容，以实现程序的重定位。存储器采用分段编码使得程序中的指令只涉及 16 位地址，缩短了指令长度，提高了程序执行的速度。尽管 8086 的存储器空间多达 1MB，但在程序执行过程中，不需要在 1MB 空间中去寻址，多数情况下只需要在一个较小的存储器段中运行。大多数指令运行时，并不涉及段寄存器的值，只涉及 16 位的偏移量。

2. 逻辑地址来源

由于访问内存的操作类型不同，BIU 所使用的逻辑地址来源也不同，如表 2.1 所示。

取指令时，自动选择CS值作为段基址，偏移地址由IP来指定，计算出取指令的物理地址；当进行堆栈操作时，段基址自动选择SS值，偏移地址由SP来指定；当进行读、写内存操作数或访问变量时，则自动选择DS或ES值作为段基址(必要时修改为CS或SS)，此时，偏移地址要由指令所给定的寻址方式来决定，可以是指令中包含的直接地址，可以是地址寄存器中的值，也可以是地址寄存器的值加上指令中的偏移量；当用BP作为基地址寻址时，段基址由堆栈寄存器SS提供，偏移地址从BP中取得；在字符串寻址时，源操作数放在现行数据段中，段基址由DS提供，偏移地址由源变址寄存器SI取得，而目标操作数通常放在当前ES中，段基址由ES寄存器提供，偏移地址从目标变址寄存器DI取得。段寄存器与其他寄存器组合寻址存储单元的示意如图2.7所示。

表2.1 逻辑地址的来源

操作类型	隐含段地址	替换段地址	偏移地址(offset)
取指令	CS	无	IP
堆栈操作	SS	无	SP
BP为间址	SS	CS,DS,ES	有效地址EA
存取变量	DS	CS,ES,SS	有效地址EA
源字符串	DS	CS,ES,SS	SI
目标字符串	ES	无	DI

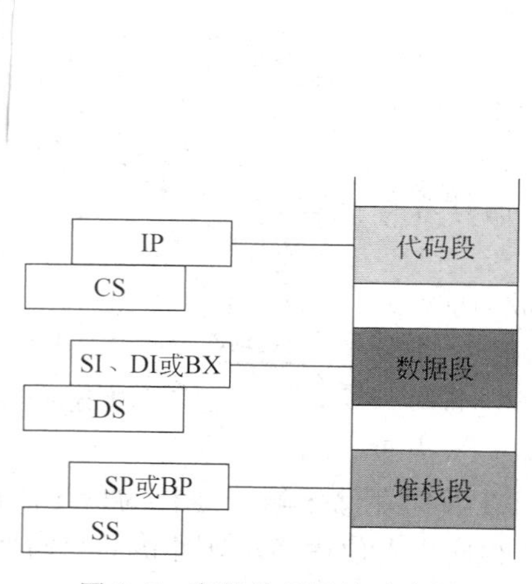

图2.7 存储单元寻址示意图

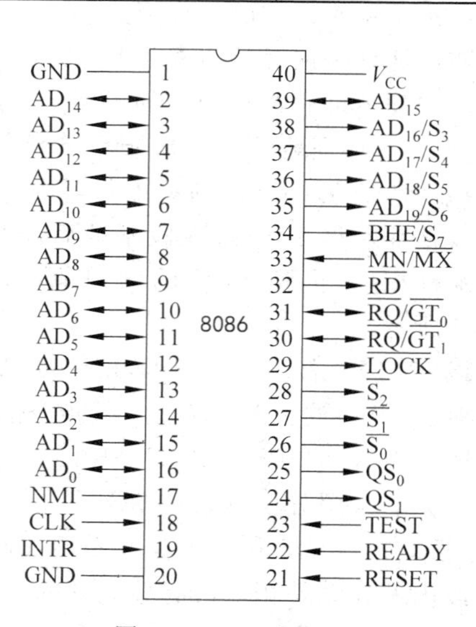

图2.8 8086的引脚

2.1.4 8086/8088的引脚功能

8086/8088是有40个引脚的双列直插式芯片，其引脚如图2.8所示。为了减少芯片引脚的数量，对部分引脚进行了双重定义，采用分时复用方式工作，即一个引脚有多个功能，在不同的时刻，引脚上的信号是不同的。正是由于这种分时复用的方法，使得8086/8088可用

40个引脚实现20位地址、16位数据(8位数据)及许多控制信号和状态信号的传输。

由于8088只传输8位数据,所以8088只有8个地址引脚兼作数据引脚,而8086有16个地址/数据复用引脚。这些引脚构成了8086/8088的外总线,它包括地址总线、数据总线和控制总线。8086/8088通过这些总线和存储器、I/O接口等部件组成不同规模的系统并相互交换信息。

1. 数据总线和地址总线

在8086中,数据总线和地址总线共占20个引脚。这组引脚采用分时复用方式传送数据或者地址,复用技术大大减少了系统的开销,体现了“简单就是美”的原则。

$AD_{15} \sim AD_0$:地址/数据总线,为三态双向信号。这组引脚通过分时复用的方法传递数据或者地址。在每个总线周期开始(T_1)时,用于输出地址总线的低16位($A_{15} \sim A_0$),其他时间为数据总线($D_{15} \sim D_0$)。

$A_{19}/S_6 \sim A_{16}/S_3$:地址/状态线,为三态输出信号。这组引脚通过分时复用的方法传递地址或状态。其中$A_{19} \sim A_{16}$为20位地址总线的高4位,$S_6 \sim S_3$为状态信号。作地址线用时,在存储器操作的T_1状态,输出20位地址总线的高4位地址信号($A_{19} \sim A_{16}$)。做状态线用时,输出状态信号$S_6 \sim S_3$。这里S_6始终为0;S_5指示状态寄存器中中断允许标志(IF)的当前值,S_5=IF;而S_4和S_3表示正在使用哪个段寄存器,如表2.2所示。

表2.2 状态位与所用段寄存器关系表

S_4	S_3	正在使用的段寄存器	S_4	S_3	正在使用的段寄存器
0	0	ES	1	0	CS(或不是存储器操作)
0	1	SS	1	1	DS

2. 控制总线

控制总线是传送控制信号的一组信号线。输出线,用来传输CPU发出的控制命令(如读写命令等);输入线,由外部向CPU输入状态或请求信号(如复位、中断请求等)。

8086的控制总线中有一条$MN/\overline{MX}$输入引脚,称为工作方式选择控制线,用来决定8086的工作方式。当$MN/\overline{MX}$接+5V电压时,8086处于最小工作方式,此时微型计算机系统中只包含一个8086,其提供系统所需要的全部控制信号;当$MN/\overline{MX}$接地时,8086处于最大工作方式,微型计算机系统除8086以外还可以包含其他CPU,该方式用于多处理机系统。

8086的16条控制总线分为两类,每类包含8条控制总线。其中一类的功能与工作方式无关,而另外一类的功能随工作方式的不同而不同。

(1) 与工作方式无关的控制总线。具体包括以下一些信号:

$\overline{RD}$:读控制信号,三态输出,低电平有效,当其有效时,表示CPU正从存储器或I/O端口读取信息。

READY:准备就绪信号,输入,高电平有效。当READY信号为高电平时,表示存储器或I/O端口传送数据完成。当READY信号为低电平时,表示被访问的存储器或I/O端口无法在规定的时间内完成数据传送,此时插入一个或多个等待周期,使8086处于等待状态，直到 READY 信号为高电平，表示数据传输完毕。

RESET：复位信号，输入，高电平有效。当 RESET 信号为高电平时，8086 停止正在运行的操作，系统处于复位状态，并将标志寄存器 FLAGS、指令指针 IP、段寄存器 DS、SS、ES 清"0"以及指令队列清空，同时将代码段寄存器 CS 置为 FFFFH。当 RESET 信号变为低电平时，CPU 再次启动，开始执行程序。

INTR：可屏蔽中断请求信号，输入，高电平有效。当 INTR 有效时表示外部有可屏蔽中断请求。CPU 在当前指令的最后一个时钟周期对 INTR 进行检测，如果 INTR 为高电平，并且 FLAGS 寄存器的 IF=1，那么 CPU 在当前指令执行完后响应中断请求。

NMI：非屏蔽中断请求信号，输入，上升沿有效。当 NMI 有效时表示外部有非屏蔽中断请求，CPU 在当前指令执行完后，立即进行中断处理。CPU 对非屏蔽中断的响应不受中断允许标志 IF 的影响。

$\overline{\text{TEST}}$：等待测试信号，输入，低电平有效。只有 CPU 执行 WAIT 指令时才使用，8086 每隔 5 个时钟周期对$\overline{\text{TEST}}$引脚进行检测。若$\overline{\text{TEST}}$为高电平，则 CPU 进入等待状态；若为低电平，则 CPU 继续执行后续指令。

$\overline{\text{BHE}}/S_7$：数据总线高 8 位允许/状态 S_7 信号，输出。在总线周期 T_1 状态，如果该信号为低电平，表示数据总线高 8 位有效，否则数据总线高 8 位无效。其他时刻，该引脚用作状态 S_7 信号线。

MN/$\overline{\text{MX}}$：工作方式选择信号，输入。MN/$\overline{\text{MX}}$高电平，8086 处于最小工作方式；MN/$\overline{\text{MX}}$接地，8086 处于最大工作方式。

(2) 最小工作方式下的控制总线。8086 处于最小工作方式，CPU 仅支持由少量设备组成的单处理器系统而不支持多处理器系统，其基本配置如图 2.9 所示。

ALE：地址锁存允许信号，输出，高电平有效。在总线周期 T_1 时刻，若 ALE 有效，则将 20 位地址信息锁存到地址锁存器中。

$\overline{\text{DEN}}$：数据允许信号，输出，低电平有效。有效时表示 CPU 准备进行数据读写操作。

DT/$\overline{\text{R}}$：数据发送/接收信号，输出。用于指示数据传送的方向，高电平表示发送数据，低电平表示接收数据。

M/$\overline{\text{IO}}$：存储器/输入输出控制信号，输出。高电平表示访问存储器；低电平表示访问 I/O 端口。

$\overline{\text{WR}}$：写控制信号，输出，三态，低电平有效。有效时表示 CPU 向存储器或 I/O 端口写数据。

$\overline{\text{INTA}}$：中断响应信号，输出，低电平有效。有效时表示 CPU 已接受 INTR 的可屏蔽中断请求。

HOLD：总线保持请求信号，输入，三态，高电平有效。有效时表示外部系统向 CPU 申请总线控制权。

HLDA：总线保持响应信号，输出，三态，高电平有效。当 CPU 接收到有效的 HOLD 信号后，就把处理器的地址线、数据线及相应的控制线变为高阻状态，同时输出一个有效的 HLDA，表示 CPU 已放弃对总线控制。

(3) 最大工作方式下的控制总线。CPU 处于最大工作方式，8086/8088 的最大模式

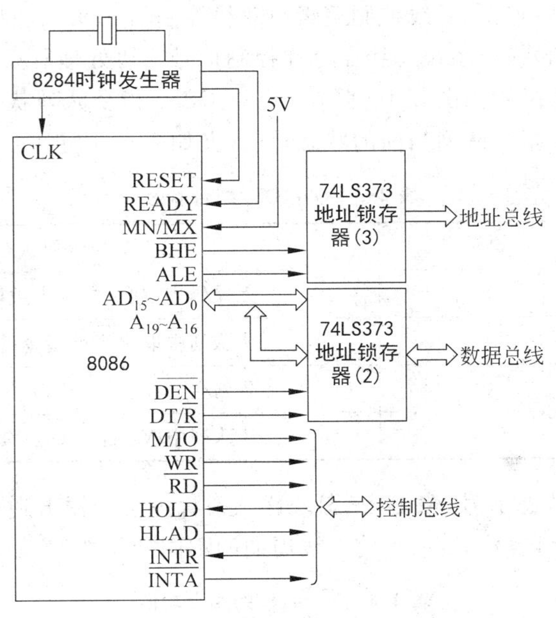

图 2.9 CPU 处于最小工作方式的基本配置图

是微型计算机系统中包含两个或多个微处理器,其中 8086/8088 是主处理器,其余的是协助主处理器工作的协处理器,如数值运算协处理器 8087 和 I/O 协处理器 8089 等。最大模式下,8086/8088 不直接提供用于存储器或 I/O 读写的读写命令等控制信号,而是要将当前要执行的传送操作类型编码为三个状态位输出,由总线控制器 8288 对状态信息进行译码产生相应控制信号。

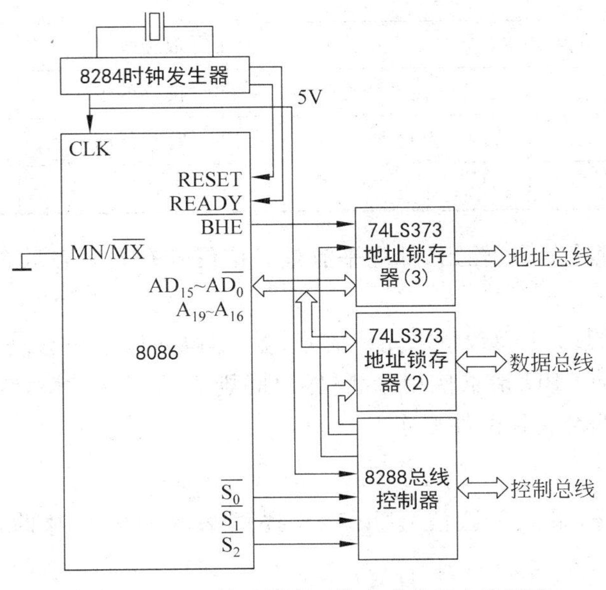

图 2.10 CPU 处于最大工作方式的基本配置图

最大模式系统的特点是,总线控制逻辑由总线控制器 8288 产生和控制,即 8288 将主处理器的状态和信号转换成系统总线命令和控制信号。协处理器只是协助主处理器完成某些辅助工作,其基本配置如图 2.10 所示。QS_1、QS_0:指令队列状态信号,输入输出,三态。用来表示 8086 中指令队列当前的状态,其含义如表 2.3 所示。

表 2.3 QS_1、QS_0 组合状态

QS_1	QS_0	指令队列状态
0	0	无操作,队列中指令未被取出
0	1	从队列中取出当前指令的第一字节
1	0	队列空
1	1	从队列中取出指令的后续字节

$\overline{S_2}$、$\overline{S_1}$、$\overline{S_0}$:总线状态信号,输出,三态。这三条状态信号输出到总线控制器 8288 中,通过组合产生多个控制信号,表示当前总线周期的不同操作类型,如表 2.4 所示。

表 2.4 $\overline{S_2}$、$\overline{S_1}$、$\overline{S_0}$的组合功能

总线状态信号			CPU 状态	8288 命令
$\overline{S_2}$	$\overline{S_1}$	$\overline{S_0}$		
0	0	0	中断响应	$\overline{INTA}$
0	0	1	读 I/O 端口	$\overline{IORC}$
0	1	0	写 I/O 端口	$\overline{IOWC}$ $\overline{AIOWC}$
0	1	1	暂停	无
1	0	0	取指令	$\overline{MRDC}$
1	0	1	读存储器	$\overline{MRDC}$
1	1	0	写存储器	$\overline{MWTC}$ $\overline{AMWC}$
1	1	1	无作用	无

$\overline{LOCK}$:总线锁定信号,输出,低电平有效。该信号有效时表示 8086 不允许其他部件占用总线。

$\overline{RQ}/\overline{GT_1}$和$\overline{RQ}/\overline{GT_0}$:总线请求允许信号,输入输出,低电平有效。该信号为输入时表示其他主控部件向 CPU 请求使用总线;输出时则表示 CPU 对总线请求的响应信号。两根引脚可同时与两个主控部件相连。

3. 其他引脚

CLK:时钟信号,输入。该信号为 8086 提供基本的定时脉冲信号,时钟频率为 5~8MHz。

V_{cc}:电源,输入,接+5V 电源。

GND:接地引脚。

2.2 微型计算机系统总线技术

2.2.1 总线的基本概念

总线是各个模块之间传送信息的公共通道，是微型计算机系统的重要组成部分。所谓总线(BUS)，是芯片内部各单元电路之间、芯片与芯片之间、模块与模块之间、设备与设备之间、甚至系统与系统之间传输信息的公共通路，在物理上它是一组信号线(导线)的集合。微型计算机采用总线技术的目的是为了简化硬、软件的系统设计，在硬件方面，设计者只需按总线规范设计插件板，保证它们具有互换性与通用性，支持系统的性能及系列产品的开发；在软件方面，接插件的硬件结构带来了软件设计的模块化。用标准总线连接的计算机系统结构简单清晰，便于扩充与更新。

1. 总线分类

当前大多数微型计算机采用了分层次的多总线结构，按照在系统不同层次位置上分类，总线可以分为四类。

(1) 片内总线。片内总线位于微处理器或I/O芯片内部。例如CPU芯片中的内部总线，它是ALU寄存器和控制器之间的信息通路。过去这种总线是由芯片生产厂家设计的，微型计算机系统的设计者和用户并不关心，但是随着微电子学的发展，出现了ASIC(专用集成电路)技术，用户可以按自己的要求借助CAD(计算机辅助设计)技术，设计自己的专用芯片，在这种情况下，用户就需要掌握片内总线技术。

由于片内总线所连接的部件都在一个硅片上，追求高速度是它的主要目标，所以器件级的总线都采用并行总线，为了克服一组总线上同一时刻只能有两个部件通信所造成的限制，还采取了多总线的措施。

(2) 系统总线。系统总线又称为内总线、板级总线，用于微型计算机系统中各插件之间的信息传输，是微型计算机系统中最重要的一种总线。一般谈到微型计算机总线，指的就是这种总线。系统总线一般做成多个插槽的形式，各插槽相同的引脚都连在一起，总线就连在引脚上。

(3) 外部总线。外部总线又称为设备总线或通信总线，用于系统之间的连接，如微型计算机与外部设备或仪器之间的连接，可以采用并行方式或串行方式来实现。如通用串行总线RS-232-C、智能仪表总线IEEE 488、并行打印机总线Centronics、并行外部设备总线SCSI和通用串行总线USB等。这种总线一半是利用工业领域已经有的标准，并非微型计算机专用。

(4) 局部总线。这是相对较新的概念，许多文献也把它称为片总线。一般将插件板内部的总线叫作局部总线以区别于系统总线。

图2.11给出了一般计算机总线结构示意图。可以看出，构成过程计算机控制系统除了各种功能模板之外，还需要内部总线将各种功能相对独立的模板有机地连接起来，完成系统内部各模板之间的信息传送。计算机系统与系统之间通过外部总线进行信息交换和

通信,以便构成更大的系统。

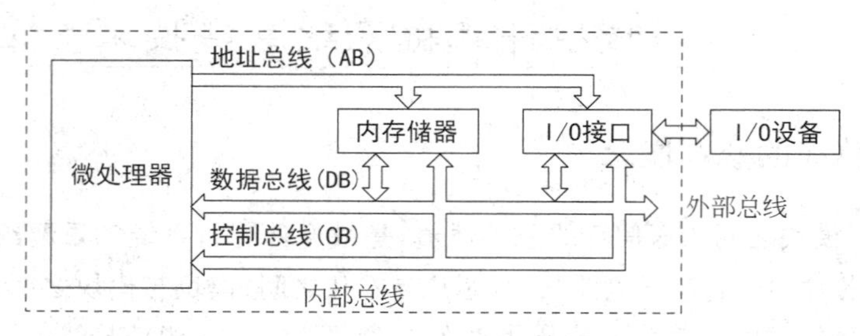

图 2.11 计算机总线结构示意图

2. 总线操作时序

时钟周期:时钟周期是 CPU 的基本时间计量单位,它由计算机的主频决定,如 8086 的主频为 5MHz 时,1 个时钟周期就是 200ns。

总线周期:CPU 通过系统总线对外部存储器或 I/O 接口进行一次访问所需的时间。

在 8086/8088 中,一个基本的总线周期由 4 个时钟周期组成,习惯上将 4 个时钟周期分别称为 4 个状态,即 T_1 状态、T_2 状态、T_3 状态和 T_4 状态。当存储器和外设速度较慢时,要在 T_3 状态之后插入 1 个或几个等待状态 T_W。

8086/8088 的总线周期分为读总线周期和写总线周期,此外还有中断响应周期和总线请求及总线授予周期。

(1) 总线读操作时序。总线读操作就是指 CPU 从存储器或 I/O 端口读取数据。图 2.12 是 8086 在最小模式下的总线读操作时序图。

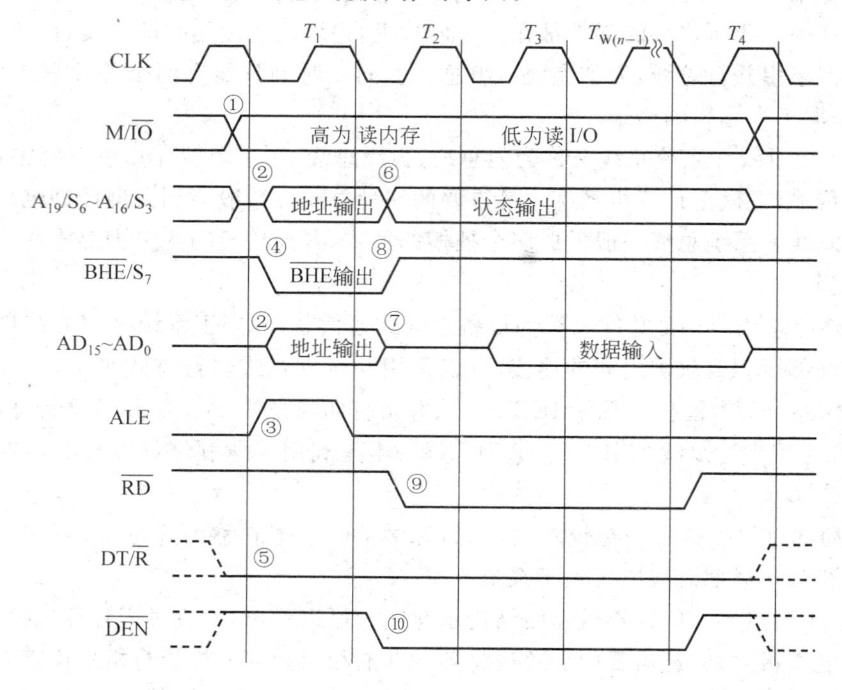

图 2.12 8086 读周期的时序

① T_1 状态：为了从存储器或 I/O 端口读出数据，首先要用 M/$\overline{IO}$信号指出 CPU 是要从内存还是 I/O 端口读，所以 M/$\overline{IO}$信号在 T_1 状态成为有效，如图 2.12 中①所示。M/$\overline{IO}$信号的有效电平一直保持到整个总线周期的结束即 T_4 状态。

为指出 CPU 要读取的存储单元或 I/O 端口的地址，8086 的 20 位地址信号通过多路复用总线 $A_{19}/S_6 \sim A_{16}/S_3$ 和 $AD_{15} \sim AD_0$ 输出，送到存储器和 I/O 端口，如图 2.12 中②所示。

地址信息必须被锁存起来，这样才能在总线周期的其他状态，往这些引脚上传输数据和状态信息。为了实现对地址的锁存，CPU 便在 T_1 状态从 ALE 引脚上输出一个正脉冲作为地址锁存信号，见图 2.12 中③所示。在 ALE 的下降沿到来之前，M/$\overline{IO}$信号、地址信号均已有效。锁存器 8282 正是用 ALE 的下降沿对地址进行锁存的。

$\overline{BHE}$信号也在通过$\overline{BHE}/S_7$ 引脚送出，如图 2.12 中④所示。它用来表示高 8 位数据总线上的信息可以使用。

此外，当系统中接有数据总线收发器时，在 T_1 状态 DT/$\overline{R}$ 输出低电平，表示本总线周期为读周期，即让数据总线收发器接收数据，如图 2.12 中⑤所示。

② T_2 状态：地址信号消失，如图 2.12 中⑦所示，$AD_{15} \sim AD_0$ 进入高阻状态，为读入数据作准备；而 $A_{19}/S_6 \sim A_{16}/S_3$ 和$\overline{BHE}/S_7$ 输出状态信息 $S_7 \sim S_3$，如图 2.12 中⑥和⑧所示。

信号变为低电平，如图 2.12 中⑩所示，从而在系统中接有总线收发器时，获得数据允许信号。

CPU 于$\overline{RD}$引脚上输出读有效信号，如图 2.12 中⑨所示，送到系统中所有存储器和 I/O 接口芯片，但是，只有被地址信号选中的存储单元或 I/O 端口，才会被$\overline{RD}$信号从中读出数据，而将数据送到系统数据总线上。

③ T_3 状态：在 T_3 状态前沿（下降沿处），CPU 对引脚 READY 进行采样，如果 READY 信号为高，则 CPU 在 T_3 状态后沿（上升沿处）通过 $AD_{15} \sim AD_0$ 获取数据；如果 READY 信号为低，将插入等待状态 T_W，直到 READY 信号变为高电平。

④ T_W 状态：当系统中所用的存储器或外设的工作速度较慢，从而不能用最基本的总线周期执行读操作时，系统中就要用一个电路来产生 READY 信号。低电平的 READY 信号必须在 T_3 状态启动之前向 CPU 发出，则 CPU 将会在 T_3 状态和 T_4 状态之间插入若干个等待状态 T_W，直到 READY 信号变高。在执行最后一个等待状态 T_W 的后沿（上升沿）处，CPU 通过 $AD_{15} \sim AD_0$ 获取数据。

⑤ T_4 状态：总线操作结束，相关系统总线变为无效电平。

(2) 总线写操作时序。总线写操作就是指 CPU 向存储器或 I/O 端口写入数据。图 2.13 是 8086 在最小模式下的总线写操作时序图。总线写操作时序与总线读操作时序基本相同，不同在于对存储器或 I/O 端口操作选通信号的不同。总线的读操作中，选通信号是$\overline{RD}$，而总线写操作中是$\overline{WR}$。

在 T_2 状态中，$AD_{15} \sim AD_0$ 上地址信号消失后，$AD_{15} \sim AD_0$ 的状态不同。总线读操作中，此时 $AD_{15} \sim AD_0$ 进入高阻状态，并在随后的状态中为输入方向；而在总线写操作中,此时 CPU 立即通过 AD_{15}～AD_0 输出数据,并一直保持到 T_4 状态中间。

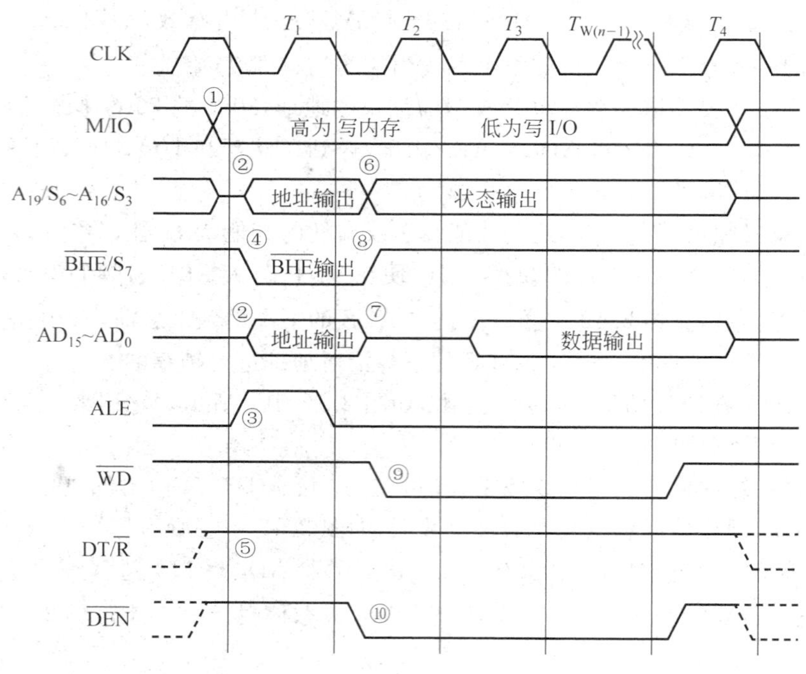

图 2.13 8086 写周期的时序

(3) 空闲状态 T_1。CPU 的时钟周期一直存在,总线周期并非一直存在。只有当 BIU 需要补充指令流队列的空缺,或当 EU 执行指令过程中需经外部总线访问存储器或 I/O 接口时才需要申请一个总线周期,BIU 也才会进入执行总线周期的工作时序。两个总线周期之间可能会出现一些没有 BIU 活动的时钟周期,这时的总线状态称为空闲状态,见图 2.14 中的 T_i。

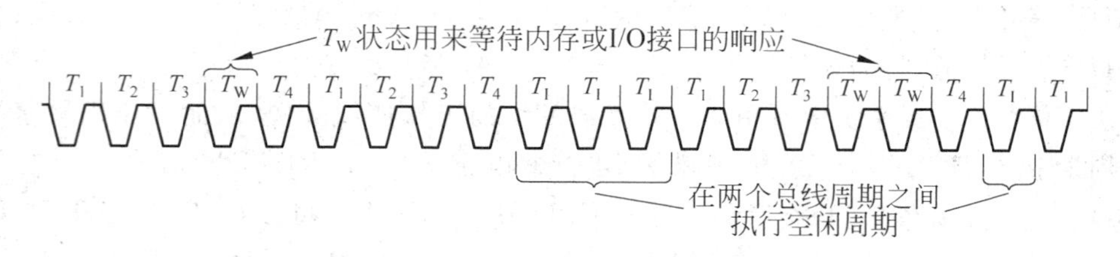

图 2.14 典型的 8086 总线周期序列

3. 总线数据传输

一般来说,总线上完成一次数据传输要经历以下 4 个阶段。

(1) 申请(Arbitration)占用总线阶段。需要使用总线的主控模块(如 CPU 或 DMAC)。向总线仲裁机构提出占有总线控制权的申请。由总线仲裁机构判别确定,把下一个总线传输周期的总线控制权授给申请者。

(2) 寻址(Addressing)阶段。获得总线控制权的主模块,通过地址总线发出本次打算访问的从属模块,如存储器或 I/O 接口的地址。通过译码使被访问的从属模块被选中，而开始启动。

(3) 传数(Data Transfering)阶段。主模块和从属模块进行数据交换。数据由源模块发出经数据总线流入目的模块。对于读传送，源模块是存储器或 I/O 接口，而目的模块是总线主控者 CPU；对于写传送，则源模块是总线主控者，如 CPU，而目的模块是存储器或 I/O 接口。

(4) 结束(Ending)阶段。主、从模块的有关信息均从总线上撤除，让出总线，以便其他模块能继续使用。

对于只有一个总线主控设备的简单系统，总线使用无须申请、分配和撤除，而对于多 CPU 或含有 DMA 的系统，就要有总线仲裁机构，来受理申请和分配总线控制权。总线上的主、从模块通常采用以一定方式用握手信号的电压变化来指明数据传送的开始和结束，用同步、异步或半同步这 3 种方式之一实现总线传输的控制。

4. 总线传输控制方式

(1) 同步方式。通信双方由统一时钟控制数据传送称为同步通信。时钟通常由 CPU 的总线控制部件发出，送到总线上的所有部件；也可以由每个部件各自的时序发生器发出，但必须由总线控制部件发出的时钟信号对它们进行同步。

总线传输周期是总线上两个部件完成一次完整而可靠的传输时间，它包含 4 个时钟周期 T_1、T_2、T_3、T_4。主模块在 T_1 时刻发出地址信息；T_2 时刻发出读命令；从模块按照所指定的地址和命令进行一系列内部动作，必须在 T_3 时刻前找到 CPU 所需的数据，并送到数据总线上；CPU 在 T_3 时刻开始，一直维持到 T_4 时刻，可以从数据线上获取信息并送到其内部寄存器中；T_4 时刻开始输入设备不再向数据总线上传送数据，撤销它对数据总线的驱动。如果总线采用三态驱动电路，则从 T_4 起，数据总线呈浮空状态。

这种通信的优点是规定明确、统一，模块间的配合简单一致。其缺点是主从模块时间配合属强制性“同步”，必须在限定时间内完成规定的要求。并且对所有从模块都用同一限时，这就势必造成对各不相同速度的部件而言，必须按最慢速度部件来设计公共时钟，严重影响总线的工作效率，也给设计带来了局限性，缺乏灵活性。同步通信一般用于总线长度较短，各部件存取时间比较一致的场合。

(2) 异步方式。对于具有不同存取时间的各种设备，是不适宜采用同步总线协定的。异步总线克服了同步总线的缺点，允许各模块速度的不一致性，给设计者充分的灵活性和选择余地。它没有公共的时钟标准；不要求所有部件严格的统一动作时间，而是采用应答方式(又称握手方式)，即当主模块发出请求(Request)信号时，一直等待从模块反馈回响应(Acknowledge)信号后才开始通信。当然，这就要求主从模块之间增加两条应答线(即握手交互信号线 Handshaking)。

① 不互锁方式：主模块发出请求信号后，不等待接到从模块的回答信号，而是经过一段时间。确认从模块已收到请求信号后，便撤销其请求信号；从设备接到请求信号后，在条件允许时发出回答信号，并且经过一段时间，确认主设备已收到回答信号后，自动撤销回答信号。可见通信双方并无互锁关系。

② 半互锁方式：主模块发出请求信号，待接到从模块的回答信号后再撤销其请求信号，存在着简单的互锁关系：而从模块发出回答信号后，不等待主模块回答，在一段时间

后便撤销其回答信号,无互锁关系。故称半互锁方式。

③ 全互锁方式:主模块发出请求信号,待从模块回答后再撤销其请求信号;从模块发出回答信号,待主模块获知后,再撤销其回答信号。故称全互锁方式。

(3) 半同步方式。因为异步总线的传输延迟严重地限制了最高的频带宽度,因此,总线设计师结合同步和异步总线的优点设计出混合式的总线,即半同步总线。半同步通信集同步与异步通信之优点,既保留了同步通信的基本特点,如所有的地址、命令、数据信号的发出时间,都严格参照系统时钟的某个前沿开始,而接收方都采用系统时钟后沿时刻来进行判断识别。同时又像异步通信那样,允许不同速度的模块和谐地工作。这样,半同步总线就具有同步总线的速度和异步总线的适应性。

5. 总线传输信息方式

总线传输信息基本有4种方式:串行传送、并行传送、并串行传送和分时传送。

(1) 串行传送。当信息以串行方式传送时,只有一条传输线,且采用脉冲传送。在串行传送时,按顺序来传送表示一个数码的所有二进制位(bit)的脉冲信号,串行传送时低位在前,高位在后。为了检测传输过程中可能发生错误,在串行传送的信息中一般附加一个奇偶校验位。

串行传送的主要优点是只需要一条传输线,这一点对长距离传输显得特别重要,成本比较低廉。

(2) 并行传送。用并行方式传送二进制信息时,对每个数据位都需要单独一条传输线,信息有多少二进制位组成,就需要多少条传输线。并行数据传送比串行数据传送快得多。

(3) 并串行传送。如果一个数据占用4B空间组成,那么传送1B数据时采用并行方式,而字节之间采用串行方式。

(4) 分时传送。由于传输线上既要传送地址信息,又要传送数据信息,因此必须划分时间,以便在不同的时间间隔中完成传送地址和传送数据的任务。

2.2.2 总线的技术与标准

总线技术研究如何利用一组信号线有效地传递信息,并使其具有通用性强、扩展性好、升级容易等性能。微型计算机系统的大量工作就在于信息的传输,因此,总线的设计或选择直接影响系统的整体性能,若设计不好或选择不当,将使其成为系统的瓶颈。

1. 总线标准

总线标准是指计算机部件各生产厂家都需要遵守的系统总线要求,从而使不同厂家生产的部件能够互换。总线的标准制定要经周密考虑,要有严格的规定。每种总线都有详细的规范标准,以便大家共同遵守,总线标准(技术规范)包括以下几部分。

(1) 机械结构规范。规定了总线的物理连接的方式,包括模块几何尺寸、总线插头、总线接插件以及安装尺寸,总线根数和引脚如何排列均有统一规定。

(2) 功能结构规范。总线每条信号线(引脚的名称)、功能以及工作过程,以及相互作用的协议。从功能上看,总线分为地址总线、数据总线、控制总线、备用线和地线。

(3) 电气规范。总线每条信号线的有效电平、动态转换时间、负载能力、时序安排以及信息格式的约定等等。

(4) 时序规范。规定总线信号的定时、应答时序与周期及各种操作的时间参数。在总线中定义这些信号的时序以保证各功能板的兼容性。也就是说,用户什么时间可以用总线传输信号,或者用户什么时候把信号提供给总线,CPU 才能正确无误地使用。

2. 总线的技术指标

一种总线性能的高低是可以通过一些性能指标来衡量的。一般从如下几个方面评价一种总线的性能高低。

(1) 总线的带宽(总线数据传输速率)。总线的带宽指的是单位时间内总线上传送的数据量,即每秒传送的最大稳态数据传输率。单位是 MBPS。与总线密切相关的两个因素是总线的位宽和总线的工作频率,它们之间的关系是:总线的带宽＝总线的工作频率×总线的位宽/ 8。

(2) 总线的位宽。总线的位宽指的是总线能同时传送的二进制数据的位数,或数据总线的位数,即 32 位、64 位等总线宽度的概念。总线的位宽越宽,每秒数据传输率越大,总线的带宽越宽。

(3) 总线的工作频率。总线的工作时钟频率以兆赫兹(MHz)为单位,工作频率越高总线工作速度越快,总线带宽越宽。

3. 总线仲裁

总线上所连接的各类设备,按其对总线有无控制功能可分为主设备和从设备两种。主设备对总线有控制权,从设备只能响应从主设备发来的总线命令。总线上信息的传送是由主设备启动的,如某个主设备欲与另一个设备(从设备)进行通信时,首先由主设备发出总线请求信号,若多个主设备同时要使用总线时,就由总线控制器的判优、仲裁逻辑按一定的优先等级顺序,确定哪个主设备能使用总线。只有获得总线使用权的主设备才能开始传送数据。按照总线仲裁电路的位置不同,仲裁方式分为集中式仲裁和分布式仲裁两类。

(1) 集中式仲裁。集中式仲裁中每个功能模块有两条线连到中央仲裁器:一条是送往仲裁器的总线请求信号线 BR,一条是仲裁器送出的总线授权信号线 BG。

① 链式查询方式:链式查询方式的主要特点:总线授权信号 BG 串行地从一个 I/O 接口传送到下一个 I/O 接口。假如 BG 到达的接口无总线请求,则继续往下查询;假如 BG 到达的接口有总线请求,BG 信号便不再往下查询,该 I/O 接口获得了总线控制权,如图 2.15 所示。离中央仲裁器最近的设备具有最高优先级,通过接口的优先级排队电路来实现。

链式查询方式的优点:只用很少几根线就能按一定优先次序实现总线仲裁,很容易扩充设备。其缺点是,对询问链的电路故障很敏感,如果第 i 个设备的接口中有关链的电路有故障,那么第 i 个以后的设备都不能进行工作。查询链的优先级是固定的,如果优先级高的设备出现频繁的请求时,优先级较低的设备可能长期不能使用总线。

② 计数器定时查询方式:总线上的任一设备要求使用总线时,通过 BR 线发出总线

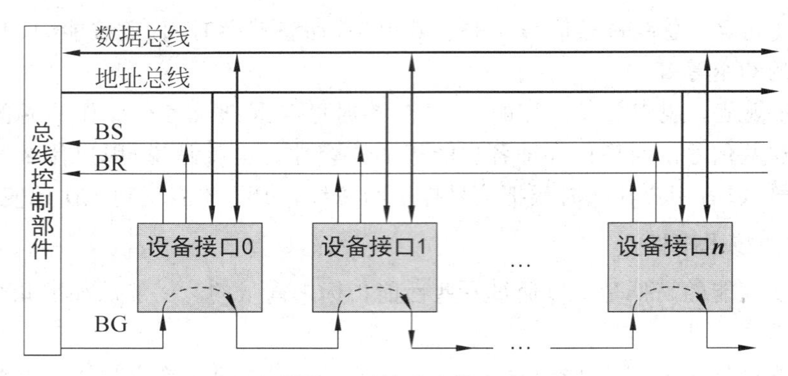

图 2.15　链式查询方式

请求。中央仲裁器接到请求信号以后，在总线忙信号 BS 为“0”的情况下让计数器开始计数，计数值通过一组地址线发向各设备如图 2.16 所示。

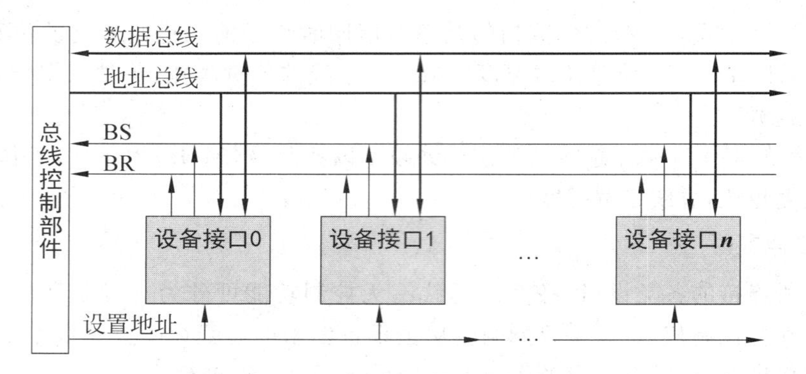

图 2.16　计数器定时查询方式

每个设备接口都有一个设备地址判别电路，当地址线上的计数值与请求总线的设备地址相一致时，该设备置 BS 线为“1”，标示“总线忙”，以获得总线的使用权，此时中止计数查询。每次计数可以从“0”开始，也可以从中止点开始。如果从“0”开始，各设备的优先次序与链式查询法相同，优先级的顺序是固定的。如果从中止点开始，则每个设备使用总线的优先级相等。

计数器的初值也可用程序来设置，这可以方便地改变优先次序，但这种灵活性是以增加线数为代价的。

③ 独立请求方式：每一个共享总线的设备均有一对总线请求线 BRi 和总线授权线 BGi。当设备要求使用总线时，便发出该设备的请求信号。中央仲裁器中的排队电路决定首先响应哪个设备的请求，给设备以授权信号 BGi，如图 2.17 所示。

独立请求方式的优点：响应时间快，确定优先响应的设备所花费的时间少，用不着一个设备接一个设备地查询。其次，对优先次序的控制相当灵活，可以预先固定也可以通过程序来改变优先次序；还可以用屏蔽(禁止)某个请求的办法，不响应来自无效设备的请求。

(2) 分布式仲裁。分布式仲裁不需要中央仲裁器，每个潜在的主方功能模块都有自

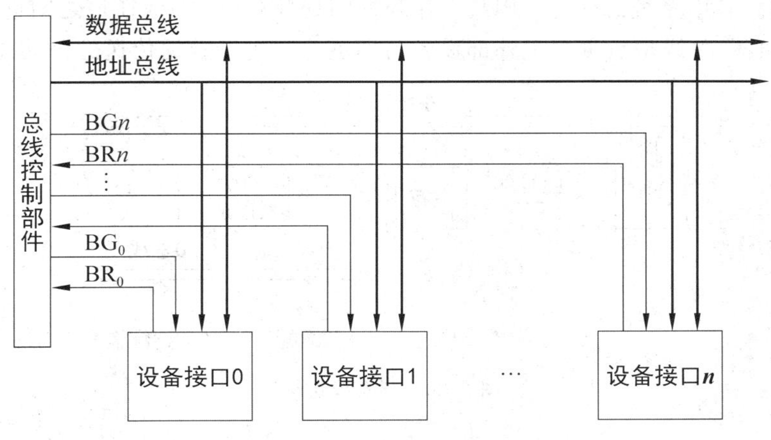

图 2.17 独立请求方式

己的仲裁号和仲裁器。当它们有总线请求时，把它们唯一的仲裁号发送到共享的仲裁总线上，每个仲裁器将仲裁总线上得到的号与自己的号进行比较。如果仲裁总线上的号大，则它的总线请求不予响应，并撤销它的仲裁号。最后，获胜者的仲裁号保留在仲裁总线上。显然，分布式仲裁是以优先级仲裁策略为基础。

微型计算机系统采用的总线标准种类很多，但目前采用最多的是工业标准结构 ISA 总线、扩展工业标准结构 EISA 总线、微通道结构 MCA 总线、VESA 总线和外部设备互联 PCI 总线等。

4. 总线的系统结构

(1) 单总线结构。在许多单处理器的计算机中，使用一条单一的系统总线来连接 CPU、主存和 I/O 设备，通过这条总线既可以访问主存储器，又可以进行 I/O 数据的传输，所以称为单总线结构，单总线结构如图 2.18 所示。

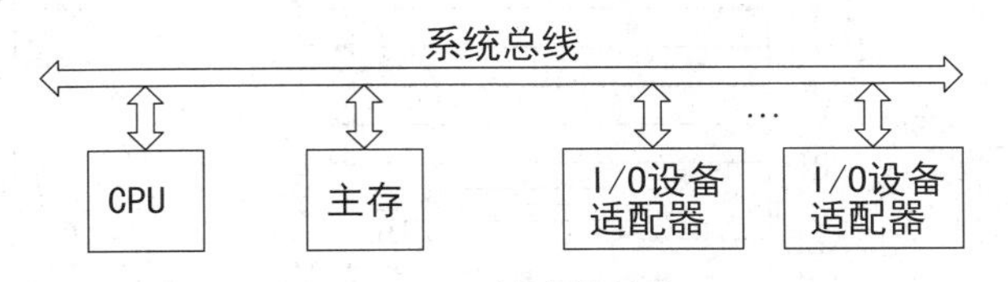

图 2.18 单总线结构

(2) 双总线结构。在这种结构中有两条总线：存储总线和系统总线。这种总线和单总线相比，增加了 CPU 和主存之间的一组高速的存储总线。双总线结构如图 2.19 所示。

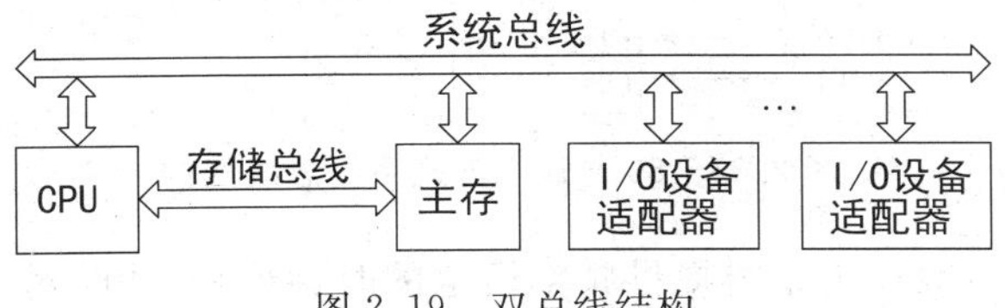

图 2.19 双总线结构

(3) 三总线结构。三总线结构是在双总线结构的基础上增加了 I/O 总线形成的，如

图 2.20 所示。其中系统总线是 CPU、主存和外围处理机(IOP)或通道之间进行数据传送的公共通路,I/O 总线是负责多个外部设备与通道之间进行数据传送的公共通路。

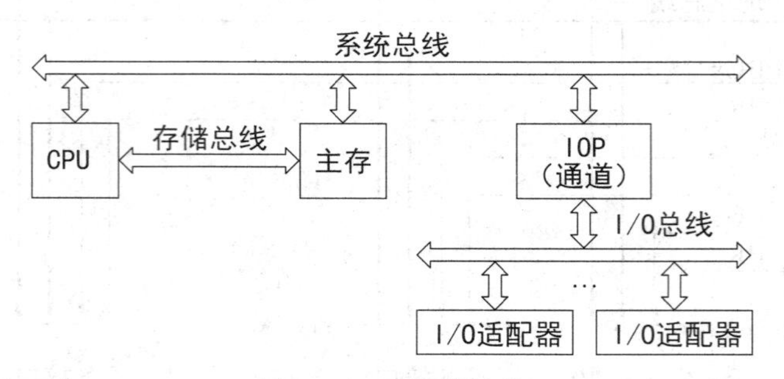

图 2.20 三总线结构

2.2.3 8086 系统总线

1. 8086 最小方式系统总线结构

如图 2.21 所示,8086 组成最小模式系统时,其基本配置除 CPU 芯片外,还应包括时钟发生器 8284A、地址锁存器 8282、总线收发器 8286/8287(可选)以及存储器、I/O 接口和外部设备,图中略去了与存储器、I/O 接口和外部设备的连接。

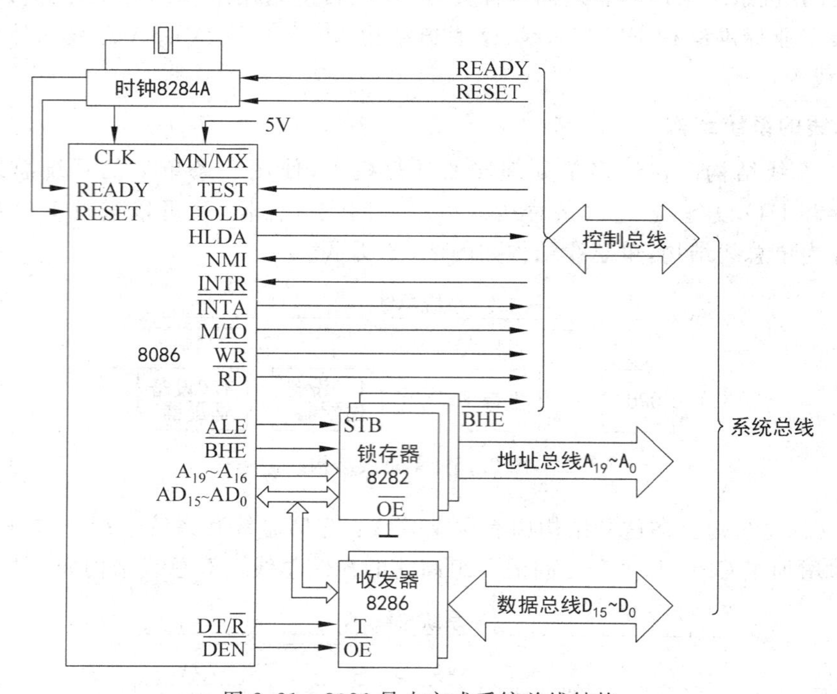

图 2.21 8086 最小方式系统总线结构

① 时钟发生器 8284A 为系统提供频率恒定的时钟信号,同时对外部设备发出的准备好(READY)信号和复位(RESET)信号进行同步。

② 由于 8086 采用了地址总线与数据总线复用,地址总线与状态线复用等技术,而在

执行对存储器读写或对 I/O 设备输入输出的总线周期中，存储器或 I/O 设备要求地址信息一直保持有效，所以在构成微型计算机系统时，必须附加地址锁存器，以形成独立的外部地址总线和数据总线。常用的地址锁存器有 8D 锁存器 8282 和 74LS373。

在总线周期的 T_1 状态，CPU 在复用线上输出地址信息，以指出要寻址的存储器单元或外设端口地址，而且在复用线 $\overline{BHE}/S_7$ 上输出 $\overline{BHE}$ 信号。为了告示地址已准备好，可以被锁存，CPU 此时还会送出高电平的 ALE 信号，所以 ALE 是允许锁存的信号。从总线周期的 T_2 状态开始，复用线上不再是地址信息，而是数据信息（$AD_{15} \sim AD_0$）或状态信息（$A_{19}/S_6 \sim A_{16}/S_3$），$\overline{BHE}$ 也无效了，但因为有了锁存器对地址和 $\overline{BHE}$ 进行锁存，所以在总线周期的后半部分，地址和数据同时出现在系统的地址和数据总线上；同样，此时 $\overline{BHE}$ 也在锁存器输出端呈现有效电平，确保了 CPU 对存储器和 I/O 设备的正常读写操作。

只有当系统中所连的存储器和外部设备较多，需要增加数据总线的驱动能力时，才用 8286/8287 作为总线收发器，也可采用 74LS245。

2. 8086 最大方式系统总线结构

在最大模式下，读写控制信号由总线控制器 8288 产生，8288 与 8086 的连接及信号产生情况如图 2.22 所示。其中 $\overline{MRDC}$、$\overline{MWTC}$、$\overline{IORC}$、$\overline{IOWC}$ 分别为存储器读、写及 I/O 读写控制信号。它们由 $\overline{S_2}$、$\overline{S_1}$、$\overline{S_0}$ 组合译码产生的。这 3 条线是由 8086 在最大模式下输出的 3 条状态线。

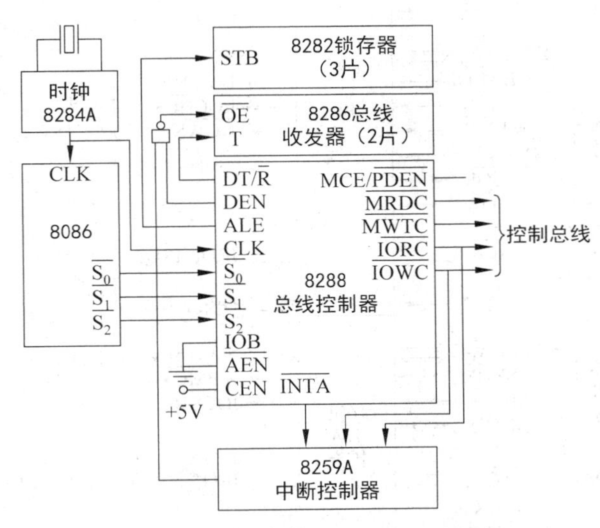

图 2.22 最大模式下的系统总线结构

8288 接收时钟发生器的 CLK 信号和来自 CPU 的 $\overline{S_2}$、$\overline{S_1}$、$\overline{S_0}$ 信号，产生相应的各种控制信号和时序，并且提高了控制总线的驱动能力。时钟信号 CLK 使得 8288 和 CPU 及系统中的其他部件同步；状态信号 $\overline{S_2}$、$\overline{S_1}$、$\overline{S_0}$ 组合得到包括存储器读写和 I/O 读/写在内的控制信号。图 2.22 中还有两个信号未注上，一个叫提前的写 I/O 命令信号 $\overline{AIOWC}$，另一个叫提前的写内存命令信号 $\overline{AMWC}$。这两个命令的功能分别和 $\overline{IOWC}$、$\overline{MWTC}$ 一样，只是和 $\overline{IOWC}$ 及 $\overline{MWTC}$ 比起来，前面的两个信号是 8288 提前一个时钟周期向外部设备端口或存储器发出的,这样,一些较慢的设备或存储器芯片就得到一个额外的时钟周期去执行写入操作。

2.2.4 常用系统总线和外部设备总线标准

微型计算机的系统总线有多种标准,目前常用的几种系统总线有 ISA 总线、EISA 总线、VESA 总线、Compact PCI、PCI 总线、PCI-E 总线等。

1. ISA 总线

ISA(Industrial Standard Architecture)总线标准是 IBM 公司 1984 年为推出 PC/AT 机而建立的系统总线标准,所以也叫 AT 总线。它是对 XT 总线的扩展,以适应 8/16 位数据总线要求。它在 80286 至 80486 时代应用非常广泛,以至于现在奔腾机中还保留有 ISA 总线插槽。ISA 总线扩展槽的插座是在原来 XT 总线(62 线)的基础上增加了一条短插座,该短插槽有 36 个引脚,因此加上原来 XT 总线的 62 线,一共有 98 个引脚。数据传输速率为 8Mbps,寻址空间为 16MB,最多可提供 8 个总线扩展槽,优点是采用了开放性体系结构,适应性强。缺点是 8 个总线扩展槽共用一个 DMA 请求,经常会发生中断冲突。ISA 总线信号引脚如图 2.23 所示,各个信号定义如下。

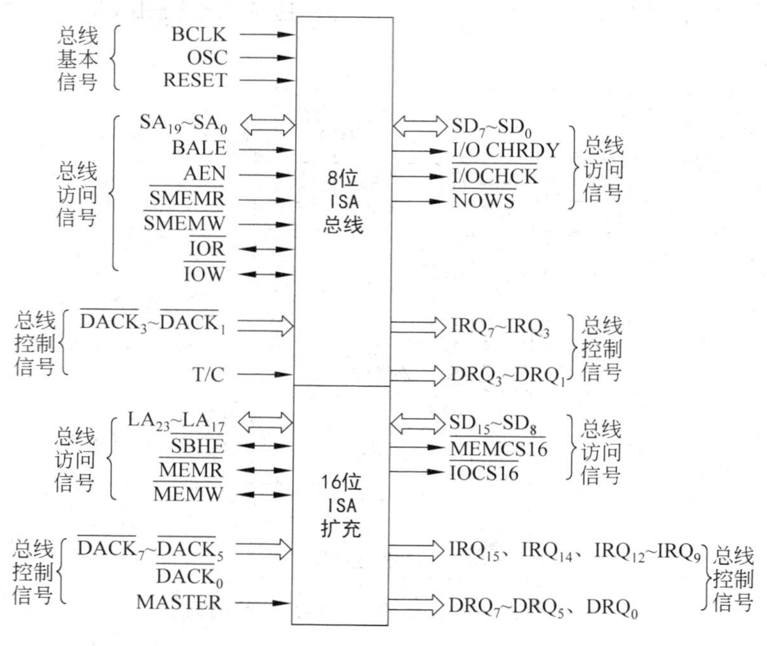

图 2.23 ISA 总线插槽示意图

RESET、BCLK:复位及总线基本时钟,BLCK=8MHz。

$SA_{19} \sim SA_0$:存储器及 I/O 空间 20 位地址,带锁存。

$LA_{23} \sim LA_{17}$:存储器及 I/O 空间 20 位地址,地址线高位 $A_{23} \sim A_{20}$,使原来的 1MB 的寻址范围扩大到 16MB,不带锁存。

BALE:地址锁存允许信号,外部锁存器的选通。

AEN：地址允许，表明 CPU 让出总线，DMA 过程开始。

$\overline{SMEMR}$、$\overline{SMEMW}$：8 位 ISA 存储器读写控制。

$\overline{MEMR}$、$\overline{MEMW}$：16 位 ISA 存储器读写控制。

$SD_{15} \sim SD_0$：数据总线，访问 8 位 ISA 卡时高 8 位自动传送到 $SD_7 \sim SD_0$。

$\overline{SBHE}$：高字节允许，打开 $SD_{15} \sim SD_8$ 数据通路。该信号与其他地址信号一起，实现对高字节、低字节或一个字(高低字节)的操作。

$\overline{MEMCS_{16}}$、$\overline{IOCS_{16}}$：ISA 卡发出此信号确认可以进行 16 位传送。

I/O CHRDY：ISA 卡准备好，可控制插入等待周期。

$\overline{NOWS}$：不需等待状态，快速 ISA 发出不同插入等待。

$\overline{I/O\ CHCK}$：ISA 卡奇偶校验错。

$DRQ_7 \sim DRQ_5$、$DRQ_3 \sim DRQ_0$：采用两块 DMA 控制器级联使用，其中主控级的 DRQ_0 接从属级的请求信号(HRQ)。同时，不再采用 DMA 实现动态存储器刷新。故总线上的设备均可使用这 7 级 DMA 传送。除原 8 位 ISA 总线上的 DMA 请求信号外，其余的 DRQ_0，$DRQ_5 \sim DRQ_7$ 均定义在引脚为 36 的插槽上。与此相对应地，DMA 控制器提供的响应信号$\overline{DACK_0}$，$\overline{DACK_5} \sim \overline{DACK_7}$也定义在该插槽上。

MASTER：ISA 主模块确立信号，ISA 发出此信号，与主机内 DMAC 配合使 ISA 卡成为主模块，全部控制总线。

$IRQ_{10} \sim IRQ_{15}$：中断请求输入信号。其中 IRQ_{13} 指定给数值协处理器使用。另外，由于 16 位 ISA 总线上增加了外部中断的数量，在底板上，是由两块中断控制器(Intel 8259)级联实现中断优先级管理的。

2. EISA 总线

EISA(Extended Industrial Standard Architecture)总线是 1988 年由 Compaq 等 9 家公司联合推出的总线标准。EISA(Extended ISA) 总线是 ISA 总线的扩展，EISA 在 ISA 的基础上，将数据总线宽度从 16 位变为 32 位，地址总线由 24 位变为 32 位，并具有高速同步传送功能。数据传输率为 33Mbps，总线时钟频率为 10MHz，它是在 ISA 总线的基础上使用双层插座，在原来 ISA 总线的 98 条信号线上又增加了 98 条信号线，也就是在两条 ISA 信号 线之间添加一条 EISA 信号线。EISA 总线保留了 ISA 总线原有的全部信号线，向上兼容 ISA 总线定义，在 ISA 总线上工作的适配器卡仍可以在 EISA 总线上工作，但 EISA 总线并不只是 ISA 总线简单意义上的扩展。EISA 总线具有的主要特点。

(1) 支持 CPU、DMA、总线主控器 32 位寻址能力和 16 位数据传输能力，具有数据宽度变换功能。

(2) 扩展及增加 DMA 仲裁能力，使得 DMA 的传输速率最高可达 33MBps。

(3) 程序可以采用边沿或电平方式控制中断的触发。

(4) 能够通过软件实现系统板和扩展板的自动配置功能。

(5) 规定总线裁决采用集中方式进行，使得 EISA 总线有效地支持构成多微处理器系统。

(6) 它与 PC/XT 总线相兼容。这就使得已大量开发的 PC/XT 总线的插件卡，方便地在 EISA 总线上运行。

为了构成 EISA 总线,在 AT 总线上附加的主要信号。

$BE_3 \sim BE_0$:字节允许信号。它们分别用来表示 32 位数据总线上的哪个字节与当前总线周期有关。

M/ IO:存储器或接口指示。用该信号的不同电平来区分 EISA 总线上是内存周期还是 I/O 接口周期。

START:起始信号。用来表示 EISA 总线周期开始。

CMD:定时控制信号。在 EISA 总线周期中提供定时控制。

$LA_{31} \sim LA_2$:地址总线信号。它们与 $BE_3 \sim BE_0$ 一起,共同决定 32 位地址的寻址空间,其范围可达 4GB。

$D_{31} \sim D_{16}$:高 16 位数据总线。它们与原来 AT 总线上定义的 $D_{15} \sim D_0$ 共同构成 32 位数据总线。

$MIREQ_n$:主控器请求信号。总线上主控器希望得到总线时,发出该信号,用于请求得到总线控制权。

MAKn:总线控制器指示信号,利用该信号表示第几个总线主控器已获得总线控制权。

EISA 总线的数据传输速率可达 33MBPS,以这样高的速度进行 32 位的猝发传输。因此很适合高速局域网、快速大容量磁盘及高分辨率图形显示,其内存寻址能力达 4GB。EISA 还可支持总线主控,可以直接控制总线进行对内存和 I/O 设备的访问而不涉及主 CPU。

由于 EISA 总线性能优良,使得多数 386、486 微型计算机系统都采用了 EISA 总线。但是后来由于总线技术不断进步,EISA 总线最终被淘汰。

3. VESA 总线

VESA(Video Electronics Standard Association)总线是 1992 年由 60 家附件卡制造商联合推出的一种局部总线,简称为 VL(VESA Local Bus)总线。随着 80486 和 Pentium 等高性能 CPU 的问世,因其内部处理速度大大提高了,再加上集成高速缓存和数字协处理器 FPU,高速的 CPU 和内存访问同慢速 I/O 操作成为 PC 技术中的瓶颈。多媒体的出现,对于图形和高速显示提出能更快速传送大量信息的要求。而这些问题 ISA 和 EISA 总线都无法解决。

VESA 总线的推出为微型计算机系统总线体系结构的革新奠定了基础。该总线系统考虑到 CPU 与主存和 Cache 的直接相连,通常把这部分总线称为 CPU 总线或主总线,其他设备通过 VL 总线与 CPU 总线相连,所以 VL 总线被称为局部总线。它定义了 32 位数据线,且可通过扩展槽扩展到 64 位,使用 33MHz 时钟频率,最大传输率达 132MBPS,可与 CPU 同步工作。是一种高速、高效的局部总线,可支持 386 SX、386 DX、486 SX、486 DX 及奔腾微处理器。

但是 VESA 总线是一种在 CPU 总线基础上扩展而成的。这种总线使 I/O 速度可随 CPU 的速度不断加快而加快。它是与 CPU 类型相关的,因此开放性差,并且由于 CPU 总线负载能力有限。目前 VESA 总线扩展槽只支持 3 个设备。

4. PCI 总线

PCI(Peripheral Component Interconnect)总线是当前最流行的总线之一，它是由Intel公司推出的一种局部总线。它定义了32位数据总线，且可扩展为64位。PCI总线主板插槽的体积比原ISA总线插槽还小，其功能比VESA、ISA有极大的改善，支持突发读写操作，最大传输速率可达132MBPS，可同时支持多组外围设备。PCI局部总线不能兼容现有的ISA、EISA、MCA(Micro-channel Architecture)总线，但它不受制于处理器，是基于奔腾等新一代微处理器而发展的总线。

PCI总线标准所定义的信号线通常分成必需的和可选的两大类。PCI总线分A、B面，每面为60条引脚，分前49条和后11条，分界处的几何尺寸占两条引脚，在PCI插槽上有一个限位缺口与之对应，其信号线总数为120条(包括电源、地、保留引脚等)。

主设备是指取得了总线控制权的设备，而被主设备选中以进行数据交换的设备称为从设备或目标设备。作为主设备需要49条信号线，若作为目标设备，则需要47条信号线，可选的信号线有51条(主要用于64位扩展、中断请求、高速缓存支持等)。利用这些信号线便可以传输数据、地址，实现接口控制、仲裁及系统的功能。PCI局部总线信号如图2.24所示。

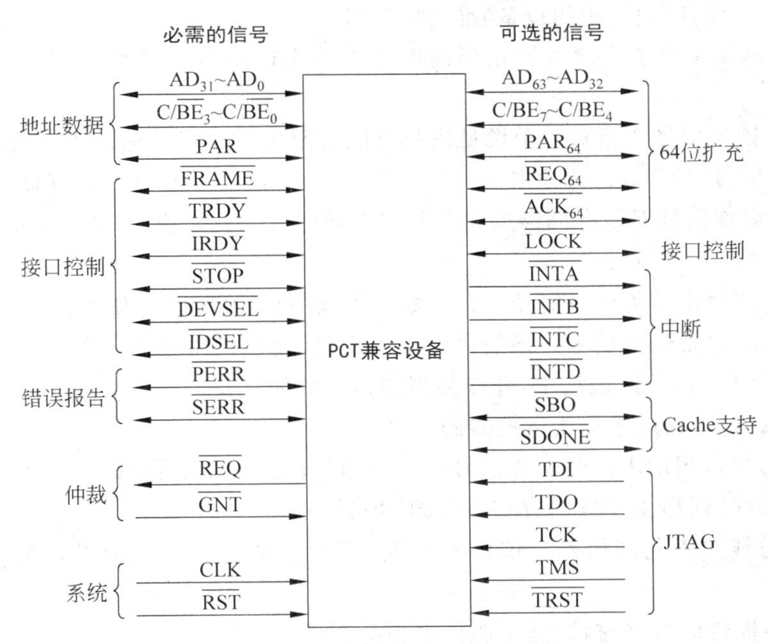

图2.24　PCI的外部引线信号

(1) 系统信号，这包括系统时钟信号、复位信号。

CLK：系统时钟信号，为所有PCI传输提供时序，对于所有的PCI设备都是输入信号。其频率最高可达33MHz/66MHz，这一频率也称为PCI的工作频率。

$\overline{RST}$：复位信号。用来迫使所有PCI专用的寄存器、时序器和信号转为初始状态。

(2) 地址和数据信号，负责地址、数据有关操作的信号。

AD_0～AD_{31}：地址、数据复用的信号。PCI总线上地址和数据的传输，必须在

$\overline{FRAME}$有效期间进行。当$\overline{FRAME}$有效时的第1个时钟,$AD_0 \sim AD_{31}$上的信号为地址信号,称地址期;当$\overline{IRDY}$和$\overline{TRDY}$同时有效时,AD0~AD31上的信号为数据信号,称数据期。一个PCI总线传输周期包含一个地址期和接着的一个或多个数据期。

$C/\overline{BE_0} \sim C/\overline{BE_3}$:总线命令和字节允许复用信号。在地址期,这4条线上传输的是总线命令;在数据期,它们传输的是字节允许信号,用来指定在数据期,$AD_0 \sim AD_{31}$线上4B数据中哪些字节为有效数据,以进行传输。

PAR:奇偶校验信号。它通过$AD_0 \sim AD_{31}$和$\overline{C/BE_0} \sim \overline{C/BE_3}$进行奇偶校验。主设备为地址周期和写数据周期驱动PAR,从设备为读数据周期驱动PAR。

(3) 接口控制信号,与接口操作控制有关。

$\overline{FRAME}$:帧周期信号,由主设备驱动。表示一次总线传输的开始和持续时间。当$\overline{FRAME}$有效时,预示总线传输的开始;在其有效期间,先传地址,后传数据;当$\overline{FRAME}$撤销时,预示总线传输结束,并在当$\overline{IRDY}$有效时进行最后一个数据期的数据传送。

$\overline{IRDY}$:主设备准备好信号。当$\overline{IRDY}$要与$\overline{TRDY}$联合使用,当二者同时有效时,数据方能传输。

$\overline{TRDY}$:从设备(被选中的设备)准备好信号。

$\overline{STOP}$:从设备要求主设备停止当前的数据传送的信号。显然,该信号应由从设备发出。

$\overline{LOCK}$:锁定信号。当对一个设备进行可能需要多个总线传输周期才能完成的操作时,使用锁定信号$\overline{LOCK}$,进行独占性访问。例如,某一设备带有自己的存储器,那么它必须能被锁定,以便实现对该存储器的完全独占性访问。也就是说,对此设备的操作是排它性的。

IDSEL:初始化设备选择信号。在参数配置读写传输期间,用作片选信号。

$\overline{DEVSEL}$:设备选择信号。该信号由从设备在识别地址时发出,当它有效时,说明总线上有某处的某一设备已被选中,并作为当前访问的从设备。

(4) 仲裁信号,只用于总线主控器的一些信号。

$\overline{REQ}$:总线占用请求信号。该信号有效表明驱动它的设备要求使用总线。它是一个点对点的信号线,任何主设备都有它自己的$\overline{REQ}$信号。

$\overline{GNT}$:总线占用允许信号。该信号有效,表示申请占用总线的设备的请求已获得比准。

(5) 错误报告信号,包括数据奇偶校验和系统错误的报告。

$\overline{PERR}$:数据奇偶校验错误报告信号。一个设备只有在响应设备选择信号($\overline{DEVSEL}$)和完成数据期之后,才能报告一个$\overline{PERR}$。

$\overline{SERR}$:系统错误报告信号。用做报告地址奇偶错、特殊命令序列中的数据奇偶错,以及其他可能引起灾难性后果的系统错误。它可由任何设备发出。

(6) 中断信号,在PCI总线中,中断是可选项,不一定必须具有。

$\overline{INTA}$:用于请求中断。

$\overline{INTB}$、$\overline{INTC}$、$\overline{INTD}$:用于请求中断,仅对多功能设备有意义。所谓的多功能设备是指:将几个相互独立的功能集中在一个设备中。各功能与中断线之间的连接是任意的,没有任何附加限制。

(7) 其他可选信号,这包括高速缓存、总线扩展、访问端口/边界有关的信号。

$\overline{SBO}$、SDONE：高速缓存支持信号。

$\overline{REQ64}$、$\overline{ACK65}$、$AD_{32}\sim AD_{63}$、$\overline{C/BE_4}\sim\overline{C/BE_7}$、PAR64：64位总线扩展信号。

TCK、TDI、TDO、TMS、$\overline{TRST}$：测试访问端口/边界扫描信号。

PCI局部总线已形成工业标准。它的高性能总线体系结构满足了不同系统的需求,低成本的PCI总线构成的计算机系统达到了较高的性能/价格比水平。因此,PCI总线被应用于多种平台和体系结构中。

5. Compact PCI

在计算机系统总线中,有用于商用PC中系统总线,如前面的PCI、EISA等,还有一大类为适应工业现场环境而设计的系统总线,比如STD总线、VME总线、PC/104总线等。当前工业计算机的热门总线之一为Compact PCI。

Compact PCI的意思是"坚实的PCI",是当今第一个采用无源总线底板结构的PCI系统,是PCI总线的电气和软件标准加欧式卡的工业组装标准,是当今最新的一种工业计算机标准。Compact PCI是在原来PCI总线基础上改造而来,它利用PCI的优点,提供满足工业环境应用要求的高性能核心系统,同时还考虑充分利用传统的总线产品,如ISA、STD、VME或PC/104来扩充系统的I/O和其他功能。

6. PCI-E总线

PCI Express采用的也是目前业内流行这种点对点串行连接,比起PCI以及更早期的计算机总线的共享并行架构,每个设备都有自己的专用连接,不需要向整个总线请求带宽,而且可以把数据传输率提高到一个很高的频率,达到PCI所不能提供的高带宽。相对于传统PCI总线在单一时间周期内只能实现单向传输,PCI Express的双单工连接能提供更高的传输速率和质量,它们之间的差异跟半双工和全双工类似。

7. 外部设备总线

外部总线(External Bus),又称为通信总线,用于计算机之间,计算机与远程终端,计算机与外部设备以及计算机与测量仪器仪表之间的通信。该类总线不是计算机系统已有的总线,而是利用电子工业或其他领域已有的总线标准。外部设备总线又分为并行总线和串行总线,并行总线主要有IEEE-488总线,串行总线主要有RS-232-C、RS-422、RS-485、IEEE 1394以及USB总线、CAN总线等,在计算机接口、计算机网络以及计算机控制系统中得到了广泛应用。外部设备连接的总线根据不同的应用要求、场合和对象,已经形成诸多技术标准。

(1) RS-232-C串行通信总线。RS-232-C是美国电子工业协会(Electronic Industry Association,EIA)制定的一种串行物理接口标准。RS是英文"推荐标准"的缩写,232为标识号,C表示修改次数。RS-232-C总线标准设有25条信号线,包括一个主通道和一个辅助通道,在多数情况下主要使用主通道,对于一般双工通信,仅需几条信号线就可实现,如一条发送线、一条接收线及一条地线。RS-232-C标准规定的数据传输速率为每秒50、75、100、150、300、600、1200、2400、4800、9600、19 200波特每秒。RS-232-C标准规定,驱动器允许有 2500pF 的电容负载，通信距离将受此电容限制，例如，采用 150pF/m 的通信电缆时，最大通信距离为 15m；若每米电缆的电容量减小，通信距离可以增加。传输距离短的另一原因是 RS-232 属于单端信号传送，存在共地噪声和不能抑制共模干扰等问题，因此一般用于 20m 以内的通信。

(2) RS-485 总线和 RS-422 总线。在要求通信距离为几十米到上千米时，广泛采用 RS-485 串行总线标准。RS-485 采用平衡发送和差分接收，因此具有抑制共模干扰的能力。加上总线收发器具有高灵敏度，能检测低至 200mV 的电压，故传输信号能在千米以外得到恢复。RS-485 采用半双工工作方式，任何时候只能有一点处于发送状态，因此，发送电路须由使能信号加以控制。RS-485 用于多点互连时非常方便，可以省掉许多信号线。应用 RS-485 可以联网构成分布式系统，其允许最多并联 32 台驱动器和 32 台接收器。

RS-422 由 RS-232 发展而来，它是为弥补 RS-232 之不足而提出的。为改进 RS-232 通信距离短、速率低的缺点，RS-422 定义了一种平衡通信接口，将传输速率提高到 10Mbps，传输距离延长到 4000in(约 1219m，速率低于 100kbps 时)，并允许在一条平衡总线上连接最多 10 个接收器。RS-422 是一种单机发送、多机接收的单向、平衡传输规范，被命名为 TIA/EIA-422-A 标准。为扩展应用范围，EIA 又于 1983 年在 RS-422 基础上制定了 RS-485 标准，增加了多点、双向通信能力，即允许多个发送器连接到同一条总线上，同时增加了发送器的驱动能力和冲突保护特性，扩展了总线共模范围，后命名为 TIA/EIA-485-A 标准。由于 EIA 提出的建议标准都是以 RS 作为前缀，所以在通信工业领域，仍然习惯将上述标准以 RS 作前缀称谓。RS-485 信号的连接方法如图 2.25 所示。

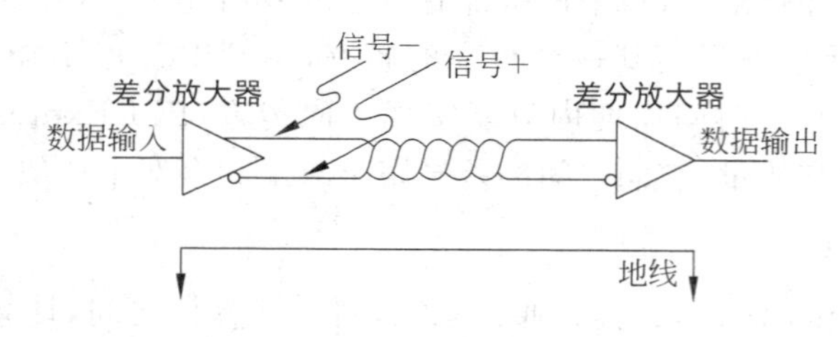

图 2.25　RS-485 信号的连接方法

RS-422、RS-485 与 RS-232 不一样，数据信号采用差分传输方式，也称作平衡传输，它使用一对双绞线，将其中一线定义为 A，另一线定义为 B，如图 2.26 所示。

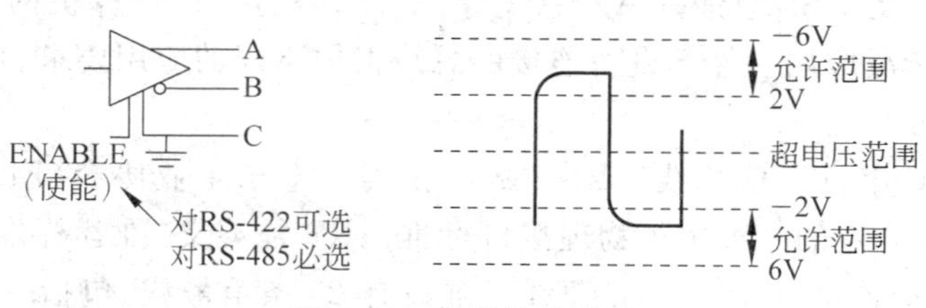

图 2.26　平衡传输图示

通常情况下，发送驱动器 A、B 之间的正电压在 2～6V，是一个逻辑状态，负电压在 −6～−2V，是另一个逻辑状态。另有一个信号地 C，在 RS-485 中还有一“使能”端，而在

RS-422 中这是可用可不用的。"使能"端是用于控制发送驱动器与传输线的切断与连接。当"使能"端起作用时，发送驱动器处于高阻状态，称作"第三态"，即它是有别于逻辑"1"与"0"的第三态。

接收器也与发送端有相对的规定，收、发端通过平衡双绞线将 AA 与 BB 对应相连，当在收端 AB 之间有大于 200mV 的电压时，输出正逻辑电平，小于－200mV 时，输出负逻辑电平。接收器接收平衡线上的电平范围通常在 200mV～6V 之间，如图 2.27 所示。

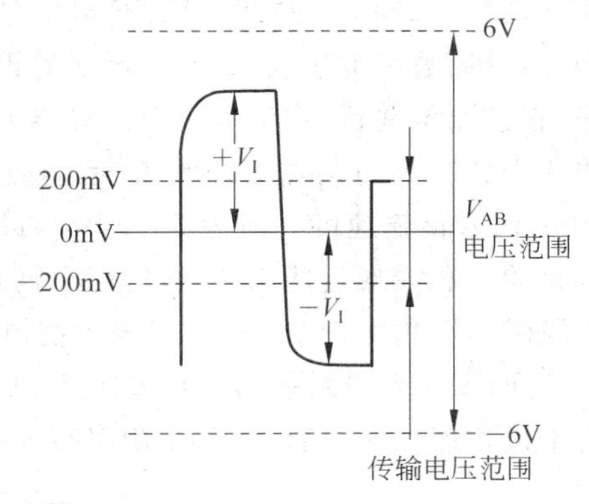

图 2.27　接收器接收平衡线上的电平范围

RS-422 标准全称是"平衡电压数字接口电路的电气特性"，它定义了接口电路的特性。图 2.28 是典型的 RS-422 四线接口，另外还有一根信号地线，共 5 根线。图 2.28(a)是其 DB9 连接器引脚定义。由于接收器采用高输入阻抗和发送驱动器比 RS-232 更强的驱动能力，故允许在相同传输线上连接多个接收结点，最多可接 10 个结点，即一个主设备(Master)，其余为从设备(Slave)，从设备之间不能通信，所以 RS-422 支持点对多的双向通信。接收器输入阻抗为 4kΩ，故发端最大负载能力是 10×4000＋100Ω(终接电阻)。RS-422 四线接口由于采用单独的发送和接收通道，因此不必控制数据方向，各装置之间任何必需的信号交换均可以按软件方式(XON/XOFF 握手)或硬件方式(一对单独的双绞线)实现。

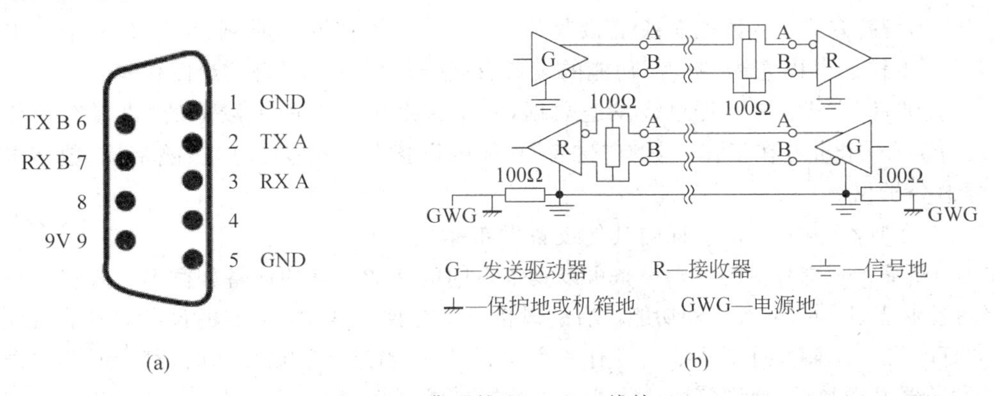

图 2.28　典型的 RS-422 四线接口

RS-422 的最大传输距离为 4000ft(约 1219m)，最大传输速率为 10Mbps。其平衡双绞线的长度与传输速率成反比，在 100kbps 速率以下，才可能达到最大传输距离。只有在很短的距离下才能获得最高速率传输。一般 100m 长的双绞线上所能获得的最大传输速率仅为 1Mbps。

RS-422 需要一终接电阻，要求其阻值约等于传输电缆的特性阻抗，在短距离传输时可不需终接电阻，即一般在 300m 以下不需终接电阻，终接电阻接在传输电缆的最远端。

由于 RS-485 是从 RS-422 基础上发展而来的，所以 RS-485 许多电气规定与 RS-422

相仿。如都采用平衡传输方式、都需要在传输线上接终接电阻等。RS-485 可以采用二线与四线方式,二线制可实现真正的多点双向通信。而采用四线连接时,与 RS-422 一样只能实现点对多的通信,即只能有一个主(Master)设备,其余为从设备,但它比 RS-422 有改进,无论四线还是二线连接方式总线上可多接到 32 个设备。

(3) IEEE-488 总线。IEEE-488 总线是并行总线接口标准,通常用来连接系统,如微型计算机、数字电压表、数码显示器等设备及其他仪器仪表均可用 IEEE-488 总线装配起来,它按照位并行、字节串行双向异步方式传输信号,连接方式为总线方式,仪器设备直接并联于总线上而不需要中介单元,但总线上最多可连接 15 台设备。最大传输距离为 20m,信号传输速度一般为 500KBps,最大传输速度为 1MBps,所有数据交换都必须是数字化的。总线规定使用 24 线的组合插头座,并且采用负逻辑,即用小于+0.8V 的电压表示逻辑"1"、用大于 2V 的电压表示逻辑"0"。

IEEE 488 总线接口结构如图 2.29 所示。利用 IEEE 488 总线将微型计算机和其他若干设备连接在一起,可以采用串行连接,也可以采用星状连接。

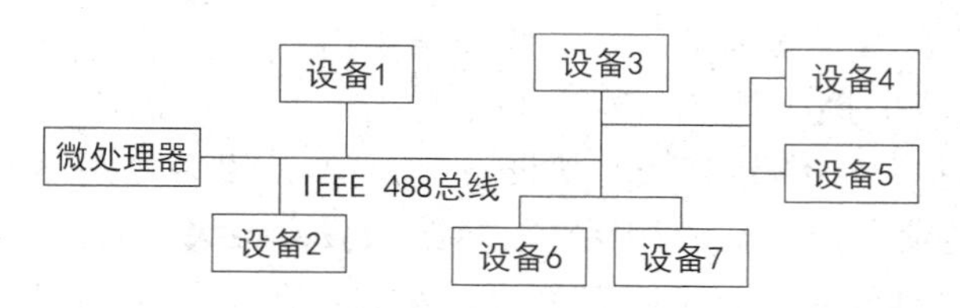

图 2.29 IEEE 488 总线接口结构

在 IEEE 488 系统中的每一个设备可按如下 3 种方式工作。

① "听者"方式:从数据总线上接收数据,一个系统在同一时刻,可以有两个以上的"听者"在工作。可以充当"听者"功能的设备有微型计算机、打印机、绘图仪等。

② "讲者"方式:向数据总线发送数据,一个系统可以有两个以上的"讲者",但任一时刻只能有一个讲者在工作。具有"讲者"功能的设备有:微型计算机、磁带机、数字电压表、频谱分析仪等。

③ "控制者"方式:是一种向其他设备发布命令的方式。

在 IEEE 488 总线上的各种设备可以具备不同的功能。有的设备如微型计算机可以同时具有控制者、听者、讲者三种功能。有的设备只具有收、发功能,而有的设备只具有接收功能,如打印机。在某一时刻系统只能有一个控制者,而当进行数据传送时,某一时刻只能有一个发送器发送数据,允许多个接收器接收数据,也就是可以进行一对多的数据传送。

(4) USB 总线。通用串行总线(Universal Serial Bus,USB)是由 Intel、Compaq、Digital、IBM、Microsoft、NEC、Northern Telecom 这 7 家世界著名的计算机和通信公司共同推出的一种新型接口标准,它基于通用连接技术,实现外部设备的简单快速连接,达到方便用户、降低成本、灵活扩展 PC 连接外设范围的目的。它可以为外部设备提供电源,而不像普通的使用串、并口的设备需要单独的供电系统。

经过二十来年的发展,当今的微型计算机的外部设备几乎都可以通过 USB 连接,成为通用标准的接口。USB 具有即插即用(Plug and Play,PnP)的特性,即在计算机运行状态下支持热插拔,随意地接入并立即正常工作,还具有很强的扩展能力、速度快、简化 PC

与外部设备的连接，有较强的易用性。USB设备几乎涵盖计算机能够连接的外部设备，如键盘、鼠标、摄像头、数字相机、游戏杆、U盘、移动硬盘、打印机、扫描仪，以及各种仪器仪表、PDA和手持设备等。

USB的协议标准历经了USB 1.0、USB 1.1、USB 2.0、USB OTG(On The Go)、USB 3.0。USB 1.0、USB 1.1、USB 2.0等主从模式的结构协议版本，支持1.5Mbps的低速模式、12Mbps的全速模式，在USB 2.0版本中推出了高速(High Speed)模式将USB总线的传输速度提高到了480Mbps的水平，可方便进行视频传输使用。后来出现的USB OTG还可以支持同一设备在不同场合可以切换为主机和从机，从而实现设备与设备、主机与主机的互连，进一步扩大了USB应用的范围，当前正在制订的USB 3.0协议标准，其速度可以达到5Gbps。

USB总线主要包括USB系统的构件(主机和设备)、物理构成(USB元件连接)、逻辑构成、客户软件与设备功能接口等。

① USB设备及其体系结构：USB总线是一种通用串行总线，支持在主机与各式各样即插即用的外部设备之间进行数据传输。它由主机预定传输数据的标准协议，在总线上的各种外部设备上分享USB总线带宽。当总线上的外部设备和主机在运行时，允许自由添加、设置、使用以及拆除一个或多个外部设备。

USB总线系统中的设备可以分为3种类型，一是USB主机，由于在一般场合使用的USB是主从结构的，即主机Host和从机设备Device的连接系统，所以在任何USB总线系统中，只能有一个主机。主机一般具有一个或多个USB主控制器和根集线器，提供USB总线接口驱动的模块，负责数据处理、连接通路和接口。

二是USB集线器(USB Hub)，类似于网络集线器，实现多个USB设备的互连，主机系统中一般整合有USB总线的根(结点)集线器，可以通过次级的集线器连接更多的外部设备。

三是USB总线的设备，又称USB功能外部设备，是USB体系结构中的USB最终设备，如打印机、扫描仪等，接受USB系统的服务。

USB总线连接外部设备和主机时，利用菊花链的形式对端点加以扩展，形成了如图2.30所示的金字塔形的外部设备连接方法，最多可以连接7层，127台设备，有效地避免了PC上插槽数量对扩充外部设备的限制，减少PC I/O接口的数量，但这些设备共享这一主控制器的数据带宽。

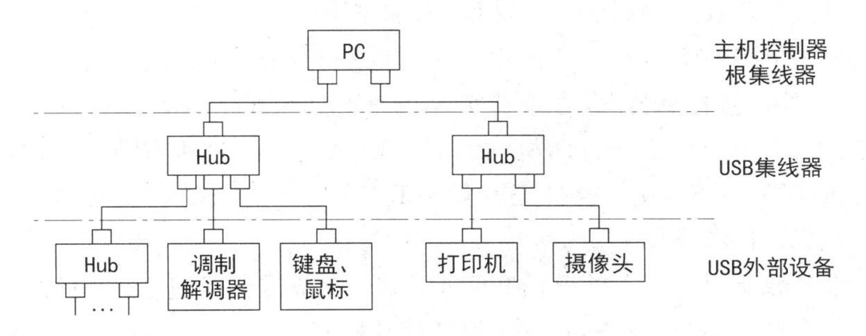

图2.30　基于USB总线的外设连接

② USB设备的电气连接：USB标准协议定义了A、B两种连接器形式，USB 2.0分为A型大口、B型小口的插头和插座，USB OTG则又增加了MINI USB连接器，用于如MP3等便携式设备或装置。USB连接时分为上行连接和下行连接。所有USB外部设备都有一个上行的连接，上行连接采用A型接口，而下行连接一般则采用B型接口，这两种接口不可简单地互换，这样就避免了集线器之间循环往复的非法连接。一般情况下，USB集线器输出连接口为A型口，而外部设备及Hub的输入口均为B型口。所以USB电缆一般采用一端A口、一端B口的形式。

USB标准协议线缆采用4芯信号，包括电源线(V_{BUS}，5V)、差分数据线负(D－)、差分数据线正(D＋)和地线(GND)，如图2.31所示。数据传输使用D＋和D－采用差分传输模式，是一对互相绞缠的标准规格线，另外一对是符合标准的电源线V_{BUS}和地线GND，用于给设备提供＋5V电源和信号地。USB OTG标准的MINI USB连接头，多了一条身份识别(ID)线，用来识别改变身份的场合下的主机和从机。USB连接线具有屏蔽层，以避免外界干扰。

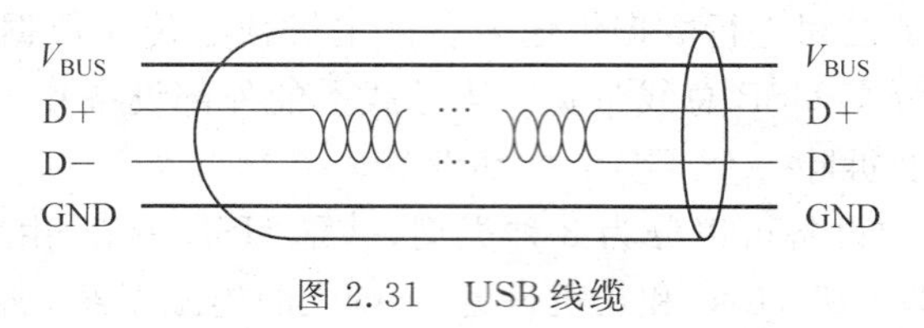

图2.31　USB线缆

USB的低速模式和全速模式可在用同一USB总线传输的情况下自动地动态切换。数据传输时，调制后的时钟与差分数据一起通过数据线D＋、D－传输出去，信号在传输时被转换成NRZI码(不归零反向码)。为保证转换的连续性，在编码的同时还要进行位插入操作，这些数据被打包成有固定时间间隔的数据包，每一数据包中附有同步信号，使得收方可还原出总线时钟信号。USB对电缆长度有一定的要求，最长可为5m。终端设备位于电缆的尾部，在集线器的每个端口都可检测终端是否连接或分离，并区分出高速或低速设备。

③ USB接口器件：支持USB设备的接口器件如Philips公司的PDIUSBD12，是在USB 1.1协议设备端使用最广泛的芯片之一，片内集成了高性能USB接口部件，并通过并口与外部任何微控制器/微处理器实现高速连接(2MBps)，具备DMA传输功能，经常用于诸如打印机、扫描仪、数码相机、存储设备、加密狗等。

Philips公司的ISP 1581是一个通用的USB接口器件，并完全符合USB 2.0协议，通过通用并口与外部微控制器/微处理器实现高速连接和通信，DMA模块很好地支持了海量存储的应用，广泛用于诸如打印机、扫描仪、PDA、DVD、DSL调制解调器、数字照相机、以太网的连接等。USB接口器件还有如ISP 1161、ISP 1561以及支持USB OTG器件的ISP 1301、ISP 1362等。

④ USB设备枚举过程：主机识别和管理USB设备需要经过总线的枚举过程，包括设备连接、设备上电、检测到设备并复位、设备默认状态、分配地址、读取设备描述符、配置描述符集合(包括配置描述符、接口描述符、HID描述符、端点描述符)以及字符串描述

符、输入输出报告描述符，如果设备空闲超过 3ms，为了节省电源，设备挂起但保留其地址和配置信息等所有内部状态。

⑤ USB 总线数据传输方式：USB 总线有 4 种传输方式，分别为控制传输、中断传输、批量传输和同步传输，用于各种传输需求。USB 总线协议是一个比较复杂、非常庞大的系统，更多内容可参照有关专门介绍的资料。

(5) IEEE 1394 总线。IEEE 1394 是一种高性能的串行总线，应用范围主要是那些带宽要求超过 100Kbps 的硬盘和视频外部设备。利用其两对(四条)信号线 TPA/TPA * 和 TPB/TPB *，可以支持同步传输和异步传输，这四根信号线分为差模时钟信号线对和差模数据线对。

IEEE 1394 规范得到了很好的定义，而且基于 IEEE 规范的产品也出现在了市场上。目前，IEEE 1394 解决方案的价位被认为可以同 SCSI 磁盘接口相竞争，但它不适用于一般的桌面连接。

IEEE 1394 是一种新型的高速串行总线，它具有一些显著的特点，例如高传输速率、采用同步传输和异步传输两种数据传输模式、可以实现即插即用并支持热插拔等。这些特点使它可广泛地应用于多媒体声卡、图像和视频产品、打印机、扫描仪的图像处理等方面，尤其是磁盘阵列、数字照相机，显示器和数字录像机等。

(6) CAN 总线。CAN 是 Controller Area Network 的缩写(以下称为 CAN)，是 ISO 国际标准化的串行通信协议。CAN 总线属于现场总线的范畴，它是一种有效支持分布式控制或实时控制的串行通信网络。较之目前许多 RS-485 基于 R 线构建的分布式控制系统而言，基于 CAN 总线的分布式控制系统具有网络各节点之间的数据通信实时性强，开发周期短，已形成国际标准等优势。CAN 总线是一种串行数据通信协议，它是一种多主总线，通信介质可以是双绞线、同轴电缆或光导纤维，通信速率可达 1MBPS。CAN 总线的工作模式是半双工的，收发数据要分时进行，不管 CAN 网络上挂多少设备，在同一时刻只能有一个发送数据。如果有多个需要同时发送则只有优先级别高的先发送，其他等待。

在汽车产业中，出于对安全性、舒适性、方便性、低公害、低成本的要求，各种各样的电子控制系统被开发了出来。由于这些系统之间通信所用的数据类型及对可靠性的要求不尽相同，由多条总线构成的情况很多，线束的数量也随之增加。为适应“减少线束的数量”、“通过多个 LAN，进行大量数据的高速通信”的需要，1986 年德国电气商博世公司开发出面向汽车的 CAN 通信协议。此后 CAN 通过 ISO 11898 及 ISO 11519 进行了标准化，在欧洲已是汽车网络的标准协议。

CAN 的高性能和可靠性已被认同，并被广泛地应用于工业自动化、船舶、医疗设备、工业设备等方面。现场总线是当今自动化领域技术发展的热点之一，被誉为自动化领域的计算机局域网。它的出现为分布式控制系统实现各结点之间实时、可靠的数据通信提供了强有力的技术支持。

CAN 属于现场总线的范畴，这是一种有效支持分布式控制或实时控制的串行通信网络，基于 CAN 总线的分布式控制系统在许多方面具有明显的优越性，如网络各结点之间的数据通信实时性强、开发周期短、通信速率高、容易实现、且性价比高等诸多特点，其应用范围已不再局限于汽车行业,而向自动控制、航空航天、航海、过程工业、机械工业、纺织机械、农用机械、机器人、数控机床、医疗器械及传感器等领域发展。CAN已经形成国际标准,并已被公认为几种最有前途的现场总线之一,其典型的应用协议有SAEJ 1939/ISO 11783、CANOpen、CANaerospace、DeviceNet、NMEA 2000等。

(7) SPI总线。SPI(Serial Peripheral Interface,串行外围设备接口)总线是Motorola公司推出的一种同步串行接口技术,SPI总线允许CPU与各种外围设备以串行方式进行通信、数据交换。主要应用在EEPROM、Flash、实时时钟、AD转换器等设备和数字信号处理器和数字信号解码器之间。SPI是一种高速的全双工同步的串行总线,波特率可以高达5Mbps,具体速度大小取决于SPI硬件,例如,Xicor公司的SPI串行器件传输速度能达到5MHz,Atmel公司的AT45DB021B最大可达20MHz,LPC 2214的SPI最大数据位速率为输入时钟速率的1/8。

SPI总线工作模式有两种:主模式和从模式。SPI是一种允许一个主设备启动一个从设备的同步通信的协议,从而完成数据的交换。SPI在芯片的管脚上只占用4根线(不算电源线),这包括串行时钟线(SCK)、主机输入/从机输出数据线MISO(DO)、主机输出/从机输入数据线MOSI(DI)和低电平有效的从机选择线CS。MISO和MOSI用于串行接收和发送数据,先为MSB(高位)、后为LSB(低位)。在SPI设置为主机方式时,MISO是主机数据输入线,MOSI是主机数据输出线。SCK用于提供时钟脉冲将数据一位一位地传送。节约芯片管脚的SPI芯片为PCB的布局上节省空间而提供了方便,这种简单易用的特性使得现在越来越多的芯片集成了这种通信协议,比如AT91RM9200等。

利用SPI总线可在软件的控制下构成各种系统,如一个主CPU和几个从CPU、几个从CPU相互连接构成多主机系统(分布式系统)、一个主CPU和一个或几个从I/O设备所构成的各种系统等。在大多数应用场合,可使用一个CPU作为主控机来控制数据,并向一个或几个从外围器件传送该数据。从器件只有在主机发命令时才能接收或发送数据。当一个主控机通过SPI与几种不同的串行I/O芯片相连时,必须使用每片的允许控制端,这可通过CPU的I/O端口输出线来实现。SPI是一个环形总线结构,其时序其实很简单,主要是在SCK的控制下,两个双向移位寄存器进行数据交换。主设备通过对SCK时钟线的控制可以完成对通讯的控制。另外,SPI还是一个数据交换协议,因为SPI的数据输入和输出线独立,所以允许同时完成数据的输入和输出,但SPI接口没有指定的流控制,没有应答机制确认是否接收到数据。SPI总线有4种工作方式(SPI0、SPI1、SPI2、SPI3),其中使用的最为广泛的是SPI0和SPI3方式。SPI模块为了和外部设备进行数据交换,根据外部设备工作要求,其输出串行同步时钟极性和相位可以进行配置,主设备的SPI时钟极性的配置(即SDO的配置)跟从设备的SDI接收数据的极性是相反的,跟从设备SDO发送数据的极性是相同的。

另外,还有其他的一些常见的总线。例如,Philips公司推出的IIC(又叫I^2C)总线是一种串行总线,用于连接到总线的器件传递信息的通道,具备多主机系统所需的包括总线裁决和高低速器件同步功能的高性能串行总线。IIC总线只有两根双向信号线,一根是数据线SDA,另一根是时钟线SCL。IIC总线上数据的传输速率在标准模式下可达100kbps,在快速模式下可达400Kbps,在高速模式下可达3.4Mbps。PXI总线是美国国家仪器公司(NI) 1997 年发布的一种高性能低价位的开放性、模块化仪器总线,是一种专为工业数据采集与仪器仪表测量应用领域而设计的模块化仪器自动测试平台。它能够提供高性能的测量,而价格并不十分昂贵。PXI 将 CompactPCI 规范定义的 PCI 总线技术发展成适合于试验、测量与数据采集场合应用的机械、电气和软件规范,从而形成了新的虚拟仪器体系结构。

2.3　微处理器与总线的发展

微处理器的历史可追溯到 1971 年,当时 Intel 公司推出了世界上第一台微处理器 4004。它是用于计算的 4 位微处理器,含有 2300 个晶体管。从此以后,Intel 便与微处理器结下了不解之缘。下面以 Intel 公司的 80X86 系列为例介绍一下微处理器的发展历程。

1978 和 1979 年,Intel 公司先后推出了 8086 和 8088 芯片,它们都是 16 位微处理器,内含 29000 个晶体管,时钟频率为 4.77MHz,地址总线为 20 位,可使用 1MB 内存。它们的内部数据总线都是 16 位,外部数据总线 8088 是 8 位,8086 是 16 位,1981 年 8088 芯片首次用于 IBM-PC 机中,开创了全新的微型计算机时代。

最早的 i8086/8088 是采用双列直插(DIP)形式封装,从 i80286 开始采用方形 BGA 扁平封装(焊接),从 i80386 开始到 Pentium Pro 开始采用方形 PGA(插脚),1982 年,Intel 推出了 80286 芯片,该芯片含有 13.4 万个晶体管,时钟频率由最初的 6MHz 逐步提高到 20MHz。其内部和外部数据总线皆为 16 位,地址总线 24 位,可寻址 16MB 内存。80286 有两种工作方式:实模式和保护模式。

1985 年 Intel 推出了 80386 芯片,它是 80x86 系列中的第一种 32 位微处理器,内含 27.5 万个晶体管,时钟频率为 12.5MHz,后提高到 20MHz,25MHz,33MHz。其内部和外部数据总线都是 32 位,地址总线也是 32 位,可寻址 4GB 内存。它除具有实模式和保护模式外,还增加了一种叫虚拟 86 的工作方式,可以通过同时模拟多个 8086 处理器来提供多任务能力。

除了标准的 80386 芯片(称为 80386 DX)外,出于不同的市场和应用考虑,Intel 又陆续推出了一些其他类型的 80386 芯片:80386 SX、80386 SL、80386 DL 等。1988 年推出的 80386 SX 是市场定位在 80286 和 80386 DX 之间的一种芯片,其与 80386 DX 的不同在于外部数据总线和地址总线皆与 80286 相同,分别是 16 位和 24 位(即寻址能力为 16MB)。

1990 年推出的 80386 SL 和 80386 DL 都是低功耗、节能型芯片,主要用于便携机和节能型台式机。80386 SL 与 80386 DL 的不同在于前者是基于 80386 SX 的,后者是基于 80386 DX 的,但两者皆增加了一种新的工作方式——系统管理方式(SMM)。当进入系统管理方式后,CPU 就自动降低运行速度、控制显示屏和硬盘等其他部件暂停工作,甚至停止运行,进入"休眠"状态以达到节能目的。

1989 年 Intel 推出了 80486 芯片,这种芯片突破了 100 万个晶体管的界限,集成了 120 万个晶体管。其时钟频率从 25MHz 逐步提高到 33MHz、50MHz。80486 是将 80386

和数学协处理器80387以及一个8KB的高速缓存集成在一个芯片内,并且在80x86系列中首次采用了RISC技术,可以在一个时钟周期内执行一条指令。它还采用了突发总线方式,大大提高了与内存的数据交换速度,由于这些改进,80486的性能比带有80387数学协处理器的80386 DX提高了4倍。

80486和80386一样,也陆续出现了几种类型。最初类型是80486 DX,1990年推出了80486 SX,它是486类型中的一种低价格机型,其与80486 DX的区别在于它没有数学协处理器。80486 DX2采用了时钟倍频技术,其芯片内部的运行速度是外部总线运行速度的两倍,即芯片内部以两倍于系统时钟的速度运行,但仍以原有时钟速度与外界通讯。80486 DX2的内部时钟频率主要有40MHz、50MHz、66MHz等。80486 DX4也是采用了时钟倍频技术的芯片,它允许其内部单元以两倍或三倍于外部总线的速度运行。为了支持这种提高了的内部工作频率,它的片内高速缓存扩大到16KB。80486 DX4的时钟频率为100MHz,其运行速度比66MHz的80486 DX2快40%。80486也有SL增强类型,其具有系统管理方式,用于便携机或节能型台式机。

Intel公司于1993年又推出了80586,其正式名称为Pentium。Pentium含有310万个晶体管,时钟频率最初为60MHz和66MHz,后提高到200MHz。66MHz的Pentium微处理器的性能比33MHz的80486 DX提高了三倍多,而100MHz的Pentium则比33MHz的80486 DX快6至8倍。

Pentium引起的轰动尚未结束,Intel公司又推出了新一代微处理器——P6。P6含有550万个晶体管,时钟频率为133MHz,处理速度几乎是100MHz的Pentium的2倍。P6的一级片内缓存为8KB指令和8KB数据的。值得注意的是,在P6的一个封装中除P6芯片外还包括有一个256KB的二级缓存芯片,两个芯片之间用高频宽的内部通信总线互连。P6最引人注目的是具有一项称为“动态执行”的创新技术,这是继Pentium在超标量体系结构上实现实破之后的又一次飞跃。

1997年,在奔腾(P54C)和P6的基础上又有了新的发展,一块奔腾(P54C),加上57条多媒体指令,就得到了多能奔腾(P55C),相对P54C,P55C在以下几方面做了改进:如支持称为MMX多媒体扩展的新指令集,有57条新指令,用于高效地处理图形、视频、音频数据;内部Cache从16KB增加到32KB;优化了CPU的执行核心。

为了弥补P6芯片的某些缺陷,Intel在P6基础上开发了两个变体:Klamath(即PentiumⅡ)和Deschutes来补充完善它。PentiumⅡ使用MMX和AGP技术,其系统总线速度达到66MHz,一级Cache含16KB指令Cache和16KB数据Cache,二级Cache为512KB,采用了0.35μm的工艺,CPU工作电压为2.8V;而Deschueses(PⅡ 350以上的CPU)是PentiumⅡ的一个0.25μm版本,具有更低的电源电压,外频为100MHz。PentiumⅡ改变了以往的PGA陶瓷封装,而把处理器芯片、L2高速缓存以及TAGPAM(用来管理L2高速缓存)集成在一块电路板上,然后封装在新的SEC(Single Edge Contact,单边接触盒)内。由于采用了新的SEC封装,PentiumⅡ必须插在242线的SLOT1插槽内,也就是说,PentiumⅡ不兼容Socket7结构。

1998年7月,Intel推出了用于服务器和工作站的PentiumⅡ至强器(PentiumⅡ Xeon),它采用新的P6微处理器结构,0.25μm制造,最低主频400MHz,内部带有512KB

或1MB二级高速缓存。Pentium Ⅱ至强使用的是330线的SLOT2插槽，使L2高速缓存与CPU主频同步运行，系统性能有很大的提高，当然，体积也比SLOT1的Pentium Ⅱ稍大。

Pentium Ⅱ赛扬是Intel在1998年4月针对低端市场发布的Pentium Ⅱ级处理器，它采用了PⅡ的内核，去掉了PⅡ处理器上的二级缓存，从而降低了成本，但同时也使其整数性能锐减。Intel公司也意识到了这一点，在随后推出的300MHz和333MHz的赛扬中集成了128KB二级高速缓存，虽然比Pentium Ⅱ的512KB少，但由于赛扬的128KB二级缓存是与CPU同频运行的，所以性能几乎和同主频Pentium Ⅱ持平，有时甚至比Pentium Ⅱ还要好。而其价格，只不过是同频Pentium Ⅱ的二分之一，非常超值。

1999年1月5日，Intel推出了Socket 370赛扬，它仍然使用了Slot1架构的赛扬内核，只不过采用了新的PPGA封装，降低了生产成本。Socket370的赛扬处理器在外形上很像Pentium MMX，但它的针脚比Pentium MMX的要多一圈，为370针，而Pentium MMX只有321针。所以老的Socket 7的用户如要使用Socket 370的赛扬，必须购买一块Socket 370插座的主板，而使用Slot1插座主板的用户，则可以选择一块转换卡，就可以使用新的Socket 370的赛扬了。

1999年2月26日，Intel正式发布了Pentium Ⅲ处理器，打响了1999年CPU大战的第一枪。Pentium Ⅲ的内核和Pentium Ⅱ大致一样，只有新增加了70条SSE(Streaming SIMD Extensions，单指令对数据流扩展)指令集，使CPU的浮点运算能力得到增强，提高了CPU对浮点运算密集型应用程序的执行效率。另外，就是关于Pentium Ⅲ的序列号。由于Intel在每一颗Pentium Ⅲ的硅片上都植入了一个固定的序列号，那么在因特网上，就可以通过Pentium Ⅲ的序列号识别出电脑的用户。这样做，是为了提高电子商务的安全性，但同时更多的人担心自己的隐私暴露在网上。要解决这个问题，可以使用Intel的序列号控制软件关闭序列号，也可以在BIOS中直接将序列号关掉。

Pentium Ⅲ主频为450MH和500MHz，0.25μm工艺制造，32KB一级高速缓存，512KB二级高速缓存同样以CPU主频的一半运行，核心电压2.0V，仍然使用Slot1插槽。需要注意的是，目前支持SSE指令集的软件还很少，不能体现出SSE指令的优势，随着各大软件厂商对SSE指令的支持，Pentium Ⅲ的性能将会有更大的提高。

Pentium Ⅲ推出不久，Intel推出了Pentium Ⅲ至强处理器，频率有500MHz和550MHz两种，核心电压2.0V，使用Slot2插槽，L2级Cache内置于片内，有1MB、2MB或2MB以上的版本。在微处理器的市场中，虽然Intel公司以其绝对的规模，生产能力和杰出的工作设计成为业界领袖，但它的产品还是有隙可乘的，许多具有实力的公司正跻身微处理器这一市场，向Intel发出了强有力的挑战，AMD的K6-2、K6-Ⅲ处理器，还有K7处理器，它们在某些方面的性能完全可以和Pentium Ⅱ、Pentium Ⅲ相媲美，使微处理器市场形成了一种错综复杂的状态。

微处理器的出现是一次伟大的工业革命，目前，微处理器进入64位时代，为了提高运行效率，微处理器开始有双核、四核甚至八核构成，微处理器的发展日新月异，令人难以置信。可以说，人类的其他发明都没有微处理器发展得那么神速、影响那么深远。

在计算机系统中，各个功能部件都是通过总线交换数据，总线的速度对系统性能有着极大的影响。而也正因为如此,总线被誉为是计算机系统的神经中枢。如何提高总线的速度以及可靠性,贯穿总线发展的整个历史。但相比 CPU、显卡、内存、硬盘等功能部件,总线技术的提升步伐要缓慢得多。每次新的总线标准的出现都会令计算机的面貌焕然一新。

从最早的 8 位机总线标准,如最早出现在 IBM 公司 1981 年推出的 PC/XT 计算机中的 PC 总线,到 1984 年,IBM 推出基于 16 位英特尔 80286 处理器的 PC/AT 计算机,系统总线才被 16 位的 PC/AT 总线所代替并衍生出著名的 ISA 总线(Industry Standard Architecture,工业标准架构)。1988 年,康柏、惠普、AST、爱普生等 9 家厂商协同将 ISA 总线扩展到 32 位宽度,EISA(Extended Industry Standard Architecture,扩展工业标准架构)总线由此诞生,EISA 总线的工作频率仍然保持在 8MHz 水平,但受益于 32 位宽度,它的总线带宽提升到 32MBps。在 EISA 总线还没有来得及成为正式工业标准的时候,更先进的 PCI 总线就开始出现,PCI 总线诞生于 1992 年。英特尔推出 486 处理器,这个时候,EISA 总线成为瓶颈,因为 CPU 的速度已经明显高于总线速度,但受到 EISA 的限制,硬盘、显卡和其他外围设备都只能慢速发送和接收数据,整机性能受到严重影响。为了解决这个问题,英特尔公司提出 32 位 PCI 总线的概念,并迅速获得认可成为新的工业标准。

不过,PC 领域的 32 位总线一直都没有得到升级,工作频率也停留于 33MHz,随着时间的推移,PCI 总线又遇到新的瓶颈。1996 年,3D 显卡出现,揭开 3D 时代的序幕。由于 3D 显卡需要与 CPU 进行频繁的数据交换,而图形数据又往往较为庞大,PCI 总线显得力不从心,于是英特尔便在 PCI 基础上专门研发出一种专门针对显卡的总线标准 AGP 总线(Accelerated Graphics Port,加速图形接口)。1996 年 7 月,AGP 1.0 标准问世,它的工作频率达到 66MHz,具有 1X 和 2X 两种模式,数据传输带宽分别达到了 266MBps 和 533MBps。AGP 1.0 大约只流行了两年时间,原因在于显卡技术发展日新月异,显卡单位时间要处理的数据呈几何级数成倍增长,AGP 2X 提供的 533MBps 带宽很快又无法满足需要。1998 年 5 月,英特尔公司发布 AGP 2.0 版规范,它的工作频率仍然停留在 66MHz,但工作电压降低到 1.5V,且通过增加的 4X 模式,将数据传输带宽提升到 1.06GBps,这近乎是个飞跃性的进步。很自然,AGP 4X 获得非常广泛的应用,这一点相信众人皆知。而与 AGP 2.0 同时推出的,还有一种针对图形工作站的 AGP Pro 接口,这种接口具有更强的供电能力,可驱动高功耗的专业显卡。很自然,AGP Pro 成为专业显卡的接口标准,而一些高端 PC 主板也采用该接口,毕竟它可以完全兼容标准的 AGP 显卡,在应用上并无障碍。

AGP 2.0 同样活跃了两年时间。2000 年 8 月,英特尔公司推出 AGP 3.0 规范,它的工作电压进一步降低到 0.8V,不过意义最重大的还是所增加的 8X 模式,这样,它便可以提供 2.1GBps 的总线带宽。可与前两代技术一样,AGP 8X 标准没有辉煌太长时间,PCI Express 总线的出现宣告 PCI 和 AGP 体系将被终结。

另一方面,PCI 总线也早已无法满足 PC 扩展的需要,发展新技术势在必行。用于 PC 环境的 32 位/33MHz 规格 PCI 总线只能提供 133MBps 带宽,而且要求所有的扩展设备共同分享,这在 20 世纪 90 年代初也许没有什么问题,但时过境迁,PC 系统发生了巨大的变化，各个设备的接口速度暴涨，如硬盘接口速率超过 100MBps，加上千兆网卡、磁盘阵列卡等高性能设备，133MBps 共享带宽早已成为严重的瓶颈。而服务器领域虽然使用 64 位/66MHz 的 PCI 总线，但该领域的千兆网卡、SCSI 硬盘或 SCSI RAID 系统更是带宽占用大户，PCI 总线根本无法满足要求。在这种背景下，开发彻底代替 PCI 的新一代总线势在必行，对此服务器厂商与 PC 厂商持有不同的看法，这也导致 PCI-X 和 PCI Express 两大标准的同时出现。前者专门针对服务器/工作站领域，采用平滑升级的方式获得高性能，可以称为 PCI 技术的改良；而后者则是一种革命性的高速串行总线技术，主要用于 PC 系统中。

在 2001 年的春季 IDF 论坛上，英特尔公司提出 3GIO(Third Generation I/O Architecture，第三代 I/O 体系)总线的概念，它以串行、高频率运作的方式获得高性能，而 3GIO 的体系设计也十分富有前瞻性，它当时被设计为能满足未来十年 PC 系统的性能需要。3GIO 计划获得广泛响应，后来英特尔将它提交给 PCI-SIG 组织，于 2002 年 4 月更名为 PCI Express 并以标准的形式正式推出。它的效能十分惊人，仅仅是 X16 模式的显卡接口就能够获得惊人的 8GBps 带宽。更重要的是，PCI Express 改良了基础架构，彻底抛离落后的共享结构，一个新的时代开始了。

在工作原理上，PCI Express 与并行体系的 PCI 没有任何相似之处，它采用串行方式传输数据，而依靠高频率来获得高性能，因此 PCI Express 也一度被人称为"串行 PCI"。由于串行传输不存在信号干扰，总线频率提升不受阻碍，PCI Express 很顺利就达到 2.5GHz 的超高工作频率；其次，PCI Express 采用全双工运作模式，最基本的 PCI Express 拥有 4 根传输线路，其中 2 线用于数据发送，2 线用于数据接收，也就是发送数据和接收数据可以同时进行。相比之下，PCI 总线和 PCI-X 总线在一个时钟周期内只能作单向数据传输，效率只有 PCI Express 的一半，加之 PCI Express 使用 8b/10b 编码的内嵌时钟技术，时钟信息被直接写入数据流中，这比 PCI 总线能更有效节省传输通道，提高传输效率；第三，PCI Express 没有沿用传统的共享式结构，它采用点对点工作模式(Peer to Peer，P2P)，每个 PCI Express 设备都有自己的专用连接，这样就无须向整条总线申请带宽，避免多个设备争抢带宽的糟糕情形发生，而此种情况在共享架构的 PCI 系统中司空见惯。

由于工作频率高 2.5GHz，最基本的 PCI Express 总线可提供的单向带宽便达到 250MBps，再考虑全双工运作，该总线的总带宽达到 500MBps，这仅仅是最基本的 PCI Express ×1 模式。如果使用两个通道捆绑的×2 模式，PCI Express 便可提供 1GBps 的有效数据带宽。依此类推，PCI Express ×4、×8 和×16 模式的有效数据传输速率分别达到 2GBps、4GBps 和 8GBps。这与 PCI 总线可怜的共享式 133MBps 速率形成极其鲜明的对比，更何况这些都还是每个 PCI Express 可独自占用的带宽。

在系统总线家族中，Hyper Transport 应该是一个另类，原因是它只是 AMD 自家提出的企业标准，设计目的是用于高速芯片间的内部联接，但随着 AMD 64 平台的成功，Hyper Transport 总线的影响力也随之扩大，并成为连接 AMD 64 处理器、北桥芯片和南桥芯片的系统中枢—在这样的架构中，PCI Express 总线反而不再承担中坚角色，只是承担设备扩展的单一职能，Hyper Transport 便理所当然成为 AMD64 平台的系统总线。

在基本工作原理上，Hyper Transport 与 PCI Express 如出一辙，都是通过串行传输、高频率运作获得超高性能—不过正确的说法应该颠倒过来,因为 Hyper Transport 技术早于 PCI Express,后者其实是参照 Hyper Transport 而设计。基本的 Hyper Transport 总线为两条点对点的全双工数据传输线路(一条为输入、一条为输出),它的物理频率只有 400MHz,AMD 引入了 DDR 双向触发技术,因此其数据传输频率相当于 800MHz;如果同时使用 8 对这样的串行传输线路,即可改成 8 位的传输方式,Hyper Transport 的双向数据传输率可达到 1.6GBps;而如果采用 32 位设计,Hyper Transport 便能够提供 6.4GBps 的超高带宽。

除了速度快之外,Hyper Transport 还有一个独有的优势,它可以在串行传输模式下模拟并行数据的传输效果。当时,PC 都是采用 32 位 x86 架构,系统内部数据都是以 32 位作为一个基本单位进行传输或处理,而改用串行总线后,接收方在接收数据时就得等 32 位数据全部到齐后才可进行转换和封包,这就给系统带来不必要的负担。Hyper Transport 总线很好地解决了这个问题,它采用一种特殊的分批方式,可以将 32 位数据预先分批组装—如果采用 的是 8 位总线,那么 32 位数据会被分成 4 个批次发送,然后自动合为一体。这样在系统看来,数据都是以 32 位为单位传送的,它就能够直接调用,而不必像传统串行总线一样需要由系统干涉数据组装工作。

从 PC 总线到 ISA、PCI 总线,再由 PCI 进入 PCI Express 和 Hyper Transport 体系,计算机在这三次大转折中也完成三次飞跃式的提升。与这个过程相对应,计算机的处理速度、实现的功能和软件平台都在进行同样的飞速发展,显然,没有总线技术的进步作为基础,计算机的快速发展就无从谈起。

习　题　2

1. 8086/8088 有哪两部分组成,功能分别是什么?
2. 8086/8088 有几个通用寄存器?有几个变址寄存器?有几个指针寄存器?
3. 8086/8088 标志寄存器有哪些标志位?分别说明各个标志位的作用。
4. 8086/8088 地址总线位数是多少?最大的物理存储空间是多少?
5. 8086/8088 系统中的存储器为什么要采用分段结构?
6. 段寄存器的作用是什么?为什么要使用段寄存器?
7. 什么是 8086/8088 的最小模式和最大模式?
8. 简述 8088 引脚中可以复用的引脚和与中断有关的引脚。
9. 简述 8086 芯片引脚 CLK、$\overline{RD}$、MN/$\overline{MX}$的功能。
10. 简述 8086 的两种工作方式。
11. 什么是总线标准?为什么要制定总线标准?总线标准包括哪些内容?
12. 微型计算机采用总线结构有什么优点?
13. 什么是时钟周期?什么是总线周期?8086 的基本总线周期是多少个时钟周期?
14. 8086/8088 最小模式下的读写总线周期包括几个时钟周期?什么情况下需要插入等待周期 T_w?

第3章　8086的指令系统与寻址方式

计算机的指令是CPU能执行的每一种基本操作的二进制的表达形式，是程序的基本单位，指令系统是CPU所具有和能执行的全部指令集架构（Instruction Set Architecture，ISA），是程序设计者所看到的计算机的主要属性，它决定着计算机具有的基本功能，它与微处理器有密切的联系，不同的CPU根据其实现的目的有相应的指令系统设计。

指令系统是计算机软硬件的接口，是计算机系统最重要的抽象之一，是计算机软硬件的交界面，此界面以上构成汇编语言、编译、操作系统、高级语言、应用语言等的基础，向下形成机器结构、数据通路、机器基本操作的行为。一个设计良好的指令系统一般会达到完整性、规整性、正交性、高效性和兼容性等要求，并且能够权衡实现速度、成本、灵活性、扩展性等方面的发展或优化目标。

3.1　指令系统

8086指令系统采用可变字节的指令格式，寻址方式多种多样，能处理8位或16位数据，其指令编码有多种不同格式，属于复杂类型的，8086指令系统还具有软件中断指令、串操作指令和重复前缀等功能。8086指令系统共包含一百来条基本指令，可分成6大功能类指令：数据传送类指令、算术运算类指令、逻辑运算与移位类指令、串操作类指令、控制转移类指令、处理器控制类指令。

8086指令系统属于CISC（复杂指令集计算机），其特点是指令数量丰富庞大，程序员的编程工作相对容易，但依据80/20法则，CISC的大量低效的指令形成80%的冷代码，在后来的发展中，也不断从RISC（精简指令集计算机）获取灵感，产生优化设计的新奇思路，达到和RISC殊途同归的精简、高效之效果，加之在桌面系统领域与用户的紧密结合，在x86系统基础上曾经的辉煌成就渐行渐远，表现的生命力依然旺盛。当今流行的几种主要的ISA有ARM、SPARC、POWER、MIPS等RISC ISA和x86这种属于CISC的ISA。

3.1.1　指令格式

指令一般由操作码和操作数两部分构成。操作码指示指令要完成的操作,用助记符表示,助记符是一类具有相同功能的指令操作码的保留名。操作数是指令执行的对象,可显式给出也可隐含存在。操作数有多个时,操作数之间应用逗号隔开,指令的一般格式如图 3.1 所示。

操作码	目的操作数, 源操作数

图 3.1　指令格式

8086 的指令格式长度是不固定的,指令的长度是可变的,指令长度主要取决于操作数的个数及其寻址方式。有的指令有一个字节,有的则多达 7B,其中操作码占用 1～2B,通过对当前指令的操作码进行译码,就会知道当前指令所占字节数及下一条指令的地址。因此根据操作数的个数,指令可分为以下三类:

(1) 零操作数指令。指令只有操作码,操作数是隐含的,该类指令的操作对象多为处理器本身。

(2) 单操作数指令。指令中包含操作码和一个操作数,另一个操作数隐含存在。

(3) 双操作数指令。指令中包含操作码和两个操作数。

操作数在计算机中也是用二进制表示,为方便编程使用,操作数采用编码或编号形式。如:

```
MOV AX,012FDH
```

这里 MOV 是操作码,指令表示数据传送功能,AX 是寄存器编号,012FDH 是数据的十六进制形式编码。指令作用是把数据 012FDH 送到 AX 寄存器,AX 寄存器原来的数据被覆盖。

3.1.2　指令操作数的类型

根据操作数存放位置的不同,8086 指令中的操作数有 3 种类型:立即数操作数、寄存器操作数和存储器操作数。

(1) 立即数操作数。立即数是有固定数值的操作数,指令的执行对其不产生影响。立即数操作数包含在指令中,即操作数本身直接在指令中给出,并随指令一起从存储器中取出参与运算。

立即数操作数是常数,没有表示地址的含义,故立即数操作数只能作源操作数。立即数操作数可以是 8 位数也可以是 16 位数。

(2) 寄存器操作数。操作数在某个寄存器中,指令中给出寄存器的名字。可以作为寄存器操作数的包括 8086 的 8 个通用寄存器和 4 个段寄存器,在指令中寄存器操作数既可作为源操作数也可作为目的操作数。

通用寄存器常用来存放数据或数据所在的存储器单元的偏移地址,段寄存器常用来存放操作数的段基址。

(3) 存储器操作数。存储器操作数在内存中,指令中给出的是操作数的地址。存储器操作数既可作为源操作数又可作为目的操作数。一般情况下,8086 的一条指令中的两个操作数不允许同时为存储器操作数。

3.1.3　指令的编码

用符号化的汇编语言指令编写的程序输入计算机后，由“汇编程序”把它翻译成二进制机器语言形式，才能在机器上执行。二进制机器语言指令长度是可变的，这是由操作码、寻址方式和操作数长短等决定，一般在 1～6B 间变化。最长最完整的指令格式编码如图 3.2 所示。

OPCODE	MOD	DISP（低）	DISP（高）	DATA（低）	DATA（高）

图 3.2　机器语言指令格式编码

其中，OPCODE 代表操作码，MOD 表示寻址方式，DISP 代表位移量或地址，DATA 代表立即数数据。对于不同功能的指令，除 OP 字段是必需的，其他字段可多可少、可有可无，视具体指令需要而定。

OPCODE 字段是指令的第一个字节，有少数几条指令的 OP 字段 8 位不够时，还可占用第二个字节的 3 位，但大多数指令的 OP 字段往往不足 8 位，这时剩余的低位还用来指示操作对象的特征信息，其具体的信息如图 3.3 所示。

图 3.3 中的 d 位使用在双操作数指令中，因为 80x86/88 规定双操作数指令的两个操作数必须有一个操作数放在寄存器中，d 位指定所用寄存器用于目的操作数(d=1)还是源操作数(d=0)； s=1 表示把 8 位立即数扩展为 16 位(把低字节最高位的符号位扩展到高字节)；v=1/0，一般用于移位计数是 1 还是 CL 指定；w=1/0，用于表示指令对字还是字节操作，但对于指令中有立即数，即立即寻址方式；z 位只用在重复前缀指令，控制与 0 标志 ZF 的比较，z=1/0，控制 ZF 为 1/0 时重复/循环。

MOD 字段表示指令操作数类型和寻址方式，占 1 个字节，形成(模式，寄存器，寄存器/存储器)后置字节格式的编码，如图 3.4 所示。

OP	d/s/v	w/z

图 3.3　OPCODE 字段的具体信息

MOD	REG	R/M

图 3.4　MOD 字段的具体信息

图 3.4 中的 MOD 字段占 2 位，用于区分寄存器寻址和存储器寻址，以及使用多少字节的偏移量。具体如下：00 表示存储器寻址方式，无偏移量；01 表示存储器寻址方式，使用 1 个字节偏移量(−128≤DISP≤127)；10 表示存储器寻址方式，使用 2B 偏移量(0≤DISP≤65535)；11 表示寄存器寻址方式，用于具体的寄存器选择和使用，REG 和 R/M 字段各指定一个寄存器操作数。

REG 字段有 3 位，用于选择寄存器，并与 OP 字段的 w 位一起决定寄存器是 8 位还是 16 位，如表 3.1 所示。

R/M 字段有 3 位，用于有效地址的形成，如表 3.2 所示。

表 3.1 MOD 中寄存器的选择

REG 或 MOD=11 的 R/M	w=0	w=1	REG 或 MOD=11 的 R/M	w=0	w=1
000	AL	AX	100	AH	SP
001	CL	CX	101	CH	BP
010	DL	DX	110	DH	SI
011	BL	BX	111	BH	DI

表 3.2 R/M 对有效地址形成的规定

MOD / R/M	00	01	10	11		默认段寄存器
				w=0	w =1	
000	(BX)+(SI)	(BX)+(SI)+DISP8	(BX)+(SI)+DISP16	AL	AX	DS
001	(BX)+(DI)	(BX)+(DI)+DISP8	(BX)+(DI)+DISP16	CL	CX	DS
010	(BP)+(SI)	(BP)+(SI)+DISP8	(BP)+(SI)+DISP16	DL	DX	SS
011	(BP)+(DI)	(BP)+(DI)+DISP8	(BP)+(DI)+DISP16	BL	BX	SS
100	(SI)	(SI)+DISP8	(SI)+DISP16	AH	SP	DS
101	(DI)	(DI)+DISP8	(DI)+DISP16	CH	BP	DS
110	16 位直接地址	(BP)+DISP8	(BP)+DISP16	DH	SI	SS
111	(BX)	(BX)+DISP8	(BX)+DISP16	BH	DI	DS

机器语言指令编码举例如下:

```
ADD  CL,BH 对应 0000001011001111=02CFH,占 2B;
ADD  AX,0123H 对应 10000001110000000010001100000001=81C02301H,占 4B;
ADD  DISP[BX][DI],DX 对应 00000001100100010100010100100011=0191423H
ADD    AX,BX 对应 0000001111000011=03C3H,占 2B;
MOV [BX+DI-6],CL 对应 100010000100100111111010=8849FAH,占 3B。
```

另外,表 3.2 中的默认段寄存器是没有段跨越前缀时隐含的段寄存器,但如果在指令前指定了段跨越前缀,则使用指定段寄存器。段跨越前缀的格式编码如图 3.5 所示。

001	SEG	110

图 3.5 段跨越前缀的格式

其中 001 和 110 是标志位,SEG 的 2 位信息用于指定段寄存器,如表 3.3 所示。

表 3.3 SEG 的 2 位信息对段寄存器的指定

SEG	段寄存器	SEG	段寄存器
00	ES	10	SS
01	CS	11	DS

这里段跨越前缀只能用于代码段的指令中，对堆栈指令不能使用，对串操作指令使用的目的寄存器 DI 只能使用 ES 而不能段跨越。

串指令的重复前缀可用于指令左边，表示重复执行右边的指令，编码格式为 111100××，其中××=10 为 REPNE/REPNZ，××为 11 表示 REPE/REPZ 和 REP；××为 00 表示总线封锁前缀 LOCK，通常用于多处理机环境，以防止其他处理器在以 LOCK 为前缀的指令执行时占用总线。

3.2 寻址方式

指令的寻址方式是 CPU 指令中获得操作数所在地址的方式。8086 指令系统中，根据指令中操作数的存放位置不同，将操作数所在地址的寻址方式分为 8 类，其中立即数对应的寻址方式为立即寻址，寄存器操作数对应的寻址方式为寄存器寻址，存储器操作数对应的寻址方式有多种，包括直接寻址、寄存器间接寻址、寄存器相对寻址、基址变址寻址、基址变址相对寻址，另外还有一种隐含寻址。

3.2.1 立即寻址方式

立即寻址方式是指源操作数为立即数，直接包含在指令中，并紧跟指令操作码存放于内存代码段中，随指令一起取出。立即数可以是 8 位或者 16 位数。例如，

```
MOV AX,3B13H
```

该指令表示将 16 位数 3B13H 送入寄存器 AX 中，立即寻址方式示意如图 3.6 所示。

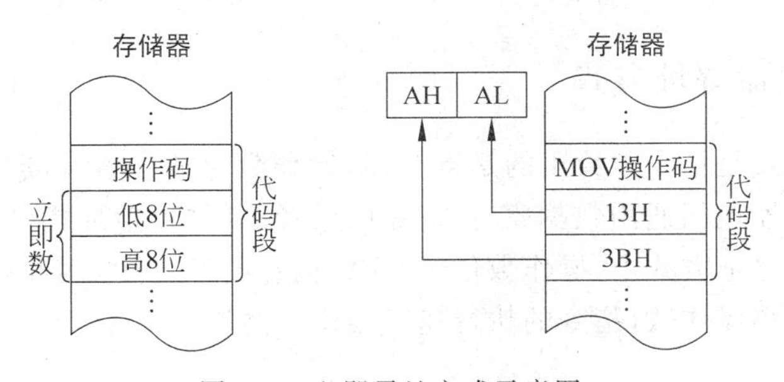

图 3.6　立即寻址方式示意图

3.2.2 直接寻址方式

直接寻址方式是指参加运算的数据存放于内存中，而数据存放的 16 位偏移地址在指令中直接给出，并与操作码一起存放在代码段中。偏移地址在指令中放在"[ ]"内，默认数据的段基址为数据段 DS，允许段重设。例如

```
MOV AX,[3B13H]
```

该指令表示将数据段中偏移地址为 3B13H 和 3B14H 两单元的内容送入寄存器 AX

中,注意并不是将 3B13H 送入 AX 寄存器中。该指令对应的直接寻址示意如图 3.7 所示。

若假设 DS=1000H,则参与运算的数据的物理地址为 1000H×16+3B13H=13B13H。

直接寻址中并没有直接给出操作数,而是给出了操作数的 16 位偏移地址,在表现形式上,直接寻址的偏移地址必须加方括号以区分。在直接寻址方式中,如不特别说明,操作数默认存放在 DS 段。若要使用其他寄存器,则需要在指令中用段重设符号标明。例如

```
MOV AX,ES:[3B13H]
```

该指令表示将 ES 段中偏移地址为 3B13H 单元的内容送入 AX 寄存器中。

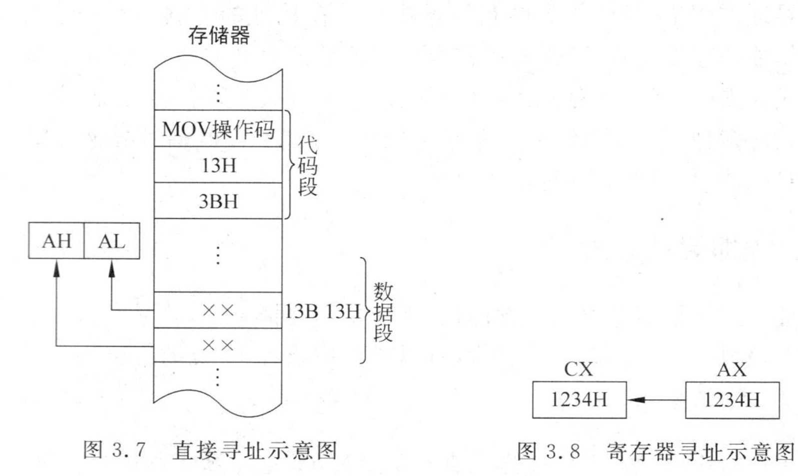

图 3.7 直接寻址示意图

图 3.8 寄存器寻址示意图

3.2.3 寄存器寻址方式

寄存器寻址方式是指令中给出的是寄存器,操作数存放在寄存器中。可以使用寄存器寻址方式的寄存器包括通用数据寄存器(8 位或者 16 位)、地址指针、变址寄存器以及段寄存器。寄存器寻址方式中,操作数位于 CPU 内部寄存器中,因此指令执行时不需要访问内存就可以取得操作数,指令的执行速度很快。例如

```
MOV CX,AX
```

将寄存器 AX 的内容送到寄存器 CX 中,若执行前 AX=1234H,CX=3423H,执行后 CX=1234H。寄存器寻址示意如图 3.8 所示。

3.2.4 寄存器间接寻址方式

寄存器间接寻址方式是指令中出现的是寄存器,且该寄存器中存放的是操作数的有效地址,而操作数存放在存储器中。寄存器间接寻址所使用的寄存器分为两类:

(1) 以 SI、DI 或 BX 作为间址寄存器,此时操作数在数据段,即段基址在默认情况下由 DS 决定。

(2) 以 BP 作为间址寄存器,此时操作数在堆栈段,即段基址在默认情况下由 SS 决定。

寄存器间接寻址方式允许段重设,在指令中使用段重设符即可重设操作数所在的段寄存器。为了区分寄存器间接寻址和寄存器寻址,寄存间接寻址指令中的寄存器必须用方括号括起来。例如:

```
MOV AX,[DI]
```

若已知 DS=1000H,DI=2000H,该指令表示将物理地址为 1000H×16+2000H=12000H 单元和 12001H 单元的内容送入寄存器 AX 中,这里默认使用 DS。寄存器间接寻址示意如图 3.9 所示,执行后 AX=5655H。

若操作数在附加段,上条指令可修改为 MOV AX,ES:[DI]。

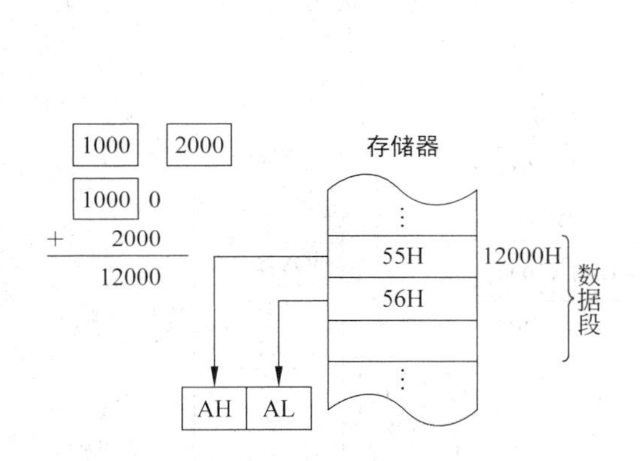

图 3.9　寄存器间接寻址示意图

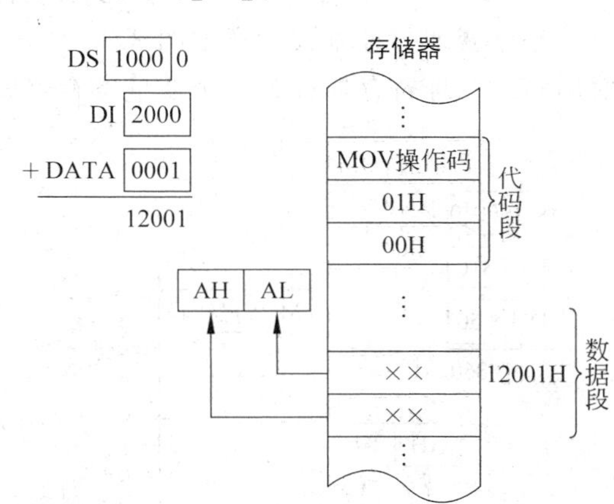

图 3.10　寄存器相对寻址示意图

3.2.5　寄存器相对寻址方式

寄存器相对寻址是在指令中出现的是间址寄存器和一个 8 位或者 16 位的位移量,二者之和作为操作数的有效地址,操作数存放在存储器中,数据存放的段由所使用的间址寄存器决定,间址寄存器只能采用 BX、BP、SI、DI。例如

```
MOV AX,DATA[DI]
```

若已知 DS=1000H,DI=2000H,DATA =0001H,该指令表示将物理地址=1000H×16+2000H+0001H=12001H 单元和 12002 单元的内容送到寄存器 AX 中,如图 3.10 所示。

在汇编语言中,寄存器相对寻址的表示形式有多种,例如:

```
MOV AX,DATA[DI]
MOV AX,[DI]DATA
MOV AX,DATA+[DI]
MOV AX,[DI]+DATA
MOV AX,[DI+DATA]
MOV AX,[DATA+DI]
```

3.2.6 基址变址寻址方式

基址变址寻址是在指令中出现的是一个基址寄存器(BX 或 BP)和一个变址寄存器(SI 或 DI),两个寄存器内容的和作为操作数的有效地址。基址寄存器只能用 BX 或 BP,默认情况下对应的段寄存器分别为 DS 和 SS,基址变址寻址允许段重设。

例如:

```
MOV AX,[BX][DI]
```

若 DS=1000H,BX=0810H,DI=0050H,该指令表示将物理地址=1000H×16+0810H+0050H=10860H 单元和 10861H 单元的内容送到寄存器 AX 中。

基址变址寻址方式示意如图 3.11 所示。注意,在基址变址寻址方式中,不允许同时使用两个基址寄存器或者两个变址寄存器。

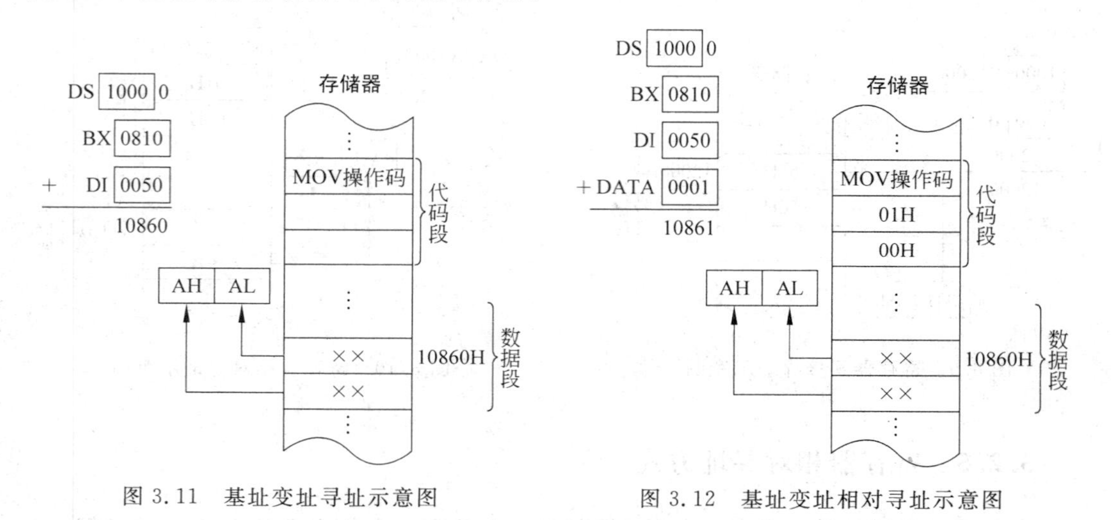

图 3.11 基址变址寻址示意图

图 3.12 基址变址相对寻址示意图

3.2.7 基址变址相对寻址方式

基址变址相对寻址是在指令中出现的是一个基址寄存器(BX 或 BP)、一个变址寄存器(SI 或 DI)和一个 8 位或者 16 位位移量,三者之和为操作数的有效地址,操作数在存储器中,数据存放的段由所使用的基址寄存器决定,并且基址变址寻址允许段重设。

例如:

```
MOV AX,DATA[BX][DI]
```

若 DS=1000H,BX=0810H,DI=0050H,DATA=0001H。

该指令表示将物理地址=1000H×16+0810H+0050H+0001H=10861H 单元和 10862H 单元的内容送入寄存器 AX 中。基址变址相对寻址示意如图 3.12 所示。

基址变址相对寻址的表示形式有多种:

```
MOV AX,DATA[BX][DI]
MOV AX,DATA[BX+DI]
MOV AX,[DATA+BX+DI]
MOV AX,[DATD+BX][DI]
MOV AX,[BX]DATA[DI]
```

在基址变址相对寻址方式中,不允许同时使用两个基址寄存器或者两个变址寄存器。

3.2.8　隐含寻址方式

有些指令的操作码不仅包含操作的性质,还隐含了部分操作数的地址。这种在指令操作码中隐含操作数的寻址方式称为隐含寻址。例如乘法指令 MUL,该指令中只给出乘数的地址,被乘数和乘积的地址是隐含的且固定的。

3.3　8086 的指令系统

8086 指令系统包含一百多条基本指令,按功能将其分为 6 类:数据传送类指令、算术运算类指令、逻辑运算和移位指令、串操作指令、程序控制类指令、处理器控制指令。

3.3.1　数据传送类指令

数据传送类指令是程序中使用频率最高的一类指令,可以实现数据在内存、通用寄存器和段寄存器之间的传送,这类指令通常不会对状态寄存器 FLAGS 产生影响。

数据传送类指令根据其功能可包含通用数据传送指令、目标地址传送指令、输入输出指令 3 类:

1. 通用数据传送指令

通用数据传送指令实现数据的传递和转移,包括一般传送指令 MOV、堆栈操作指令 PUSH 和 POP、数据交换指令 XCHG 和查表转换指令 XLAT。

1) 一般传送指令 MOV

格式:

```
MOV dest,src ;(dest) ←(src)
```

指令中的 dest 为目标操作数,src 为源操作数。该指令功能是将源操作数的内容送入目标操作数,同时源操作保持不变。

MOV 指令是最普遍和最常用的传送指令,该指令具有以下特点:

(1) MOV 指令既可以传送字节操作数也可以传送字操作数;

(2) MOV 指令可以使用各种寻址方式;

(3) 可以实现寄存器和寄存器或者存储器之间的数据传送、立即数至寄存器或者存储器的数据传送、寄存器或存储器和段寄存器之间的数据传送操作。举例如下。

① 寄存器和寄存器之间的数据传送:

```
MOV AX,CX                  ;寄存器 AX 中的内容送到寄存器 CX
```

② 寄存器和存储器之间的数据传送:

```
MOV [1000H],AX             ;将 AX 中的内容送到数据段内存单元 1000H 和 1001H 单元
MOV AX,[DI]                ;将数据段中 DI 所指向的连续两个内存单元的内容送入 AX
```

③ 立即数至寄存器的数据传送:

```
MOV AX,0800H               ;将 0800H 送入 AX
```

④ 立即数至存储器的数据传送:

```
MOV BYTE PTR[BX],08H       ;将 08H 送入数据段 BX 所指向的内存单元中
MOV WORD PTR[BX],0800H     ;将 0800H 送入数据段 BX 所指向的连续两个内存单元中
```

⑤ 寄存器与段寄存器之间的数据传送:

```
MOV AX,DS                  ;将 DS 的内容送入 AX
MOV ES,BX                  ;将 BX 内容送入 ES 中
```

⑥ 存储器和段寄存器之间的数据传送:

```
MOV [1000H],DS             ;将 DS 的内容送入数据段 1000H 单元
MOV DS,[DI]                ;将数据段 DI 所指向的连续两个内存单元的内容送入 DS
```

MOV 指令对操作数有一些要求或约束:指令中目标操作数和源操作数的字长必须相等,如都是字节操作数或者字操作数;目标操作数不能为立即数;源操作数为立即数时,目标操作数不能为段寄存器;两个操作数不能同时为存储器操作数;两个操作数不能同时为段寄存器;一般情况下指令指针 IP 和代码段寄存器 CS 可以作为源操作数,但不能作为目标操作数;状态寄存器 FLAGS 不能以整体作为操作数。

例如,将"*"的 ASCII 码 2AH 送入内存 1000H 开始的 100 个单元中,代码如下:

```
        MOV  DI,1000H
        MOV  CX,64H
        MOV  AL,2AH
AGAIN:  MOV  [DI],AL
        INC  DI          ;DI+1
        DEC  CX          ;CX-1
        JNZ  AGAIN       ;CX≠0 则继续
        HLT
```

2) 堆栈操作指令 PUSH 和 POP

堆栈是按先进后出原则在内存中按一定的数据结构开辟一段特定区域,用来存放寄存器或者存储器中暂时不用但需要保存的数据。堆栈在内存中的段称为堆栈段,使用堆栈段寄存器 SS。堆栈主要应用于子程序调用、中断响应等操作时的参数保护。

格式:

入栈操作：

```
PUSH src
```

出栈操作：

```
POP dest
```

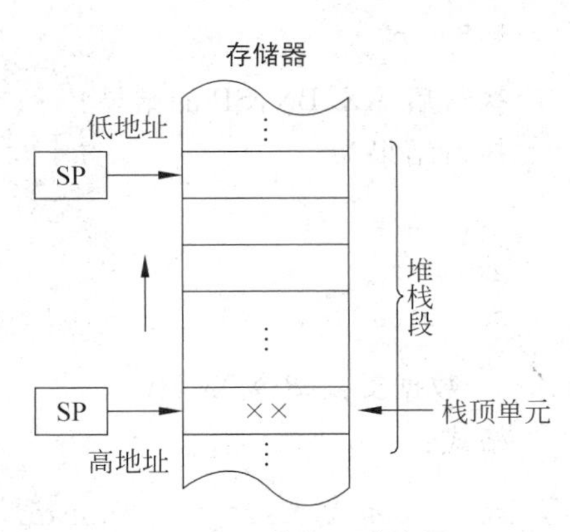

图 3.13　堆栈区示意图

指令中的操作数可以是 16 位的通用寄存器或者段寄存器和存储器单元，如图 3.13 所示。

堆栈空间在使用时需要遵循以下原则：

(1) 堆栈操作遵循“先进后出”的原则。

(2) 堆栈的存取每次必须是一个字，即 16 位数据，且必须是寄存器或者存储器操作数。

(3) 用 PUSH 指令存放数据时，总是从高地址向低地址方向增长。

(4) SS 决定堆栈段的位置，堆栈指针 SP 总是指向栈顶单元。栈顶是当前可用堆栈操作指令进行数据交换的单元。PUSH 操作存放操作数之前 SP 先减 2，POP 取出操作数时，先取出操作数然后 SP 加 2。

堆栈指令的执行过程：

(1) 入栈指令 PUSH 的操作：将栈顶指针 SP 内容减 2，即栈顶指向原来的 SP-2 的位置，然后将操作数向低地址方向存放，高 8 位放在 SP＋1 单元，低 8 位放在 SP 单元。

(2) 出栈指令 POP 的操作：将 SP 单元内容取出放入操作数低 8 位，SP＋1 内容取出放入操作数的高 8 位，然后将 SP 内容加 2。

【例 3.1】 已知 AX＝1122H，BX＝3344H，SS＝9000H，SP＝1010H，如图 3.14 所示。

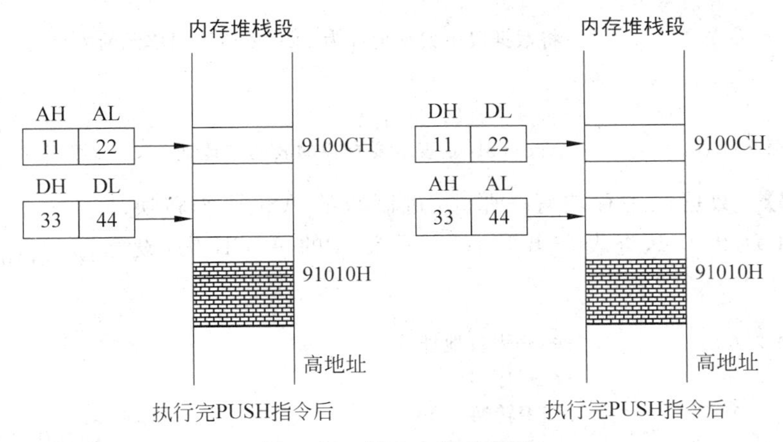

图 3.14　例 3.1 的示意图

执行指令：

```
PUSH   AX
PUSH   BX
POP    AX
```

```
POP   BX
```

执行后 AX,BX,SP 的结果?

执行结果为

```
AX=3344H
BX=1122H
SP=1010H
```

3) 数据交换指令 XCHG

格式:

```
XCHG  OPRD1,OPRD2        ;(OPRD1)↔(OPRD2)
```

功能:将源地址和目标地址中的内容互换。

数据交换指令对操作数的要求是:两操作数的字长必须相等,同为字操作数或字节操作数;源操作数和目标操作数可以是寄存器或存储器操作数,但不能同时为存储器操作数;段寄存器不能作为操作数。

【例 3.2】 设 DS=1000H,DI=2000H,AL=05H,[12000H]=66H,执行指令:

```
XCHG [DI],AL
```

执行结果为

```
[12000H]=05H,AL=66H
```

4) 查表交换指令 XLAT

格式:

```
XLAT                     ;将数据段中偏移地址为 BX+AL 所指向单元的内容送 AL
```

或

```
XLAT src_table           ;src_table 表示要查找的表的首地址
```

【例 3.3】 数据段中存放有一张 16 进制数的 ASCII 码转换表,设首地址为 2000H,查表查出第 10 个元素'A'的 ASCII 码(设 DS=4000H)。

```
MOV  BX,2000H            ;BX←表首地址
MOV  AL,0AH              ;AL←序号
XLAT                     ;查表转换
```

执行后得到:AL=41H,如图 3.15 所示。

地址	内容	字符
42000H+0	31	'0'
	32	'1'
	33	'2'
	⋮	
	39	'9'
42000H+10	41	'A'
	42	'B'
	⋮	
	45	'E'
	46	'F'
	⋮	

图 3.15　ASCII 码转换表

2. 目标地址传送指令 LEA

该指令用于将源操作数的地址传送到目标操作数。

格式:

```
LEA  reg16,mem
```

指令表示将 mem 的 16 位偏移地址送入指定寄存器。该指令要求源操作数必须是存储器操作数,目标操作数必须是 16 位通用寄存器。该指令的执行不影响标志位。

例如:

```
LEA  BX,[DI]
```

该指令表示将 DI 所指向单元的地址即 DI 的内容送入 BX。

例如,若 DS=1000H,DI=2000H,[12005H]=30H,[12006H]=40H,执行

```
LEA  BX,[DI+05H]
```

和

```
MOV  BX,[DI+05H]
```

两条指令后的结果分别为 BX=2005H 和 BX=4030H。

也可以用 MOV 指令得到存储器操作数的偏移地址,以下两条指令的执行效果相同:

```
LEA  BX,  BUFFER
MOV  BX,  OFFSET  BUFFER
```

3. 输入输出指令 IN 和 OUT

一台计算机可以连接多台外部设备,如打印机、显示器等,CPU 需要与这些外部设备进行数据交换传送控制命令或者查询外设状态。8086 指令系统设置有专门用于对输入输出端口进行读写的 I/O 指令,包含 IN 和 OUT 两条指令。

8086 的 I/O 指令中,CPU 对外部设备端口有两种寻址方式:直接寻址和寄存器间接寻址。直接寻址方式中的端口地址为 8 位,因此可寻址的端口地址范围为 0～FFH,共 256 个端口;寄存器间接寻址方式中的端口地址为 16 位,因此可寻址的端口地址范围为 0000H～FFFFH,共 64K 个,这种方式下端口地址只能使用间接寻址方式,端口地址由 DX 寄存器给出。

1) 输入指令 IN

格式:

```
IN  acc,port               ;直接寻址,port是用8位立即数表示的端口地址
```

或

```
IN  acc,DX                 ;间接寻址,16位端口地址由DX给出
```

该指令表示从端口输入一个字节到 AL 或者输入一个字到 AX。

例如:

```
IN   AX,34H                ;从地址为34H的端口输入一个字到AX。
MOV  DX,1234H
IN   AL,DX                 ;从地址为1234H的端口输入一个字节到AL
```

2) 输出指令 OUT

格式:

```
OUT  port,acc            ;直接寻址,port 是用 8 位立即数表示的端口地址
```

或

```
OUT  DX,acc              ;间接寻址,16 位端口地址由 DX 给出
```

该指令表示将 AL 或者 AX 的内容输出到指定的端口。

例如:

```
OUT  34H,AL              ;将 AL 的内容输出到地址为 34H 的端口。
OUT  34H,AX              ;将 AX 的内容输出到地址为 34H 的端口。
MOV  DX,1234H
OUT  DX,AL               ;将 AL 的内容输出到地址为 1234H 的端口
```

3.3.2 算术运算类指令

8086 能够对字节、字或者双字进行包括加、减、乘、除在内的算术运算,操作数的数据形式可以是 8 位或 16 位的无符号数或带符号数。算术运算的执行大多会影响标志位。

1. 加法运算指令

加法运算指令包括普通加法指令 ADD、带进位加法指令 ADC 和加 1 指令 INC。双操作数加法指令对操作数的要求和 MOV 指令基本相同,但段寄存器不能作为加法指令的操作数。

1) 普通加法指令 ADD

格式:

```
ADD  OPRD1,OPRD2         ;OPRD1←OPRD1+OPRD2
```

指令的功能是将源操作数和目标操作数相加,并将结果送回目标操作数。

该指令的目标操作数可以是 8 位或 16 位的寄存器或存储器操作数,源操作数可以是 8 位或 16 位的立即数、寄存器或存储器操作数。但操作数不能为段寄存器也不能同时为存储器操作数。进行加法运算的操作数既可以是无符号数,也可以是有符号数。加法指令对全部 6 个标志位均产生影响。

例如:

```
MOV  AL,10H
ADD  AL,02H
```

两条指令执行后 AX=1200H。

各标志位状态分别为:

AF=0 表示 bit3 向 bit4 无进位;

CF=0 表示最高位向前无进位;

OF＝0 表示若为有符号数加法，其运算结果不产生溢出；

PF＝1 表示 8 位的运算结果中，“1”的个数为偶数；

SF＝1 表示运算结果的最高位为 1；

ZF＝0 表示运算结果不为 0。

2）带进位加法指令 ADC

格式：

```
ADC  OPRD1,OPRD2        ;OPRD1←OPRD1+OPRD2+CF
```

指令的功能是将源操作数和目标操作数相加再加上 CF 的值，并将结果送回目标操作数。

该指令对操作数的要求和对标志位的影响都与 ADD 指令基本相同。

例如，若 CF＝1，则

```
MOV  AL,56H
ADC  AL,13H
```

两条指令执行后 AL＝6AH，CF＝1。

【例 3.4】 求两个无符号双字 123FAB5H＋0ABC212AH 相加的和。

```
MOV  DX,0123H
MOV  AX,0FAB5H
ADD  AX,212AH           ;先加低字,CF=1 AX=1BDFH
ADC  DX,0ABCH           ;高字带进位加 CF=0 DX=0BE0H
```

3）加 1 指令 INC

格式：

```
INC  OPRD               ;OPRD1←OPRD+1
```

该指令的功能是将操作数加 1 后的结果送回该操作数，常用于修改偏移地址和计数次数。加 1 指令的操作数可以是 8 位或者 16 位的寄存器或存储器操作数，操作数不能是立即数或段寄存器。加 1 指令影响 AF、OF、PF、SF 和 ZF，而对 CF 标志位不产生影响。

例如：

```
INC  CX                 ;寄存器 CX 内容加 1
INC  BYTE PTR[DI]       ;将 DI 所指向的存储单元的内容加 1
```

2. 减法运算指令

减法指令包括普通减法指令 SUB、考虑借位的减法指令 SBB、减 1 指令 DEC、求补指令 NEG 和比较指令 CMP。

1）普通减法指令 SUB

格式：

```
SUB  OPRD1,OPRD2        ;OPRD1←OPRD1-OPRD2
```

该指令的功能是将目标操作数减去源操作数的结果送回目标操作数。

该指令对操作数的要求和对状态标志位的影响与加法指令 ADD 相同。

例如:

```
SUB  AL,10H               ;AL←AL-10H
```

2) 有借位的减法指令 SBB

格式:

```
SBB  OPRD1,OPRD2          ;OPRD1←OPRD1-OPRD2-CF
```

该指令的功能是将目标操作数减去源操作数再减去 CF 的结果送到目标操作数。该指令对操作数的要求和对状态标志位的影响都和 SUB 指令相同。

例如:

```
SBB  AL,10H ;AL←AL—10H—CF
```

3) 减 1 指令 DEC

格式:

```
DEC  OPRD                 ;OPRD←OPRD-1
```

该指令的功能是将操作数减 1 后的结果送回该操作数,常用于在循环程序中修改循环次数。该指令对操作数的要求和对状态标志位的影响与 INC 指令相同。

例如:

```
DEC  CX                   ;CX←CX-1
DEC  BYTE PTR[DI]         ;将 DI 所指向单元的内容减 1 送回该单元
```

4) 求补指令 NEG

格式:

```
NEG  OPRD                 ;OPRD←0-OPRD
```

该指令的功能是将 0 减去操作数的结果送回该操作数。

该指令的操作数可以是寄存器或者存储器操作数,利用该指令可得到负数的绝对值。指令对全部 6 个状态标志位均有影响。执行该指令后一般 CF=1,操作数为 80H 或 8000H 时结果不变但 OF=1,其余情况 OF=0。

例如:

```
NEG  AL                   ;AL←0-AL
```

5) 比较指令 CMP

格式:

```
CMP  OPRD1,OPRD2          ;OPRD1-OPRD2,但结果不送回 OPRD1
```

该指令的功能是目标操作数减去源操作数,结果不送回目标操作数,但对 6 个状态标志位均有影响。

该指令对操作数的要求和对状态标志位的影响与减法指令 SUB 相同。

利用比较指令可以判断两个数的大小关系，判断方法如下。

(1) 判断两个操作数是否相等。

若 ZF=1，则两个操作数相等；若 ZF=0，则两个操作数不相等。

(2) 判断两个操作数的大小。

① 判断两个无符号操作数的大小：若 CF=1，则目标操作数小于源操作数；若 CF=0，则目标操作数大于源操作数。

② 判断两个带符号操作数的大小：当两个操作数符号相同时，若 SF=1，则目标操作数小于源操作数；若 SF=0，则目标操作数大于源操作数。

当两个操作数符号不相同时，若 OF ⊕ SF=1，则目标操作数小于源操作数；若 OF ⊕ SF=0，则目标操作数大于源操作数。

3. 乘法运算指令

乘法指令包括无符号数乘法指令和有符号数乘法指令。两个乘法指令均采用隐含寻址的方式，源操作数在指令中给出，而目标操作数则隐含在 AX 或 AL 中。8 位数乘法的乘积为 16 位数，存放在 AX 中；16 位数乘法的乘积为 32 位数，高位和低位分别存放在 DX 和 AX 中。

1) 无符号数乘法指令 MUL

格式：

```
MUL  OPRD                ;字节操作 AX←OPRD×AL
                         ;字操作 DX:AX←OPRD×AX
```

该指令的功能是将源操作数与 AL 或 AX 内容相乘的结果送到 AX 或 DX:AX 中。

乘法指令的操作数可以是 8 位或者 16 位的寄存器或存储器操作数，操作数不能为立即数。如果乘积的高半部分不为零，则 CF=OF=1，表示 AH 或 DX 中包含有效数字；否则 CF=OF=0。对其他状态标志位不产生影响。

【例 3.5】 已知 AL=0FEH，BL=0AH，均为无符号数，求 AL 和 BL 的乘积。代码如下：

```
MUL  CL
```

执行后，AX=09ECH，且 CF=OF=1。

2) 有符号数乘法指令 IMUL

格式：

```
IMUL  OPRD               ;字节操作 AX←OPRD×AL
                         ;字操作   DX:AX←OPRD×AX
```

该指令的功能和对操作数的要求和 MUL 指令相同。如果乘积的高半部分是低半部分的符号位扩展，则 CF=OF=0，否则 CF=OF=1。对其他状态标志位不产生影响。

【例 3.6】 已知 AL=0FEH，BL=0AH，均为有符号数，求 AL 和 BL 的乘积，代码如下：

```
IMUL  CL
```

执行后,AX=FFECH,且 CF=OF=0。

4. 除法运算指令

除法指令包括无符号数除法指令和有符号数除法指令,和乘法指令一样,除法指令的被除数同样隐含在 AL 或 AX 中,除数在指令中给出。

除法指令要求被除数的字长是除数的两倍,因此对于 8 位除数,被除数为 16 位,存放在 AX 中;对于 16 位除数,被除数为 32 位,存放在 DX 和 AX 中。

1) 无符号数除法指令

格式:

```
DIV  OPRD               ;字节操作: AL←AX/OPRD,AH←AX%OPRD
                        ;字操作: AX←DX:AX/OPRD;DX←DX:AX%OPRD
```

该指令的功能是将 AL 或 AX 的内容除以源操作数,其结果送到 AX 或 DX:AX 中,其中高位存放余数,低位存放商。

该指令对操作数的要求和无符号数乘法指令一样。对 6 个状态标志位均不产生影响。

例如,DIV CL ;用 AX 的内容除以 CL 的内容,商放入 AL 中,余数放入 AH 中。

2) 有符号数除法指令

格式:

```
IDIV  OPRD              ;字节操作: AL←AX/OPRD,AH←AX%OPRD
                        ;字操作: AX←DX:AX/OPRD,DX←DX:AX%OPRD
```

该指令的功能、对操作数的要求和对状态标志位的影响均和无符号数除法指令相同。

5. 其他算术运算指令

以下是 BCD 码调整指令

(1) DAA 指令。

格式:

```
DAA
```

该指令的功能是将二进制运算规则执行后存放在 AL 中的结果调整为压缩 BCD 码。例如:

```
MOV  AL,48H
MOV  AL,27H             ;AL=6FH
DAA                     ;AL=75H
```

(2) AAA 指令。

格式:

```
AAA
```

该指令的功能是对两个非压缩 BCD 码相加之后存放于 AL 中的和进行调整，形成正确的扩展 BCD 码，调整后的结果的低位在 AL 中，高位在 AH 中。

例如：

```
MOV  AL,09H
ADD  AL,4
AAA                       ;AL=03H,AH=1,CF=1
```

(3) DAS 指令。

格式：

```
DAS
```

该指令的功能是对两个压缩 BCD 码相减后的结果（在 AL 中）进行调整，产生正确的压缩 BCD 码。

(4) AAS 指令。

格式：

```
AAS
```

该指令的功能是对两个非压缩 BCD 码相减之后的结果（在 AL 中）进行调整，形成一个正确的非压缩 BCD 码，调整后的结果的低位在 AL 中，高位在 AH 中。

(5) AAM 指令。

格式：

```
AAM
```

该指令的功能是对两个非压缩 BCD 码相乘的结果（在 AX 中）进行调整，得到正确的非压缩 BCD 码，即把 AL 寄存器的内容除以 0AH，商放在 AH 中，余数放在 AL 中。

例如：

```
MOV  AL,07H
MOV  BL,09H
MUL  BL                   ;AX=003FH
AAM                       ;AX=0603H
```

(6) AAD 指令。

格式：

```
AAD
```

该指令的功能是在除法之前执行，将 AX 中的非压缩 BCD 码（十位数放 AH，个位数放 AL）调整为二进制数，并将结果放 AL 中。

例如：

```
MOV  AX,0203H             ;AX=23
MOV  BL,4
```

```
AAD                     ;AX=0017H
DIV  BL                 ;AH=03H,AL=05H
```

3.3.3 逻辑运算和移位指令

1. 逻辑运算指令

逻辑运算指令是对8位或者16位的寄存器或者存储器操作数按位进行操作的指令，8086包含逻辑与AND、逻辑或OR、逻辑异或XOR、逻辑非NOT和测试TEST 5条指令。

这5条逻辑运算指令除NOT指令外，其余指令对操作数的要求和MOV指令相同，且这4条指令对状态标志位的影响均为使CF=OF=0，AF不定，并影响SF、PF和ZF。NOT指令对操作数的要求和INC指令相同，该指令的执行对全部状态标志位均不产生影响。

1）逻辑与指令AND

格式：

```
AND OPRD1,OPRD2 ;OPRD1←OPRD1 ∧ OPRD2
```

该指令的功能是将目标操作数与源操作数按位相与后的结果送回目标操作数。

【例3.7】 已知AL='6'，将AL中数的ASCII码转换成非压缩BCD码。

```
AND  AL,0FH             ;AL=06H,屏蔽高4位(高位清0),保留低4位;
                        ;即对应位为0则清0,对应位为1则不变
```

【例3.8】 把AL中的小写字母转换成大写字母。（A～Z的ASCII码41H～5AH；a～z的ASCII码61H～7AH）

```
AND  AL,11011111B
```

2）逻辑或指令OR

格式：

```
OR   OPRD1,OPRD2        ;OPRD1←OPRD1 ∨ OPRD2
```

该指令的功能是将目标操作数与源操作数按位相或的结果送回目标操作数。

例如：

```
MOV AX,8888H
OR AX,00FFH             ;AX=88FFH,将AX的低8位置1,其他位不变
```

例如，将AL中的非组合BCD码转换成ASCⅡ码。

```
OR  AL,30H
```

3）逻辑异或

格式：

```
XOR  OPRD1,OPRD2          ;OPRD1←OPRD1 ⊕ OPRD2
```

该指令的功能是将目标操作数与源操作数按位相异或的结果送回目标操作数。

例如：

```
MOV  AX, 3333H
XOR  AX, 00FFH
```

执行完 AX=33CCH，AH 数据保持不变，对 AL 数据求反，即对应 0 不变，对应 1 求反。XOR 指令常用于对某个寄存器或存储器单元清 0。

4）逻辑非指令 NOT

格式：

```
NOT  OPRD
```

该指令的功能是将操作数按位取反后送回该操作数。

例如：

```
MOV  AX,1
NOT  AX                   ;AX=0FFFEH
```

5）测试指令 TEST

格式：

```
TEST  OPRD1,OPRD2
```

该指令的功能是将目标操作数与源操作数相与，结果不送回目标操作数，但影响标志位。该指令常用于保持目标操作数不变的情况下，检测数据的某些位为 0 还是为 1。

【例 3.9】 测试 AX 中的 D15 位是 1 还是 0。

```
TEST  AX,8000H            ;若 D15 为 1,ZF=0,否则 ZF=1。
JNC  ZERO
```

2. 移位指令

8086 指令系统包含非循环移位指令和循环移位指令两大类，操作的对象为 8 位或 16 位寄存器操作数或存储器操作数。移动次数为 1 位时，移动次数由指令给出，移动次数大于 1 位时需将移动次数置于 CL 寄存器中。

1）非循环移位指令

8086 的非循环移位指令包含 4 类移位指令：针对无符号数的逻辑左移指令 SHL 和逻辑右移指令 SHR，针对有符号数的算术左移指令 SAL 和算术右移指令 SAR。

(1) 算术左移指令 SAL 和逻辑左移指令 SHL。

格式：

```
SHL  OPRD,1
SAL  OPRD,1
```

或

```
SHL  OPRD,CL
SAL  OPRD,CL
```

该指令的功能是将目标操作数的内容左移1位或者CL寄存器指定的位数,移动时左边的最高位移入CF中,右边的最低位补零。

若移动次数为1,移位后如果操作数的最高位和CF不相同,则OF=1,否则OF=0。若移位次数大于1,则OF值不定。OF=1对于SHL不表示左移后溢出,对于SAL表示左移后超过有符号数的表示范围。该指令还影响PF、SF和ZF标志位。

例如:

```
MOV  BL, 0CH            ;BL=12
SHL  BL, 1              ;BL=24
```

【例3.10】 对AX中无符号数进行乘10运算(设无溢出,乘10后仍为一个字)。

分析:AX×10=AX×(8+2)=AX×2+AX×8。

```
MOV  BX, AX
SAL  BX, 1            ;原数×2
MOV  CL, 3
SAL  AX, CL           ;原数×8
ADD  AX, BX           ;相加等于原数×10
```

(2) 逻辑右移指令SHR。

格式:

```
SHR  OPRD,1
```

或

```
SHR  OPRD,CL
```

该指令的功能是将目标操作数的内容右移1位或者CL寄存器指定的位数,移动时右边的最低位移入CF中,左边的最高位补零。若移动次数为1,移位后如果操作数新的最高位和次高位不相同,则OF=1,否则OF=0。若移位次数大于1,则OF值不定。

(3) 算术右移指令SAR。

格式:

```
SAR  OPRD,1
```

或

```
SAR  OPRD,CL
```

该指令的功能是将目标操作数的内容右移1位或者CL寄存器指定的位数,移动时右边的最低位移入CF中,左边的最高位保持不变。该指令对CF、PF、SF和ZF 4个标志位有影响,不影响OF和AF。

例如:

```
MOV  BX,FFFCH
SAR  BX,1
```

执行后 BX＝FFFEH,BX 由－4 变为－2。

2) 循环移位指令

8086 指令系统包含不带进位标志 CF 的循环左移指令、不带进位标志 CF 的循环右移指令、带进位标志 CF 的循环左移指令和带进位标志位 CF 的循环右移指令。

(1) 不带进位标志 CF 的循环左移指令 ROL。

格式:

```
ROL  OPRD,1
```

或

```
ROL  OPRD,CL
```

该指令的功能是将目标操作数向左循环移动 1 位或者 CL 寄存器指定的位数,左边最高位移入 CF 同时移入右边最低位,如此循环。若移动次数为 1,移位后如果操作数新的最高位和 CF 不相同,则 OF＝1,否则 OF＝0。若移位次数大于 1,则 OF 值不定。

(2) 不带进位标志 CF 的循环右移指令 ROR。

格式:

```
ROR  OPRD,1
```

或

```
ROR  OPRD,CL
```

该指令的功能是将目标操作数向右循环移动 1 位或者 CL 寄存器指定的位数,右边最低位移入 CF 同时移入左边最高位,如此循环。若移动次数为 1,移位后如果操作数新的最高位和次高位不相同,则 OF＝1,否则 OF＝0。若移位次数大于 1,则 OF 值不定。

(3) 带进位标志 CF 的循环左移指令 RCL。

格式:

```
RCL  OPRD,1
```

或

```
RCL  OPRD,CL
```

该指令的功能是将目标操作数连同进位标志位 CF 一起向左循环移动 1 位或者 CL 寄存器指定的位数,左边最高位移入 CF 同时移入右边最低位,如此循环。该指令对标志位的影响和 ROL 指令一样。

(4) 带进位标志 CF 的循环右移指令 RCR。

格式:

```
RCR  OPRD,1
```

或

```
RCR  OPRD,CL
```

例如：

```
MOV  CL,5
SAR  [DI],CL
MOV  CL,2
SHL  SI,CL
```

该指令的功能是将目标操作数连同进位标志位 CF 一起向右循环移动 1 位或者 CL 寄存器指定的位数，右边最低位移入 CF 同时移入左边最高位，如此循环。移位指令操作如图 3.16 所示。

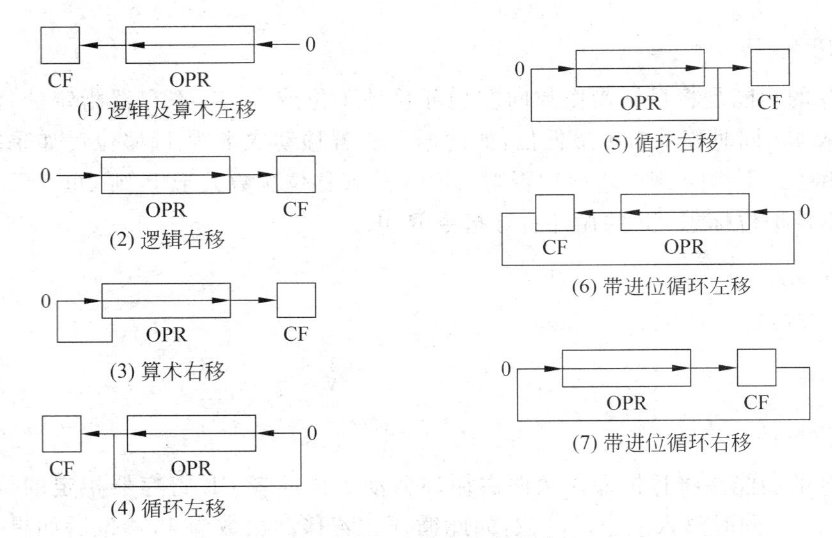

图 3.16　移位指令的操作

【例 3.11】 要求测试 AL 寄存器中第 5 位是 1 还是 0。

```
MOV  CL,3
ROL  AL,CL
JNC  ZERO
```

3.3.4　串操作类指令

字符串或者数据串是指存储器中地址连续的若干单位的字符或数据，串操作就是对串中的每个字符或数据作同样的操作。8086 串操作指令包含串传送指令 MOVS、串比较指令 CMPS、串扫描指令 SCAS、串装入指令 LODS 和串存储指令 STOS，这 5 种串操作指令有以下特点：

(1) 源串的偏移地址由 SI 寄存器给出，默认段基址在 DS 段中，允许段重设；目标串偏移地址由 DI 给出，默认段基址在 ES 段中，且不允许段重设。

(2) 串长度放在CX寄存器中。

(3) 串操作的地址指针是自动修改的,DF=0时,SI和DI向地址增量方向修改;DF=1时,SI和DI向地址减量方向修改,每次修改的地址值由指令是对字节操作还是对字操作决定。

(4) 串操作指令可以结合重复前缀使用。重复前缀包括如下情况。

无条件重复前缀REP:重复执行指令规定的操作直至CX=0;相等/结果为零时重复前缀REPE/REPZ:ZF=1且CX≠0时重复执行规定操作;不相等/结果补为零时重复前缀REPNE/REPNZ:ZF=0且CX≠0时重复执行规定操作;重复前缀可以实现自动修改串长度CX的值,重复进行指定操作直至CX=0或满足指定条件,程序中加重复前缀可简化程序,加快运行速度,但是重复前缀不可单独使用。

1) 串传送指令MOVS

格式:

```
MOVS  OPRD1,OPRD2
MOVSB
MOVSW
```

MOVS格式是将源串地址中的字节或字送到目标串地址中,源串允许使用段重设;格式MOVSB、MOVSW两种格式均隐含了操作数的地址,使用这两种格式时,源串和目标串必须满足默认要求,源操作数据地址由DS:SI指定,目的操作数地址由ES:DI指定;指令执行时,由DF标志控制SI和DI是增大还是减小。串传送指令可以实现存储器和存储器之间的数据传送。该指令的执行不影响标志位。

执行操作:

① ((DI))←((SI));

② 执行MOVSB时:(SI)←(SI)±1,(DI)←(DI)±1;方向标志位DF=0执行"+1",DF=1执行"-1";

③ 执行MOVSW时:(SI)←(SI)±2,(DI)←(DI)±2;方向标志位DF=0执行"+2",DF=1执行"-2"。

【例3.12】 将数据段中首地址为BUFFER1的200B的数据传送到附加段首地址为BUFFER2开始的存储区中。

```
      LEA  SI,BUFFER1        ;源串首地址送 SI
      LEA  DI,BUFFER2        ;目的串首地址送 DI
      MOV  CX,200            ;串长送 CX
      CLD                    ;清方向标志位,使正向传送
PL1:  MOVSB                  ;串传送一字节,[SI]→[DI],SI、DI 加 1
      DEC  CX                ;计数器减 1
      JNZ  PL1               ;未传送完则继续
```

【例3.13】 将偏移地址为BUFF1的内存区中100个字的数据,传送到偏移地址为BUFF2的内存区。

```
        LEA  SI,BUFF1
        LEA  DI,BUFF2
        CLD                     ;CLD 指令使 DF=0,STD 指令使 DF=1
        MOV  CX,100
REP     MOVSW
```

2）串比较指令 CMPS

格式：

```
CMPS  OPRD1,OPRD2
CMPSB
CMPSW
```

若配合条件重复前缀，串比较指令的结束有两个情况：一个是不满足条件前缀要求的条件，另一个是 CX=0。因此在程序中需要利用 ZF 标志位判断是哪种结束情况。

执行操作：

① ((DI))－((SI))。

② 执行 CMPSB 时：(SI)←(SI)±1，(DI)←(DI)±1；方向标志位 DF=0 执行"+1"，DF=1 执行"－1"。

③ 执行 CMPSW 时：(SI)←(SI)±2，(DI)←(DI)±2；方向标志位 DF=0 执行"+2"，DF=1 执行"－2"。

指令把由(SI)指向的数据段中的一个字节(或字)与由(DI)指向的附加段中的一个字节(或字)相减，但不产生运算结果，仅影响状态标志位 CF、PF、ZF、SF、OF；其余与串传送指令相同。

【例 3.14】 比较串长为 20 的两个字节串，找出其中第一个不相等字符的地址存放在 SI，DI；若两串完全相同，则给 SI，DI 赋 0。

```
          MOV SI,OFFSET STRING1   ;源串在 DS 段
          LEA DI,STRING2          ;目的串在 ES 段
          CLD                     ;DF=0
          MOV CX,20               ;计数值送 CX
REPE      CMPSB                   ;相同且 CX 非零,继续比较
          JZ  ALLMATCH            ;ZF=0,两串相同
          DEC SI                  ;取源串地址
          DEC DI                  ;取目的串地址
          JMP DONE
ALLMATCH: MOV SI,0
          MOV DI,0
DONE:     HLT
```

3）串扫描指令 SCAS

格式：

```
SCAS      OPRD                    ;OPRD 为目标串
```

```
SCASB
SCASW
```

该指令的功能和 CMPS 指令类似，区别是 SCAS 指令是用累加器 AL 或者 AX 的内容与目标串中的字节或者字进行比较，且比较的结果不改变目标操作数，只对标志位产生影响。SACS 指令常用来搜索一个字符串中的特定关键字。

执行操作：

① 执行 SCASB 时：(AL)－((DI))，(DI)←(DI)±1；方向标志位 DF＝0 执行“＋”，DF＝1 执行“－”。

② 执行 SCASW 时：(AX)－((DI))，(DI)←(DI)±2；方向标志位 DF＝0 执行“＋”，DF＝1 执行“－”。

指令把 AL(或 AX)的内容与由(DI)指定的在附加段中的一个字节(或字)进行比较，但不保存结果，仅影响状态标志位 CF、PF、ZF、SF、OF；其余与串传送指令相同。

【例 3.15】 在首地址为 STRING 的包含 100 个字符的字符串中寻找第一个回车符 CR，找到后将其地址保留在(ES:DI)中，并在屏幕上显示字符'Y'。如果字符串中没有回车符，则在屏幕上显示字符'N'。

```
            LEA    DI,STRING
            MOV    AL,0DH              ;回车符码 ASCII 码
            MOV    CX,100
            CLD
REPNE       SCASB                      ;不等且 CX 非零扫描
            JZ     MATCH
            MOV    DL,'N'              ;'N'ASCII 码送 DL
            JMP    DSPY
MATCH:      DEC    DI                  ;取回车符的地址
            MOV    DL,'Y'
DSPY:       MOV    AH,02H              ;功能号送 AH
            INT    21H                 ;DOS 功能调用
            …
```

4) 串装入指令 LODSB/W

格式：

```
LODSB/W  OPRD                          ;OPRD 为源串
```

该指令的功能是把源串的字节或者字放入累加器 AL 或者 AX 中。LODS 指令一般不和重复前缀一起使用，因为重复一次 AL 或者 AX 中的内容就会被新的内容覆盖一次。

执行操作：

① 执行 LODSB 时：(AL)←((SI))，(SI)←(SI)±1；方向标志位 DF＝0 执行“＋”操作，DF＝1 执行“－”操作；

② 执行 LODSW 时：(AX)←((SI))，(SI)←(SI)±2；方向标志位 DF＝0 执行“＋”操作，DF＝1 执行“－”操作。

指令把由(SI)指向的数据段中某单元的内容送到 AL 或 AX 中,并根据方向标志及数据类型修改 SI 的内容。该指令的执行对标志位不产生影响。

5) 串存储指令 STOSB/W

格式:

```
STOSB/W  OPRD                          ;OPRD为目标串
```

该指令的功能是把累加器 AL 或者 AX 的内容放入 ES:DI 指向存储器单元中。

执行操作:

① 执行 STOSB 时:((DI))←(AL),(DI)←(DI)±1;方向标志位 DF=0 执行"+"操作,DF=1 执行"-"操作;

② 执行 STOSW 时:((DI))←(AX),(DI)←(DI)±2;方向标志位 DF=0 执行"+"操作,DF=1 执行"-"操作。

该指令把 AL 或 AX 的内容存入由 DI 指定的附加段的单元中,并根据 DF 表示的方向及数据类型修改 DI 的内容。该指令的执行对标志位不产生影响。

【例 3.16】 一个数据块由大写或小写的英文字母、数字和各种其他符号组成,其结束符是回车符 CR,数据块的首地址为 BLOCK1。要求将数据块传送到以 BLOCK2 为首地址的内存区,并将其中的所有英文小写字母转换成相应的大写字母,其余不变。

```
      LEA      SI,BLOCK1
      LEA      DI,BLOCK2
      CLD
NEXT: LODSB
      CMP      AL,0DH              ;是回车符ASCII码?
      JZ       DONE                ;是回车符,则到DONE
      CMP      AL,'a'
      JC       OK                  ;不是小写字母,则转到OK
      CMP      AL,'z'
      JNC      OK                  ;不是小写字母,则转到OK
      SUB      AL,20H              ;小写字母转换成大写
OK:   STOSB
      JMP      NEXT
DONE:…
```

3.3.5 程序控制指令

8086 指令系统中的程序控制指令包括转移指令、循环控制指令、过程调用指令和中断控制指令四大类。

1. 转移指令

转移指令包括无条件转移指令和条件转移指令两种。

1) 无条件转移指令 JMP

无条件转移指令是无条件地使程序转移到指定的目标地址,执行该地址开始的程序

段。无条件转移指令按寻找目标地址的方式分为直接转移和间接转移两种。

(1) 段内直接转移。

格式：

```
JMP  LABEL
```

该指令中 LABEL 为符号地址，表示指令要转移的目的地。该指令被汇编时，汇编程序会计算 JMP 的下一条指令到目标地址的 8 位或 16 位偏移量，对应的转移范围分别为 −128～127B 和 −32 768～32 767B。段内转移的标号前可加运算符 NEAR，也可省略。默认为段内转移。转移后新的 IP 值为当前 IP 值加上计算出的地址位移量，CS 保持不变。

执行操作：(IP)←(EA)=(IP)+8 位位移量/16 位位移量。

例如：

```
     MOV  AX,0676H
     JMP  NEXT
NEXT:MOV  BX,0900H
```

(2) 段内间接转移。

格式：

```
JMP  OPRD
```

该指令中的操作数 OPRD 为 16 位的寄存器或存储器操作数，指令执行时以寄存器或存储器单元的内容作转移的目的地址，即新的 IP 位为寄存器或存储器单元的内容。

执行操作：(IP)←(EA)。

例如：

```
JMP  SI                          ;指令执行后 IP=SI
```

(3) 段间直接转移。

格式：

```
JMP  FAR LABEL
```

该指令中利用 FAR 标明其后的标号 LABEL 是一个远标号，即目标地址在另一个代码段内，汇编时将根据 LABEL 的位置确定新地址，并将段地址送入 CS，偏移地址送入 IP。

执行操作：

```
(IP)←目标地址的段内偏移地址
(CS)←目标地址所在段的段地址
```

例如：

```
JMP  FAR NEXT                    ;程序转移到 NEXT 标号处执行
JMP  1000H:2000H                 ;CS=1000H,IP=2000H
```

(4) 段间间接转移。

格式：

```
JMP   OPRD
```

执行操作：

```
(IP)←(EA)
(CS)←(EA+2)
```

该指令中操作数 OPRD 为 32 位的存储器操作数。其中 EA 由目标地址的寻址方式确定，它可以使用除立即数及寄存器方式以外的任何存储器寻址方式，根据寻址方式求出 EA 后，把指定存储单元的字内容送到 IP 寄存器，并把下一个字的内容送到 CS 寄存器，即将 OPRD 指定的 4 个单元的内容送入 CS 和 IP。例如：

```
JMP   DWORD PTR[DI]
```

若执行前 DS=1000H，DI=2000H，[12000H]=0AH，[12001H]=0BH，[12002H]=0CH，[12003H]=0DH，则执行后 CS=0D0CH，IP=0B0AH。

2）条件转移指令

8086/88 指令系统有 18 条的条件转移指令，如表 3.4 所示。这些转移指令都是根据前一条指令执行后标志位的状态来决定是否转移的。全部条件转移指令都是直接寻址方式的短转移指令，即新的 IP 值在当前 IP 值的－128～127B 范围内。

表 3.4　条件转移指令

指令名称	指令格式	转移条件	备注
CX 内容为 0 转移	JCXZ target	CX=0	
大于/不小于等于转移	JG/JNLE target	SF=OF 且 ZF=0	带符号数
大于等于/不小于转移	JGE/JNL target	SF=OF	带符号数
小于/不大于等于转移	JL/JNGE target	SF≠OF 且 ZF=0	带符号数
小于等于/不大于转移	JLE/JNG target	SF≠OF 或 ZF=1	带符号数
溢出转移	JO target	OF=1	
不溢出转移	JNO target	OF=0	
结果为负转移	JS target	SF=1	
结果为正转移	JNS target	SF=0	
高于/不低于等于转移	JA/JNBE target	CF=0 且 ZF=0	无符号数
高于等于/不低于转移	JAE/JNB target	CF=0	无符号数
低于/不高于等于转移	JB/JNAE target	CF=1	无符号数
低于等于/不高于转移	JBE/JNA target	CF=1 或 ZF=1	无符号数
进位转移	JC target	CF=1	
无进位转移	JNC target	CF=0	
等于或为零转移	JE/JZ target	ZF=1	

续表

指 令 名 称	指 令 格 式	转 移 条 件	备 注
不等于或非零转移	JNE/JNZ target	ZF＝0	
奇偶校验为偶转移	JP/JPE target	PF＝1	
奇偶校验位奇转移	JNP/JPO target	PF＝0	

条件转移指令是根据状态标志位的状态决定是否跳转的，因此在程序中，条件转移指令的前一条指令应是能够对标志位产生影响的指令。

【例 3.17】 在 DATA 开始的存储区中存放了 100 个 16 位带符号数，找出其中最大和最小的数分别存入以 MAX 和 MIN 为首地址的内存单元。

```
          LEA   BX,DATA          ;BX 指向数据首址
          MOV   AX,[BX]          ;用 AX 暂存最大的数
          MOV   DX,[BX]          ; DX 暂存最小的数
          MOV   CX,99            ;CX 作计数器
NEXT:     INC   BX
          INC   BX               ;BX 指向下一个数
          CMP   [BX],AX          ;两数比较
          JG    GREATER          ;大于 AX 中的数,转 GREATER
          CMP   [BX],DX          ;两数比较
          JL    LESS             ;小于 DX 中的数,转 LESS
          JMP   GOON             ;不大也不小,转 GOON
GREATER:  MOV   AX,[BX]          ;将[BX]中大数→AX
          JMP   GOON
LESS:     MOV   DX,[BX]          ;将[BX]中小数→DX
GOON:     DEC   CX               ;计数器减 1
          JNZ   NEXT             ;没找完,转 NEXT
          MOV   MAX,AX           ;找完送结果
          MOV   MIN,DX           ;找完送结果
          …
```

2. 循环控制指令

循环控制指令是指在程序中控制循环的指令，能够控制转向的目标地址是在当前 IP 的－128～127 范围内。使用时循环次数须存放在 CX 寄存器中。8086 的循环控制指令有 LOOP、LOOPZ(LOOPE)和 LOOPNZ(LOOPNE)这 3 条。

1) LOOP 指令

格式：

```
LOOP  LABEL
```

测试条件：(CX)≠0。

该指令中的 LABEL 位一个近地址标号。执行时先将 CX 的内容减 1，再判断 CX 的

值,若 CX ≠ 0,则程序转移到目标地址继续循环,若 CX=0,则退出循环程序,执行下一条指令。在功能上,LOOP 相当于下述两条指令的组合:

```
DEC  CX
JNZ  NEXT
```

2) LOOPZ(或 LOOPE)

格式:

```
LOOPZ  LABEL
LOOPE  LABEL
```

测试条件:ZF=1 且(CX)≠0。

该指令执行时先将 CX 的内容减 1,然后再根据 CX 和 ZF 的值来决定是否继续循环,若 CX ≠ 0 且 ZF=1,则程序转移到目标地址继续循环;若 CX=0 或者 ZF=0,则退出循环,执行下一条指令。

3) LOOPNZ(或 LOOPNE)

格式:

```
LOOPNZ  LABEL
LOOPNE  LABEL
```

测试条件:ZF=0 且(CX)≠0。

该指令与 LOOPZ 指令功能相似,两者区别是循环条件与 LOOPZ 指令相反,即执行时先将 CX 的内容减 1,然后再根据 CX 和 ZF 的值来决定是否继续循环,若 CX ≠ 0 且 ZF=0,则程序转移到目标地址继续循环;若 CX=0 或者 ZF=1,则退出循环,执行下一条指令。

这 3 条指令的执行步骤如下:

① (CX)←(CX)−1。

② 检查是否满足测试条件,如满足则进行(IP)←(IP)+D_8 的符号地址跳转。

例如,有一个首地址为 ARRAY 的 M 字数组,试编写一个程序:求出该数组的内容之和(不考虑溢出),并把结果存入 TOTAL 中。

```
            MOV   CX,M
            MOV   AX,0
            MOVSI,AX
START_LOOP:
            ADD   AX,ARRAY[SI]
            ADD   SI,2
            LOOP  START_LOOP
            MOV   TOTAL,AX
```

3. 过程调用指令

为了节省内存空间,通常将程序中常用到的具有相同功能、会多次反复出现的程序段独立出来，形成一个模块，称为子程序。需要使用该模块功能时则主程序直接调用子程序，完成相应功能后，返回主程序继续执行，这一过程就称为过程调用和返回。

1）调用指令 CALL

调用指令 CALL 在执行时，CPU 自动将主程序下一条指令的地址入栈保护，然后将子程序的入口地址送到 CS 和 IP，实现程序转入子程序执行。根据子程序的存放位置，调用指令有四种形式：段内直接调用、段内间接调用、段间直接调用和段间间接调用。

（1）段内直接调用。

格式：

```
CALL  NEAR PROC
```

该指令中 PROC 是一个近过程符号地址，调用的子程序就在当前代码段内。指令执行时将下一条指令的偏移地址入栈保护，新的 IP 为当前 IP 加指令中的相对位移量。该指令中的 NEAR 可以省略。

执行操作：

```
(SP)←(SP)-2
((SP)+1,(SP))←(IP)
(IP)←(IP)+D16
```

（2）段内间接调用。

格式：

```
CALL  OPRD
```

该指令中的 OPRD 是 16 位寄存器或两个存储器单元的内容，新 IP 即为寄存器或存储器单元的内容。

执行操作：

```
(SP)←(SP)-2
((SP)+1,(SP))←(IP)
(IP)←(EA)
```

其中 EA 是由 DST 的寻址方式所确定的有效地址。

（3）段间直接调用。

格式：

```
CALL  FAR PROC
```

该指令中的 PROC 是远过程符号地址，调用的子程序和主程序不在同一个代码段内。

指令执行时，将指令中给出的段地址送入 CS 中，偏移地址送入 IP 中。

执行操作：

```
(SP)←(SP)-2
((SP)+1,(SP))←(CS)
```

```
(SP)←(SP)-2
((SP)+1,(SP))←(IP)
(IP)←偏移地址
(CS)←段地址
```

(4) 段间间接调用。

格式：

```
CALL  OPRD
```

该指令中的 OPRD 为 4 个存储器单元的内容。指令执行时，将高地址的两个单元的内容送入 CS，将低地址的两个单元的内容送入 IP。通常为子程序名代表的入口地址。

执行操作：

```
(SP)←(SP)-2
((SP)+1,(SP))←(CS)
(SP)←(SP)-2
((SP)+1,(SP))←(IP)
(IP)←(EA)
(CS)←(EA+2)
```

2) 调用返回指令

格式：

```
RET
```

该指令的执行过程是 CALL 指令的反过程，执行时将入栈保护的内容出栈，近过程时将栈顶一个字的内容送入 IP；远过程时从栈顶弹出一个字的内容送入 IP，然后再弹出一个字的内容送入 CS。返回指令不论是段间返回还是段内返回，其格式都是 RET。返回指令对标志位均不产生影响。

(1) 段内返回。

格式：

```
RET
```

执行操作：

```
(IP)←((SP)+1,(SP))
(SP)←(SP)+2
```

(2) 段内带立即数返回。

格式：

```
RET  exp
```

执行操作：

```
(IP)←((SP)+1,(SP))
(SP)←(SP)+2
```

```
(SP)←(SP)D16
```

其中 exp 是一个表达式，根据它的值计算出来的常数成为机器指令中的位移量 D_{16}。

(3) 段间返回。

格式：

```
RET
```

执行操作：

```
(IP)←((SP)+1,(SP))
(SP)←(SP)+2
(CS)←((SP)+1,(SP))
(SP)←(SP)+2
```

(4) 段间带立即数返回。

格式：

```
RET  exp
```

执行操作：

```
(IP)←((SP)+1,(SP))
(SP)←(SP)+2
(CS)←((SP)+1,(SP))
(SP)←(SP)+2
(SP)←(SP)D16
```

4. 中断及返回指令

8086 可以利用中断指令产生软件中断，用以执行特殊的中断处理过程。

1) 中断指令

格式：

```
INT  n
```

该指令中 n 为中断类型号，n 为 0～255。在执行中断指令时，首先将 FLAGS 入栈保护，然后清 IF 和 TF 标志位，利用 $n\times 4$ 得到中断矢量的入口地址，然后将中断矢量的第二个字送入 CS，最后将 IP 入栈保护，将中断矢量的第一个字送入 IP，程序即转入相应的中断服务程序执行。中断指令对除 IF、TF 外的标志位不产生影响。

执行操作：

```
(SP)←(SP)-2
((SP)+1,(SP))←(PSW)
(SP)←(SP)-2
((SP)+1,(SP))←(CS)
(SP)←(SP)-2
((SP)+1,(SP))←(IP)
```

```
(IP)←(TYPE×4)
(CS)←(TYPE×4+2)
```

2) 中断返回指令 IRET

格式:

```
IRET
```

该指令使CPU返回到被中断的主程序处继续执行。执行时,先将堆栈中的断点地址送入CS和IP,然后弹出入栈保护的FLAGS内容。中断返回指令对全部标志位均有影响。

执行操作:

```
(IP)←((SP)+1,(SP))
(SP)←(SP)+2
(CS)←((SP)+1,(SP))
(SP)←(SP)+2
(PSW)←((SP)+1,(SP))
(SP)←(SP)+2
```

3.3.6 处理器控制指令

处理器控制指令用以对CPU进行控制,实现修改标志位、暂停CPU工作等。处理器控制指令如表3.5所示。

表3.5 处理器控制指令

指令		功能
标志位操作指令	CLC	CF←0 ;进位标志位清"0"
	STC	CF←1 ;进位标志位置位
	CMC	CF←$\overline{CF}$;进位标志位取反
	CLD	DF←0 ;方向标志位清"0",串操作从低地址到高地址
	STD	DF←1 ;方向标志位置位,串操作从高地址到低地址
	CLI	IF←0 ;中断标志位清"0",即关中断
	STI	IF←1 ;中断标志位清"0",即关中断
外部同步指令	HLT	暂停指令。使CPU处于暂停状态,常用于等待中断的产生
	WAIT	当$\overline{TEST}$引脚为高电平时,执行WAIT指令会使CPU进入等待状态。主要用于CPU与协处理器和外部设备的同步
	ESC	处理器交权指令。用于与协处理器配合工作时
	LOCK	总线锁定指令。主要为多处理机共享总线资源设计
	NOP	空操作指令,消耗3个时钟周期,常用于程序的延时等

习 题 3

1. 判断下列指令是否正确，若有错误，请指出并改正。

(1) MOV AX,BL

(2) MOV CS,1700H

(3) ADD BYTE PTR[DI],260

(4) JMP BYTE PTR[BX]

(5) SUB 38H,BH

(6) MOV DS,AX

2. 设 DS=3000H,BP=1000H,SI=2000H,说明下列各条指令源操作数的寻址方式，并计算源操作数的物理地址。

(1) MOV AX,DS

(2) MOV AX,[1500]

(3) MOV AX,[SI]

(4) MOV AX,[BP]

(5) MOV AX,[SI+BP]

(6) MOV BP,20H[BP]

3. 已知 AL=45H,CH=89H,试问执行指令 ADD AL,CH 后，AF、CF、OF、PF、SF 和 ZF 的值各为多少?

4. 已知 AX=1234H,BX=5566H,SP=1000H,试指出下列指令或程序段执行后的相关寄存器的内容。

(1) PUSH AX

执行后 AX 和 SP 的值

(2) PUSH AX

PUSH BX

POP CX

POP DX

求执行后 AX、BX、CX、DX 的值。

5. 写出满足下列要求的指令或程序段。

(1) 写出两条使 AX 寄存器内容为零的指令;

(2) 将 1234H 送入 DS 中;

(3) 使 BL 寄存器中的高 4 位和低 4 位互换;

(4) 将 AX 中的高 4 位变为全 1。

6. 分别指出下列程序段的功能。

(1)
```
MOV  AX,10
LEA  SI,DATA1
LEA  DI,DATA2
```

```
    CLD
    REP  MOVSB
(2) STD
    LEA  DI,[1000H]
    MOV  CX,0980H
    XOR  AX,AX
    REP  STOSW
```

7. 试分析下列程序段:

```
ADD  AX,BX
JNO  L1
JNC  L2
SUB  AX,BX
JNC  L3
JNO  L4
JMP  SHORT L5
```

如果 AX,BX 的内容给定如下:

(1) (AX)=147BH (BX)=80DCH

(2) (AX)=B568H (BX)=54B7H

(3) (AX)=42C8H (BX)=608DH

(4) (AX)=D023H (BX)=9FD0H

(5) (AX)=94B7H (BX)=B568H

问该程序执行完后,程序转向哪里?

8. 设堆栈指针 SP 的初值为 2300H,(AX)=5000H,(BX)=4200H。执行指令 PUSH AX 后,求(SP)的值是多少。再执行指令 PUSH BX 及 POP AX 之后,求(SP)、(AX)和(BX)的值。

第 4 章　汇编语言程序设计

Intel 8086/8088 的汇编语言程序设计具有程序设计的一般规律和特定语法规则。本章介绍以 8086/8088 指令系统的指令设计的汇编语言源程序，包括指令语句、程序格式、伪指令、汇编语言程序的设计过程、各种结构的基本程序设计方法，以及子程序、功能调用等。

4.1　汇编语言程序的格式和处理过程

4.1.1　汇编语言概述

汇编语言是计算机能够直接执行的机器语言上面的符号化语言，可读性好，汇编语言是用指令的助记符、符号地址、标号、伪指令等符号书写的语言，用这种汇编语言书写的程序称为汇编语言源程序。汇编语言虽然是一种符号语言，但它还是面向机器的，与机器的具体设计和结构密切关联，不同 CPU 构成的计算机有不同的汇编语言，除硬件定义和指令系统外，其语义、语法规则都是特定的。

8086/8088 汇编语言源程序的基本组成单位是语句，源程序可使用的语句有 3 种：指令语句、伪指令语句和宏指令语句。前两种是最常见、基本的语句，每个语句在汇编过程中都会产生相应的目标代码和加载、执行等的信息。

4.1.2　汇编语言的语句

编写一个汇编语言源程序需要两种语句，一种是由 CPU 执行的语句，叫作指令性语句，另一种是由汇编程序执行的语句，叫作指示性语句。第 3 章中介绍的指令一般会在指令性语句中使用，而指示性语句中使用的指令称为伪指令，以便与指令区别开。

1. 指令性语句格式

格式：

```
[标号:] 操作码 [操作数 1][,操作数 2] [;注释]
```

(1) 标号部分：以冒号分隔，该部分不是每条指令必需的，为提供其他指令引用而设。一个标号与一条指令的地址符号名(即在当前程序段内的偏移量)相联系。在同一程序段中，同样的标号名只允许定义一次。

(2) 操作码部分:操作码助词符是指令系统规定的。任何指令性语句必须有该部分,因为它表明一定的操作性质并完成一个操作。

(3) 操作数部分:表明操作的对象。

(4) 注释部分:这部分不被汇编语言程序翻译,仅作为对该语句的一种说明,以便程序的阅读、备忘和交流。

上述格式中用方括号括起来的为可选部分。

2. 指示性语句格式

格式:

[标识符(名字)] 指示符(伪指令)表达式 [;注释]

(1) 标识符部分:标识符是一个用字母、数字或加上下划线表示的一个符号,标识符定义的性质由伪指令指定。

(2) 指示符部分:指示符又称为伪指令,是汇编程序规定并执行的命令,能将标识符定义为变量、程序段、常数、过程等,且能给出其属性。

(3) 表达式部分:表达式是常数、寄存器、标号、变量与一些操作符相结合的序列,可以有数字表达式和地址表达式两种。

(4) 注释部分:与指令性语句的注释含义相同。

4.1.3 汇编语言程序

把汇编语言源程序翻译成在机器上能执行的机器语言程序(目标代码程序)的过程叫作汇编,完成汇编过程的系统程序称为汇编程序。

图 4.1 表示了汇编语言程序的建立及处理过程。首先用编辑软件(可用文本编辑程序,如 EDIT 等)产生汇编语言的源程序(扩展名为.ASM 的源文件),源程序就是用汇编语言的语句编写的程序,它是不能被机器直接识别和执行的,所以必须把它翻译成二进制代码组成的程序(.OBJ),通常这一工作是由汇编程序完成的。因此汇编程序的作用就是把源文件转换成用二进制代码表示的目标文件(称为 OBJ 文件)。在转换过程中,汇编程序将对源程序进行扫描,如果源程序中有语法错误,则汇编结束后,汇编程序将指出源程序中的错误,用户再回到编辑程序中修改源程序中的错误,最后得到无语法错误的 OBJ 文件。

编辑程序 → PROGRAM.ASM 汇编程序 → PROGRAM.OBJ 连接程序 → PROGRAM.EXE

图 4.1 汇编语言程序的建立及处理过程

OBJ 文件虽然已经是二进制文件,但它还不能直接运行,必须经过连接程序(link)把目标文件与库文件或其他目标文件连接在一起形成可执行文件(EXE 文件),这个文件就可以由操作系统装入内存并执行了。

因此,在计算机上运行汇编语言程序的步骤如下:

① 用编辑程序建立 ASM 源文件;

② 用 MASM 程序把 ASM 文件转换为 OBJ 文件;

③ 用 LINK 程序把 OBJ 文件链接成 EXE 文件;

④ 在 DOS 命令环境下直接键入文件名加载、执行该程序。

【例 4.1】 一个完整的汇编语言程序。

```
;PROGRAM TITLE GOES HERE---
;Followed by descriptive phrases
;EQU STATEMENTS GO HERE
;*******************************************
DATAREA SEGMENT              ;定义 DATAREA 段开始
    DATA1   DB   12          ;第 1 个加数
    DATA2   DB   34          ;第 2 个加数
    SUM     DB   ?           ;准备用来存放和数的单元
DATAREA ENDS                 ; DATAREA 段结束
;*******************************************
PROGRAM SEGMENT              ;定义 PROGRAM 段开始
;*******************************************
MAIN PROC FAR                ; 主程序开始
ASSUME CS: PROGRAM,DS: DATAREA     ;规定 PROGRAM 为代码段、DATAREA 为数据段
START:                       ; 程序起点,开始执行的地址
;set up stack for return;为返回而操作系统进行栈操作
 PUSH DS                     ;旧的数据段地址入栈
 SUB  AX,AX                  ;AX=0
 PUSH AX                     ;0 值入栈
;set DS register to current data segment 设置 DS 段寄存器为当前数据
 MOV  AX,DATAREA             ;装填数据段寄存器 DS
 MOV  DS,AX
;main part of program goes here  ;程序的主要部分从这里开始
 MOV  AL, DATA1              ; DATA1 内存单元的加数 1 送 AL
 ADD  AL, DATA2              ;与第 2 个加数相加
 MOV  SUM,AL                 ;存放结果到 SUM 内存单元
 RET                         ;结束程序执行,返回操作系统
 MAIN  ENDP                  ;主程序结束
;*******************************************
PROGRAM ENDS                 ;代码段定义结束
;*******************************************
END  START                   ;整个源程序结束
```

由上例可以看出,汇编语言程序由若干条语句序列组成,每条语句一般占一行。上一章中介绍的能完成一定的操作功能,如 PUSH、SUB、MOV、ADD、RET 等是指令语句,它们是能够翻译成机器代码的语句。而如 DB、ASSUME、SEGMENT－ENDS 和 END 等语句是指示性语句(伪指令),其形式与一般指令相似,但它只是为汇编程序在翻译汇编语言源程序时提供有关信息,并不产生机器代码。

一个汇编语言源程序结构是分段组织的,可以包含若干个代码段、数据段、附加段或

堆栈段,典型的汇编语言程序至少由3个段组成:代码段、数据段、堆栈段。需独立运行的程序必须包含一个代码段、并指示程序执行的起点,所有的可执行性语句必须位于某一个代码段内,指示性语句可根据需要位于任一段内。

汇编语言程序须经过汇编程序(汇编器,如MASM.EXE)把源程序转换为目标文件.OBJ,包括机器语言指令、数据和指令正确放入内存所需信息等,然后通过链接程序(链接器,如LINK.EXE)把独立汇编的机器语言程序拼接在一起,并将代码和数据模块象征性地放入内存、决定数据和指令标签的地址、修补内部和外部引用,这样即可确定程序中各种模块的指令和数据在内存的真实地址,把目标程序连接成了操作系统能够直接读入内存并可启动执行的文件——可执行文件。

【例4.2】 在屏幕上显示字符串“Welcome !”。

```
DATA   SEGMENT
  INPUT  DB 'Welcome !',13,10,'$'        ;提示信息
DATA  ENDS

CODE  SEGMENT
      ASSUME  CS:CODE,DS:DATA
BEGIN: MOV   AX,DATA
       MOV  DS,AX
       MOV  DX,OFFSET INPUT
       MOV  AH,9
       INT  21H                          ;显示提示信息
       MOV  AX,4C00H
       INT  21H
CODE ENDS
       END START
```

4.2 伪 指 令

4.2.1 伪指令概述

伪指令也称为伪操作,在汇编程序的指示性语句中作为指示符,在对汇编语言源程序进行汇编期间,是由汇编程序处理的操作。因为汇编语言对于高层次软件是一个接口,汇编器可以处理这类机器语言指令的变种,就像它自己的指令一样,但硬件不需要实现,只在汇编语言源程序中起到简化程序转换和编程的作用,如伪指令可以对数据进行定义,为变量分配存储区,定义一个程序段或一个过程,指示程序结束等。

伪指令不像机器指令那样是在程序运行期间由计算机来执行的,伪指令不会产生任何目标代码,它是在汇编程序对源程序汇编期间完成特定处理的操作。

4.2.2 常用伪指令

1. 表达式赋值伪指令EQU

有时程序中多次出现同一个表达式,为方便起见,可以用赋值伪操作给表达式赋予一

个名字。其格式如下：

```
Expression name  EQU Expression
```

此后，程序中凡需要用到该表达式之处，就可以用表达式名来代替了。可见，EQU 的引入提高了程序的可读性，也使其更加易于修改。例如：

```
CONSTANT  EQU  256        ;数赋以符号名
ALPHA     EQU  7
BETA      EQU  ALPHA-2    ;地址表达式赋以符号名
```

注意：如果 EQU 语句的表达式中含有变量或标号，则在该语句前应该先给出它们的定义。

还有一个与 EQU 相类似的'='伪操作也可以作为赋值操作来使用。它们之间的区别是 EQU 伪操作中的表达式名是不允许重复定义的，而'='伪操作则允许重复定义，例如：

```
…
TMP=7
…
TMP=TMP+1
…
```

在这里，第一个语句后的指令中 TMP 的值为 7，而在第二个语句后的指令中 TMP 的值为 8。

2. 数据定义及存储器分配伪指令

该指令的功能是开辟存储空间存放数据，把数据项或项表的数值存入存储器连续的单元中，并把变量名与存储单元地址联系在一起，用户可以用变量名来访问这些数据项，其格式如下：

```
[variable] Mnenmonic operand [,operand......] [;comments]
```

(1) variable(变量)：是定义的数据存储单元的名字，其地址是数据空间第一个字节的偏移地址。变量名省略时，只代表开辟连续的地址空间。

(2) Mnenmonic(助词符)：说明数据类型，常用数据类型有以下 3 种。

① DB 用来定义字节，汇编时为其后的每个操作数分配 1 个字节存储单元。

② DW 定义字，其后的每个操作数占有一个字(16 位)，其低字节在第一个字节地址中，高位字节在第二个字节地址中。

③ DD 定义双字，其后的每个操作数占有两个字(32 位)。

(3) Operand(操作数)：可以是十进制、十六进制、字符串、占位符？及复制操作符 DUP。

(4) comments(注释)：用来说明该伪操作的功能，是任选项。

这些伪操作可以把其后的数据存入指定的存储单元，形成初始化数据；或者只分配空间而不存入确定的数值，形成未初始化数据。

例如：操作数可以是字符串：

```
MESS1  DB  'AB'
MESS2  DW  'AB'
```

汇编程序可以在汇编期间把数据存入内存,如图 4.2 所示。

操作数可以是空间分配的操作,例如 ARRAY DB 100 DUP (0,2,DUP,(1,2),0,3),这里嵌套使用了复制操作符 DUP,内存分配图 4.3 所示。

操作数可以是常数或表达式,也可是"?"用以保留存储空间,但不存入数据。

```
OPER1  DB  ?,1+9
OPER2  DW  1234H,5678H
```

内存分配如图 4.4 所示。

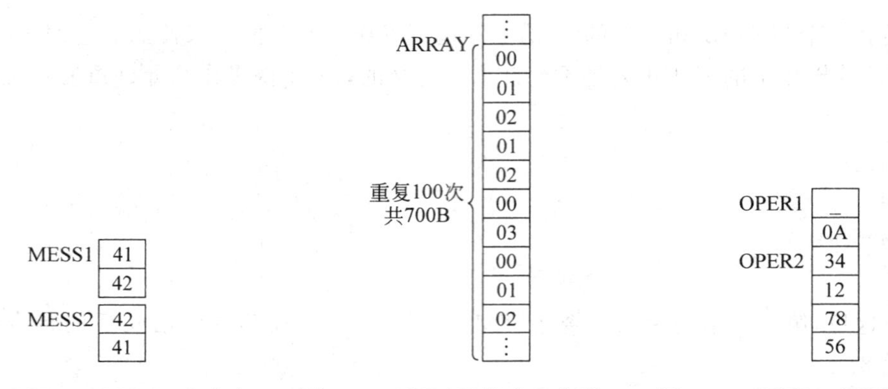

图 4.2 MESS1、MESS2 在内存中的存放

图 4.3 ARRAY 的内存分配

图 4.4 OPER1、OPER2 的内存分配

```
MOV  OPER1,0
MOV  OPER2,0
```

则第 1 条指令应为字节指令,而第 2 条指令应为字指令。

3. 段定义伪指令 SEGMENT-ENDS

存储器的地址空间是分段结构的,逻辑上的段的地址称为段地址,它是程序段在内存的位置,段内语句或变量有自己相对段起始地址的偏移地址,语句或变量在存储器的物理地址是由段地址和偏移地址指示出来。典型的汇编语言程序至少由 3 个段组成:代码段、数据段、堆栈段。段定义伪指令的功能是把源程序划分为逻辑段,便于汇编程序在相应段名下生成目标码,同时也便于连接程序组合、定位、生成可执行的目标程序。利用段定义伪操作可以定义一个逻辑段的名称和范围,并且指明段的定位类型、组合类型和别名。

格式:

```
Segname SEGMENT [align_type] [combine_type] [use_type] ['class']
    ...
Segname  ENDS
```

在源程序中,每一个段都是以 SEGMENT 开始,以 ENDS 结束。段名由用户自己选定,通常使用与本段用途相关的名字。

(1) align_type(定位类型)说明该段起始地址的边界值,它们可以是以下几种情况。

PARA:指明段起始地址从节边界开始。段地址为16的倍数,即十六进制的段地址最后一位为0。默认值是PARA。

BYTE:段从任何地址开始。

WORD:段从字边界开始,即段起始地址要为偶数。

DWORD:段从双字的边界开始,即段起始地址为4的倍数。

PAGE:段从页边界开始,即段起始地址为256的倍数。即十六进制地址最后两位为00。

(2) combine_type(组合类型):说明程序连接时各段在内存中合并的方法,默认为PRIVATE。

PRIVATE:在连接时不与其他模块中的同名段合并。

PUBLIC/MEMORY:依次把不同模块中的同名段相连接而形成一个段。(连接的结果可能有间隙)

COMMEN:把不同模块中的同名段重叠形成一个段,连接长度取各段中的最大长度。覆盖部分的内容取决于连接时排列在最后一段的内容。

AT expression:使段地址是表达式的值,它不能用来指定代码段。

STACK:把不同模块中的同名段无间隙地组合成一个堆栈段。其长度为各段的总和。

(3) class(类别):类别可以是任何合法的名称,用单引号括起来,如'STACK','CODE'。在定位时,链接程序把同类别的段集中在一起,但不合并。

4. 段寄存器设定伪指令 ASSUME

ASSUME伪操作指出由SEGMENT/ENDS伪指令定义的段与段寄存器的对应关系,即设定已定义段各自属于哪个段寄存器。

格式:

```
ASSUME  assignment [,…,assignment]
```

其中assignment说明段寄存器分配情况,其格式为:

```
register name: segment name
```

这里段寄存器名必须是:CS、DS、ES或SS,而段名必须是由SEGMENT定义的段中的段名。

使用ASSUME伪操作,仅告诉汇编程序段寄存器与定义段之间的对应关系,而段寄存器的内容,需要用程序按要求加载。

5. 汇编程序结束伪指令 END

END标志着整个源程序的结束,它使汇编程序停止汇编操作。

格式:

```
END  [label]
```

其中label(标号)指示源程序中第一条可执行指令的起始地址,它提供了代码段寄存器CS与指令指针IP的数值。伪指令END必须是汇编语言源程序中的最后一条语句,而且每一个源程序只能有一条END伪操作。如果出现多个END为指令，则在第一条END伪指令后的语句是无效的。

例如：

```
data_seg1  segment
    …
data_seg1  ends              ;定义数据段
data_seg2  segment
    …
data_seg2  ends              ;定义附加段
code_seg  segment
    assume  cs:code_seg,ds:data_seg1,es:data_seg2     ;段分配
start:
    mov  ax,data_seg1
    mov  ds,ax
    mov  ax,data_seg2
    mov  es,ax               ;段地址→段寄存器
    …
code_seg  ends
    end start                ;结束
```

6. 地址计数器 $

在汇编程序对源程序汇编的过程中，使用地址计数器来保存当前正在汇编的指令的偏移地址。地址计数器的值可用 $ 来表示。

例如：

```
JNE  $+6                     ;转向地址是 JNE 的首址+6
```

7. 对准伪指令 ORG

ORG伪操作用来设置当前地址计数器的值，它指出其后的程序段或数据块存放的起始地址的偏移量。

格式：

```
ORG  常数表达式
```

ORG伪操作可以使下一个字节的地址成为常数表达式的值。汇编程序把语句中表达式之值作为起始地址，连续存放程序和数据，直到出现一个新的ORG指令。若省略ORG，则从本段起始地址开始连续存放。

例如：

```
ORG  100H                    ;使下一地址是 100H
```

8. 过程定义伪指令 PROC-ENDP

子程序又称为过程，它相当于高级语言中的过程和函数。在一个程序的不同部分，往

往要用到类似的程序段，这些程序段的功能和结构形式都相同，只是某些变量的赋值不同，此时就可以把这些程序段写成子程序形式，以便需要时可以调用它。

格式：

```
procedure_name  PROC  NEAR (FAR)
                ...
procedure_name  ENDP
```

4.3 系统功能调用

为了提高汇编语言程序编写效率，IBM PC 中的 BIOS 和 DOS 操作系统都提供了丰富的中断服务程序，这两组功能子程序主要是实现系统外部设备的输入输出操作、文件管理等。

DOS 和 BIOS 是两组系统软件，因为 BIOS 比 DOS 更靠近硬件，而 DOS 功能则是较高层次的系统软件，DOS 的许多功能是调用 BIOS 实现的。使用 DOS 操作比使用相应功能的 BIOS 操作更简易，而且对硬件的依赖性更少。DOS 功能与 BIOS 功能都通过软中断调用。在中断调用前需要把功能号装入 AH 寄存器，把子功能号装入 AL 寄存器，此外，通常还需在 CPU 寄存器中提供专门的调用参数。一般地说，调用 DOS 或 BIOS 功能时，有以下几个基本步骤：

① 将调用参数装入指定的寄存器中；

② 如需功能号，把它装入 AH；

③ 如需子功能号，把它装入 AL；

④ 按中断号调用 DOS 或 BIOS 中断：

```
INT  n
```

⑤ 检查返回参数是否正确。即如果有出口参数并且需要的话，分析出口参数决定后续的程序执行。

4.3.1 DOS 功能调用

当执行软中断指令 INT n，就调用一个相应的中断服务程序。若 n=5～1FH 时，调用 BIOS 中的服务程序，一般称为系统功能调用；若 n=20～3FH，调用 DOS 中的服务程序，称作功能调用。其中 INT 21H 是一个具有调用多种功能的服务程序的软中断指令，故称其为 DOS 系统功能调用。INT 21H 的不同子功能的编号称为功能号，其功能分类详见附录。

1. DOS 键盘功能调用(AH 为 1,6,7,8,A,B,C)

DOS 系统调用中的功能 1、6、7、8、A、B、C 等都与键盘有关，包括单字符输入、字符串输入和键盘状态检验等。其中检查键盘状态的功能号是 0BH，可以确认是否有字符键入。如果有键按下，使 AL=FFH，否则 AL=00H。功能 1、6、7、8 都可以直接接收键入的单个字符。程序中常利用这些功能回答程序中的提示信息，或选择其中的可选项以执行不同的程序段。这样的工作可由类似如下程序段来完成。

通过键盘键入 Y/N 来转向不同的程序段执行。

```
get: mov   ah,1        ;AH=1,等待输入字符
     int   21h         ;AL=输入的字符(码)
     cmp   al,'Y'
     je    yes         ;若输入的是 Y,则转 yes 标号处
     cmp   al,'N'
     je    no          ;若输入的是 N,则转 no 处
     jne   get         ;输入其他字符,转到 get 处,继续等待键入字符
yes: …
no: …
```

2. 字符串输入

用户程序经常需要从键盘上接收一串字符,0AH 号功能可以接收输入的字符串,将其存入内存中用户定义的缓冲区。缓冲区结构如图 4.14 所示。缓冲区第一个字节为用户定义的最大输入字符数,它由用户给出。若用户实际输入的字符数(包括回车符)大于此数,则机器响铃且光标不再右移,直到输入回车符为止。缓冲区第二字节为实际输入的字符数(不包括回车符),由 DOS 的功能 A 自动填入。从第三个字节开始存放输入的字符。显然,缓冲区的大小等于最大字符数加 2。设在数据段定义的字符缓冲区如下:

```
BUFSIZE   DB  20H      ;定义缓冲区
ACTLEN    DB  ?
STRING    DB  32  DUP  (?)
```

或定义数据区如下:

```
BUFSIZE  DB  32,  33  DUP  (?)
```

调用 DOS 功能的 0AH 号功能的程序段为:

```
LEA  DX, BUFSIZE        ;DS: DX 指向缓冲区的第一个字节
MOV  AH, 0AH            ;0a 号功能,输入字符串到缓冲区
INT  21H
```

此程序段最多从键盘接收 32 个字符码(包括回车)。如果输入字符串'How are you? ↙'此时缓冲区 BUFSIZE 的存储情况如图 4.5 所示。INT21H 的功能 A 把实际字符数(不包括回车)填入缓冲区的第二个字节,并保持 DS:DX 指向缓冲区的第一个字节。

	⋮
BUFSIZE	20
ACTLEN	0C
STRING	'H'
	'o'
	'W'
	20
	'a'
	'r'
	'e'
	20
	'y'
	'o'
	'u'
	'?'
	0D
	⋮

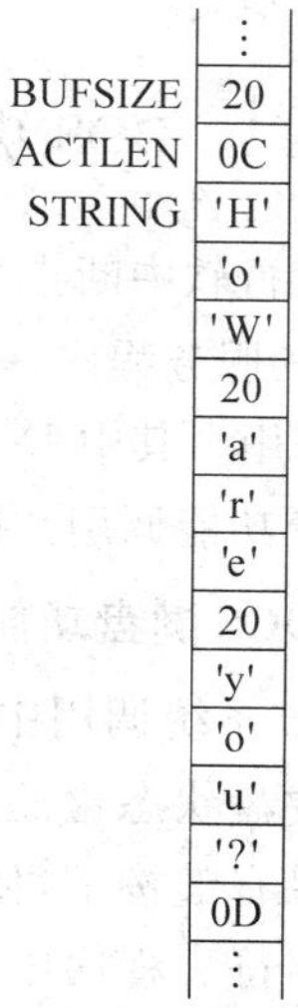

图 4.5 用户定义的缓冲区

3. DOS 显示功能调用

功能 2、6、9 是关于显示器(CRT)的系统功能调用。其中,显示单个字符的功能号 2、6 与 BIOS 调用类似。显示单个字符程序段如下。

(1) 显示单个字符:

```
MOV  AH,2               ;AH=2 显示单个字符
```

```
MOV  DL,'A'           ;准备入口参数,41H→DL
INT  21H
```

(2) 显示字符串(AH=9)。显示字符串的9号功能是DOS调用独有的,可以在用户程序运行过程中,在CRT上向用户提示下一步操作的内容,实现人机交互。

使用9号功能时的规则:一是被显示的字符串必须以"$"为结束符;二是当显示由功能0AH输入的字符串时,DS:DX应指向用户定义的缓冲区的第3个字节。

例如:如下程序段用于显示字符串'HELLO':

```
    …
STRING  DB  'HELLO',0dh,0ah,'$ '        ; 字符串以'$ '结束
    …
MOV     DX, OFFSET STRING               ;调用参数 DS: DX=串地址
MOV     AH, 9                           ;9 功能 DOS 系统调用
INT     21H ;显示字符串 HELLO 并换行回车
    …
```

4.3.2 BIOS功能调用

计算机加电启动后,可以随时调用BIOS程序,调用BIOS功能,可以使程序获得较高的运行效率。BIOS程序独立于任何操作系统,因此无论该PC是运行DOS还是UNIX等其他操作系统,用户都可以调用这些服务。BIOS功能调用与DOS功能调用类似,也需要设置功能号、设置入口参数参及执行中断调用。

1. BIOS显示字符

调用BIOS屏幕操作功能,使用INT 10H指令。它包含了与显示器有关的功能,可用来设置显示方式,设置光标大小和位置,显示字符等。

格式:

```
MOV  AH,功能号
MOV  AL,字符的 ASCII 码
INT  10H
```

功能:将AL寄存器中的字符送显示器显示。如用1号功能调用显示字符5的程序段如下:

```
MOV  AH,1
MOV  AL,35H
INT  10H
```

若AH=0AH,显示字符。入口参数:AL=欲显示字符的ASCII码。

如AH=0EH,显示字符。入口参数:AL=欲显示字符的ASCII码。其功能类似于0AH,但显示字符后,光标随之移动,并可解释回车、换行和退格等控制符。

2. 控制光标

利用INT 10H的功能2设置光标位置,光标新位置的行号设在DH寄存器中,列号

设在 DL 中。行列设在(0,0)是屏幕的左上角,(24,79)是屏幕的右下角。BH 中必须包含被输出的页号,对单色显示器来说,页号总是 0。

调用格式:

```
MOV  BH,页号
MOV  DH,行号
MOV  DL,列号
MOV  AH,2
INT  10H
```

例如,置光标开始行为 5,结束行为 7,并把它设置到第 5 行第 6 列。

```
MOV  CH,5
MOV  CL,7
MOV  AH,1
INT  10H
MOV  DH,4
MOV  DL,5
MOV  BH,0
MOV  AH,2
INT  10H
```

INT 10H 的显示器中断操作的部分功能如表 4.1 所示。

表 4.1 INT 10H 的显示器部分类型中断操作

AH	功 能	入口参数	出口参数
0	设置显示方式	AL=显示方式	
2	置光标位置	BH=页号 DH=行号 DL=列号	
9	在光标位置显示字符及属性	BH=页号 BL=属性值 AL=字符 CX=字符重复次数	
A	在光标位置显示字符	BH=页号 AL=字符 CX=字符重复次数	
F	取当前显示方式		AH=字符列数 AL=显示方式 BH=当前页号

3. 从键盘上输入字符

用 INT 16H,调用 BIOS 键盘输入功能。键盘中断见如表 4.2 所示。

表 4.2　键盘中断 INT 16H

AH	功　能	入 口 参 数	出 口 参 数
0	读键盘字符		AL＝ASCII 码 AH＝扫描码
1	读键盘缓冲区字符		ZF＝0 时，AL＝字符 ZF＝1 时，缓冲区空
2	读特殊功能键状态		AL＝特殊功能键状态

调用格式如下：

```
MOV   AH,功能号
INT   16H
```

(1) AH＝0 时，从键盘读一键值。出口参数：AL＝ASCII 码(即键的字符码)，AH＝扫描码。

功能：从键盘读入一个键后返回，按键不显示在屏幕上。对于无相应 ASCII 码的键，如功能键等，AL 返回 0，如：

```
MOV   AH,0
INT   16H
```

功能：程序执行到 INT 16H 的 0 号功能时，CPU 暂停执行，等待从键盘输入一个字符，输入字符的 ASCII 码送入 AL，扫描码送入 AH。

扫描码是表示按键所在位置的代码，它用一个字节表示，低 7 位是扫描码的数字编码 01～53H，最高位 BIT7 表示键的状态。当某键按下时，扫描码的 BIT7＝0，称为通码；当此键放开时，扫描码的 BIT7＝1，称为断码。通码与断码的值相差 80H。

(2) 当 AH＝1 时，判断是否有键可读。出口参数：若 ZF＝0，则有键可读，AL＝ASCII 码，AH＝扫描码；否则，无键可读。

(3) 当功能号 AH＝2，返回特殊功能键状态(也称'变换键')的当前状态。出口参数：AL＝变换键的状态。特殊功能键状态如表 4.3 所示。

表 4.3　特殊功能键状态

D 7	D 6	D 5	D 4	D 3	D 2	D 1	D0
Insert	Caps Lock	Num Lock	Scroll Lock	Alt	Ctrl	Left Shift	Right Shift

BIOS 除提供对输入输出设备的控制服务外，还有一些其他服务功能。例如异步通信口输入输出(INT 14H)、内存大小的测试(INT 12H)、键盘操作(INT 16H)、系统自举(INT 19H)、系统设备配置测试(INT 11H)、读写系统时钟(INT 1AH)等，每类中断包含许多子功能，调用时通过功能号指定。

4.4 汇编语言的数据与表达式

汇编语言的数据可以是各种进位制数值形式表示的常数、字符串常数(单引号括起来的一串 ASCII 码字符)、寄存器名、变量、标号或表达式等。其中表达式是常数、寄存器标号、变量与一些运算符或操作符相结合的序列,可以有数值表达式和地址表达式两种。

4.4.1 常用的运算符和操作符

1. 算术操作符

算术操作符有+、-、*、/和 MOD。其中 MOD 是指除法运算后所得到的余数。

算术运算符可以用于数值表达式或地址表达式中,但当它用于地址表达式时,只有当其结果有明确的物理意义时才是有效的结果。例如两个地址相乘和除运算时是无意义的。地址表达式中可以使用+或-,但也必须注意其物理意义,如把两个不同段的地址相加也是无意义的。经常使用的是地址增减数字量是有意义的。

例如,如果要求把首地址是 A 的字数组的第 2 个字送寄存器 AX,可用如下指令。

```
ADD  AX,  A+(2-1)*2        ;符号地址±常数是有意义的
```

2. 逻辑运算与移位运算符

逻辑操作符有 AND、OR、XOR、NOT,移位操作符有 SHL 和 SHR。它们都是按位操作的,只能用于数值表达式中。

例如:

```
OPR1  EQU  25
OPR2  EQU  7
   …
AND   AX, OPR1  AND  OPR2
```

逻辑运算符要求汇编程序对其中操作数作指定的逻辑运算,该指令等价于:

```
AND  AX, 1
```

移位操作的格式如下:

```
expression  SHL(或 SHR)  numshift
```

汇编程序对 expression 左移或右移 numshift 位,如移位数大于 15,则结果为 0。

例如,将 35H 逻辑左移 2 位后存入 AX 寄存器,可用如下指令完成。

```
MOV  AX,35H SHL 2
```

3. 关系运算符

关系运算符有 EQ(相等)、NE(不等)、LT(小于)、LE(小于或等于)、GT(有大于)、

GE(大于或等于)6 种。关系运算计算结果应为逻辑值。结果为逻辑真,表示为 0FFFFH;结果为逻辑假,则表示为 0000H。

例如:

```
MOV  DL, 10H  LT  16
```

其中的源操作数在汇编时由汇编程序进行关系运算。根据运算可知,10H 不小于 16,其关系不成立,结果为 0,故指令执行后,DL 中的值为 0。

4. 数值回送操作符

这类操作符主要有 TYPE、LENGTH、SIZE、OFFSET、SEG 等。这些操作符把一些特征或存储器地址的一部分作为数值回送。

(1) 类型回送操作符 TYPE。

格式:

```
TYPE  expression
```

如果该表达式是变量,则汇编程序将回送该变量的以字节表示的类型:DB、DW、DD、分别对应变量的类型属性为 1、2、4;如果表达式是标号,则汇编程序将回送代表该标号类型的数值:NEAR 为-1,FAR 为-2。如果表达式为常数,则应回送 0。

例如:若 VAL1 是字型的变量,则 MOV DL,TYPE VAL1 执行后,DL 的值为 2。

(2) 偏移 OFFSET 回送操作符。

格式:

```
OFFSET  variable 或 label
```

汇编程序将回送变量或标号的偏移地址。

例如:

```
MOV  BX,OFFSET  OPER1
```

汇编程序将 OPER1 的偏移地址作为立即数送给指令,而在执行时则将该偏移地址装入 BX 寄存器中。所以这条指令等价于如下指令:

```
LEA  BX, OPER1
```

(3) SEG。

格式:

```
SEG  variable 或 lable
```

汇编程序将回送变量或标号的段地址值。

例如:如下指令回送 X 的段地址值:

```
MOV  DX, SEG  X
```

(4) LENGTH。

格式:

```
LENGTH  变量
```

功能：回送由 DUP 定义的变量的单元数，其他情况回送 1。也即 LENGTH 用来计算一个存储区中(变量用 DUP 时)的单元数目，单元可以是字节、字或者双字等。若变量中未使用 DUP，则 LENGTH 回送 1。

例如：

```
KKK   DW 20 DUP (?)           ;汇编程序为变量 KKK 分配 20 个字存储单元。
MOV   CX,LENGTH  KKK          ;等价于 MOV  CX,20
```

(5) SIZE。

格式：

```
SIZE  变量
```

汇编程序回送分配给该变量的总字节数。它为 LENGTH 和 TYPE 值的乘积。例如，若变量 ABC 的存储区是用伪指令"ABC DW 100 DUP(?)"来定义的，即存储区中有 100 个字单元，也即有 200 个字节单元，那么

```
TYPE      ABC 等于 2;
LENGTH    ABC 等于 100;
SIZE      ABC 等于 200。
```

例如：

```
  ARRAY   DW   100  DUP (?)
  TABLE   DB   'ABCD'
ADD  SI,  TYPE  ARRAY          ;ADD  SI,2
ADD  SI,  TYPE  TABLE          ;ADD  SI,1
MOV  CX,  LENGTH  ARRAY        ;MOV  CX,100
MOV  CX,  LENGTH  TABLE        ;MOV  CX,1
MOV  CX,  SIZE  ARRAY          ;MOV  CX,200
MOV  CX,  SIZE  TABLE          ;MOV  CX,1
```

5. 属性操作符

(1) PTR 操作符。

格式：

```
type  PTR  expression
```

功能：PTR 用来更改一些已经规定了类型的存储单元的类型。即给已分配的存储地址赋予另一种属性，使该地址具有另一种类型。

其中，type 表示所赋予的新的类型属性，expression 是被取代类型的符号地址。

有时指令要求使用 PTR 操作符用来显式地指出操作的类型是字节、字或双字等，从而使汇编程序分清是什么类型的操作。例如：

```
MOV  WORD  PTR [BX],5         ;把立即数 5 存入 BX 间接寻址的一个字内存单元中
```

```
ADD  BYTE  PTR[SI],4BH        ;[SI]寻址的存储单元指明为字节类型,与 4BH 相加
```

(2) SEG 段操作符。用来表示一个标号、变量或地址表达式的段属性。比如用段前缀指定某段的地址操作数。

格式：

```
段寄存器：地址表达式
```

段名：

```
地址表达式
```

组名：

```
地址表达式
```

例如：

```
MOV  AX,ES: [BX+SI]
```

(3) THIS 操作符。

THIS 可以像 PTR 一样建立一个指定类型(BYTE、WORD、DWORD)的或指定距离(NEAR、FAR)的地址操作数，该操作数的段地址和偏移地址与下一个存储单元的地址相同。

格式：

```
THIS  attribute
THIS  type
```

例如：

```
FIRST_TYPE EQU THIS BYTE
WORD_TABLE DW 100 DUP(?)
```

FIRST_TYPE 与 WORD_TABLE 的偏移地址及段地址完全相同，但 FIRST_TYPE 是字节类型，而 WORD_TABLE 则是字类型。

(4) 字节分离操作符 HIGH 和 LOW。

它接收一个数或地址表达式，HIGH 取其高位字节，LOW 取其低位字节。

例如：

```
CONST  EQU  0ABCDH
MOV    AH,HIGH  CONST   ;等价于 MOV AH,0AB
```

4.4.2 运算符的优先级

以上对常用的操作符作了说明，汇编程序在汇编表达式时，应该首先计算优先级高的操作符，然后从左到右地对优先级相同的操作符进行计算，运算符的优先级如表 4.4 所示。括号可以改变计算次序，且括号内的表达式应优先计算。

表 4.4 运算符的优先级

优先级	运 算 符
1	LENGTH、SIZE、WTDTH、MASK、·、()、＜＞、[ ]、
2	PTR、OFFSET、SEG、TYPE、THIS、段前缀运算符:
3	HIGH、LOW
4	*、/、MOD、SHL、SHR
5	+、-
6	EQ、NE、LT、LE、GT、GE
7	NOT
8	AND
9	OR、XOR
10	SHORT

4.5 顺序程序结构

无论是高级语言还是汇编语言,程序设计的过程大致是相同的,一般都要经过问题分析、算法确定、框图表达、源程序编写等过程。程序的基本结构有顺序、循环、分支和子程序 4 种形式。进行程序设计时根据功能需要综合利用这些结构构成完整的程序。

顺序程序结构是指按照程序书写的顺序逐条执行的指令序列,即逻辑执行顺序与书写顺序(存储)顺序是一致的。

【例 4.3】 读下面的程序,指出程序的运行结果。

```
DATA    SEGMENT                              ;定义数据段
   BLOCK  DW   0ABCDH                        ;定义源数据
   BUF     DD  ?                             ;开辟结果存储空间
DATA    ENDS                                 ;数据段结束
CODE    SEGMENT
             ASSUME DS:DATA,CS:CODE          ;段约定
BEGIN:  MOV   AX,DATA
        MOV   DS,AX                          ;数据段地址送 DS
        MOV   DX,BLOCK
        MOV   AX,DX
        AND   AX,0F0FH
        AND   DX,0F0F0H
        MOV   CL,4
        SHR    DX,CL
        LEA    BX,BUFF
```

```
        MOV   [BX+0],AL
        MOV   [BX+1],DL
        MOV   [BX+2],AH
        MOV   [BX+3],DH
        MOV   AX,4C00H
        INT    21H
CODE     ENDS                          ;代码段结束
END     BEGIN                          ;结束汇编
```

该程序的主要功能是将字型数据转换成 4 个字节型数据，存储在 BUFF 缓冲区中。运行结果为，从存储缓冲区 BUFF 开始，顺序存入 0DH、0CH、0BH，0AH。

4.6　分支程序结构

在实际应用中，往往需要对出现的各种情况进行分析判断，以决定进行不同的处理。这种分不同情况进行不同处理的程序结构就是分支程序结构。常见的分支程序结构有两种形式，如图 4.6 所示。

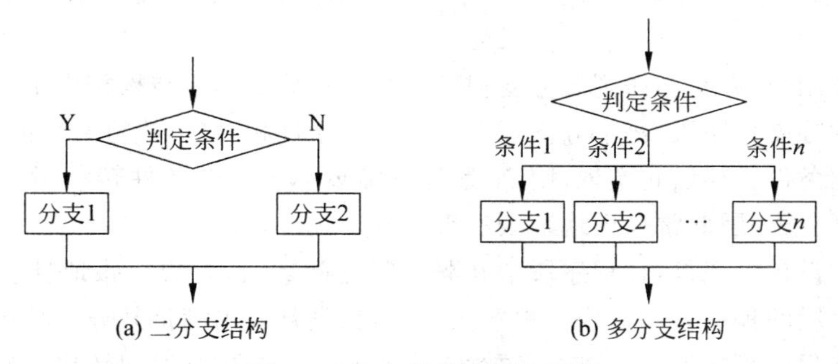

图 4.6　分支程序结构示意图

不论是哪一种形式，它们的共同特点是，运行方向是向前的，在某一种确定条件下，只能执行多个分支中的一个分支。汇编程序的分支一般用条件转移指令来实现。

$$Y=\begin{cases} 1, & X>0 \\ 0, & 0=0 \\ -1, & X<0 \end{cases}$$

【例 4.4】 编写计算如下分段函数值的程序：

设输入数据为 X、输出数据 Y，且皆为字节变量。程序流程图如图 4.7 所示。

程序如下：

```
DATA  SEGMENT
   X    DB  -10
   Y  DB  ?
DATA  ENDS
CODE  SEGMENT
```

```
    ASSUME  DS: DATA,CS: CODE
START:
    MOV     AX,DATA
    MOV     DS,AX
    CMP  X,0                    ;与 0 进行比较
    JGE  A1                     ;X≥0 转 A1
    MOV     Y,-1                ;X <0 时,-1→Y
    JMP  EXIT
A1: JG    A2                    ;X>0 转 A2
    MOV     Y,0                 ;X=0 时,0→Y
    JMP  EXIT
A2: MOV     Y,1                 ;X>0,1→Y
EXIT: MOV     AH,4CH
    INT  21H                    ;程序结束点,返回 DOS
CODE    ENDS
END   START
```

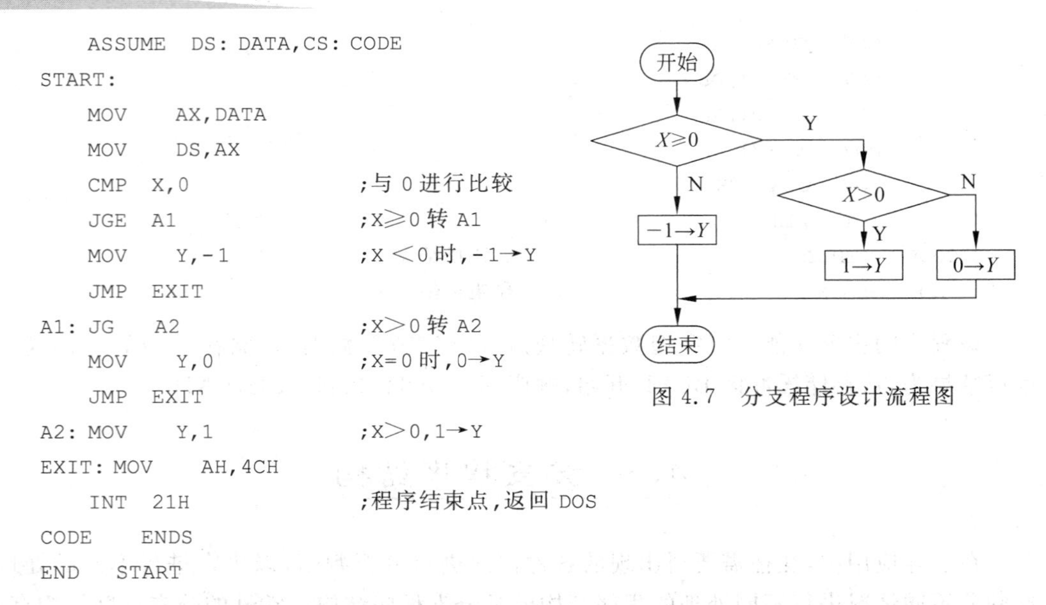

图 4.7　分支程序设计流程图

本例利用转移指令不影响条件标志的特性,连续地使用条件转移指令使程序产生了 3 个不同的分支。在利用条件转移实现分支转移时要注意合理地设置条件,正确地选择指令。

在实际应用中,有时会碰到多分支程序结构。多分支程序结构相当于一个多路开关,有多个并行的分支程序段,每个分支程序段与一个条件相对应,执行时只能执行其中一个分支段。若用条件转移语句实现,则 N 条分支需要 $N-1$ 个条件转移指令完成,转移速度慢,程序代码长。因此常采用地址表法来实现。

地址表的设计思想是,在程序段中开辟一些存储空间,形成一张地址表,用于依次存放各分支程序段的程序入口地址。程序执行时,首先判断出满足某分支程序段的条件,由此求出该分支程序段的编号。该编号乘 2(段内转移),或乘 4(段间转移)得到相对地址表的偏移量,再加上地址表首地址,即得到地址表中的一个地址,即在这个地址表中存放着各个分支程序段的偏移地址(或偏移地址+段地址),转到该地址去执行程序,即执行该分支程序段。

【例 4.5】 设计一个程序段,要求根据键盘输入的 1～9 数字转向 9 个不同的处理程序段。

分析:在数据段定义一个存储区,形成一张地址表,用来存放 9 个程序段的起始地址。将键盘输入的 1～9 数字符转换为真值,用于查表得到偏移地址,若输入非法字符则提示出错。程序流程图如图 4.8 所示:

源程序代码结构如下:

```
DATA  SEGMENT
    INPUT DB  'Input a number',13,10,'$'     ;提示信息
        …
INERR DB  'Input number not 0～9',13,10,'$'
        …
```

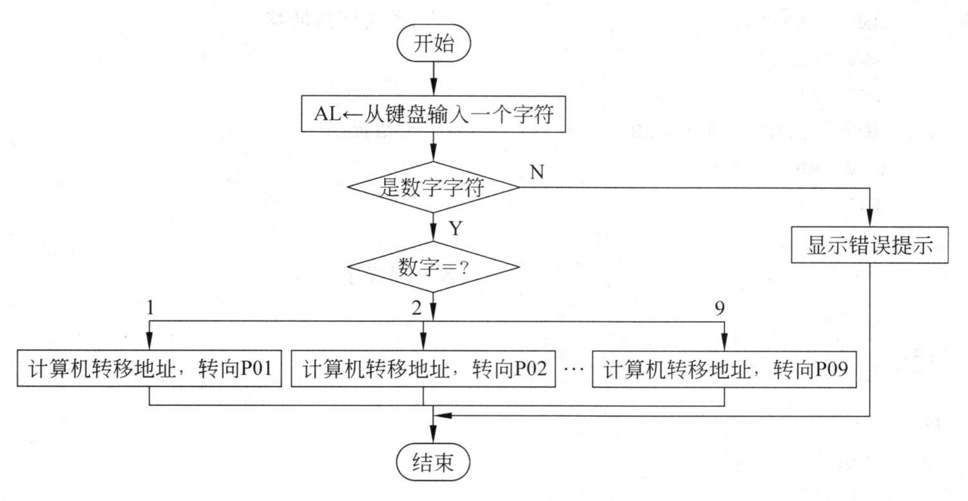

图 4.8　多分支结构程序流程图

```
TAB    DW   P01                          ;定义地址表
       DW   P02
       DW   P03
       DW   P04
       DW   P05
       DW   P06
       DW   P07
       DW   P08
       DW   P09
DATA   ENDS
CODE   SEGMENT
   ASSUME  CS:CODE,DS:DATA
BEGIN:MOV   AX,DATA
       MOV  DS,AX
       LEA  DX,INPUT
       MOV  AH,9
       INT  21H                          ;显示提示信息
       MOV  AH,1
       INT  21H                          ;从键盘接受一个输入字符
       CMP  AL,'1'                       ;若输入字符不是 1～9 中的某一数字,转 LERR
       JB   LERR
       CMP  AL,'9'
       JA   LERR
       AND  AX,000FH                     ;将 ASCII 码转换成数字
       DEC  AX
       ADD  AX,AX                        ;求出表内偏移量
       MOV  BX,AX
```

```
        JMP   TAB[BX]                  ;查表,段内间接转移
EXIT:   MOV   AH,4CH
        INT   21H
LERR:   MOV   DX,OFFSET INERR          ;显示出错提示
        MOV   AH,9
        INT   21H
        JMP   EXIT
P01:      …                            ; 各处理程序入口
          …
P02:      …
          ⋮
P09:      …
CODE    ENDS
     END BEGIN
```

这种多分支结构的实现也称为跳跃表法：它用于实现 CASE 结构,使程序根据不同的条件转移到多个程序分支中的一个去执行。

地址表是由各路分支入口地址按序排列组成的表,它存放在数据段。表基址即表格的第一个数据单元的首地址,本例中表基址为 BASE。地址表的每一个表项均是入口标号,占两个字节。表内偏移地址是表项地址到表基址之间的距离即为其位移量,据分支号可以计算出其位移量。转移地址＝表基址＋表内位移量＝BASE＋2×序号＝TAB＋2×(number－1)。

4.7 循环程序结构

程序中的某些部分需要重复执行,如果将重复部分反复地书写,会使程序显得冗长。但将程序中的重复执行部分构成循环结构,这样设计的程序既美观又便于修改。循环结构有两种形式：一种是每次测试循环条件,如果满足条件时,则重复执行循环体,否则结束,退出循环;另一种是先执行循环体,然后测试循环条件,如果满足条件,则重复执行循环体,否则结束,退出循环,如图 4.9 所示。

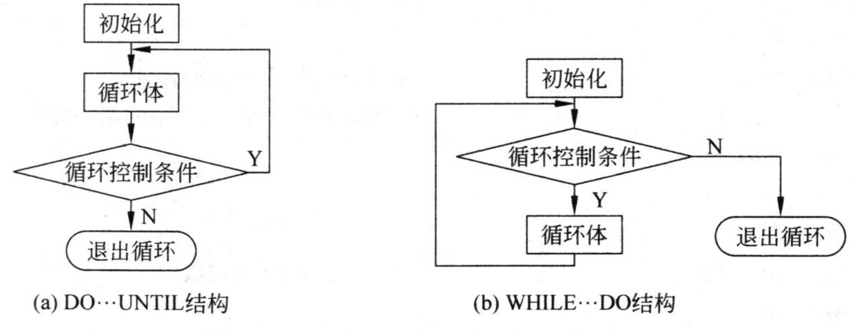

图 4.9 循环结构的两种方式

不论哪一种结构形式，循环程序由 3 个部分组成。

（1）循环初始化部分。为开始循环准备必要的条件。如设置循环次数的计数值、设置循环初始化地址，以及为循环体正常工作而建立的初始状态等。

（2）循环体部分。指重复执行的程序部分，其由循环的工作部分及修改部分组成。循环的工作部分是为完成程序功能而设计的主要程序段。循环的参数修改部分是为避免程序原地踏步，保证每一次重复（循环）时，参加执行的信息能发生有规律变化而建立的程序段。它为下次循环能正确地执行而做参数的修改。

（3）循环控制部分。判断循环条件是否成立，决定是否继续循环，以控制循环何时结束，它是循环程序设计的关键。每一个循环程序必须选择一个循环控制条件来控制循环的运行和结束。合理的选择该控制条件是循环程序设计的关键问题。

常用的循环控制的方法有计数循环和条件循环两种。

（1）计数循环是利用循环次数作为控制条件，这是最简单和典型的循环。当循环次数是已知时，用 LOOP 很容易实现这类程序。若循环次数是已知且有可能使用其他特征或条件来使循环提前结束，此时可用 LOOPZ 或 LOOPNZ 指令来实现。只要将循环次数或最大循环次数送入 CX 寄存器，就可以开始循环体，最后用 LOOP 指令对 CX 减 1 并判断是否为 0。

（2）当循环次数是未知时，就要根据具体情况用转移指令判断循环条件，找出控制循环结束的条件，这就是所谓条件控制循环。转移指令可以指定目的标号来改变程序的运行顺序，如果标号指向一个重复执行的语句体的开始或结束，实际上便构成了循环控制结构。这时，程序重复执行该标号至转移指令之间的循环体。循环的控制条件是很灵活的，可能方案不止一种，应分析比较选择一种效率最高的方案来实现。

【例 4.6】 编一个程序将字单元 BUF 中所含 1 的个数存入 COUNT 单元中。

分析：要测出 BUF 字单元所含 1 的个数，就应逐位测试，一个比较简单的办法是可以根据最高有效位是否为 1 来计数，然后用移位的方法把各位数逐次移到最高位去。循环的结束可以用计数值为 16 来控制，但更好的办法是结合上述方法可以用测试数是否为 0 作为结束条件，这样可以在很多情况下缩短程序的执行时间。此外考虑到 BUF 本身为 0 的可能性，应该采用 WHILE 结构循环。

根据以上考虑，可以画出图 4.10 的程序框图。首先将 BUF 中的数送给寄存器 AX，然后将 AX 寄存器逻辑左移一次，如果 CF＝1，则表明 AX 中的最高位为 1，则计数器 CL 计数 1 次，如果 CF＝0，表明 AX 最高位为 0……，这样依次将最高位移入 CF 中去测试。移位之后，判断 AX 的值是否为 0，如果为 0 则结束循环，不为 0，则继续循环。

程序如下：

```
DATA    SEGMENT                              ;定义数据段
        BUF  DW  0011110010101011B           ;定义数据
        COUNT  DB ?                          ;定义存放结果的单元
DATA    ENDS
CODE    SEGMENT
            ASSUME  DS: DATA,CS: CODE
```

```
START: MOV    AX,DATA
       MOV    DS,AX
       MOV    AX,BUF
       MOV    CL,0          ;计数器为 0
LOPA:  AND    AX,AX
       JE     EXIT          ;(AX)=0,结束循环
       SHL    AX,1          ;AX 左移一位
       JNC    LOPA
       INC    CL            ;产生进位,(CL)+1→CL
       JMP    LOPA
EXIT:  MOV    COUNT,CL
       MOV    AH,4CH        ;返回 DOS
       INT  21H
CODE   ENDS
   END    START             ;结束汇编
```

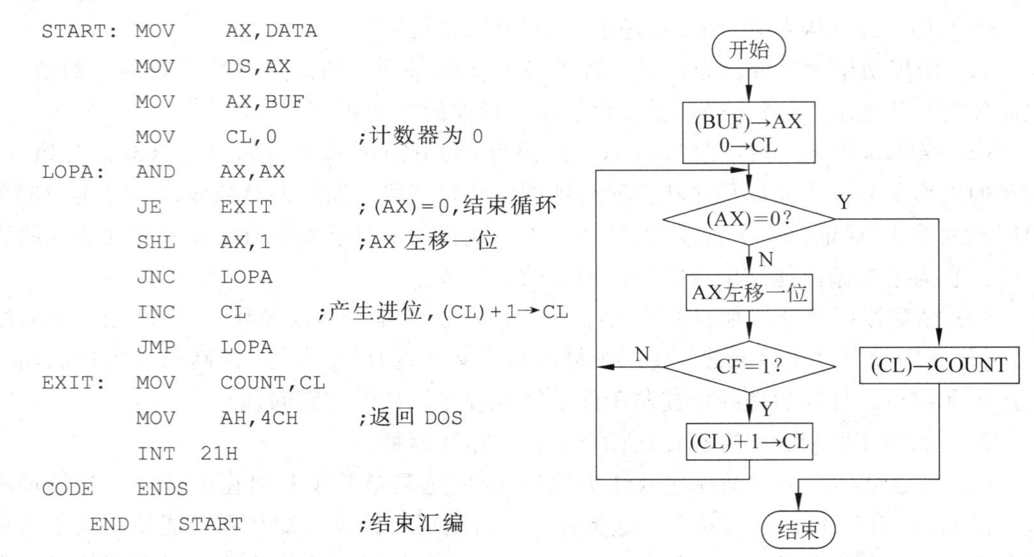

图 4.10　循环结构流程图

上述例子阐述的是单层循环,实际上循环可以嵌套。多重结构设计原则是从内到外逐层设计,即先设计内层循环,然后把内层循环作为外层循环的循环体使用,应注意的是内外层循环不能交叉。

【例 4.7】 在以 BUF 为首址的字存储区中存放有 *N* 个有符号数,现需将它们按由大到小的顺序排列在 BUF 存储区中,试编写其程序。

分析:这里采用的冒泡排序算法从第一个数开始依次对相邻两个数进行比较,如次序对,则不交换两数位置;如次序不对则使这两个数交换位置。可以看出,第一遍需比较(*N*−1)次,此时,最小的数已经放到了最后;第二遍比较只需考虑剩下的(*N*−1)个数,即只需比较(*N*−2)次;第三遍只需比较(*N*−3)次,……整个排序过程最多需(*N*−1)遍。如下面的 4 个数即是采用冒泡排序比较的例子。

两两比较找到小者,每一遍比较后则把最小的放到最后面,经过 *N*−1 遍比较后,则由大到小的次序排定。且每遍比较的次数递减。

数	10	8	16	90	32
第 1 遍	10	16	90	32	8
第 2 遍	16	90	32	10	8
第 3 遍	90	32	16	10	8

程序流程图如图 4.11 所示。

源程序如下:

```
DATA  SEGMENT
   BUF    DW  3,-4,6,7,9,2,0,-8,-9,-10,20
   N=($-BUF)/2
DATA  ENDS

CODE  SEGMENT
```

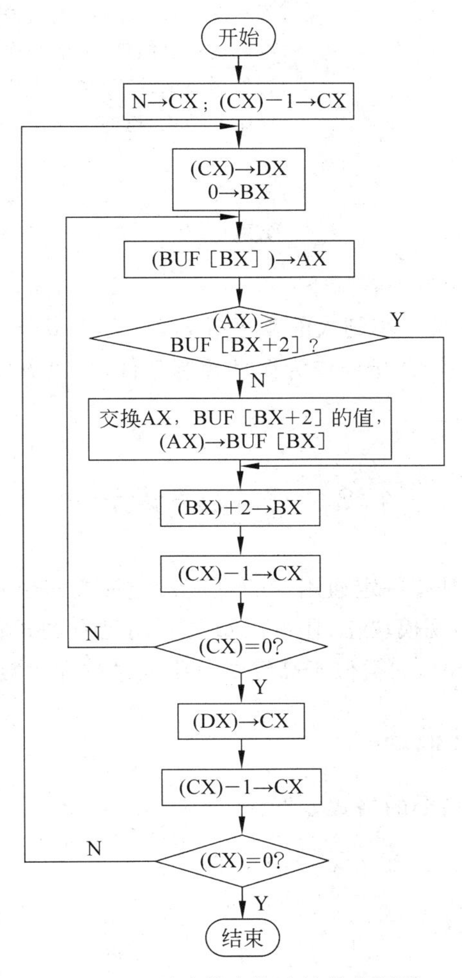

图 4.11　冒泡排序算法的程序框图

```
    ASSUME  CS: CODE,DS: DATA
START:
    MOV     AX,DATA
    MOV     DS,AX
    MOV     CX,N                        ;数组元素个数→CX
    DEC     CX
LOOP1:  MOV   DX,CX                     ;保存外循环次数计数值→DX
    MOV     BX,0                        ;清 BX 寄存器
LOOP2:  MOV   AX,BUF[BX]                ;把第 i 个元素送 AX,
    CMP     AX,BUF[BX+2]                ;第 i 个元素与第 i+1 个元素相比较
    JGE     L
    XCHG    AX,BUF[BX+2]                ;若 BUF(i)<BUF(i+1)
    MOV     BUF[BX],AX                  ;则交换两单元内容
L:  ADD     BX,2                        ;调整寄存器 BX 的值,指向下一元素
    DEC     CX
```

```
    JNE     LOOP2                   ;若本遍比较未结束,重复内循环
    MOV     CX,DX                   ;本遍比较已结束,为下一次外循环准备计数值
    LOOP    LOOP1                   ;若外循环未结束,继续重复外循环
    MOV     AH,4CH                  ;外循环结束,返回 DOS
    INT  21H
CODE  ENDS                          ;代码段结束
    END     START                   ;结束汇编
```

程序运行后,BUF 区中的内容如下:20,9,7,6,3,2,0,-4,-8,-9,-10。

若要对 N 个无符号数按由小到大的顺序排列,只需将指令"JGE L"改为"JAE L"即可。由上例可知,利用条件转移指令作为循环控制条件,可以方便地构造复杂的循环程序结构。

4.8 子程序设计

常把具有独立功能并具有一定通用性的程序段定义为子程序,供用户使用。这种方法不仅可以简化主程序、实现模块化;还可以重复利用已有的子程序、提高编程效率。子程序又称为过程(Procedure),它类似于高级语言中的过程和函数。

4.8.1 子程序设计概述

过程(子程序)定义伪指令的格式如下:

```
procedure_name  PROC  NEAR (FAR)
                ...
procedure_name  ENDP
```

一个过程是以 PROC 开始,以 ENDP 伪指令结束。其中,过程名不能省略,并且过程的开始(PROC)和结束(ENDP)使用同一个过程名。过程名是这个子程序的名,它又是子程序入口的符号地址,也即子程序调用指令 CALL 的目标操作数。它类同一个标号的作用,由于子程序由伪指令来定义,故子程序名不需冒号说明。子程序名也有 3 个属性——段属性、偏移属性和类型属性。子程序的类型属性可以分为 NEAR 和 FAR,默认为 NEAR 属性。为了方便应用,80x86 的汇编程序用 PROC 伪操作的类型属性来确定 CALL 和 RET 指令的属性:

(1) NEAR 属性:调用程序和子程序在同一代码段中,属于段内调用。

(2) FAR 属性:调用程序和子程序不在同一代码段中,为段间调用。

子程序定义形式有多种,每一个子程序的最后一条指令必定是返回指令 RET。

【例 4.8】 子程序的结构和使用。

```
CODE  SEGMENT
        ...
   MAIN  PROC  FAR          ;定义远过程
```

```
        …
    CALL  subr1             ;调用子程序 subr1
        …
        RET
    MAIN  ENDP
    subr1  PROC  NEAR       ;子程序 subr1 定义
        …
        RET
        subr1  ENDP
CODE  ENDS
```

由于调用程序 MAIN 和子程序 SUBR1 是在同一代码段中的，所以 SUBR1 定义为 NEAR 属性。这样，MAIN 中对 SUBR1 的调用和 SURB1 中的 RET 就都是 NEAR 属性的。但是通常 MAIN 应定义为 FAR 属性，这是由于把程序的主过程看作 DOS 调用的一个子程序，因而 DOS 对 MAIN 的调用以及 MAIN 中的 RET 就是 FAR 属性的。当然 CALL 和 RET 的属性是汇编程序确定的，用户只需正确选择 PROC 的属性就可以了。

子程序定义可以嵌套，即一个过程定义中可以包含多个过程定义，但过程不能交叉。上例程序段也可以改写成如下形式：

```
CODE  SEGMENT
        …
    MAIN  PROC  FAR         ;定义远过程
        CALL  subr1         ;调用子程序 subr1
        …
        RET
        subr1  PROC  NEAR   ;子程序 subr1 定义嵌套在调用程序中
        …
        RET
        subr1  ENDP
    MAIN  ENDP
CODE  ENDS
```

子程序允许嵌套和递归。主程序调用子程序，子程序还可以调用其他子程序，这就是子程序的嵌套调用，子程序可以多重嵌套调用，嵌套与递归调用时须注意堆栈空间的限制。

4.8.2 子程序的参数传递

调用程序在调用子程序前，通常需要向子程序提供一些原始数据，即为子程序准备入口参数；同样，子程序执行结束后也要返回给调用程序必要的结果数据，即提供出口参数以便主程序使用。这种调用程序为子程序准备入口参数，子程序为调用程序提供出口参数的过程称为参数传递。汇编语言中参数传递可通过寄存器、变量或堆栈来实现，参数的具体内容可以是数据本身(传数值)也可以是数据的存储地址(传地址)。下面简单介绍参数传递的方式。

1. 用寄存器传递参数

最简单和常用的参数传递方法是通过寄存器,用寄存器传递参数就是将子程序的入口参数和出口参数都放在约定的寄存器中。其优点是信息传递快,编程也较方便,并且节省内存单元。但由于寄存器个数有限,而且在处理过程中要经常使用寄存器,如果要传递的参数很多,将导致无空闲寄存器供编程用,所以此法只适用于要传递的参数较少的情况。

【例 4.9】 设 ARRAY 是一个含有 *N* 个字节元素的数组,试用子程序计算各数组元素的"累加和"。(为了简化程序设计,这里不考虑溢出)。

分析:我们用子程序来完成求数组元素的累加和,主程序需要向它提供入口参数,使得子程序能够访问数组元素。子程序需要将求和结果这个出口参数传给主程序。本例我们采用寄存器进行参数的传递。寄存器和存储单元分配如下:

BX 用来存放数组首地址;CX 用来存放数组元素个数;AL 用来存放数组元素累加和;RESULT 作为存放数组元素累加和的最终存储单元。

源程序如下:

```
DATA  SEGMENT                    ;定义数据段
    ARRAY  DB  29H,18H,26H,19H,12H,04H,3,7,17H,35H
    N      DW  $-ARRAY           ;数组元素的个数
    RESULT     DB  ?             ;存放累加和
DATA  ENDS
CODE  SEGMENT
    ASSUME     CS: CODE,DS: DATA
BEGIN: MOV     AX,DATA
    MOV        DS,AX
    MOV        BX,OFFSET  ARRAY  ;BX←数组的偏移地址
    MOV        CX,N              ;CX←数组元素个数
    CALL  PROC_SUM               ;调用求和子程序
    MOV        RESULT,AL         ;RESULT←(AL)
    MOV        AH,4CH
    INT   21H
;子程序名: PROC_SUM
;功能: 计算数组元素的累加和
PROC_SUM   PROC
    XOR    AL,AL                 ;累加器清 0
SUM: ADD    AL,[BX]              ;求和
    INC    BX                    ;指向下一字节
    LOOP   SUM                   ;(CX)≠0 转 SUM 继续求和
        RET
PROC_SUM   ENDP
CODE  ENDS
```

```
END    BEGIN
```

本程序中，用 BX、CX 寄存器作为入口参数，分别将主程序中数组的偏移地址和数组元素的个数传递给子程序，在子程序中用 AL 寄存器作为出口参数，将求得的数组元素的累加和返回给主程序。本程序运行完后，在 RESULT 存储单元中存放的数组元素累加和是 0ECH(即 236)。

2. 通过变量传递参数

通过变量传递参数也就是用存储单元传递参数，它是将入口参数和出口参数都放到事先约定好的存储单元之中。此法的优点是参数传递的数量不受限制，每个参数都有独立的存储单元，编写程序时不易出错。缺点是要占用一定数量的存储单元，适用于子程序与调用程序在同一源文件中。现仍以例 4.13 的题目为例来说明子程序与调用程序在同一源文件中时，子程序如何直接访问模块中的变量。

【例 4.10】 要求同例 4.9，现在用存储单元传递参数，计算数组元素的累加和。

分析：采用存储单元传递参数，本例中主程序和子程序共用 ARRAY 和 RESULT 两个存储单元。

程序实现如下：

```
DATA    SEGMENT                      ;定义数据段
     ARRAY    DB  29H,18H,26H,19H,12H,04H,3,7,17H,35H
     COUNT    =10
     RESULT  DB  ?
DATA    ENDS
CODE    SEGMENT
      ASSUME CS: CODE,DS: DATA
BEGIN:                               ;程序起始点
     MOV  AX,DATA
     MOV  DS,AX
      CALL PROC_SUM                  ;调用求和子程序
     MOV  AH,4CH
     INT  21H
    ;子程序名: PROC_SUM
    ;功能: 计算数组元素的累加和
    PROC_SUM  PROC  NEAR
     XOR  AL,AL                      ;累加器清 0
     MOV  BX,OFFSET ARRAY            ;数组首地址→BX
     MOV  CX,COUNT                   ;数组元素个数→CX
    SUM: ADD  AL,[BX]                ;累加
     INC  BX
     LOOP SUM                        ;(CX)≠0 转 SUM 继续求和
     MOV  RESULT,AL                  ;累加和送 RESULT 保存
     RET
    PROC_SUM  ENDP
```

```
CODE    ENDS
    END  BEGIN
```

这里的主程序只要设置好数据段DS,就可以调用子程序了,子程序PROC_SUM累加数组中的所有元素,并把和送到指定的存储单元RESULT中去。程序运行后,在RESULT存储单元中存放的累加和是0ECH。在这里子程序PROC_SUM直接访问模块中的数据区。

3. 通过堆栈传递参数或参数地址

通过堆栈传递参数是利用堆栈作为主程序和子程序之间传递参数的工具,优点是参数不占用寄存器,将参数存放在公用的堆栈区,处理完之后堆栈恢复原状,不影响其他程序段使用堆栈。缺点是由于参数和子程序的返回地址混杂在一起,访问参数时必须准确地计算它们在堆栈内的位置。如果操作不慎,在执行RET指令时,栈顶存放的可能不是返回地址,从而导致运行混乱。由此可见,使用该方法编制程序比较复杂。

【例4.11】 现在用堆栈传递参数,计算数组元素的累加和。

分析:通过堆栈传递参数,主程序将数组的偏移地址和数组元素个数压入堆栈,然后调用子程序;子程序通过BP寄存器从堆栈相应位置取出参数(非栈顶数据),求和后用AL返回结果。

程序实现如下:

```
STACK  SEGMENT    STACK                ;定义堆栈段,组合类型为STACK
        DW  100  DUP(0)
STACK   ENDS
DATA    SEGMENT
    ARRAY  DB 29H,18H,26H,19H,12H,04H,3,7,17H,35H
    COUNT  DW  10
    RESULT  DB?
DATA        ENDS
CODE1       SEGMENT                    ;定义代码段1
    MAIN  PROC FAR                     ;主程序定义为一个过程
      ASSUME CS: CODE1,DS: DATA,SS: STACK
    BEGIN:
      PUSH  DS                         ;保存旧DS
      SUB   AX,AX                      ;0入栈
      PUSH  AX                         ;为用"RET"返回DOS做准备
      MOV   AX,DATA
      MOV   DS,AX                      ;初始化数据段
      MOV   AX,OFFSET  ARRAY           ;参数入栈
      PUSH  AX                         ;数组的偏移地址进栈
      MOV   AX,OFFSET  COUNT
      PUSH  AX                         ;数组元素个数进栈
      MOV   AX,OFFSET  RESULT
```

```
        PUSH AX                          ;结果地址进栈
        CALL  FAR PTR PROC_SUM           ;调用求和子程序
        RET
    MAIN   ENDP
CODE1  ENDS

CODE2    SEGMENT                         ;定义代码段 2
    ASSUME    CS: CODE2
PROC_SUM PROC   FAR                      ;子程序与调用程序不在同一段
        PUSH    BP                       ;保护 BP
        MOV     BP,SP                    ;BP 指向当前栈顶,用于取入口参数
        PUSH AX                          ;保护现场
        PUSH BX
        PUSH CX
        PUSH DI
        MOV   BX,[BP+0AH]                ;BX←数组的偏移地址
        MOV   DI,[BP+8]                  ;CX←数组的元素个数
        MOV   CX,[DI]
        MOV   DI,[BP+6]                  ;DI←和单元地址
        XOR   AL,AL                      ;累加器清"0"
SUM: ADD      AL,[BX]                    ;求和
        INC   BX
        LOOP SUM
        MOV   [DI],AL                    ;保存数组元素累加和
        POP   DI
        POP   CX                         ;恢复现场
        POP   BX
        POP   AX
        POP   BP
        RET 6                            ;带参数返回,以调整 SP 指向
    PROC_SUM  ENDP
CODE2  ENDS
        END  BEGIN
```

这里主程序把参数地址保存到堆栈中,在子程序 PROC_SUM 中从堆栈中取出参数、并把和送到 RESULT 中去,以达到传送参数的目的。子程序使用了带参数返回"RET 6"指令,目的是把堆栈中存放入口参数的 3 个字单元释放出来,便返回主程序后,堆栈能恢复原始状态不变。本例中堆栈最满时的状态如图 4.12 所示。程序中多次用到了 PUSH、POP 指令,读者可自己分析堆栈的变化情况。程序运行后,在 RESULT 存储单元中存放的累加和是 0ECH。

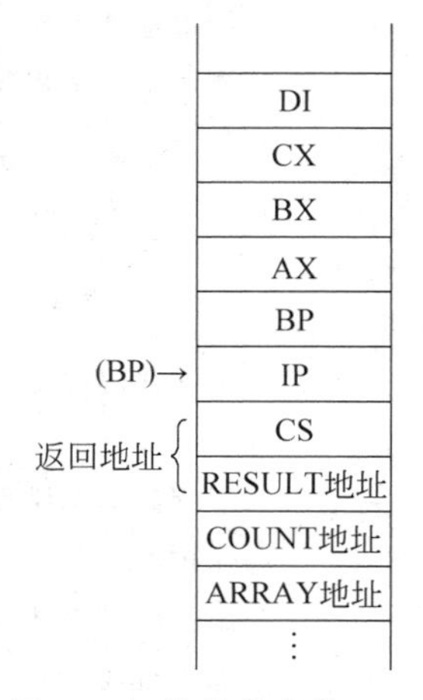

图 4.12 堆栈传参数地址

4.9 宏 功 能

在程序设计中,有时可将一段具有特定功能的代码块定义为一个过程,使整个程序清晰且便于理解,这就是前面讲到的过程或子程序,子程序仅编写一次,汇编后仅有一段代码,主程序可以多次调用它。但从第 3.3.4 节中讲到的 CALL 和 RET 指令执行过程可以看出,调用和返回要涉及堆栈的一系列操作,故程序执行的速度相对较慢。

在汇编语言源程序中,可以用一条宏指令来代替子程序调用。这条宏指令通过宏定义,再经过宏汇编产生所需代码序列,然后将这些代码序列嵌在调用处,与过程调用不同,它不使用堆栈,仅仅减少程序的书写,每调用一次,程序代码就会被嵌入一次。

4.9.1 宏定义

宏定义是用一组伪操作来实现的,其格式如下:

```
macro name   MACRO   [dummy parameter list]
             ...
             ENDM
```

其中,MACRO 和 ENDM 是一对伪操作。这对伪操作之间是宏定义体,即要用宏指令来代替的程序部分,是一组有独立功能的程序段。macro name(宏指令名)给出该宏定义的名称,调用时就使用宏指令名来调用该宏定义。宏指令名的第一个字母必须是字母,其后可跟字母、数字或下划线。dummy parameter list(哑元表)给出了宏定义中所用到的形式参数(或称虚参),每个哑元之间用逗号隔开。

4.9.2 宏调用

经宏定义定义后的宏指令就可以在源程序中调用。这种对宏指令的调用称为宏调用，宏调用的格式如下：

```
macro name  [actual parameter list]
```

其中，actual parameter list(实元表)中的每一项为实元，相互之间用逗号隔开。

当源程序被汇编时，汇编程序将对每个宏调用进行宏展开。宏展开就是用宏定义体取代源程序中的宏指令名，且用实际参量值取代宏定义中的形式参数，即实元取代哑元。在取代时，实元和哑元是一一对应的，但不要求实元的个数和哑元的个数相等，若调用时实元个数多于哑元个数，则多余的实元被忽略；反之，多余的哑元个数为“空”。

【例 4.12】 用宏指令定义两个带符号的字节变量操作数相乘，乘法结果为字型。

```
MULTY  MACRO  OPER1,OPER2,RESULT
       PUSH   AX
       MOV    AL,OPER1
       IMUL   OPER2
       MOV    RESULT,AX
       POP    AX
ENDM
DATA  SEGMENT
      XX  DB 4EH
      YY  DB 8AH
      ZZ  DW ?
DATA  ENDS
CODE  SEGMENT
      ASSUME  CS:CODE,DS:DATA
START: MOV    AX,DATA
       MOV    DS,AX
       MULTY  XX,YY,ZZ
       MOV    AX,4C00H
       INT    21H
CODE ENDS
       END START
```

习 题 4

1. 简述汇编语言的特点，学习汇编语言有什么意义？

2. 如何规定一个程序的开始位置？源程序在何处停止汇编过程？

3. 举例说明 EQU 伪指令和等号“=”伪指令的用途和区别。若希望控制变量或程序代码在段中的偏移地址，应该使用哪个伪指令？

4. 画图说明下列语句所分配的存储空间及初始化的数据值，并回答问题。

```
BYTE_VAR    DB  'BYTE',12,-12H,3 DUP(0,4,2 DUP(1,2),?)
WORD_VAR    DW  5 DUP(0,1,2),?,-5,'BY','TE',256H
```

```
PLENTHEQU         $ - PARTNO
```

(1) PLENTH 的值为多少？它表示什么意义？

(2) 用一条 MOV 指令将 WORD_VAR 的偏移地址放入 AX。

(3) 用一条指令将 BYTE_VAR 的头两个字节的内容放入 SI。

5. 假设 VAR1 和 VAR2 为字变量 LAB 为标号，试指出下列指令的错误之处：

(1) ADD VAR1,VAR2

(2) SUB AL, VAR1

(3) JNZ VAR1

(4) CMP VAR1,VAR2

(5) MOV VAR1, AL+1

(6) MOV BYTE PTR [BX], 1000

6. 将 DX 寄存器的内容从低位到高位的顺序分成 4 组，且将各组数分别送到寄存器 AL,BL,CL,DL。

7. 试统计 9 个数中偶数的个数，并将结果在屏幕上显示。

8. 编写计算 100 个正整数之和的程序。如果和不超过 16 位字的范围(65535)，则保存其和到 wordsum，如超过则显示'overflow！'。

9. 试编写一个汇编语言程序，把从键盘输入的小写字母用大写字母显示出来。

10. 把 3 个连续存放的正整数，按递增次序重新存放在原来的 3 个存储单元中。

11. 试编程找出 AX 寄存器中"1"的个数，将其存入 CL 中。

12. 若 32 位二进制数存放于 DX 和 AX 中，试利用移位与循环指令实现以下操作：

(1) DX 和 AX 中存放的无符号数，将其分别乘 2 除 2。

(2) 若 DX 和 AX 中为有符号数，将其分别乘 2 和除 2。

13. 编制 3 个子程序，把一个 16 位二进制数用 4 位 16 进制形式在屏幕上显示出来，分别采用如下 3 种参数传递方法，并配合 3 个主程序验证它。

(1) 采用 AX 寄存器传递这个 16 位二进制数；

(2) 采用 temp 变量传递这个 16 位二进制数；

(3) 采用堆栈方法传递这个 16 位二进制数。

第 5 章　存储系统概述

存储器是计算机系统的记忆设备，CPU 从存储系统获得执行的程序和加工的数据，存储系统也是 I/O 设备与主机交换数据的核心部件，在计算机系统中具有非常重要的地位。

5.1　存储系统的概念与结构

计算机的存储系统有多种存储器构成，是程序和数据存放的部件。一般有半导体存储器、磁性材料存储器、光学存储等设备和部件。

5.1.1　存储系统的层次结构

广义地讲，计算机存储系统包括内存储器和外存储器（辅存），具体包含 CPU 内的寄存器、缓冲存储器 Cache、主存储器、磁盘、磁带等，并按照一定的层次关系组织起来，构成金字塔结构，如图 5.1 所示。

在存储系统层次结构中，顶部是 CPU，距离 CPU 越远，速度越低，价格越低，容量越大，反之，越靠近 CPU 的存储部件，其速度越快，价格越高，容量越小。速度、价格、容量（位价格）是构成存储器的 3 个重要指标，而"速度快、价格低、容量大"是人们对存储器的要求，但这些指标又是相互矛盾的，一般来说，按照存储器的实现技术，速度越快价格越高，容量越大价格越低且速度越慢。计算机系统追求高的"性价比"，通过各种因素的权衡和系统结构的有效组织实现性价比的提高，存储系统综合采用多种存储技术，按存储层次关系实现了高性价比的存储系统，涉及结构、组成、实现、局部性原理、数据的组织、调度及算法、访问时间、命中率的计算等。

微型计算机的整个存储系统具有"缓存—主存"和"主存—辅存"两种典型的层次关系，如图 5.2 所示。

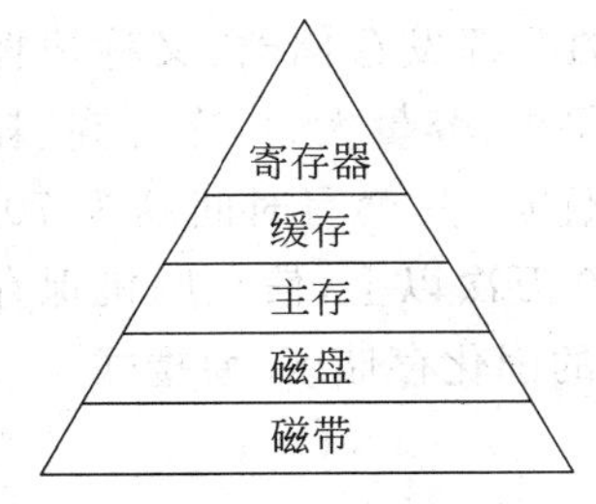

图 5.1　存储系统的层次结构

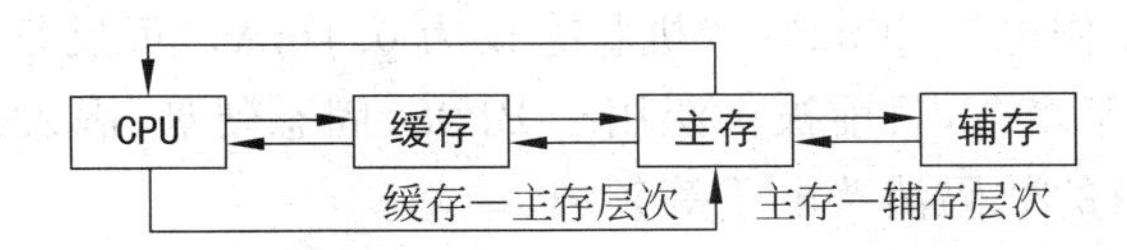

图 5.2　微型计算机的"缓存—主存"和"主存—辅存"层次结构

这里,存储的数据具有一致性、包含关系和修改关系等。用户的程序全部存放在辅存,当前最活跃的数据代码调入主存,而缓存存放 CPU 正在使用的数据,且与 CPU 速度匹配,系统通过软硬方式的调度,保证 CPU 的数据需要,对用户来讲,既保障了程序的有效运行,也获得了 CPU 充分的高速度,而且系统价格低。

"缓存—主存"层次解决了存储系统的速度问题,完全用硬件实现,其工作对程序员是透明的。"主存—辅存"层次主要通过"虚拟存储"技术实现容量问题,面向程序员编程空间,主要由系统软件来实现。

5.1.2　存储器的分类与功能

计算机的存储器包含多种类型,分别具有不同的特点和用途,如图 5.3 所示。

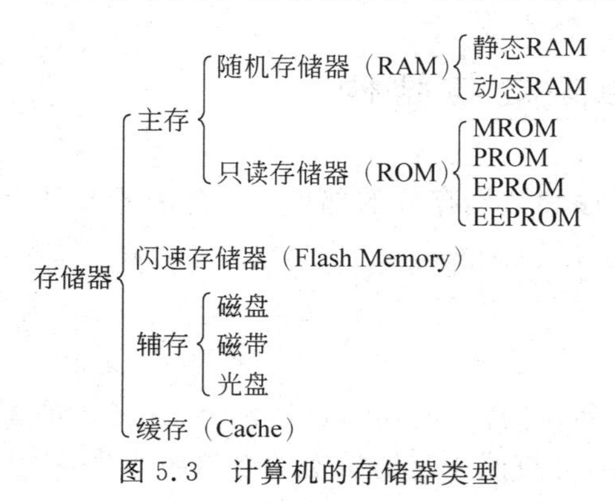

图 5.3　计算机的存储器类型

从不同角度,按不同分类方式,存储器有许多分类方法:

(1) 按存储材料介质可分为半导体存储器、磁性材料存储器、光学存储器等。

(2) 按存储器在计算机系统中的位置可分为内存储器和外存储器。内存通常由半导体存储器构成,外存通常包括磁盘存储器、光盘存储器和磁带等。

(3) 按访问方式可分为随机访问存储器和顺序访问存储器。随机访问存储器读写时间与存储位置无关,按给出的地址同等地读写每个信息单元,如半导体器件构成的存储器;而顺序访问存储器的读写时间与存储位置有关,如磁盘、磁带、光盘等。

另外还可以按用途、读写方式、易失性等进行分类。

狭义上讲,计算机存储器一般专指内存(主存),这是集成化的半导体部件,也是本章介绍的重点,主存包括只读存储器(ROM)和随机存取存储器(RAM)。

1. 只读存储器

这种存储器的特点是用户使用时只能读出不能写入和修改,信息是由 ROM 制作时一次写入,用于计算机存储固定的信息,关机不丢失信息;还有可供厂家、开发者写入信息用于系统的 ROM,主要有可编程 ROM(PROM)、紫外线可擦除可编程 ROM(EPROM)、电可擦除可编程 ROM(EEPROM)以及闪速存储器(Flash Memory)。

闪速存储器使用先进的 CMOS 制造工艺,是一种新型的非挥发存储器,又称快擦性存储器,具有结构简单、电可擦除、部分擦写的特点,还有体积小、容量大、可靠性高、耗电低、集成度高、不需要后备电源、可重复改写、抗震能力强等优点,其读写时间约为 70ns,最大工作电流 20mA(待机状态仅为 0.1mA),可反复使用 10 万次以上,信息脱机保存长达 10 年之久,目前被广泛用于 BIOS、固态硬盘、嵌入式芯片的固化存储区、便携式计算机及大量的数码消费电子等领域。

2. 随机存取存储器

这种存储器的特点是用户使用时可随时进行读写，掉电信息丢失，是一种易失性存储器，是最主要的存储器，简称 RAM，是通常指的内存。它是计算机工作时程序和数据存放的主要场所，集成的芯片核心部分是由存储元电路按矩阵构成的存储矩阵，存储元电路用于 1 个二进制位存储的基本电路，由 MOS 管、TTL 管或电容构成，随机存取存储器又可分为静态 RAM(SRAM)和动态 RAM(DRAM)，存储元电路如图 5.4 所示。

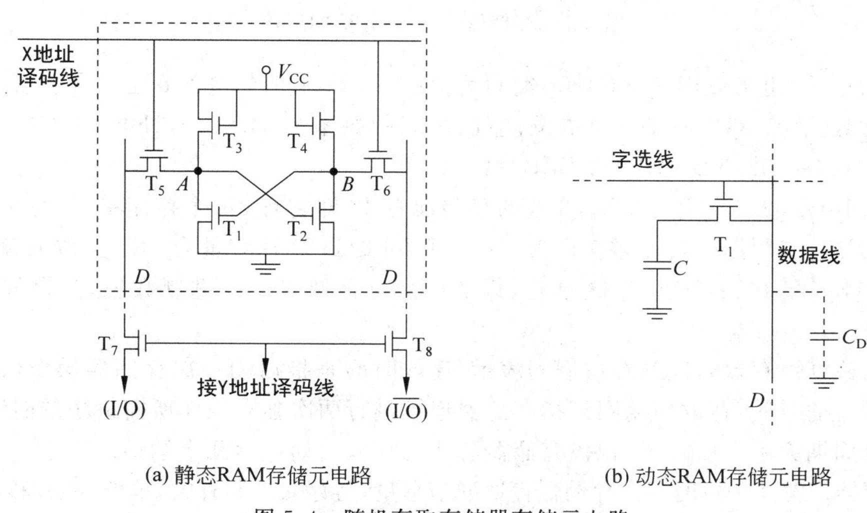

图 5.4　随机存取存储器存储元电路

SRAM 靠 $T_1 \sim T_4$ 构成的稳态触发器记忆二进制信息，DRAM 靠存储元电路中的电容存储信息，由于电容会漏电，所以需要定期进行刷新，以使电容泄露的电荷得到补充，也叫再生。由于 DRAM 须考虑刷新，就需要专门有刷新控制器或集成逻辑电路实现自身刷新，外部地址线采用行地址和列地址复用，每次读写需要两次地址传送，并配有行地址选通 RAS 和列地址选通 CAS 信号对行列地址锁存，此外 RAS 信号还具有刷新、CAS 信号具有读写控制信号的功能。

由于 SRAM 和 DRAM 自身的结构和工作原理不同，两者相比，前者具有集成度低、成本高、功耗大、速度快、不需要刷新等特点。

若干个存储元电路排列成矩阵构成存储矩阵，辅以译码电路和读写驱动控制电路完成对地址信息译码形成访问存储单元的信号及读写 I/O 操作，存储矩阵及其辅助电路集成为存储芯片，若干个存储芯片按一定的组织方式构成主存储器，存储器通过地址总线、数据总线和读写控制线等与 CPU 连接，如图 5.5 所示。

此外，RAM 还有 SDRAM(同步动态 RAM)、SBSRAM(同步突发静态存储器)等，这里不再予以描述。

5.1.3　存储器的技术指标

存储器的技术指标主要有存储容量、存储速度和存储器带宽等。

存储容量是指存储器芯片能存储的二进制代码的总位数(bits)，存储器芯片容量以

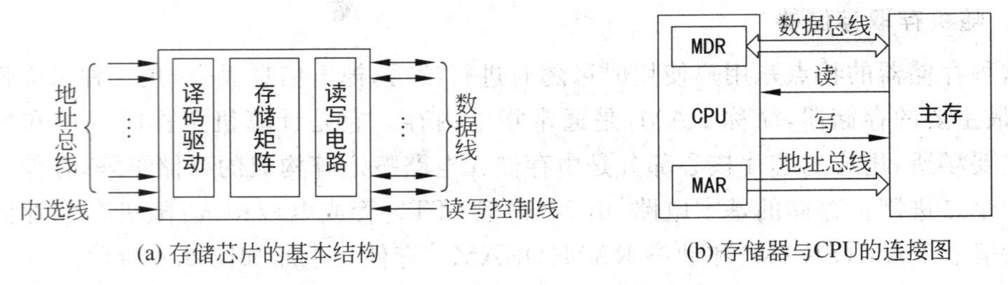

(a) 存储芯片的基本结构
(b) 存储器与CPU的连接图

图 5.5 存储器芯片及 CPU 的连接

位(bit)为单位,也可以用字节(Byte,简写为 B)表示,一个字节包含 8 位二进制信息位,另外还有用 KB、MB、GB 等表示的单位;它们之间的关系是 1B=8b,1KB=2^{10}B=1024B,1MB=2^{10}KB=1024KB,1GB=2^{10}MB=1024MB。

例如 Intel 6264 芯片是 8K×8 位的存储器芯片,即它有 8K 个存储单元,每个单元可存储 8 位二进制数据。其存储容量为 8KB。Intel 2114 芯片容量为 1K×4 位的存储器芯片,它有 1K (即 1024 个)个存储单元,每个单元可存储 4 位二进制数据,其存储容量为 1K×4 位,即 4096 位。

存储速度由存取时间和存取周期表示,存取时间是指启动一次存储器操作(读或写)到完成所需的时间,存取周期则是指存储器连续进行两次独立操作所需最小的时间间隔,通常存取周期大于存取时间,现代存储器芯片的存取周期可达几十纳秒。

存储器带宽是单位时间内存储器存取的信息量,与存取周期有关,单位为字/秒(字/s)、字节/秒(Bps)或位/秒(bps)。如存取周期为 50ns,存储字长为 16b,则它的存储器带宽为 320Mbps。

5.1.4 存储器的组织

存储器内部的存储单元空间位置用来存储二进制信息,由单元地址表示,存储单元内容的访问按地址进行,根据地址可读写一个机器存储字或字节,不同的机器的存储字长度也不同,一般取字节的整倍数。

不同的机器的一个字由多个字节构成,其组织排列方式也不同,有大端方式(MSB)和小端方式(LSB)两种不同的字节编址方式,大端方式是把机器字中的最高地址的字节放在最低地址,字内的字节地址编号从最高有效字节向最低有效字节进行,于是字地址是地址最高字节的地址,而小端方式则相反,是把机器字中的最低地址的字节放在最低地址,字内的字节地址编号从最低有效字节向最高有效字节进行,于是字地址即是地址最低字节的地址。如,内存连续 4 个地址的字节是 mem[n]、mem[$n+1$]、mem[$n+2$]、mem[$n+3$],处理器按{mem[n],mem[$n+1$],mem[$n+2$],mem[$n+3$]}顺序处理,是大端方式;反之,处理器按{mem[$n+3$],mem[$n+2$],mem[$n+1$],mem[n]}顺序处理,是小端方式。

例如,机器字 01234567H 在两种不同存储模式下的存储地址为 0800H 时的情况,如图 5.6 所示。

另外,存储字在内存中的存放遵循边界对齐原则,即字的地址受大端方式或小端方式对齐限制,当存储的字节数不足一个机器字的长度时,存储访问合理地对齐的边界也遵循

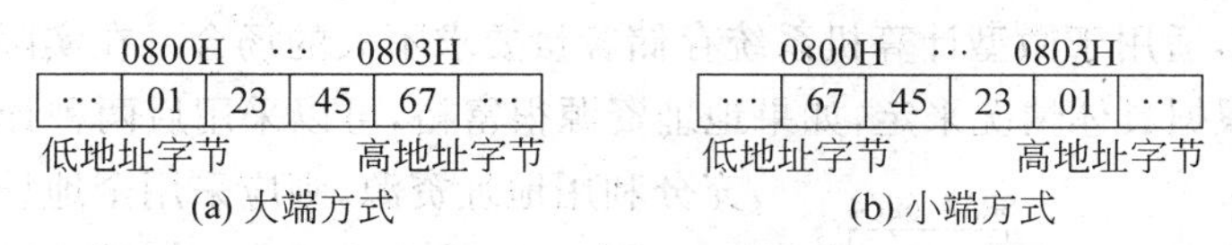

(a) 大端方式　(b) 小端方式

图 5.6 机器字 12345678H 在两种不同存储模式下的区别

大端方式和小端方式的原则,否则会得到不可预知的执行结果。x86 系列的 PC 采用小端方式,即字地址是低地址字节的地址,而 MIPS 处理器、Freescale 处理器等采用大端方式编址,ARM 内核的处理器可以只支持大端或小端方式,或两者都支持。

5.1.5 存储器与 CPU 连接

由若干个存储芯片构成的存储器系统与 CPU 连接,CPU 按地址访问存储器,读写其中的数据。存储器与 CPU 的连接需要考虑芯片间的地址关系,存储器与 CPU 的地址线、数据线以及控制线的连接。

地址线的连接条数与芯片容量有关,一般是低位地址线连接芯片,作为芯片内部存储单元的寻址,高位地址经过译码器译码用作存储器芯片的片选信号;数据线的连接主要考虑数据线的条数、数据传送的方向,对于 RAM 一般是双向数据传送,而 ROM 的数据方向是读出的,并且连接相应的数据位;控制信号线的连接比较复杂,除了读写信号根据控制要求连接外,最主要的是需要正确连接存储芯片的片选信号和译码器的输出信号,必要时需要译码信号与地址信号通过门电路形成合理的片选等。

(1) 地址译码。

在存储器技术中,地址译码就是将高位地址信号通过一组电路(译码器)转换为一个确定的输出信号(通常为低电平)并将其连接到存储器芯片的片选端,使该芯片被选中,从而使系统能够对该芯片上的单元进行读写操作。

(2) 存储器的地址译码方式有 3 种:

① 全地址译码方式。系统中全部的高位地址线作为译码器的输入,低位地址信号线接存储芯片的地址输入线,从而使得存储器芯片上的每一个单元在内存空间中对应一个唯一的地址。在全地址译码方式中,译码电路的构成不是唯一的,可以利用基本逻辑门电路("与"、"或"、"非"门等),也可以利用译码器芯片构成(如 74LS138 译码器)。

② 部分地址译码方式。用系统中的高位地址信号的一部分(而不是全部)作为片选译码信号。未参与译码的高位地址中的每一位可以为 1 也可以为 0,都不影响译码器的输出,因此采用部分地址译码,虽然可以简化译码电路,但每个存储单元将对应多个地址,出现地址重复现象,会造成系统地址空间资源的部分浪费。因此在系统存储容量要求不大的情况下可以采用该译码方式。

③ 线选法。选用高位地址线中的某一根,来单独选中某个存储器芯片。线选法的优点是结构简单,不需要复杂的逻辑电路,缺点是地址空间浪费大,由于部分地址线未参与译码,必然会出线地址重叠,而且,当通过线选的芯片增多时,还有可能出现可用地址空间不连续的情况。

后两种方式,适用于微型计算机系统存储容量要求不大的场合。在实际使用中,采用哪种译码方式,应根据具体情况来定,如果地址资源很富裕,可以采用后两种译码方式,如果要充分利用地址资源,则应采用全地址译码方式。

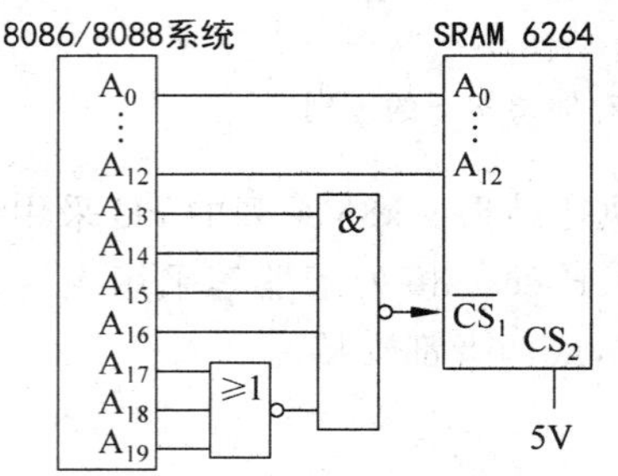

图 5.7 SRAM 6264 全地址译码连接图

图 5.7 所示的是一片 SRAM 6264 与 8086/8088 系统的连接图。

图中,用一个与非门和一个或非门实现地址的译码,用系统地址总线的低 13 位地址信号 A_0～A_{12}接到 SRAM6264 芯片的 A_0～A_{12}端,用地址总线的高 7 位地址信号 A_{13}～A_{19}作为地址译码器的输入,所以这是一个全地址译码方式的连接,可以看成 A_{19}～A_{13}为 0001111 时,译码器输出低电平,使 SRAM 6264 芯片的片选端$\overline{CS_1}$有效,所以,该 6264 芯片的地址范围为 1E000H～1FFFFH(低 13 位地址可以是从全 0 到全1 之间的任何一个值)。

图 5.7 中若 A_{16}与与非门断开,即 A_{16}不参与译码,此时的译码方式属于部分地址译码方式,则 A_{19}～A_{13}为 0001111 或 0000111 时,译码器输出均为低电平,均使 SRAM 6264 芯片的片选端$\overline{CS_1}$有效,这时 6264 芯片的地址范围为 1E000H～1FFFFH 或 0E000H～0FFFFH。此时的 6264 芯片每个存储单元都对应 2 个地址。

5.2 微型计算机的存储空间分配

微型计算机的 8086/8088 采用 20 位地址线寻址,寻址空间可达 1MB,后来推出的 80286、80386、80486 和 Pentium 系列机的内存逐渐扩大,从 16MB 到 4GB 和 64GB,为了保持向上兼容,内存配置和结构形成了一定的规则,以 80486 为例,其内存配置如表 5.1 所示。

表 5.1 80486 的内存配置

内存区域	地址范围	配置功能
主存储区(640KB)	000000～07FFFF	系统板的 512KB 基本存储区
	080000～09FFFF	系统板的 128KB I/O 通道存储区
保留内存区(384KB)	0A0000～0BFFFF	128KB 的显存
	0C0000～0DFFFF	128KB I/O 扩展 ROM
	0E0000～0EFFFF	系统板保留的 64KB
	0F0000～0FFFFF	64KB 系统板 ROM
扩展(扩充)内存区 XMS(EMS)	100000～10FFFF	64KB 高位内存区 HMA
	110000～F5FFFF	14.32MB I/O 通道扩充区
	F60000～FDFFFF	512KB I/O 通道扩充区
	FE0000～FEFFFF	系统板保留的 64KB
	FF0000～FFFFF	64KB 系统板 ROM
	01000000～FFFFFFFF	

8086/8088 CPU 的 20 条地址线访问范围为 1MB 空间，是用户编程常访问的区域，DOS 编程管理局限在 640KB 内存空间；对于 1MB 以上的存储器是扩展内存区域，用符合扩展内存管理规范的程序使用这些区域，Windows 突破 DOS 的主存局限，实施对用户透明的内存管理，采用虚拟内存策略，用户编程和程序运行不受物理内存的限制。

对于 16 位数据总线的 CPU 的存储器连接与存取，要求能够对任何 16 位和 8 位存储单元访问。8086/8088 为了满足一次能够访问一个字又能访问一个字节的需要，把 1MB 的存储空间用 2 个 512KB 的存储体实现，即偶体和奇体。偶体连接数据总线的低 8 位 $D_7 \sim D_0$，奇体连接数据总线的高 8 位 $D_{15} \sim D_8$，用 $A_{19} \sim A_1$ 作为 2 个存储体的内部寻址，连接 $A_{18} \sim A_0$，最低位地址 A_0 和 8086 的"总线高允许"信号 $\overline{BHE}$ 用于选择偶体和奇体。连接如图 5.8 所示。A_0 和 $\overline{BHE}$ 的不同组合用于选择存储体，如表 5.2 所示。

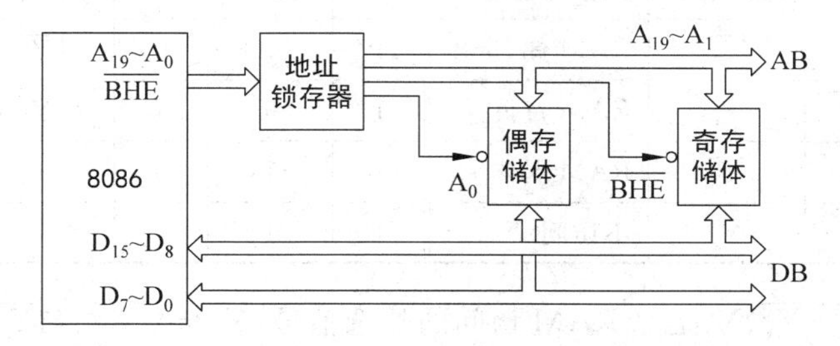

图 5.8　8086 系统存储器的存储分体连接

表 5.2　A_0 和 $\overline{BHE}$ 的不同组合对存储体的选择

A_0	$\overline{BHE}$	传送的字节	A_0	$\overline{BHE}$	传送的字节
0	0	2B	1	0	奇地址的 1B
0	1	偶地址的 1B	1	1	不访问

【例 5.1】 设 CPU 共有 20 条地址线，16 条数据线，并用 $\overline{MREQ}$ 作为访存控制信号，$R/\overline{W}$ 作为读写命令信号。CPU 通过 A_0 和 $\overline{BHE}$ 控制按字节或字访存（如表 5.2 所示），现有存储芯片：ROM（64K×8 位，32K×8 位，32K×16 位），RAM（64K×8 位，32K×8 位，32K×16 位）以及 74LS138 译码器和其他门电路（自选）。请回答下面问题。

(1) CPU 按字节和字访问存储器的地址范围各是多少？

(2) CPU 按字节访问时，分偶体和奇体，且最大 64KB 为系统程序区，与其相邻的 64KB 为用户程序区。请写出每个存储芯片的二进制地址。

(3) 详细画出片选逻辑和 CPU 与上述地址范围存储器系统的连接图。

分析：

(1) 20 位地址线，按字节寻址的地址范围是 0～1MB，按字访问的范围是 0～512KB。

(2) 为满足按字和按字节两种访问方式，选用 8 位的芯片，又有区分偶体和奇体的需要，所以选择 2 片 32K×8 位的芯片分别构成系统程序区和用户程序区。它们对应的二进制地址如下：

A19 …　A15 …　A11 …　A7…　… A0

1111　1111　1111　1111　1111；64K×8 位的 ROM 区

A19 … A15 … A11 … A7… … A0

⋮

1111 0000 0000 0000 0000；2 片 32K×8 位分别提供偶体和奇体

1110 1111 1111 1111 1111；64KX8 位的 RAM 区

⋮

1110 0000 0000 0000 0000；2 片 32K×8 位分别提供偶体和奇体

(3) 每个存储体的访问选择靠 A_{16}、$\overline{BHE}$和 A_0，它们作为 138 译码器的输入，组合输出信号形成各个芯片的片选逻辑。情况如表 5.3 所示。

表 5.3 A_{16}、$\overline{BHE}$和 A_0 的译码输出

A_{16}	$\overline{BHE}$	A_0	译码输出	访问芯片	A_{16}	$\overline{BHE}$	A_0	译码输出	访问芯片
0	0	0	$\overline{Y_0}$	RAM 偶、奇体	1	0	0	$\overline{Y_4}$	ROM 偶、奇体
0	0	1	$\overline{Y_1}$	RAM 奇体	1	0	1	$\overline{Y_5}$	ROM 奇体
0	1	0	$\overline{Y_2}$	RAM 偶体	1	1	0	$\overline{Y_6}$	ROM 偶体
0	1	1	$\overline{Y_3}$	不访问	1	1	1	$\overline{Y_7}$	不访问

表 5.3 中的$\overline{Y_0}$、$\overline{Y_1}$、$\overline{Y_2}$是对 RAM 访问的片选信号，$\overline{Y_0}$与$\overline{Y_1}$、$\overline{Y_0}$与$\overline{Y_2}$相或的结果分别作为 RAM 奇体和偶体芯片的片选，$\overline{Y_4}$、$\overline{Y_5}$、$\overline{Y_6}$是对 ROM 访问的片选信号，$\overline{Y_4}$与$\overline{Y_5}$、$\overline{Y_4}$与$\overline{Y_6}$相或的结果分别作为 ROM 奇体和偶体芯片的片选，并用$\overline{MREQ}$(即 IO/$\overline{M}$)、A_{17}、A_{18}、A_{19}作为 138 译码器的使能控制信号，R/$\overline{W}$ 作为芯片的读写控制信号，连接图如图 5.9 所示。

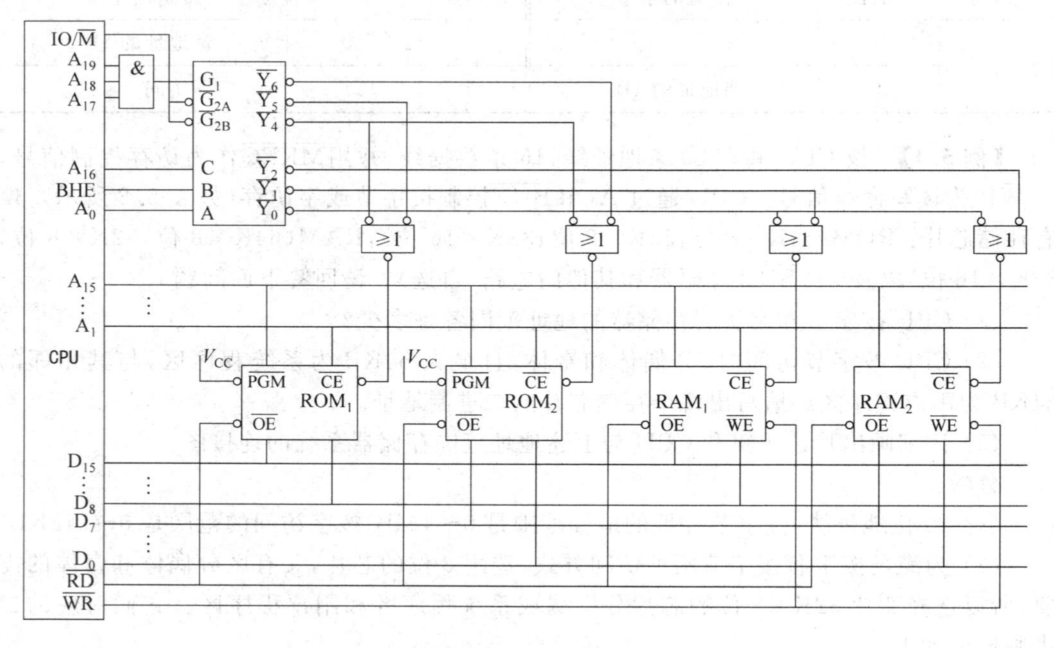

图 5.9 例 5.1 的 CPU 与存储器芯片的连接图

习　题　5

1．试描述计算机的存储层次结构及其作用。

2．简述计算机系统中各种存储器的类型与特点。

3．试说明16位8086的CS：IP＝1234H在存储器中的存放情况。

4．8086执行的一个4B指令MOV［2001H］，AX存放在2000H：0300H处，试问该指令从取指到执行完毕最少需要多少时间？假设CPU时钟频率为10MHz。

5．微型计算机的存储系统是如何组织的？地址空间是如何配置的？

第 6 章　输入输出系统

微型计算机的主机系统通过输入输出系统实现与人和外部世界的信息交换，完成人们所希望的各种操作功能以及数据的输入和输出。因此，输入输出系统在微型计算机系统中具有非常重要的作用，但由于外部设备的多样性，它们输入输出的信号形式、电平、功率、速率等有很大差别，合理运用输入输出系统和特定技术方法，保证微型计算机系统能够高效、可靠地完成数据的输入和输出工作。

本章主要介绍有关输入输出系统、技术、I/O 接口的概念、组成、功能以及 I/O 接口的编址、译码与数据的传送方式。

6.1　输入输出系统概述

在微型计算机系统中，常用的输入输出等外围设备如键盘、鼠标器、硬盘、软驱、光驱、打印机、显示器、调制解调器、数模转换器、模数转换器、扫描仪以及一些专用设备，这些设备通过控制电路和微型计算机进行连接，以实现外设与主机的数据传送功能，这些控制电路称为“输入输出接口电路”，简称“I/O 接口”。

6.1.1　输入输出系统的构成

输入输出系统包括“I/O 接口”和连接的外围设备。输入输出系统通过一定的技术实现信息在主机与外围设备的交换。其构成如图 6.1 所示。

现代计算机一般通过总线把主机与输入输出系统连接起来，接口电路插入总线插槽，为外围设备提供相应的连线和信号。

6.1.2　I/O 设备

外部设备(I/O 设备)是微型计算机系统的重要组成部分，是外界信息的来源和出口。I/O 设备的类型繁多，其重要的性能指标包括设备使用特性、数据传输速率、数据的传输单位、设备共享属性等，可从不同角度对它们进行分类。

1. 按设备的使用特性分类

按设备的使用特性，可将设备分为两类。第一类是存储设备，也称外存或后备存储器、辅助存储器，是计算机系统用以存储信息的主要设备。该类设备存取速度较内存慢，

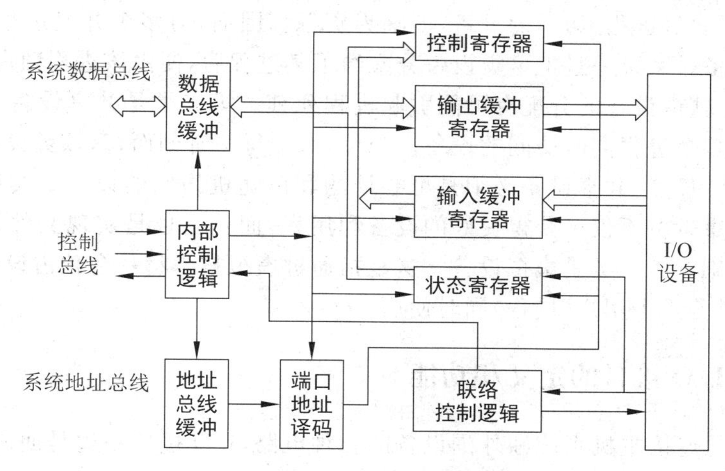

图 6.1 输入输出系统的构成

但容量比内存大得多，相对价格也便宜。第二类就是输入输出设备，又具体可分为输入设备、输出设备和交互式设备。输入设备用来接收外部信息，如键盘、鼠标、扫描仪、视频摄像、各类传感器等。输出设备用于将计算机加工处理后的信息送向外部的设备，如打印机、绘图仪、显示器、数字视频显示设备、音响输出设备等。交互式设备则是集成上述两类设备，利用输入设备接收用户命令信息，并通过输出设备(主要是显示器)同步显示用户命令以及命令执行的结果。

2. 按传输速率分类

按传输速度的高低，可将 I/O 设备分为 3 类。第一类是低速设备，这是指其传输速率仅为每秒几个字节至数百个字节的一类设备。属于低速设备的典型设备有键盘、鼠标器、语音的输入输出等设备。第二类是中速设备，这是指其传输速率在每秒数千字节至数十万字节的一类设备。典型的中速设备有行式打印机、激光打印机等。第三类是高速设备，这是指其传输速率在每秒数百千字节至千兆字节的一类设备。典型的高速设备有磁带机、磁盘机、光盘机等。

3. 按信息交换的单位分类

按信息交换的单位，可将 I/O 设备分成两类。第一类是块设备(Block Device)，这类设备用于存储信息。由于信息的存取总是以数据块为单位，故而得名。它属于有结构设备。典型的块设备是磁盘，每个盘块的大小为 512 B～4KB。磁盘设备的基本特征是其传输速率较高，通常为每秒几兆位；另一特征是可寻址，即对它可随机地读写任意一个块；此外，磁盘设备的 I/O 常采用 DMA 方式。第二类是字符设备(Character Device)，用于数据的输入输出。其基本单位是字符，故称为字符设备，它属于无结构类型。字符设备的种类繁多，如交互式终端、打印机等。字符设备的基本特征是其传输速率较低，通常为每秒几字节至数千字节，其特征是不可寻址，即输入输出时不能指定数据的输入源地址及输出的目标地址；此外，字符设备在输入输出时，常采用中断驱动方式。

4. 按设备的共享属性分类

这种分类方式可将 I/O 设备分为如下 3 类：第一类是独占设备。这是指在一段时间内只允许一个用户(进程)访问的设备,即临界资源。因而,对多个并发进程而言,应互斥地访问这类设备。系统一旦把这类设备分配给了某进程后,便由该进程独占,直至用完释放。应当注意,独占设备的分配有可能引起进程死锁。第二类是共享设备。这是指在一段时间内允许多个进程同时访问的设备。当然,对于每一时刻而言,该类设备仍然只允许一个进程访问。显然,共享设备必须是可寻址的和可随机访问的设备。典型的共享设备是磁盘。对共享设备不仅可获得良好的设备利用率,而且它也是实现文件系统和数据库系统的物质基础。第三类是虚拟设备。这是指通过虚拟技术将一台独占设备变换为若干台逻辑设备,供若干个用户(进程)同时使用。

6.1.3 I/O接口的定义和功能

I/O接口是连接主机系统和外围设备的一种电路,I/O接口一边是面向计算机系统,另一边是面向外部设备或其他系统,一个完整的I/O接口不仅包含一些硬件电路,还包含相应的软件驱动程序。这些软件放在接口的ROM中,有些放在主机板的ROM中,也有的放在磁盘上,需要时才装入内存。在PC中,这些软件称为基本I/O系统,即BIOS。应用程序可以通过调用BIOS来操作I/O接口,形成接口硬件、驱动程序、应用程序3层结构,保持每个层次的相对独立,避免由应用程序直接控制硬件,提高底层通用性和高层的可移植与灵活性。这样,I/O接口通过BIOS程序可以提供一个易于标准化的软件接口。

I/O设备的工作速度很慢,而且由于种类的不同,它们之间的速度差异也很大,I/O设备都有自己的定时控制电路,以自己的速度传输数据,无法与CPU的时序取得统一,而且不同I/O设备采用的信号类型不同,有些是数字信号,而有些是模拟信号,如何把各种要求的外围设备与微型计算机进行连接,就需要I/O接口电路来完成CPU与I/O设备进行信息数据交换时存在的诸如速度不匹配、时序不匹配、信息格式不匹配等等问题。

通常接口有以下一些功能。

(1) 设置数据的寄存或缓冲逻辑,以适应CPU与外部设备之间的速度差异,接口通常由一些寄存器或RAM芯片组成,如果芯片足够大还可以实现批量数据的传输。

(2) 进行信息格式的转换,例如串行和并行的转换。

(3) 协调CPU和外部设备两者在信息的类型和电平的差异,如电平转换电路、数模或模数转换器等。

(4) 协调时序差异。

(5) 地址译码和设备选择功能。

(6) 设置中断和DMA控制逻辑,以保证在中断和DMA允许的情况下产生中断和DMA请求信号,并在接收到中断和DMA应答之后完成中断处理和DMA传输。

(7) 可编程功能,可编程的接口芯片在不改变硬件的情况下,只需修改程序就可以改变接口的工作方式,大大增加了接口的灵活性和可扩充性,使接口具有替代CPU的控制功能形成智能化接口。

(8) 负载匹配功能可使微型计算机系统在控制的对象需要较大功率时,接口能够使其与之匹配,实现对设备的电气驱动能力。

6.1.4 I/O 接口的组成

微型计算机的 I/O 接口系统在功能实现上既需要硬件电路构成和连接，也需要软件的设置、驱动以及数据传输的控制，所以 I/O 接口实际上应该包括接口硬件和接口软件两个层次。

1. 接口硬件

接口硬件电路一般由核心的接口芯片加上辅助的逻辑电路构成，逻辑电路提供数据的缓冲、地址的译码、控制信号的连接等基本工作，接口芯片提供传输功能，一般具有若干个可编程的寄存器，寄存器完成芯片的控制、数据的输入输出、工作状态等信息，具有访问地址，可通过地址访问的这些寄存器编程实现程序员的访问，通常叫作“端口”。整个接口可抽象化为程序员可见的数据端口、控制端口、状态端口等。如图 6.2 虚框包围的部分。

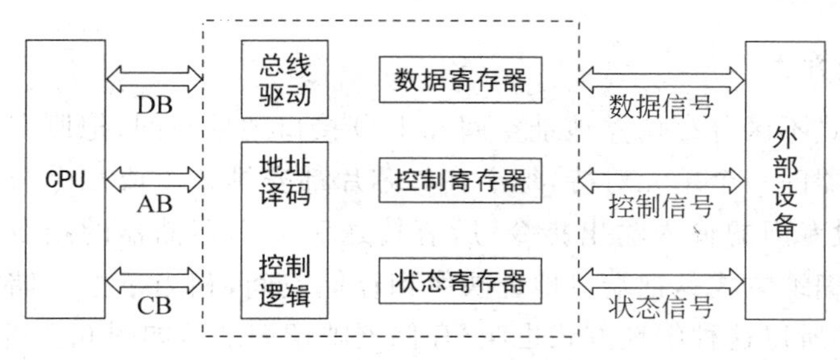

图 6.2 接口的组成框图

2. 接口软件

接口软件是为完成处理器与外部设备之间输入输出操作而编写的驱动程序，一个完整的接口软件应该包含初始化程序段、传送控制程序段、主控程序段、错误处理与退出程序段以及辅助程序段等，分别用于对可编程接口芯片的工作方式设置、数据传送过程的控制、基本环境的设置、错误处理、人机交互等。

6.2 I/O 接口的技术

使用接口进行数据传输操作，需要解决端口的地址分配和译码等技术问题。每一个 I/O 接口电路中都包含一组寄存器，主机和外部设备进行数据传送时，各类信息(数据信息、控制信息和状态信息)写入不同的寄存器，为便于 CPU 的访问，每一个 I/O 端口都分配相应的地址，称为 I/O 端口地址。在一个接口电路中一般含多个 I/O 端口，其中用来接收 CPU 的数据或将外设数据送往 CPU 的端口称为数据端口；用来接收 CPU 发出的各种命令以控制接口和外设操作的端口称为控制端口；用来接收反映外部设备或接口本身工作状态的端口称为状态端口。CPU 对外部设备的输入输出操作实际上是通过接口电路中的 I/O 端口实现的，即输入输出操作归结为对相应 I/O 端口的读写操作。

I/O 端口是逻辑上的划分，物理上与实际的寄存器联系起来，并通过不同的操作指令区分不同的功能。如对一个具有双向工作(既可输入又可输出)的接口电路,通常有 4 个端口:数据输入端口、数据输出端口、控制端口和状态端口,其中数据输出端口和控制端口是只写的,而数据输入端口和状态端口是只读的,实际接口电路芯片中,系统为了节省地址空间,往往将数据输入、输出端口赋予同一端口地址,这样,当 CPU 利用该端口地址进行读操作时,实际是从数据输入端口读取数数据,而当进行写操作时,实际是向数据输出端口写入数据。同样,状态口和控制口也可赋予同一端口地址,根据读写的操作方向不同予以区分。

6.2.1 I/O 端口的编址技术

微型计算机系统对内存单元和 I/O 端口的访问是通过地址进行的,通常有两种编址方式,即统一编址和独立编址。I/O 端口被分配相应的地址,CPU 按地址访问接口和外部设备。

1. 统一编址方式

这种编址方式不区分存储器地址空间和 I/O 接口地址空间,把所有的 I/O 接口的端口都当作是存储器的一个单元对待,每个接口芯片都安排一个或几个与存储器统一编号的地址号,也不设专门的输入输出指令,所有传送和访问存储器的指令都可用来对 I/O 接口操作。这种编址方式是把端口地址映像到存储空间,相当于把存储空间的一部分划做端口地址空间,所以这种编址方式也叫"存储器映像编址",如图 6.3 所示。

统一编制方式的访问内存的所有指令都可用于 I/O 操作,数据处理功能强;同时 I/O 接口可与存储器部分共用译码和控制电路。但 I/O 接口地址要占用存储器地址空间的一部分,而且没有专门的 I/O 指令,程序中较难区分 I/O 操作。

2. 独立编址方式

这种编址方式是将存储器地址空间和 I/O 接口地址空间分别进行地址的编排,使用时用专门的 I/O 指令实现对端口的访问,如图 6.4 所示。

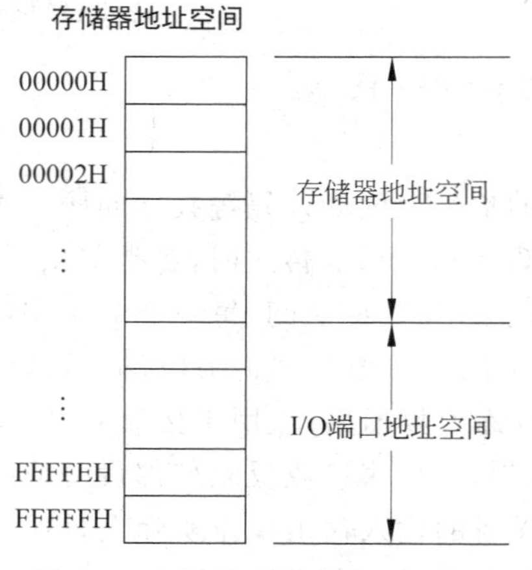

图 6.3 存储器映像编址地址空间

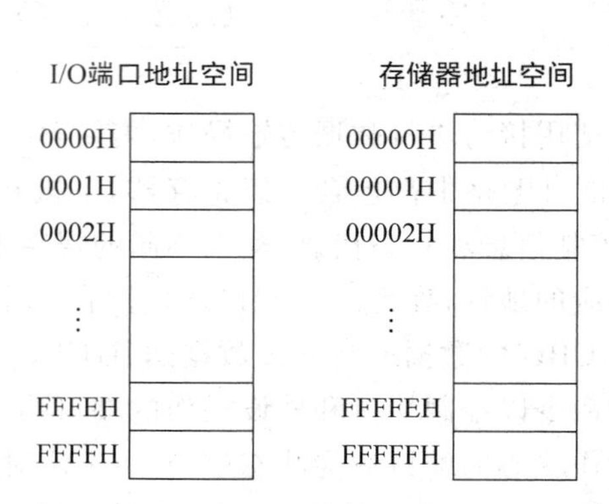

图 6.4 独立编址方式的地址空间

8086/8088 微型计算机采用这种独立编址方式，也叫覆盖编址方式，内存空间地址是 0～1MB 范围，端口地址空间单独设置，由于 I/O 端口个数一般比存储单元少很多，访问端口的地址线微型计算机设为 A_0～A_9，可编址端口可达 1024 个，对微型计算机显得绰绰有余。访问 I/O 端口的地址线少，译码简单，寻址速度很快，设有专门的输入指令（IN）和输出指令（OUT）来完成 I/O 操作。

独立编址方式的主要优点是内存地址空间与 I/O 接口地址空间分开，互不影响，译码电路较简单，并设有专门的 I/O 指令，编程容易区分，且执行速度快。其缺点是只用 I/O 指令访问 I/O 端口，功能有限且要采用专用 I/O 周期和专用 I/O 控制线，使微处理器复杂化。

8086/8088 微型计算机的端口地址分为系统板和扩展板的地址。系统板上的 I/O 芯片如定时/计数器、中断控制器、DMA 控制器、并行接口等使用低地址空间的地址，扩展板的地址对应 I/O 扩展槽上的接口控制电路，如软驱卡、硬驱卡、图形卡、声卡、打印卡、串行通信卡等。

不同的微型计算机系统对 I/O 端口地址的分配是不同的。PC 是根据上述 I/O 接口的硬件分类，把 I/O 空间分成两部分。虽然，PC I/O 地址线可以用到 16 根，对应的 I/O 端口编址可达 64K 个，各种数据宽度的 CPU 可以与 I/O 端口一次传送可以是 32 位、16 位、8 位数据形式，并分别按被 4 整除的偶地址/偶地址、偶地址/奇地址对准。但由于 IBM 公司当初设计微型计算机主板及规划接口卡时，其端口地址译码是采用非完全译码方式，即只考虑了低 10 位地址线 A_0～A_9，故其 I/O 端口地址范围是 0000H～03FFH，总共只有 1024 个端口，并且把前 512 个端口分配给了主板接口电路，后 512 个端口分配给了扩展槽上的常规外设接口。后来在 PC/AT 系统中，作了一些调整，其中前 256 个端口（000～0FFH）供系统板上的 I/O 接口芯片使用，后 768 个端口（100～3FFH）供扩展槽上的 I/O 接口控制卡使用，如表 6.1 和表 6.2 所示。

表 6.1 系统板的端口地址分配

I/O 接口芯片名称	端口地址范围
DMA 控制器 1	000H～01FH
DMA 控制器 2	0C0H～0DFH
DMA 页面地址寄存器	080H～09FH
中断控制器 1	020H～03FH
中断控制器 2	0A0H～0BFH
定时器	040H～05FH
键盘接口（并行芯片）	060H～06FH
RT/CMOS RAM	070H～07FH
协处理器	0F0H～0FFH

表 6.2 扩展板的端口地址分配

I/O 接口名称	端口地址范围
游戏控制卡	0200H～020FH
并行口控制卡 1 并行口控制卡 2	0370H～037FH 0270H～027FH
串行口控制卡 1 串行口控制卡 2	03F8H～03FFH 02F8H～02FFH
原型插件板(用户可用)	0300H～031FH
同步通信卡 1 同步通信卡 2	03A0H～03AFH 0380H～038FH
单显 MDA 彩显 CGA 彩显 EGA/VGA	03B0H～03BFH 03D0H～03DFH 03C0H～03CFH
硬驱控制卡 软驱控制卡	01F0H～01FFH 03F0H～03F7H
PC 网卡	0360H～036FH

为了避免端口地址发生冲突,用户设计的接口电路在选用 I/O 端口地址时须注意:

(1) 凡是被系统配置所占用了的地址一律不能使用;

(2) 未被占用的地址(计算机厂家申明保留的地址除外),用户可以使用;

(3) 一般,用户可使用 300～31FH 地址,为了避免与其他用户开发的插板发生地址冲突,最好采用地址开关。

6.2.2 I/O 端口的寻址方式

PC 设置专用 I/O 指令访问端口,如指令 IN、OUT 完成对端口的读、写操作,指令还具有直接寻址、间接寻址两种寻址方式。直接寻址使用 1 个字节的立即数寻址,寻址范围为 00H～FFH,间接寻址使用 16 位间接寄存器 DX 给出端口的地址,16 位地址可寻址范围为 0000H～FFFFH。如:

```
IN    AL,PORT            ;从 8 位端口地址 PORT 直接输入数据到 AL
OUT   PORT,AL            ;通过 8 位端口地址 PORT 直接把 AL 的数据输出
```

又如:

```
MOV   DX,xxxxH
IN    AL,DX              ;从 16 位端口地址寄存器 DX 输入字节数据到 AL
OUT   DX,AL              ;字节数据 AL 通过 16 位端口地址寄存器 DX 输出
```

对于数据宽度为 32 位、16 位的 CPU 还可以使用 EAX、AX 通用寄存器传送数据。但是对于一般的 I/O 系统 8 为数据宽度基本可以满足需要,不必像处理器内部追求更多数据位以提高处理能力。此外还有串输入输出指令 INS、OUTS 等块 I/O 指令,可以实现

存储器与 I/O 端口间的数据块传送。

6.2.3　I/O 端口地址的译码技术

微型计算机上常用的 I/O 译码方法有通用译码器译码、门电路译码、比较器译码、开关选择译码、GAL 译码等。

1. 门电路译码

门电路译码适用于仅需要一个端口地址的情况。例如，要产生端口 34EH 的译码信号$\overline{CS}$时，即地址线为 $A_9\ A_8\ A_7\ A_6\ A_5\ A_4\ A_3\ A_2\ A_1\ A_0$＝1101001110 且$\overline{AEN}$为低时，则$\overline{CS}$为低，对应的译码电路如图 6.5 所示。

2. 通用译码器译码

通用译码器译码适用于对多个端口地址的译码，目前常用的译码器有 74LS138、74LS139 和 74LS154 等。74LS138 译码器如图 6.6 所示，由于 A_4～A_0没有参加译码，所以译码器每一位输出端均对应 32 个端口地址，即 Y_0 对应的端口地址为 00H～1FH，Y_1对应的端口地址为 20H～3FH，Y_2对应的端口地址为 40H～5FH，以此类推。

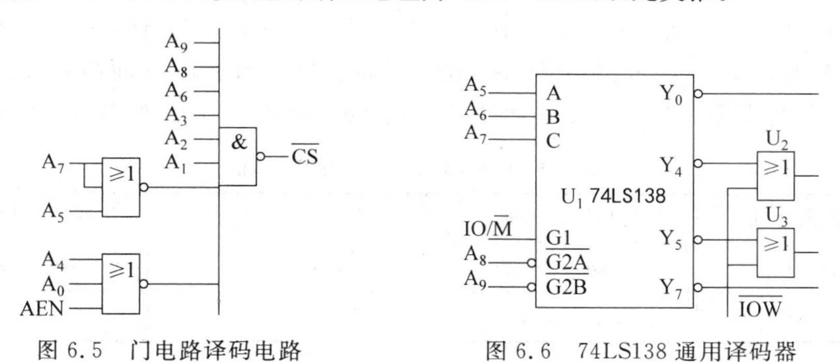

图 6.5　门电路译码电路　　图 6.6　74LS138 通用译码器

3. 比较器译码

比较译码器如图 6.7 所示，它对 A 端输入和 B 端输入的状态进行比较，若 A 端和 B 端两输入端状态相等，则比较器输出有效。此方法只需改变比较器 A 端输入状态，就可以改变 I/O 接口的端口地址，该电路可产生 16 个端口地址。

4. 开关选择译码

在接口电路的端口地址灵活适应不同地址分配时，电路做好后，可通过开关选择或跳线等方式进行改变。DIP 开关有 ON 和 OFF 两种状态，可分别对应 0、1 两种情况，跳线也可以通过连接 0、1 分别作不同的地址使用，如图 6.8 所示。

5. 可编程器件译码

可编程器件通过 EDA 编程实现译码功能，还可设计成各种门电路如触发器、寄存器、计数器、比较器、多路开关等，用于代替一些中小规模的集成电路芯片，甚至实现智能接口芯片的功能，实现片上系统设计，这能够简化设计、提高可靠性，并可具有电可擦除、加密、降低功耗等优势，受到用户的青睐，在各种电路设计、系统设计中得到广泛的应用。

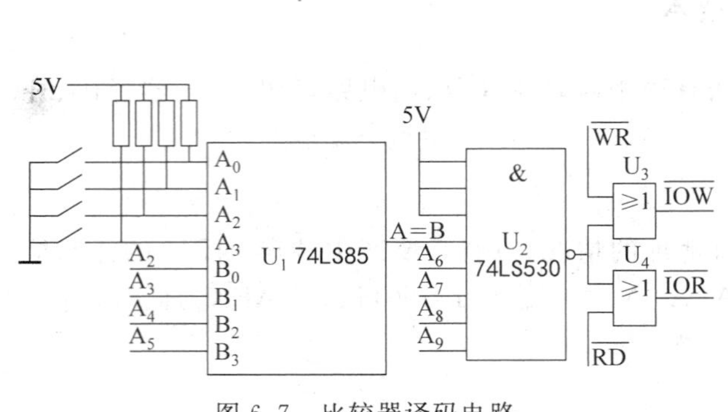

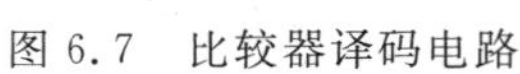

图 6.7 比较器译码电路

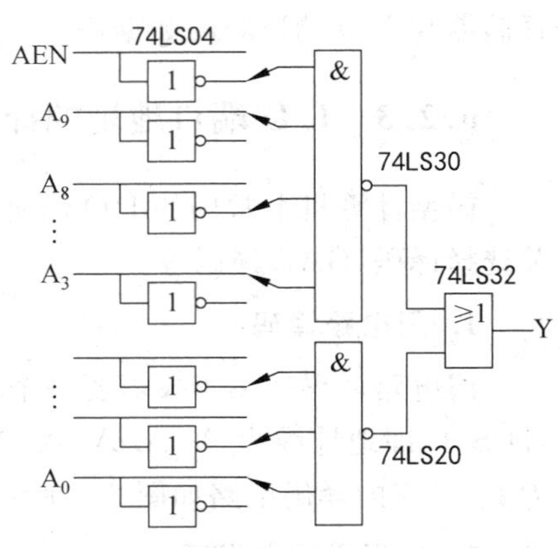

图 6.8 开关/跳线选择译码电路

6.2.4 接口电路与 CPU 的连接

接口电路的接口芯片一般是 8 位的,可以连接各种字长的 CPU,但 CPU 的哪 8 位数据线连接接口电路,直接影响设计。这里主要涉及的是 CPU 不同的 8 位字节其地址不同。以 16 位的 8086CPU 为例,其低字节的地址的最低位永远是 0,而高字节的地址的最低位永远是 1,即低字节的地址是偶地址,高字节的地址是奇地址,如表 6.3 所示。

表 6.3 CPU16 位字的各字节地址

高 8 位数据地址	低 8 位数据地址	高 8 位数据地址	低 8 位数据地址
xxxxxxxxx1	xxxxxxxxx0	xxxxxxxxx1	xxxxxxxxx0
xxxxxxxxx1	xxxxxxxxx0		

当接口芯片的 8 为数据连接 16 位 CPU 的低 8 位数据总线时,高 8 位数据被忽略,这时因为 A0 恒为 0,用于芯片选择的译码,而且接口芯片如果需要 2 位地址区分内部端口时,用 CPU 的 A2A1 连接接口芯片,则端口的地址是连续的偶地址,保证接口芯片内部端口的地址区分。同理,接口芯片使用 16 位 CPU 的高 8 位数据总线时,情况类似。对于 32 位的 CPU,只不过是字节地址的低两位 A2A1 固定为 11、10、01、00,原理是相通的。

6.3 接口的数据传送方式

因为外部设备的工作速度与 CPU 差距很大,CPU 如何与各种不同的外设进行数据交换成为 I/O 系统的重要问题,而且慢速的 I/O 操作如何做到尽量减少对 CPU 数据处理的影响也是需要重点考虑的。

微型计算机在体系结构上,设计成以存储器为核心的结构形式,CPU、外设根据各自的需要访问存储器,CPU 从存储器读取指令获得运行、读写数据进行处理,外设的数据输入输出通过 CPU 或直接面向存储器。

接口电路和CPU配合采用不同的数据传送控制方式,解决速度匹配问题。微型计算机常用的数据传送方式有程序查询方式、中断方式、DMA方式,另外的计算机系统还有通道方式、I/O处理机等。

6.3.1 程序查询方式

程序查询方式也叫条件传送方式,是在程序控制下进行信息传送,在基本硬件支持下完成数据的输入输出。其特点是靠CPU执行程序,把数据在CPU的AL寄存器和外部设备间传送,数据的输入输出时机靠CPU执行程序去查询,若状态不符合,则CPU不能进行输入输出操作,需要等待;只有当状态信号符合要求时,CPU才能进行相应的输入输出操作。

具有响应不及时、速度慢、占用CPU资源的缺点。

这种方式下,要求外部设备一些反映其状态的信号并反映到接口的状态寄存器相应的位进行存储。如对输入设备来说,它能够提供"准备好"("READY")信号,READY=1表示输入数据已准备好。输出设备则提供"忙"("BUSY")信号,BUSY=1表示当前时刻不能接收CPU发来的数据,只有当BUSY=0时,表明它可以接受来自于CPU输出的数据。

数据输入的基本电路如图6.9所示。输入设备将数据送入锁存器,同时发选通信号使输入设备状态置为就绪(READY=1),CPU查询输入设备状态(读READY),判断数据是否已准备好,若READY=1则CPU通过执行IN指令读取数据,同时IN指令又使READY=0,清除准备就绪信号。

程序控制的查询输入的程序流程如图6.10所示。

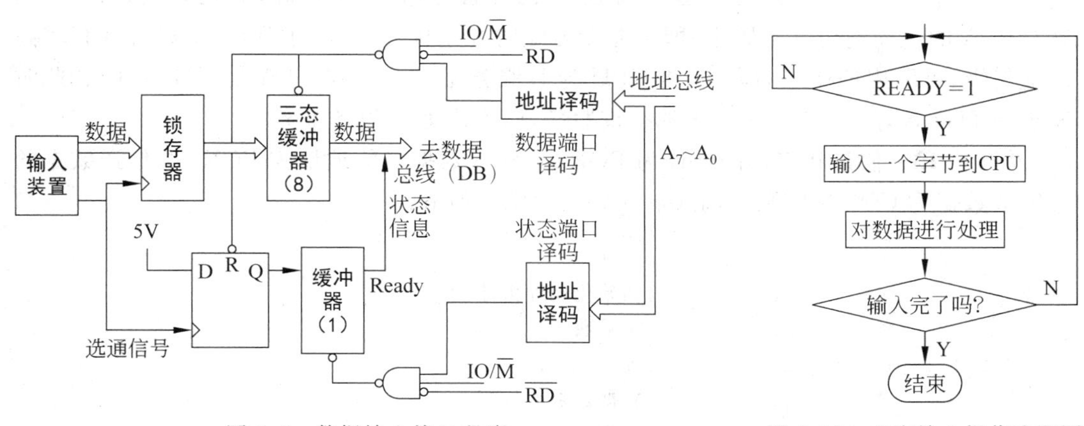

图6.9 数据输入接口电路

图6.10 查询输入操作流程图

可见,对READY的状态查询,CPU通过读状态端口的相应位然后进行判断,这种传送控制方式的最大优点是,能够保证输入输出数据的正确性;缺点是CPU利用率很低,I/O处理的实时性很差,一般用于要求简单的数据传送的场合。

程序查询方式的数据输出与输入工作方式类似,CPU在输出数据前,首先判断BUSY信号是否有效,若无效(BUSY=0表示外设不忙)表示CPU可输出新的数据;否则,CPU 等待直到 BUSY 无效后再执行数据输出指令。CPU 通过执行 OUT 指令将输出数据锁存在数据锁存器,同时令 BUSY=1,当外设读取数据后,由外设输出的回答信号 $\overline{ACK}$使 BUSY=0,这样 CPU 在判断 BUSY 无效后可继续输出新的数据。输出接口电路如图 6.11 所示。

程序查询方式的数据输出的程序流程与图 6.10 类似,读者可自行画出。

程序查询方式进行数据输入输出,当 CPU 同时面对多个设备进行查询,需要解决优先级问题。CPU 执行程序是串行的,对外设状态的查询也是轮流方式的,其实优先级根据查询的次序自然就得到了划分,即先查询的设备具有较高的优先级。流程图如图 6.12 所示。

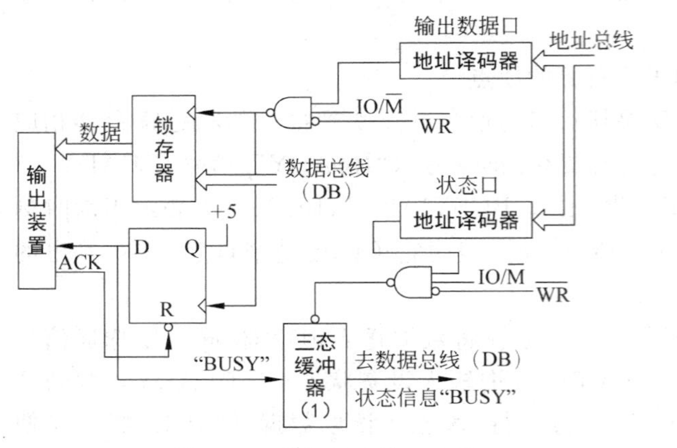

图 6.11 数据输出接口电路

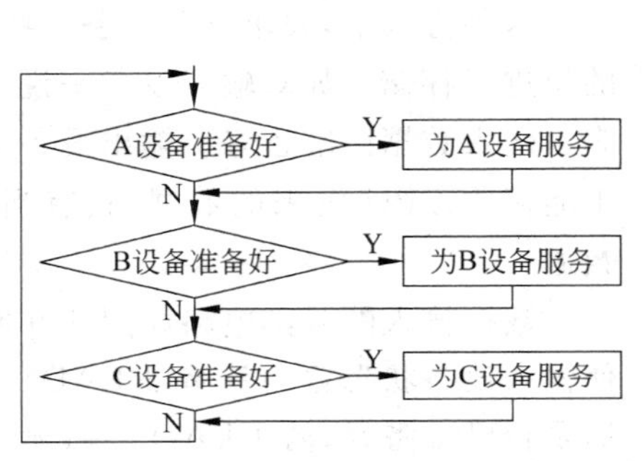

图 6.12 查询优先级流程

但是当为设备 B 服务以后,这时即使 A 已准备好,它也不理睬,而是继续查询 C,也就是说 A 的优先地位并不固定(即不能保证随时处于优先)。为了保证 A 随时具有较高的优先级,可采用加标志的方法,当 CPU 为 B 服务完以后,先查询 A 是否准备好,若此时发现 A 已准备好,立即转向对 A 的查询服务,而不是为 C 设备服务。

【例 6.1】 假设状态口的地址为 PORT1,输入数据口的地址为 PORT2,传送数据的总字节数据为 COUNT,则查询式输入数据程序段如下:

```
                 ⋮
         MOV     BX,0          ;初始化地址指针 BX
         MOV     CX,COUNT      ;字节数
BEGAIN:  IN  AL,PORT1          ;读入状态位
         TEST    AL,01H        ;数据是否准备好
         JZ      AGAIN         ;未准备好,继续测试
         IN      AL,PORT2      ;已准备好,读入数据
         MOV     [BX],AL       ;存到内存缓冲区
         INC     BX
         LOOP    BEGAIN        ;未传送完,继续传送
                 ⋮
```

另外,还有程序控制更简单的情况就是无条件传送方式,CPU 与慢速的设备交换数

据时，可以认为它们总是处于“就绪”状态，随时可以进行数据传送，但需要保证外部设备一直处于就绪状态，或在下一次传送时数据能够被及时读写完毕。在对一些简单外设的操作，如开关、七段显示管等一般采用这类方式。

6.3.2　中断方式

查询方式下，CPU 通过执行程序主动地、循环读取状态字和检测状态位，如果状态位表示的外设状态未准备就绪，则 CPU 必须继续查询等待，这占用了 CPU 大量的执行时间，而 CPU 真正用于传输数据的时间却很短，计算机的工作效率非常低，如果有多个外部设备需要查询方式工作时，由于 CPU 只能轮流对每个外部设备进行查询，而这些外部设备的速度往往并不相同，这时 CPU 显然不能很好满足各个外部设备对 CPU 的及时输入输出数据的要求，所以在实时系统以及多个外部设备的系统中，采用程序查询进行数据传送是不太理想的方式。

为了提高 CPU 的效率，为了使用系统具有实时输入输出数据的能力，可以采用中断传送方式。中断传送是外部设备需要进行数据传送时主动向 CPU 申请服务，当输入输出设备已将数据准备好，或者输出设备可以接收数据时，便可以向 CPU 发出中断请求，CPU 暂时停下正在执行的程序而和外部设备进行一次数据传输，输入或输出操作完成后，CPU 再回到原来的程序继续执行。这时的 CPU 不用去循环查询等待，而可以去处理其他事情，可见采用中断传送方式，CPU 和外部设备能有一定的并行性，这样不但大大提高了 CPU 的效率，对外部设备的请求也能做到实时的响应和处理。

以中断方式的输入为例，其接口原理图如图 6.13 所示。当外设准备好一个输入数据时，便发一个选通信号 STB，将数据输入接口电路的锁存器中，并使中断请求触发器置“1”，若此时中断屏蔽触发器的状态为 1，则由控制电路产生一个向 CPU 发出请求中断的信号 INT。中断屏蔽触发器的状态为 1 还是为 0，决定了接口是否允许该中断请求信号的产生。

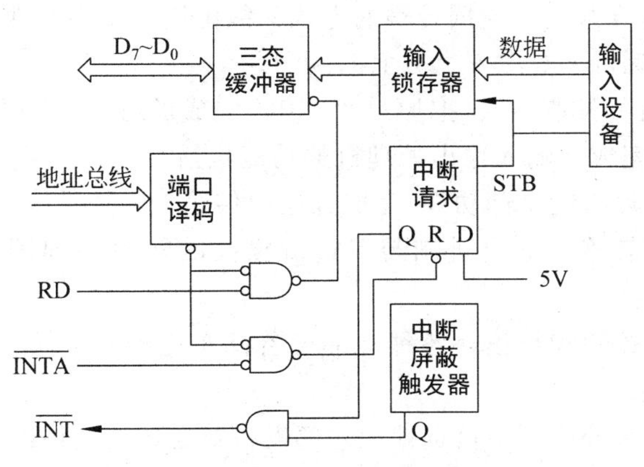

图 6.13　中断方式数据输入的接口电路

CPU 接收到中断请求信号后，如果 CPU 内部的中断允许触发器(8086/8088 中为 IF 标志)状态为 1，则在当前指令被执行完后，响应中断，并由 CPU 发回中断响应信号

INTA,将中断请求触发器复位,准备接收下一次的选通信号。CPU 响应中断后,立即停止执行当前的程序,转去执行一个为外部设备服务的程序,此程序称为中断处理子程序或中断服务程序。中断服务程序的任务是完成外设的数据传送,执行完后 CPU 又返回到刚才被打断的程序,接着原来的程序继续执行。

对于一些慢速而且随机地与计算机进行数据交换的外部设备,采用中断控制方式可以大大提高系统的工作效率。中断是现代计算机非常重要的技术,有着非常广泛的应用。中断技术还需要解决如何进行中断的优先级划分、中断排队、中断屏蔽、中断嵌套等一系列问题,更详细内容在相关章节会有具体介绍。

6.3.3 DMA 方式(直接存储器存取方式)

中断传送方式,能够使外设与 CPU 有一定程度的并行,大大提高了 CPU 的使用效率,也能做到对外设请求的及时处理。但这种方式下,仍然需要靠 CPU 执行程序实现数据的传送,并且每次进入中断和退出中断,以及保护现场和恢复现场均需要占用 CPU 资源,每次中断过程传送一个数据,如果中断频繁发生,CPU 的大量时间需要做中断的一系列处理,而且每中断一次有一定的周期过程,众多外设中断发生的周期过短,造成 CPU 的响应和处理会不及时,发生数据丢失的现象。

DMA 方式是一种完全靠硬件独立工作不需要 CPU 执行程序的高速数据传输方式。DMA 方式只需 CPU 启动和授权,传输过程无须 CPU 干预,在 DMA 控制器控制下完成传输的。

在实现 DMA 传输时,由 DMA 控制器直接控制总线的使用,在外部设备与内存之间建立起直接的数据传输通路。这种数据传送方式在传输前和传输结束时与 CPU 有一个总线控制权转移交接的过程,即 DMA 传输前,CPU 要把总线控制权交给 DMA 控制器,而在结束 DMA 传输后,DMA 控制器应立即把总线控制权再交回给 CPU。一个完整的 DMA 传输过程包括 DMA 请求、响应、传输和结束 4 个步骤。

上述几种微型计算机接口数据传输的方式只能由用户实现对数据的输入输出传送控制和安排,在大型计算机上存在安全方面的漏洞。

专用 I/O 处理机的控制方式,把原来由 CPU 完成的各种 I/O 操作与控制全部交给 I/O 处理机(IOP)去完成。输入输出处理机的功能包括:

(1) 完成通道处理机的全部功能,完成数据的传送。

(2) 数据的码制转换。如十进制与二进制之间的转换,ASCII 码与 BCD 码之间的转换。

(3) 数据传送的校验和校正。各种外部设备都有比较复杂而有效的校验方法,必须通过执行程序予以实现。

(4) 故障处理及系统诊断。负责处理外部设备及通道处理机以及各种 I/O 控制器出现的故障。通过定时运行诊断程序,诊断外部设备及 I/O 处理机的工作状态,并予以显示。

(5) 文件管理。文件管理、设备管理是操作系统的工作,此部分可以由 I/O 处理机承担其中的大部分任务。

(6) 人机对话处理，网络及远程终端的处理工作。

通道处理机是IBM公司首先提出来的一种I/O处理机方式，中央处理机靠管态指令控制外围设备的输入输出操作，用户在目态程序中通过访管指令进入管理程序进行通道程序的编制，引起中断进行管态下的I/O的处理，这能够显著提高CPU运算与外设操作的重叠程度，系统中多个通道连接多台外部设备，各自运行自己的通道程序，使多种外部设备、多台外部设备可以做到充分的并行。

外围处理机(PPU)方式还可以做到独立于主处理机进行异步工作，外围处理机是独立的处理机，通过输入输出交叉开关网络连接通道，真正把CPU从输入输出操作中解脱出来，专注运算任务。外围处理机可以自由选择通道和设备进行通信，主存、PPU、通道和设备控制器相互独立，程序动态控制其连接，工作更灵活，并且PPU具有一定的运算能力，可以承担一般的外围运算处理和操作控制，还能够让外设之间直接交换信息，进一步减少了CPU对I/O的介入，这都提高了整个计算机系统的工作效率。

总之，I/O处理机因为具有数据处理功能及一定的存储能力，所以可以完成输入输出所需的尽量多的工作，与主机系统完全并行工作，从而大大提高了系统的性能。具有输入输出处理机的系统，中央处理机不与外部设备直接联系，由输入输出处理机进行全部的管理与控制，它是独立于中央处理机异步工作的。从结构上看，可分为两大类，一类是与中央处理机共享主存，输入输出处理机要执行的管理程序一般是放在主存储器，为所有输入输出处理机所共享。每台I/O处理机可以有一个小容量的局部存储器，在需要的时候，才将本处理机所要执行的程序加载到局存中来，此类结构的机器有CDC公司的CYBER，美国德州仪器公司的ASC。另一类是非共享主存储器的结构，各台输入输出处理机具有自己大容量的局部存储器存放本处理机运行所需的管理程序。其优点是减少了主存储器的负担，目前大多数的并行计算机系统都是这种结构，例如STAR-100。

进一步扩展，I/O处理机可超出单纯的输入输出设备管理和数据传送，发展前端机、后台机，智能外部设备和智能接口把管理和操作控制工作在端点完成，调用外设的过程就是I/O系统的各个处理机之间及存储缓冲之间的信息传送，从而进一步让CPU摆脱I/O负担，提高I/O系统的数据吞吐率。

6.4 接口的分析与设计

分析已有的接口和设计新的接口电路的基本方法，需要从多方面入手，包括地址线、数据线、控制信号、芯片类型、初始化、软件驱动、错误处理及交互等。

6.4.1 接口的分析方法

分析接口可从接口电路的两侧分别入手，接口的一侧是CPU，另外一侧是外部设备，接口起到联通和隔离的作用。对于CPU一侧，在搞清楚CPU类型基础上，需要明确地址线的情况、数据线宽度以及控制线的定义和时序等。外设一侧，属于被控对象，种类繁多，所连接的信号繁杂，所需的电平、时序及逻辑定义等情况复杂，需要具体分析外部设备连接的控制信号、状态信号以及工作时的情况,接口应该能够连接和满足外部设备的需求和用户现场对外部设备的要求。通过掌握接口两侧的外部特性和工作过程,接口的硬件和软件分析就有了一定的依据。

然后具体分析接口本身采用的核心接口芯片、外围功能电路以及所配置的软件各个功能段所完成的任务。这样对整个接口就能够建立起清晰的认识。

6.4.2 接口的设计方法

接口电路的核心部件是接口芯片,接口芯片的选择是设计的关键所在。目前的电子技术发展水平,已经实现接口电路的集成化过程,电路设计基于大中规模的集成芯片,减少了电路设计难度,深入了解和掌握接口芯片的功能、特点、原理、应用及初始化、编程驱动等成为设计方面的考虑重点。根据设计要求合理选择适当的芯片,保证功能实现、集成度高、经济合算、系列性、设计难度小的原则。

尽管接口芯片包括了以往的通用外围电路,但这对具体的设计,仍然需要在核心芯片外附加一些电路进行扩充,构成满足设计要求的接口电路板,如译码、缓冲、电平转换、驱动能力、时序等方面的电路。

配合硬件电路工作的软件设计是另外一项重要设计内容。一般说来,编程语言是首先面临的选择,通常首选汇编语言作为底层硬件的驱动,汇编语言直接面向硬件,能够深入硬件细节进行操作,能够充分发挥硬件的作用,而且其代码效率和功能不可替代;在不直接和硬件打交道的程序设计上,尽可能采用高级语言实现,如 C 和 C++ 等,好处是编程效率高,实现方便快捷,容易入手,但实时性、效率不佳。一般系统也提供了大量可用资源,如 PC 的 BIOS、DOS 调用等,直接实现了一些底层的功能,尤其是标准设备和通用功能的实现,用户靠其软件接口直接编程调用,比较方便,但可移植性、独立性就会差,而且用户设计的对象往往会是专门用途和非标准的,一般需要从底层完全设计。

习 题 6

1. 简述微型计算机接口的功能。
2. 什么是端口? I/O 端口编址有哪些方式? 简述其特点。
3. PC 的端口访问需要哪些地址线?
4. 简述端口地址的几种译码的方式。
5. PC 的端口地址是如何分配的?
6. PC 接口有哪些数据传送的方式? 各自有什么特点?
7. 简述中断方式数据传送的机制。
8. I/O 处理机进行数据传输有哪些方式和特点?

第7章　中断技术

中断技术是现代计算机系统中非常重要的一项技术，在微型计算机系统中起着非常关键的作用，中断技术是对微处理器功能的有效扩展。由于CPU的运算速度远远高于外部设备的数据输入输出速度，如果没有中断技术的应用，CPU在与外部设备进行数据交换时，CPU的绝大部分时间是在等待外部设备，计算机利用中断技术，计算机系统可以实时响应外部设备的数据传送请求，及时处理外部随机出现的意外或是紧急事件，也可以为用户提供了发现、调试并解决程序执行异常情况的有效途径，而且在进行数据的传输时CPU与外部设备的工作在很大程度上是并行的。因此中断技术是提高计算机工作效率的一项重要措施之一。

本章围绕微型计算机的中断系统，介绍中断的基本概念、中断的处理过程以及8086/8088微型计算机的中断系统，并将详细介绍8259A可编程控制器的工作原理及应用，从而完整准确认识中断并为应用中断技术打下一定的基础。

7.1　中断技术概述

7.1.1　中断的基本概念

中断技术是微型计算机系统的核心技术之一，在当代计算机中具有重要作用，它对计算机系统整体性能的提高具有关键作用。中断承担了处理器相当一部分功能，协助CPU管理和控制外围电路和设备，提高CPU的工作效率和处理能力，中断技术涉及软硬件方面的许多基本概念。

1. 中断的定义

中断是指CPU正在运行程序时，当某些事件或状态的发生后，发出请求信号请求CPU干预和处理，这时CPU暂时停下正在运行的程序，转去为这些事件或状态服务的程序中去，服务完毕后，再返回到被打断的程序继续执行。例如，用户使用键盘时，每次敲击一个键就引起一次中断事件的发生，并通过一个中断信号，通知CPU有“键盘输入”事件发生，要求CPU读入该键的键值，这时CPU就暂时停下当前程序的执行，转去处理键盘输入数据的读取程序，在读取操作完成后，CPU又返回原来的程序继续运行。

从中断的定义可以看到，中断包括中断的申请、中断的响应、中断的处理、中断的返回等一系列过程。

2. 中断源

引起中断的事件或状态称为中断源。中断源可以是外部事件(如某个外部设备发出的中断请求等),也可以是 CPU 的内部异常(如除法错、缺页中断等)或执行到的用户程序中预先设置的中断指令。由发生在 CPU 外部的某个事件引起的中断称为外部中断,比如某个外围设备向 CPU 发出的请求就属于外部中断;由发生在 CPU 内部的某个事件引起的中断称为内部中断,也称软中断,因为它是 CPU 在执行某些指令的时候产生的,它不需要外部硬件的支持,不受中断允许标志 IF 的控制。

3. 中断类型号

计算机系统为每个中断源分配一个唯一识别的代码,作为 CPU 为之服务的依据,CPU 根据中断类型号自动转入此中断源所需要的服务。

4. 中断服务程序

CPU 在处理中断事件时需要通过执行相应的程序处理这个事件,这个程序叫作中断处理程序,或中断服务程序。

中断发生并被 CPU 转去处理的过程,从程序的逻辑关系角度看,其实质是发生了程序的转移。程序的转移由微处理器内部事件或外部事件启动,并且,一个中断过程包含两次转移,首先是主程序向中断服务程序转移,然后是中断服务程序处理完毕之后向主程序转移。中断系统提供快速转移程序运行环境的机制,获得 CPU 为其服务的程序段称为中断服务程序,被暂时打断的程序叫作主程序或调用程序。而由内部中断源引起程序的转移,可通过上下文切换机制,用于快速改变程序运行路径,这对实时处理一些突发事件很有效。

5. 中断系统

微型计算机的中断系统是由微处理器及其外围支持芯片——中断控制器以及相关的机制、软件构成。中断系统和存储器、I/O 端口一样是微型计算机系统重要的资源,并且由操作系统统一调度与管理。一个完整的中断系统包括微处理器处理中断请求的机制与相关硬件电路,即接收请求、响应请求、保护现场、转向中断服务程序以及中断处理完毕后的返回等机制;中断控制器作为微处理器外围管理部件,能管理多个中断源,进行优先级排队,屏蔽中断源以及提供中断信息等;根据处理器结构编写的中断处理程序以便中断发生时被调用等。

7.1.2 中断的一些相关技术

1. 中断屏蔽

中断屏蔽的本意是虽然中断发生并有请求,但通过屏蔽技术在中断控制器中设置中断屏蔽寄存器,把对应的中断设置成屏蔽状态,就可以忽略这个中断。

按照中断是否可以被屏蔽,中断可以分为两大类:不可屏蔽中断(又叫非屏蔽中断)和可屏蔽中断。不可屏蔽中断源一旦提出请求,CPU 必须无条件响应,而对可屏蔽中断源的请求,通过屏蔽设置就得不到 CPU 的响应。8086/8088 CPU 设有两根中断请求输入线——可屏蔽中断请求 INTR(Interrupt Require)和不可屏蔽中断请求 NMI(NonMaskable Interrupt)。

另外,中断除了受自身的屏蔽位控制外,还受 CPU 标志寄存器 Flag 中的中断允许标志位 IF(Interrupt Flag)的控制,IF 位为 1,表示 CPU 是开中断状态,可以得到响应,否则,不响应。IF 位通过编程设置,指令 STI 或 Turbo c 的 Enable()函数,将 IF 位置 1(开中断),指令 CLI 或 Turbo_c 的 Disable()函数,将 IF 位清 0(关中断)。

2. 中断优先级

计算机系统一般具有多个中断源,中断源是相互独立的,同时可以有多个中断请求发生,为使系统能及时响应并处理发生的所有中断,系统根据引起中断事件的重要性和紧迫程度,硬件将中断源分为若干个级别,称作中断优先级。引入多级中断的原因是为使系统能及时地响应和处理所发生的紧迫中断,同时又不至于发生中断信号丢失。

如果多个中断同时发生,CPU 按照由高到低的顺序进行中断的排队,按优先次序予以响应,高级中断总能得到优先的响应。计算机发展早期在设计中断系统硬件时根据各种中断的轻重缓急在线路上作出安排,从而使中断响应能有一个相对固定的优先次序。

3. 中断嵌套

中断嵌套是指 CPU 正在为当前优先级最高的中断进行服务时,有一个优先级更高的中断提出了中断请求,这时 CPU 会暂时中止当前正在执行的级别较低的中断源的服务程序,转去处理级别更高的中断源,待处理完毕,再返回到被打断了的那个低级别中断服务程序继续执行,这个过程称为中断嵌套。这一措施,保障了级别高的中断优先得到处理,按事件的轻重缓急安排各个中断有条不紊的处理顺序。

7.1.3　中断的过程

中断是一个软硬件协调工作的过程,整个工作过程由中断请求、中断响应、中断处理和中断返回构成。

1. 中断请求

中断请求是由中断源发出并送给 CPU 的中断控制信号,由中断源通过置"1"设置在接口电路上的中断触发器实现。中断源都设置有一个中断触发器,由中断触发器的状态决定是否发出中断请求,通过设置中断触发器为"1"或"0"来实现。当有 1 个或几个中断请求信号发生时,经过屏蔽、排队选择优先级最高的中断向 CPU 提出请求。

2. 中断响应

CPU 接到级别最高的中断请求,并且 CPU 内部是中断允许状态,当 CPU 正在执行的指令结束时,CPU 通过内部操作(中断隐指令)保护当前程序的现场和断点,根据中断请求的中断类型号设置正在服务的标志、找到对应的中断服务程序入口地址,并加载成为当前执行的指令,为执行服务程序做好准备工作。这一过程是计算机自动实现的,可以采用硬件实现,也可以采用软件机制实现,但都不需要开发应用人员的操作或程序员的编程。

3. 中断处理

CPU 响应中断后,根据中断服务程序入口地址转入相应的程序段,中断服务程序由系统设计者或程序员设计实现,中断处理是执行中断服务程序,对请求事件进行服务的过程,一般中断服务程序的设计包括以下内容。

(1) 关中断,保护现场:首先设置中断允许触发器(IF=0),即不允许其他中断打断中断服务程序的执行,然后保存中断服务程序涉及的一些通用寄存器,一般是入栈保存,以免遭到修改或破坏,以便转回主程序时恢复原来正确的内容。

(2) 开中断:在某些情况下为了能够响应更高优先级的中断,就需要在适当的位置设置一条开中断指令。如果在执行本次中断的过程中,不希望再响应其他可屏蔽中断请求,也可以不用开中断。

(3) 中断服务。CPU 通过执行一段特定的程序来完成对中断事件的处理,这是中断服务程序的核心内容,因不同需要而单独编程。

(4) 关中断:为安全起见,保证下一步将要进行的恢复断点和现场工作能够顺利进行,不被打断,需要进行关中断操作。

(5) 中断结束:包括中断结束操作和返回主程序。一方面需要清除当前服务程序对应的标志位,另外通过指令操作结束中断服务程序的执行。

中断服务程序的基本构成如下:

```
int-proc proc
    cli;             关中断
    push xxxx        ;保存寄存器内容
    …                ;中断服务的内容
    pop xxxx         ;恢复寄存器内容
    EOI 命令语句      ;中断结束命令
    iret             ;中断返回
int-proc end
```

4. 中断返回

依据中断服务程序中的编程引起计算机中断系统隐指令的操作,完成恢复现场、恢复断点、开中断等工作。

7.1.4 中断服务的判断

计算机的中断系统支持两种对中断请求的判断,一种是 CPU 根据中断请求信号的到来,引起 CPU 内部中断机制的发生,CPU 根据中断类型号相应中断,这是通常意义的中断,是外设主动的请求服务。另外一种 CPU 主动查询是否有中断发生,叫作查询中断方式,一般用于 CPU 不接受中断请求信号或有中断请求信号但没有中断类型号的情形,是中断方式和查询方式相结合的中断判断机制。

7.2 Intel 8086/8088 的中断系统

Intel 8086/8088 管理系统的中断使用一个 8 位二进制码——中断类型号，一个中断类型号与一个中断对应，唯一表示一个中断类型，Intel 8086/8088 共有 256 个不同的中断。

7.2.1 Intel 8086/8088 的中断机构

Intel 8086/8088 的中断系统的结构如图 7.1 所示。

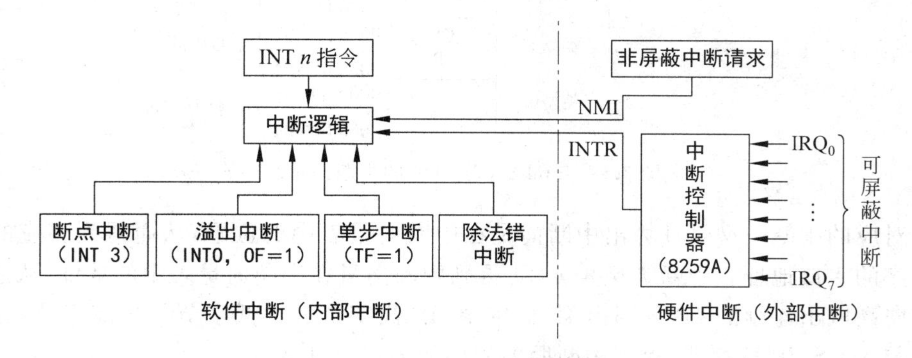

图 7.1 Intel 8086/8088 系统的中断机构

Intel 8086/8088 的中断可以划分为硬件中断(外部中断)，软件中断(内部中断)两大类。内部中断由 CPU 执行包含 INT 指令的程序和 CPU 内部的设置或故障产生，外部中断来自 CPU 外部的事件，又分为不可屏蔽中断和可屏蔽中断请求，不可屏蔽中断是由微型计算机的故障或错误引起，如掉电、存储器读写出错、总线奇偶错等，并通过 NMI 引脚连接 CPU，中断的级别高，也不需要中断源提供中断类型号，CPU 遇到此类中断必须及时处理，否则系统不能正常运行。可屏蔽中断属于外设提出的请求，微型计算机通过中断控制器 8259 管理，经 INTR 引脚输入到 CPU，是本书关注的重点。

7.2.2 中断的优先级和中断向量表

Intel 8086/8088 为 256 个不同的中断划分了优先级，内部中断的优先级别最高(单步中断除外)，其次是不可屏蔽中断(NMI)和可屏蔽中断，单步中断的优先级别最低。微型计算机的 256 个优先级的中断按中断类型号为 0～255 汇总在一起，构成一张表，这个表按中断类型号排列，并存储了每个中断的服务程序入口地址——中断向量，这个表称为中断向量表，如图 7.2 所示。

因为每个中断向量包含段地址和段内偏移地址两个部分，每个部分需要 2B，即 CS:IP，每个中断向量占用 4B 的存储空间，中断向量表在内存共有 1024B，系统开机后，中断向量表加载进入内存的最低端，即 0000H～03FFH，当中断源发出中断请求时，CPU 根据

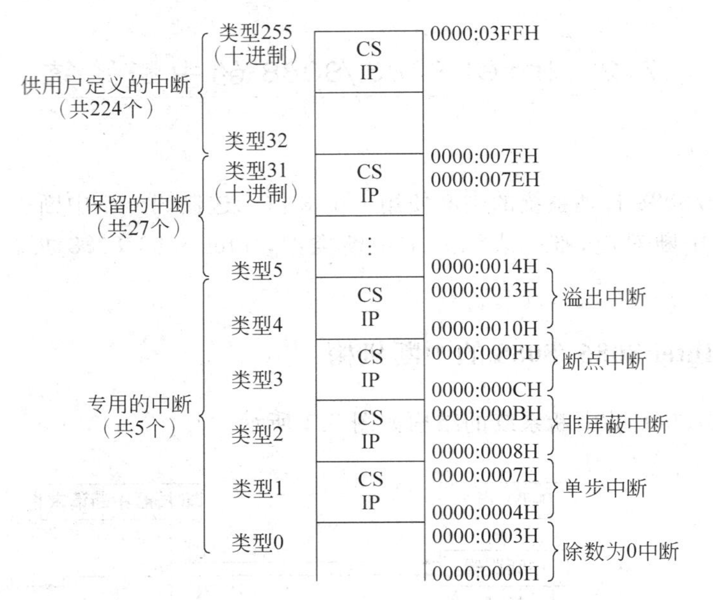

图 7.2 Intel 8086/8088 的中断向量表

中断源对应的中断类型号计算出中断向量在中断向量表中的位置,从而得到相应的中断服务程序的入口地址。中断类型号 $n\times 4$ 得到中断向量在中断向量表中的地址,从这个地址由低向高取出连续的 4B 分别为 IP 低字节、IP 高字节、CS 低字节、CS 高字节,这内容按地址装入 CS:IP 寄存器,得到中断服务程序的入口地址。

PC 系列微型计算机的中断向量表如表 7.1 所示。

表 7.1 PC 的 256 个中断

中断类型号	名　称	XT 型向量	AT 型向量	控 制 权
0	除法错	0237:56E8	0280:56E8	DOS-Kernel
1	单步中断	0070:075C	0070:075C	DOS-BIOS
2	NMI 中断	0BA9:0016	0BF7:0016	DOS-STACKS
3	断点中断	0070:075C	0070:075C	DOS-BIOS
4	溢出错	0070:075C	0070:075C	DOS-BIOS
5	屏幕打印	F000:FF54	F000:FF54	ROM-BIOS
6	保留	F000:FF23	F000:E14F	ROM-BIOS
7	保留	F000:FF23	F000:EF6F	ROM-BIOS
8	日时钟中断	0BA9:00AB	0BF7:00AB	DOS-STACKS
9	键盘中断	0BA9:0125	0BF7:0125	DOS-STACKS
0A	保留/从片中断	F000:FF23	F000:EF6F	ROM-BIOS

续表

中断类型号	名　称	XT 型向量	AT 型向量	控 制 权
0B	串口 2 中断	F000：FF23	F000：EF6F	ROM-BIOS
0C	串口 1 中断	F000：FF23	F000：EF6F	ROM-BIOS
0D	硬盘/并口 2 中断	0BA9：03B2	F000：EF6F	ROM-BIOS *
0E	软盘中断	0BA9：043A	0BF7：043A	DOS-STACKS
0F	打印机/并口 1 中断	0070：075C	0070：075C	ROM-BIOS
10	视频显示 I/O	F000：FF65	C000：0335	ROM-BIOS
11	设备配置检测	F000：F84D	F000：F84D5	ROM-BIOS
12	内存容量检测	F000：F841	C000：1799	ROM-BIOS
13	磁盘 I/O	0070：0FC9	0070：1DE3	DOS-BIOS
14	串行通信 I/O	F000：E739	F000：E739	ROM-BIOS
15	盘带/多功能实用	F000：F859	F000：F859	ROM-BIOS
16	键盘 I/O	F000：E82E	F000：E82E	RdM-BIOS
17	打印机 I/O	F000：EFD2	F000：EFD2	ROM-BIOS
18	ROM-BASICA	F000：0000	F000：E2C6	ROM-BIOS
19	磁盘自举	0070：1952	0070：1952	DOS-BIOS
1A	日时钟/实时时钟	F000：FE6E	F000：FE5E	ROM-BIOS
1B	Ctrl+Break	0070：0756	0070：0756	DOS-BIOS
1C	定时器报时	F000：FF49	F000：FF53	ROM-BIOS
1D	视频显示方式参数	F000：F0A4	F000：F0A4	ROM-BIOS
1E	软盘基数表	0000：0522	0000：0522	DOS-BIOS
1F	图形显示扩展字符	F000：0000	c000：3BFF	接管者
20	程序终止退出	0237：143F	0281：143F	DOS-Kernel
21	系统功能调用	0237：1460	0281：1460	DOS-Kernel
22	程序结束出口	0E6A：02F4	0EB8：02F4	DEBUG
23	Ctrl+C 出口	0E6A：032F	0EB8：032F	DEBUG
24	严重错误出口	0E6A：02BC	0EB8：02BC	DEBUG
25	磁盘扇区读	0237：15DC	0281：15DC	DOS-Kernel
26	磁盘扇区写	0237：161F	0281：161F	DOS-Kernel
27	程序终止驻留	0237：6366	0281：6366	DOS-Kernel
28	等待状态处理	0237：1445	0281：1445	DOS-Kernel
29	字符输出处理	0070：069E	0070：069E	DOS-BIOS

续表

中断类型号	名　称	XT 型向量	AT 型向量	控 制 权
2A～2D	保留	0237：1445	0281：FE5E	DOS-Kernel
2E	命令执行处理	0D4F：0281	0D9D：0281	DEBUG
2F	多路复用处理	0070：187F	0070：187F	DOS-Kernel
30	内部使用	3714：46EA	8114：46EA	DOS-Kernel
31	内部使用	0237：1402	0281：1402	DOS-Kernel
30～3F	保留	0237：1445	0281：1445	DOS-Kernel
40	软盘 I/O	F000：EC59	E000：EC59	ROM-BIOS
41	硬盘基数表 0	C800：03FF	F000：E601	ROM-BIOS
42	系统保留	0000：0000	F000：EF6F	ROM-BIOS
43	系统保留/EGA	0000：0000	C000：37FE	ROM-BIOS
44	系统保留	0000：0000	F000：EF6F	ROM-BIOS
45	系统保留	0000：0000	F000：EF6F	ROM-BIOS
46	硬盘基数表 1	0000：0000	F000：E401	ROM-BIOS
47～5F	系统保留	0000：0000	F000：EF6F	ROM-BIOS
60～67	用户保留	0000：0000	0000：0000	用户
68～6F	保留	0000：0000	0000：0000	系统/用户
70	保留/实时钟中断	0BA9：01A4	0BF7：01A4	DOS-Kernel
71	保留/改向 INT0AH	0000：0000	F000：ECF3	ROM-BIOS
72～74	保留/保留	0000：0000	F000：EF6F	ROM-BIOS
75	保留/协处理器	0000：0000	F000：F070	ROM-BIOS
76	保留/硬盘中断	0000：0000	0BF7：065A	DOS-Kernel
77	保留/保留	0000：0000	F000：EF6F	ROM-BIOS
78～7F	未使用区	0000：0000	0000：0000	系统/用户
80～EF	BASIC	非中断向量	非中断向量	BASIC
F0～FF	内部使用区	非中断向量	非中断向量	DOS

※ 微型计算机的中断控制器 8259 管理的中断从 08H～0FH 和 70～77H。

表 7.1 包含了微处理器专用的 4 个中断和非屏蔽中断以及屏幕打印中断、8 个外部硬中断、BIOS 软中断、DOS 软中断以及系统未定义的自由中断。

7.2.3 中断向量的装入和修改

系统初始化过程中，在内存地址的 00000H 开始的 1KB 空间内，建立一个中断向量表，用于存放256个中断类型号对应的中断服务程序入口地址。因此，为了让CPU响应中断后正确转入中断服务程序，中断向量表的建立是必需的。用户自行编制的中断服务程序，需要用户通过编程把中断服务程序入口地址加入中断向量表，成为系统的一部分才能发挥作用。

1. 使用MOV指令直接装入

假如，用户需要使用中断类型号为60H，根据$n\times4=60H\times4$，得到中断类型号60H在中断向量表的地址，用MOV指令将用户编写的中断服务子程序INT_PRO的入口地址放入中断向量表中的0000H：0180H地址开始的连续4B单元中即可。过程如下：

```
MOV  AX,0                ;中断向量表的段基址为 0000H
MOV  DS,AX
MOV  BX,60H* 4           ;60H 号中断向量在中断向量表中存放的单元地址
MOV  AX,OFFSET INT_PRO
MOV  [BX],AX             ;装入 INT_PRO 子程序的偏移地址
MOV  AX,SEG INT_PRO
MOV  [BX+2],AX           ;装入 INT_PRO 子程序的段地址
```

2. 使用串存指令装入

串存指令STOSW是将AX寄存器的内容写入DI指针所指向的字单元中，将ES内容设为0000H，DI的内容设为$n\times4$，使用STOSW指令，即可完成INT_PRO子程序入口地址的装入。过程如下：

```
CLD                      ;方向标志置 DF=0,串操作时,修改地址指针增量。
MOV  AX,0                ;中断向量表的段基址为 0000H
MOV  ES,AX
MOV  DI,60H* 4           ;60H 号中断向量在中断向量表中存放的单元地址
MOV  AX,OFFSET INT_PRO
STOSW                    ;装入 INT_PRO 子程序的偏移地址
MOV  AX,SEG INT_PRO
STOSW                    ;装入 INT_PRO 子程序的段地址
```

3. 使用DOS系统功能调用装入

DOS系统功能调用(INT 21H)中的25H号功能也提供了装入中断向量的功能，通过中断向量修改的方法使用系统的中断资源，使用起来简单、安全。入口参数要求DS:DX指向中断服务子程序的入口地址，中断类型号预先送入AL中，具体过程如下：

```
PUSH DS
MOV  AX,SEG INT_PRO      ;取 INT_PRO 子程序的段基址
MOV  DS,AX
MOV  DX,OFFSET INT_PRO   ;取 INT_PRO 子程序的偏移地址
MOV  AL,60H              ;中断类型号
MOV  AH,25H              ;25H 号 DOS 功能调用
```

```
INT  21H
POP DS
```

4. 中断向量的修改

当用户要用自行开发的中断服务程序去代替系统原有的中断服务程序时，就必须修改原有的中断向量，使其改为用户的中断服务程序的中断向量。这样一来，若产生中断，并被响应，就可转到用户的服务程序来执行。而原来的向量需要保存，并在用户的中断服务程序完成任务后，以便恢复。中断向量修改的方法是利用DOS功能调用INT 21H的35H号功能读出中断向量并保存，再用25H号功能写入自己的中断向量。

例如，假设中断服务程序使用的中断号为N，新的中断服务程序的入口地址的段基址为SEG_INT_PRO，偏移地址为OFFSET_INT_PRO，则中断向量修改的程序段如下：

```
⋮
MOV  AH,35H
MOV  AL,N
INT  21H
MOV  OLD_SEG,ES
MOV  OLD_OFF,BX          ;读出原来的中断向量并保存
MOV  AL,N
MOV  AH,25H
MOV  DX,SEG_INT_PRO
MOV  DS,DX
MOV  DX,OFFSET_INT_PRO
INT  21H                 ;写入自己的中断向量
⋮
MOV  AH,25H
MOV  AL,N
MOV  DX.OLD_SEG
MOV  DS,DX
MOV  DX,OLD_OFF
INT  21H                 ;恢复保存的原来的中断向量
```

7.3 可编程中断控制器8259A

Intel 8086/8088微型计算机的中断系统使用8259A作为CPU的中断控制器，8259A作为CPU的外围接口电路，主要任务是协助CPU管理外部硬件中断，其功能包括如下3个方面：

(1) 接收外部设备的中断请求：一片8259A可以接收8个中断请求，经过级联可扩展至8片8259A，实现64级中断的接收和管理。微型计算机使用2片8259A级联，共可接收15个中断的请求信号。

(2) 优先级排队管理：8259通过优先权判决和屏蔽，可以根据任务的轻重缓急或设

备的特殊要求，给中断源分配中断等级，选择级别最高的中断，向 CPU 提出中断申请 INT；8259A 对中断优先级的管理还支持特殊完全嵌套、循环优先级、特定屏蔽等多种方式的优先级排队管理。

(3)提供中断类型号：CPU 响应 8259 的中断申请后，可以向 CPU 提供级别最高的中断的类型号，CPU 便可根据中断类型号找到中断服务程序的入口地址，转移到中断服务程序去执行。

7.3.1 8259A 内部结构和外部引脚

1. 8259A 的内部结构

8259A 主要由中断请求寄存器 IRR、中断屏蔽寄存器 IMR、中断服务寄存器 ISR、优先权分析器 PR、中断控制逻辑、数据总线缓冲器、级联/缓冲比较器、读写控制逻辑等模块组成，其内部结构如图 7.3 所示。

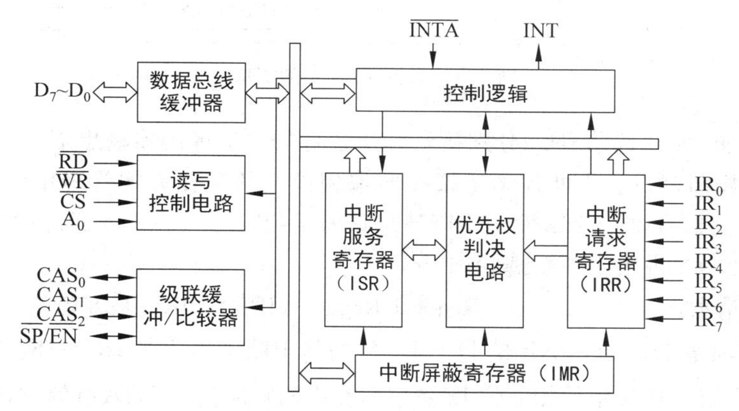

图 7.3 8259A 的内部结构

(1) 数据总线缓冲器。数据总线缓冲器为三态、双向、8 位总线缓冲，数据线 $D_7 \sim D_0$ 与 CPU 系统总线连接，构成 CPU 与 8259A 之间信息传送的通道。CPU 通过这个部件可以对 8259 进行数据信息的读写。

(2) 读写控制逻辑。读写控制逻辑用来接收 CPU 系统总线的读写控制信号和端口地址选择信号，用于控制选择 8259A 内部寄存器端口的读写操作。

(3) 级联缓冲/比较器。当 8259A 工作于多片级联方式时，需要进行级联总线的连接，如图 7.4 所示。

多片 8259A 通过级联缓冲/比较器进行连接，从而实现主从模式下的中断管理功能，其中主片的$\overline{SP}/\overline{EN}$信号连接＋5V，从片的则接地；从片的中断申请信号连接主片的中断请求输入端，而主片的中断申请信号连接 CPU 的 INTR，图 7.4 中所示主片的 IR_0 和 IR_7 上分别级联了一个从片，从片 INT 分别连至主片的 IR_0 和 IR_7 上，只有主片的 INT 连到 CPU 的 INTR 端；级联总线 $CAS_0 \sim CAS_2$ 把主片和从片相互连接起来，主片的 $CAS_0 \sim CAS_2$ 为输出信号，从片的 $CAS_0 \sim CAS_2$ 为输入信号，级联总线传送从片的 ID 识别码。另外级联时，CPU 的$\overline{INTA}$、数据线 $D_7 \sim D_0$、$\overline{WR}$、$\overline{RD}$以及 A0 等公共信号连接所有主片、

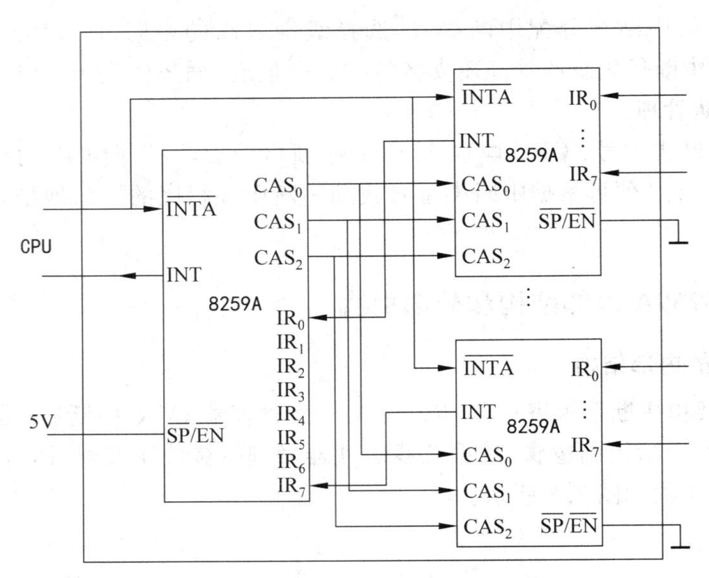

图 7.4 多片 8259A 的级联

从片对应的引脚,而片选信号$\overline{CS}$分别接至芯片各自的地址译码器输出端。

(4) 中断控制逻辑。中断控制逻辑按照编程设定的工作方式管理中断,负责向片内各部件发送控制信号,向 CPU 发送中断请求信号 INT 和接收 CPU 回送的中断响应信号$\overline{INTA}$,控制 8259A 进入中断管理状态。

(5) 中断请求寄存器(Interrupt Request Register,IRR)。IRR 是 8 位寄存器,用于接收保存外部的中断请求信号。IRR 的 $D_7 \sim D_0$ 分别与中断请求信号 $IR_7 \sim IR_0$ 相对应,当 IR_i ($i=0 \sim 7$)有请求时,IRR 中的相应位 D_i 置"1",在中断响应信号$\overline{INTA}$有效时,D_i 被清除。

(6) 中断服务寄存器(Interrupt Service Register,ISR)。ISR 是 8 位寄存器,用于标识 CPU 当前正在服务的中断等级情况,当发生中断嵌套时,当前级别最高的中断需要和正在服务的中断级别进行比较,比正在服务的中断级别高则嵌套中断发生,否则不予理睬。当外部中断 IR_i($i=0 \sim 7$)的请求得到 CPU 响应进入服务时,由 CPU 发来的第一个中断响应脉冲$\overline{INTA}$将 ISR 中的相应位 D_i($i=0 \sim 7$)置"1",表示对应级别的中断正在被处理,而 ISR 的复位一般是在 8259A 中断结束时,由 CPU 发送来的中断结束命令将其复位;但是 8259 还可以有中断自动结束方式,这样 ISR 相应位的复位则由 CPU 发来的第二个中断响应脉冲$\overline{INTA}$的后沿到来时自动复位。

(7) 中断屏蔽寄存器(Interrupt Mask Register,IMR)。IMR 是 8 位寄存器,用来存放 $IR_7 \sim IR_0$ 的中断屏蔽标志。它的 8 个屏蔽位 $D_7 \sim D_0$ 与外部中断请求 $IR_7 \sim IR_0$ 相对应,用于控制 IR_i($i=0 \sim 7$)的请求是否允许进入比较判断。当 IMR 中的 D_i 位为 1 时,对应的 IR_i($i=0 \sim 7$)请求被禁止;当 IMR 中的 D_i 位为 0 时,则允许对应的中断请求进入优先权判决。它可以由软件设置或清除,通过编程设定屏蔽字,能够灵活改变原来的优先级别顺序。

(8) 优先权判决器(Priority Register,PR)。优先权判决器对 IRR 中记录的内容与当前 ISR 中记录的内容进行比较，并对它们进行排队判优，以便选出当前优先级最高级的中断请求。如果 IRR 中记录的中断请求的优先级高于 ISR 中记录的中断请求的优先级，则由中断控制逻辑向 CPU 发出中断请求信号 INT，暂停当前的中断服务，发生中断的嵌套。优先权分析判决的原理如图 7.5 所示。

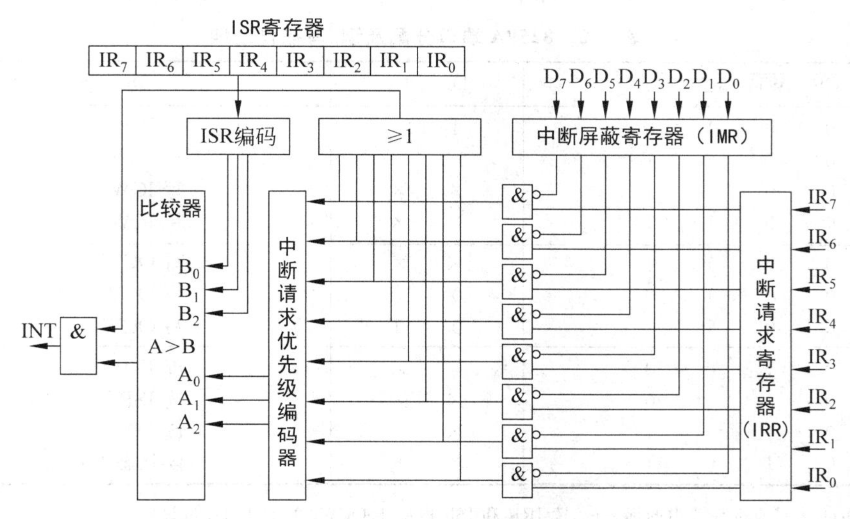

图 7.5　中断优先级分析判决的工作原理

图 7.5 中，中断的请求和中断的屏蔽通过 8 个“与门”逻辑选出参加中断优先级判决的中断请求输入端，即 8 位 IRR 与 8 位 IMR 各位分别送入“与门”输入端，只有当 IRR 位置“1”（有中断请求）和 IMR 位置“0”（开放中断请求）同时成立时，相应“与门”输出才有效；然后，优先级编码器从参加排队的中断级别中筛选出当前最高优先级并编码，作为比较器的一个输入（$A_2A_1A_0$）；最后，把 ISR 的当前正在服务的优先级（$B_2B_1B_0$）与当前请求的最高优先级（$A_2A_1A_0$）在比较器进行比较，当比较器 A>B 时，输出端有效，并且只要当前存在非屏蔽的中断请求，“或门”输出有效时，8259A 即可向 CPU 提出中断请求 INT，发生中断的嵌套，并置位 ISR 相应的位。

可见，ISR 寄存器保存着正在服务的 IR_i（i=0～7）中断源和被挂起的（尚未服务完）所有 IR_i（i=0～7）的相应优先级，若一个中断优先级正在服务期间，它会禁止同级或低级中断请求的发生，而向高一级的中断请求开放。

2. 8259A 的外部引脚

8259A 是 28 个引脚的双列直插式集成电路芯片，其外部引脚编号及分布如图 7.6 所示。

信号	引脚	引脚	信号
CS	1	28	V_{CC}
WR	2	27	A_0
RD	3	26	INTA
D_7	4	25	IR_7
D_6	5	24	IR_6
D_5	6	23	IR_5
D_4	7	22	IR_4
D_3	8	21	IR_3
D_2	9	20	IR_2
D_1	10	19	IR_1
D_0	11	18	IR_0
CAS_0	12	17	INT
CAS_1	13	16	SP/EN
GND	14	15	CAS_2

8259A

图 7.6　8259A 的外部引脚

（1）D_0～D_7：三态双向数据线，与 CPU 系统总线连接，用于写入命令字、读取寄存器和中断类型号。

（2）$\overline{RD}$：读信号，输入，低电平有效。当$\overline{RD}$有效时 CPU 对 8259A 进行读操作。

(3) $\overline{WR}$：写信号，输入，低电平有效。当$\overline{WR}$有效时 CPU 对 8259A 进行写操作。

(4) A_0：端口地址选择信号，输入，选择内部寄存器。

(5) $\overline{CS}$：片选信号，输入，低电平有效。当$\overline{CS}$有效时 8259A 被选中。

有关寄存器的端口地址分配及读/写操作功能见表 7.2。

表 7.2 8259A 端口分配及读/写操作功能

$\overline{CS}$	$\overline{WR}$	$\overline{RD}$	A_0	D_4	D_3	功 能
0	0	1	0	1	×	写 ICW_1
0	0	1	1	×	×	写 ICW_2
0	0	1	1	×	×	写 ICW_3
0	0	1	1	×	×	写 ICW_4
0	0	1	1	×	×	写 OCW_1
0	0	1	0	0	0	写 OCW_2
0	0	1	0	0	1	写 OCW_3
0	1	0	0	×	×	读 IRR
0	1	0	0	×	×	读 ISR
0	1	0	1	×	×	读 IMR
0	1	0	1	×	×	读状态寄存器

注：D_4D_3为对应寄存器中的标志位，读 IRR 和 ISR 取决于 OCW_3 的 $D_2D_1D_0$ 位设置。

(6) $\overline{SP}/\overline{EN}$：8259A 级联与缓冲使能信号(Slave Program/ENable Buffer)：双向信号线，用于从片选择或缓冲方式时的总线驱动器的控制信号。当 8259A 工作于非缓冲方式时，$\overline{SP}/\overline{EN}$作为输入信号线，用于从片选择，级联中的从片$\overline{SP}/\overline{EN}$接低电平，主片$\overline{SP}/\overline{EN}$接高电平。当 8259A 工作于缓冲方式时，$\overline{SP}/\overline{EN}$作为输出信号线，用做 8259A 与系统总线驱动器的控制信号。

(7) $IR_7 \sim IR_0$：中断请求输入信号，由外设输入给 IRR。

(8) INT：中断请求信号，与 CPU 的中断请求信号相连。

(9) $\overline{INTA}$：中断响应信号，与 CPU 的中断应答信号相连。

(10) $CAS_2 \sim CAS_0$：级联总线信号，作为主片与从片的连接线，主片为输出，从片为输入，主片通过 $CAS_2 \sim CAS_0$ 发送从片的 ID 识别编码选择和管理从片。

(11) V_{CC}：5V 电源输入信号。

(12) GND：电源地。

7.3.2 8259A 的中断管理

8259A 的中断管理功能很强，单片可以管理 8 级外部中断，在多片级联方式下最多可以管理 64 级外部中断，并且具有中断优先权判优、中断嵌套、中断屏蔽和中断结束等多种中断管理方式。

1. 中断优先权管理

8259A 中断优先权的管理方式有固定优先权方式和自动循环优先权方式两种。

(1) 固定优先权方式。在固定优先权方式中，$IR_7 \sim IR_0$的中断优先权的级别是由芯片初始化时确定。它们由高到低的优先级顺序是IR_0,IR_1,IR_2,…,IR_7,其中,IR_0的优先级最高,IR_7的优先级最低。当有多个$IR_i(i=0\sim7)$请求时,优先权判决器(PR)将它们与当前正在处理的中断源的优先权进行比较,选出当前优先权最高的IR_i,向CPU发出中断请求INT,请求为其服务。

(2) 自动循环优先权方式。在自动循环优先权方式中,$IR_7\sim IR_0$优先权级别是可以通过初始化编程进行设定。其变化规律是:当某一个中断请求IR_i服务结束后,该中断的优先权自动降为最低,而紧跟其后的中断请求IR_{i+1}的优先权自动升为最高,实现优先权的自动循环,$IR_7\sim IR_0$优先权级别按图7.7所示的循环方式改变。

$$\rightarrow IR_7 \rightarrow IR_6 \rightarrow \cdots \rightarrow IR_2 \rightarrow IR_1 \rightarrow IR_0 \rightarrow$$

图7.7　自动循环优先权方式

假设当前IR_0级别最高且有请求,CPU为其服务至完毕后,IR_0优先权自动降为最低,排在IR_7之后,而其后的IR_1的优先权升为最高,其余依次类推。这种优先权管理方式,可以使8个中断请求都可以拥有同等优先服务的权利。在自动循环优先权方式中,按确定循环时的最低优先权的方式不同,又分为普通自动循环方式和特殊自动循环方式两种。

① 普通自动循环方式:$IR_7\sim IR_0$中的初始最高优先级由系统默认IR_0的优先级最高,以后按右循环规则进行循环排队。

② 特殊自动循环方式:$IR_7\sim IR_0$中的初始最高优先级,由程序指定,以后按顺序自动循环。

2. 中断嵌套管理

中断嵌套即为高级别的中断可以打断正在被服务的级别较低的中断,8259A的中断嵌套方式分为一般完全嵌套和特殊完全嵌套两种。

(1) 一般完全嵌套方式。一般完全嵌套方式是8259A在初始化时自动进入的一种最基本的优先权管理方式。其特点是:中断优先权管理为固定方式,即IR_0优先权最高,IR_7优先权最低,在CPU中断服务期间(即执行中断服务子程序过程中),若有新的中断请求到来,只允许比当前服务的中断请求的优先权"高"的中断请求进入,对于"同级"或"低级"的中断请求禁止响应。

(2) 特殊完全嵌套方式。特殊完全嵌套方式是8259A在多片级联方式下使用的一种最基本的优先权管理方式。其特点是:中断优先权管理为固定方式,$IR_7\sim IR_0$的优先顺序与完全嵌套规定相同;与一般完全嵌套方式的不同之处是在CPU中断服务期间,除了允许高级中断请求进入外,还允许同级中断请求进入,从而实现了从片上中断级别的划分。

在级联方式下,主片通常设置为特殊完全嵌套方式,从片设置为一般完全嵌套方式。当主片为某一个从片的中断请求服务时,从片中的$IR_7\sim IR_0$的请求都是通过主片中的某个$IR_i(i=0\sim7)$请求引入。因此从片的$IR_7\sim IR_0$对于主片IR_i来说,它们属于同级,只有主片工作于特殊完全嵌套方式时,从片才能实现中断的分级和嵌套。

这样,当级联的从片有中断请求时,从片向主片提出请求,如果该请求还是级别最高的,则主片8259向CPU申请中断,得到响应后,如果在从片上有更高级别的中断有请求,在特殊完全嵌套方式下,这个更高级别的中断就会打断正在服务的中断,从而实现从片不同级别中断的嵌套。

级联情况下,从片的中断获得 CPU 的响应,在 CPU 响应中断发出第一个$\overline{INTA}$脉冲时,主片把响应中断请求的从片编码通过 CAS_0～CAS_2 发给从片,各个从片通过 CAS_0～CAS_2 接收后,将主片送来的编码与自己的编码相比较,若相同,则表明本片被选中,即该从片上的某中断请求被选中,于是该从片在下一个$\overline{INTA}$脉冲到来时,将被选中的中断源的中断类型号送到数据总线上。

3. 中断屏蔽管理

中断屏蔽方式是对 8259A 的外部中断源 IR_7～IR_0实现屏蔽的一种中断管理方式,有普通屏蔽方式和特定屏蔽方式两种。

(1) 普通屏蔽方式。普通屏蔽方式是通过 8259A 的中断屏蔽寄存器(IMR)来实现对中断请求 IR_i的屏蔽。由编程写入操作命令字 OCW_1,将 IMR 中的 D_i 置“1”,以实现对 IR_i(i=0～7)中断请求的屏蔽。

(2) 特定屏蔽方式。特定屏蔽方式允许低优先级中断请求中断正在服务的高优先级中断,可以通过编程写入操作命令字 OCW_3 来设置或取消。

在特定屏蔽方式中,可在中断服务子程序中用中断屏蔽命令来屏蔽当前正在处理的中断,同时可使 ISR 中的对应当前中断的相应位清 0,这样一来不仅屏蔽了当前正在处理的中断,而且也真正开放了较低级别的中断请求。在这种情况下,虽然 CPU 仍然继续执行较高级别的中断服务子程序,但由于 ISR 中对应当前中断的相应位已经清 0,如同没有响应该中断一样。所以,此时对于较低级别的中断请求,8259A 能产生 INT 中断请求,保证 CPU 响应较低级别的中断请求。

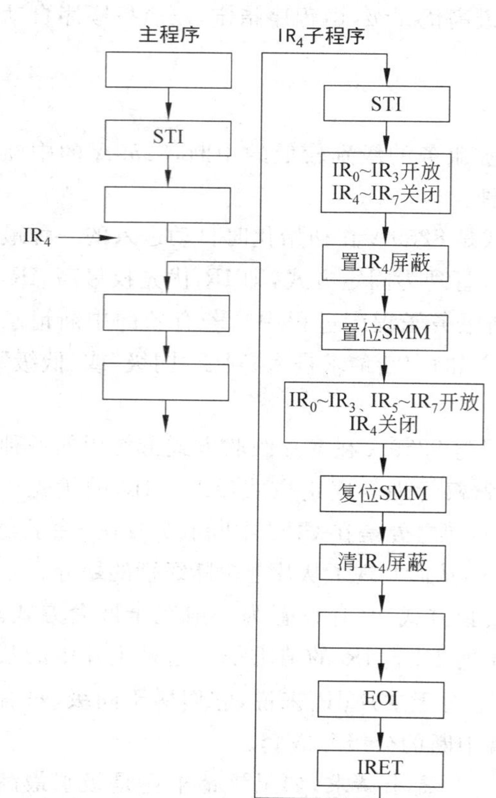

图 7.8　特定屏蔽方式的操作流程

在主程序被 IR_4 中断时,IR_4 是当前中断申请的最高优先级,CPU 进入 IR_4 的中断服务程序。当 IR_4 服务程序中执行 STI 指令后,在一般完全嵌套方式下只允许比 IR_4 中断级别高的 IR_0～IR_3 中断的申请去中断 IR_4。若在 IR_4 子程序中将 IMR 的位 4 屏蔽,并且发送置位“特定屏蔽方式”命令(OCW_3 的 D_6D_5=11),那么就开放了除 IR_4 除自身之外的所有中断级别,其中包括比 IR_4 低的 IR_5～IR_7 级中断。为了脱离特定屏蔽方式,应以相反的次序发送复位(OCW_3 的 D_6D_5=10)和开放 IR_4 的命令即可。特定屏蔽方式开放低优先级中断的过程如图 7.8 所示。

4. 中断结束命令

中断结束是指 CPU 为某个中断请求服务结束后，应及时清除中断服务标志位，否则就意味着中断服务还在继续，那么比它优先级低的中断请求无法得到响应。中断服务标志位对应中断服务寄存器(ISR)，当某个中断源 IR_i $(i=0\sim7)$被响应后，ISR 中的 D_i 位被置"1"，服务完毕应及时清除。8259A 提供了以下 3 种中断结束方式。

(1) 自动结束方式。自动结束方式是利用中断响应信号$\overline{INTA}$的第二个负脉冲的后沿，将 ISR 中的中断服务标志位清除。这种中断服务结束方式是由硬件自动完成的，需要注意的是：ISR 中为"1"位的清除是在中断响应过程中完成的，并非中断服务子程序的真正结束，若在中断服务子程序的执行过程中有另外一个比当前中断优先级低的请求信号到来，因 8259A 并没有保存任何标志来表示当前服务尚未结束，致使低优先级中断请求进入，打乱正在服务的程序，因此这种方式只适合用在没有中断嵌套的场合。

(2) 普通结束方式。普通结束方式是通过在中断服务子程序中编程写入操作命令字 OCW_2，向 8259A 传送一个普通 EOI(End Of Interrupt)命令来清除 ISR 中当前优先级别最高位。

由于这种结束方式是清除 ISR 中优先权级别最高的那一位，适合使用在一般完全嵌套方式下的中断结束。因为在一般完全嵌套方式下，中断优先级是固定的，8259A 总是响应优先级最高的中断，保存在 ISR 中的最高优先级的对应位，一定是正在执行的服务程序。

(3) 特殊结束方式。特殊结束方式是通过在中断服务子程序中编程写入操作命令字 OCW_2，向 8259A 传送一个特殊 EOI 命令(指定被复位的中断的级号)来清除 ISR 中的指定位。由于在特殊 EOI 命令中明确指出了复位 ISR 中的哪一位，不会因嵌套结构出现错误。因此，它可以用于一般完全嵌套方式下的中断结束，更适用于嵌套结构发生改变情况下的中断结束。

在从片的中断被响应的情况下，当中断结束时，需要先给从片结束的中断发 EOI 命令，再对主片发相应的 EOI 命令，把主片 ISR 对应从片的标志位清除。如果从片还有未处理完的中断，则继续处理，直到从片嵌套的中断都结束后，再给主片发 EOI 命令。

5. 中断触发方式

8259A 中断请求输入端 $IR_7\sim IR_0$的触发方式有电平触发和边沿触发两种，由初始化命令字 ICW_1 中的 LTIM 位来设定。

当将 LTIM 设置为 1 时，为电平触发方式，8259A 检测到 IR_i $(i=0\sim7)$端有高电平时产生中断。在这种触发方式中，要求触发电平必须保持到中断响应信号$\overline{INTA}$有效为止，并且在 CPU 响应中断后，应及时撤销该请求信号，以防止 CPU 再次响应，出现重复中断现象。

当将 LTIM 设置为 0 时，为边沿触发方式，8259A 检测到 IR_i $(i=0\sim7)$端有由低到高的跳变信号时产生中断。

6. 总线连接方式

8259A 数据线与系统数据总线的连接有缓冲和非缓冲两种方式。

(1) 缓冲方式：如果 8259A 通过总线驱动器和系统数据总线连接，此时，8259A 应选择缓冲方式，此时$\overline{SP}/\overline{EN}$为输出引脚，在 8259A 输出中断类型号的时候，$\overline{SP}/\overline{EN}$输出一个低电平，用此信号作为总线驱动器的启动信号。

(2) 非缓冲方式：如果 8259A 数据线与系统数据总线直接相连，那么 8259A 工作在非缓冲方式。

7.3.3 8259A 的命令字

在 8259A 内部有两组寄存器，一组为命令寄存器，用于存放 CPU 写入的一系列初始化命令字 ICW(Initialization Command Words)，即 $ICW_1 \sim ICW_4$；另一组为操作命令寄存器，用于存放 CPU 写入的操作命令字 OCW(Operation Command Words)，即 $OCW_1 \sim OCW_3$。

1. 初始化命令字 ICW

8259A 提供了 4 个($ICW_1 \sim ICW_4$)初始化命令字，具体如下。

(1) ICW_1 的格式。ICW_1 用于设置中断触发的方式、是否级联、是否设置 ICW_4 等内容，具体格式如图 7.9 所示。

D_7 D_6 D_5	D_4	D_3	D_2	D_1	D_0
8086/8088 系统未用	特征位：1	LTIM 中断的触发方式 1：电平触发 0：边沿触发	ADI 8086/8088 系统未用	SNGL 是否是级联 1：单片使用 0：级联使用	是否写ICW_4 1：写ICW_4 0：不写ICW_4

图 7.9 ICW_1 的格式

D_0：指示在初始化时是否需要写入命令字 ICW_4。ICW_4 定义结束方式、是否嵌套以及缓冲方式等。

D_1：指示 8259A 在系统中使用单片还是多片级联。SNGL=1 为单片，SNGL=0 为多片级联。

D_2：设置调用时间间隔，只对 8 位机(如 8080/8085)有效，1=调用间隔为 4，0=调用间隔为 8，对 8 位以上的微型计算机(如 8086/8088)无效，可全置为"0"。

D_3：定义中断的触发方式。LTIM=1 为电平触发，LTIM=0 为边沿触发。

D_4：ICW_1 的标志位，恒为 1。

$D_5 \sim D_7$：同 D_2 一样，只对 8 位机有效，8086/8088 系统未用，通常设置为"0"。

例如，若 8259A 采用电平触发，单片使用，需要 ICW_4，则 ICW_1=1BH。

(2) ICW_2 的格式。ICW_2 用于设置 8259 所管理中断的中断类型号，格式如图 7.10 所示。

D_7	D_6	D_5	D_4	D_3	D_2	D_1	D_0
中断类型号的高5位					无效		

图 7.10 ICW_2 的格式

$D_2 \sim D_0$：由 8259A 根据当前被响应的中断源所连接的 IR 端，自动获得编码，所以在初始化时这 3 位可设置为 0。

$D_7 \sim D_3$：该 5 位作为中断类型号的高 5 位。例如，如果定义 PC 的主片 8259 管理中断的类型号是 08H～0FH，需要定义 ICW2＝00001000B。

在 CPU 响应中断的信号$\overline{\text{INTA}}$第二个到来时，8259A 将初始化编程确定 ICW_2 的高 5 位与由中断等级自动获得的低 3 位组合形成一个 8 位的中断类型号，送到数据总线，供 CPU 读取。PC 的 8 级中断源中断类型号如表 7.3 所示。

表 7.3　PC/XT 的 8 级中断源的中断号

中断源	中断类型号高 5 位	低 3 位	中断号
日时钟	08H	IR_0(0)	08H
键盘	08H	IR_1(1)	09H
保留	08H	IR_2(2)	0AH
串行口 2	08H	IR_3(3)	0BH
串行口 1	08H	IR_4(4)	0CH
硬盘	08H	IR_5(5)	0DH
软盘	08H	IR_6(6)	0EH
打印机	08H	IR_7(7)	0FH

在 PC 的中断系统中，硬件中断类型号高 5 位是 00001B，在初始化时由 ICW_2 写入 8259A。硬盘的中断请求线连接到 8259A 的 IR_5 上，而 IR_5 的位编码为 101，所以硬盘的中断类型号为 00001101B。当 CPU 响应硬盘中断申请的第二个$\overline{\text{INTA}}$信号有效时，8259A 就把寄存器保存的 00001 作为高 5 位，IR5 的位编码 101 作为低 3 位，构成一个完整的 8 位中断类型号 0DH，经数据总线发送给 CPU。

(3) ICW_3 的格式。ICW_3 是级联命令字，在级联方式下才需要写入。主片和从片所对应的 ICW_3 的格式不同，主片 ICW3 的格式如图 7.11 所示。

D_7～D_0 与 IR_7～IR_0 相对应，若主片 IR_i(i＝0～7)引脚上连接了从片，则 D_i＝1，否则 D_i＝0。例如，当主片 ICW_3＝81H 时，表示 IR_7 和 IR_0 引脚上接有从片，而其他 IR_i 引脚上没有从片。从片 ICW_3 的格式如图 7.12 所示。

D_7	D_6	D_5	D_4	D_3	D_2	D_1	D_0
IR_7	IR_6	IR_5	IR_4	IR_3	IR_2	IR_1	IR_0

图 7.11　主片 ICW_3 的格式

D_7	D_6	D_5	D_4	D_3	D_2	D_1	D_0
0	0	0	0	0	ID_2	ID_1	ID_0

图 7.12　从片 ICW_3 的格式

ID_2～ID_0 是从片接到主片 IR_i(i＝0～7)上的标识码。例如，当从片的中断请求信号 INT 与主片的 IR_2 连接时，ID_2～ID_0 应设置为 010，D_7～D_3 未用，通常设置为 0。例如，从片 A 和 B 的请求 INT 分别联到主片的 IR_5 和 IR_3 上，则从片 A 的 ICW_3＝05H，从片 B 的 ICW_3＝03H。

在中断响应时，主片通过级联信号线 CAS_2～CAS_0 送出被允许中断的从片标识码 ID，各从片用自己的 ICW_3 和 CAS 总线上来的 ID 码进行比较，二者一致的从片被确定为当前中断源，当第二个$\overline{\text{INTA}}$信号到来时，从片可以发送最高级别中断的中断类型号到数据总线给 CPU。

(4) ICW_4 的格式。ICW_4 用于设定8259A的工作方式,其格式如图7.13所示。

D_7	D_6	D_5	D_4	D_3	D_2	D_1	D_0
0	0	0	SFNM	BUF	M/S	AEOI	μPM

图7.13 ICW_4 的格式

D_0:μPM用于指定CPU类型,当 $D_0=1$ 时,表示8259A工作在8086/8088系统中。当 $D_0=0$ 时,表示8259A工作在8080/8085系统中。

D_1:AEOI用于指定8259A的中断结束方式。$D_1=1$ 为自动结束方式,$D_1=0$ 为非自动结束方式。

D_2:M/S选择缓冲级联方式下的主片与从片。$D_2=1$ 为主片,$D_2=0$ 为从片。

D_3:BUF设置缓冲方式。$D_3=1$ 为缓冲方式,$D_3=0$ 为非缓冲方式。只有 $D_3=1$ 时 D_2 位才起作用,用来指示本片的主从关系。$D_3=0$ 时,D_2 位不起作用。

D_4:SFNM设置特定完全嵌套方式。$D_4=1$ 为特定完全嵌套方式,$D_4=0$ 为一般完全嵌套方式。在级联时,主片一般设为特定全嵌套方式。

D_7~D_5:未定义,通常设置为0。

当多片8259A级联时,若在8259A的数据线与系统总线之间加入总线驱动器,$\overline{SP}/\overline{EN}$引脚作为总线驱动器的控制信号,$D_3$ 位BUF应设置为1,此时主片和从片的区分不能依靠$\overline{SP}/\overline{EN}$引脚,而是由M/S来选择,当M/S=0时为从片;当M/S=1时为主片。如果BUF=0,则M/S定义无意义。

例如:PC/XT机中CPU为8086,若8259A与系统总线之间采用缓冲器连接,非自动结束方式,采用完全嵌套方式,只用1片8259A,则其 ICW_4=0DH。

这里的ICW与8259的初始化有关,由于8259A只有一根地址线,就要求ICW一定是按顺序依次写入,系统按初始化命令字的顺序、特征位以及端口地址进行区分。其中 ICW_1 和 ICW_2 是必须对8259A设置的,ICW_3 和 ICW_4 根据级联与否、是否需要 ICW_4 的实际情况选择使用的,一般在级联情况下必须使用 ICW_3,是否使用 ICW_4,在 ICW_1 中预先设置。初始化流程如图7.14所示。ICW_1 要写入8259A的偶地址,即 $A_0=0$,ICW_2~ICW_4 要求写入奇地址,即 $A_0=1$。PC的 ICW_1 地址为21H,ICW_2、ICW_3、ICW_4 地址为21H。

2. 操作命令字OCW

对8259A进行初始化后,它就进入了工作状态,随时准备接收外设通过 IR_i($i=0$~7)端输入的中断请求信号。此时,用户根据需要通过程序向8259A发出操作命令字 OCW_1~OCW_3,从而控制8259A按照不同的方式工作。这3个控制字是各自独立的,其中 OCW_1 对应奇地址端口,OCW_2 和 OCW_3 对应偶地址端口。PC的 OCW_1 地址为21H,OCW_2 和 OCW_3 的地址为20H。

(1) OCW_1 的格式。OWC_1 为中断屏蔽字,写入中断屏蔽寄存器(IMR)中,对外部中断请求信号 IR_i($i=0$~7)进行屏蔽,格式如图7.15所示。

当 M_i 为1时,则对应 IR_i 的中断请求被禁止;M_i 为0时,则对应的 IR_i 中断请求是开放的。用于程序需要的任何地方,而且可以写入,也可以读出。

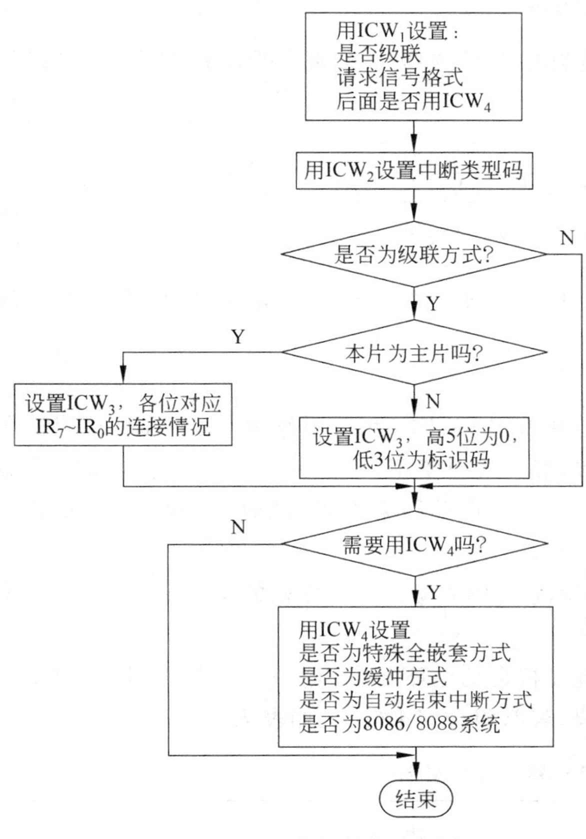

图 7.14　8259 的初始化流程图

D_7	D_6	D_5	D_4	D_3	D_2	D_1	D_0
M_7	M_6	M_5	M_4	M_3	M_2	M_1	M_0

图 7.15　OCW_1 的格式

例如：使中断 IR_3 和 IR_6 开放，其余均被屏蔽，则 OCW_1＝B7H。写 IMR 的程序段如下：

```
MOV  AL,0B7H         ;OCW1 内容
OUT  21H,AL          ;写入 IMR
```

IMR 寄存器的内容还可以读出，一般在设置 OCW_1 前先读出，修改相应的位后，再写入。在 BIOS 中有一段检查中断屏蔽寄存器的程序如下：

```
MOV  AL,00H          ;置 IMR 为全"0"
OUT  21H,AL          ;写 OCW1
IN   AL,21H          ;读 IMR
XOR  AL,AL           ;检查是否为全"0"
JNZ  D6              ;不为 0,则转出错处理
MOV  AL,0FFH         ;置 IMR 为全"1"
OUT  21H,AL          ;写 OCW1 口
IN   AL,21H          ;读 IMR
AND  AL,1            ;检查是否为全"1"
JNZ  D6              ;不全为"1",出错
```

```
D6: ...                    ;D6 为出错处理(略)
```

(2) OCW_2 的格式。OWC_2 用于设置中断优先级方式和中断结束方式,其格式如图 7.16 所示。

D_7	D_6	D_5	D_4	D_3	D_2	D_1	D_0
R	SL	EOI	0	0	L_2	L_1	L_0

图 7.16 OCW_2 的格式

$D_2 \sim D_0$:$L_2 \sim L_0$ 这 3 位用于指出中断等级。如中断结束的等级、优先级轮换的等级。

D_4、D_3:OCW_2 标志位。

D_5:设置 EOI 中断结束命令。指定中断结束,EOI=1,用作中断结束命令,使正在服务寄存器 ISR 对应位复 0,在非自动结束方式中使用;EOI=0 时,不执行结束操作命令。如果初始化时,ICW_4 的 AEOI=1,设置为自动结束方式,此时 OCW_2 中的 EOI 位应为 0。

D_6:SL 是操作目标选择位,用来指示复位 ISR 或改变优先权的操作目标 $L_2 \sim L_0$ 是否有效。

D_7:R 设置优先权循环。R=1 为优先权自动循环方式;R=0 为优先权固定方式。

$D_7 \sim D_5$ 这 3 位每位都有自己的意义,经常组合起来使用,如表 7.4 所示。

表 7.4 D7~D5 三位的组合功能

D_7 (R)	D_6 (SL)	D_5 (EOI)	功能
0	0	0	自动中断结束方式下,设置为全嵌套优先级
0	0	1	全嵌套方式下,设置为不指定等级的中断结束方式
0	1	0	无意义
0	1	1	全嵌套方式下,设置特殊中断结束方式时的中断结束位($L_2 \sim L_0$)
1	0	0	自动中断结束方式下,设置为自动优先级循环
1	0	1	优先级自动循环方式下,设置为普通中断结束方式时的中断结束
1	1	0	指定优先级循环方式下,设置起始最低优先级位($L_2 \sim L_0$)
1	1	1	指定优先级循环方式下,设置中断结束位($L_2 \sim L_0$)

OCW_2 的功能主要有两个,一个是控制 8259A 的优先等级循环方式,另一个是控制 8259 中断结束方式。例如,指定对 IR_4 中断源发出中断结束命令,并且设置以 IR_4 为最低的中断循环优先级方式:

```
MOV  AL,11100100B
OUT  20H,AL
```

如果在中断结束时发生优先级变化,指定要结束的中断级别号:

```
MOV  AL,01100100B
OUT  20H,AL
```

又如，不指定中断等级的结束方式，即结束当前最高级别的中断：

```
MOV  AL,20H
OUT  20H,AL
```

(3) OCW_3 的格式。OCW_3 用于设置或清除特殊屏蔽方式和读取寄存器的状态，格式如图 7.17 所示。

D_7	D_6	D_5	D_4	D_3	D_2	D_1	D_0
0	ESMM	SMM	0	1	P	RR	RIS

图 7.17　OCW_3 的格式

D_6D_5：ESMM 与 SMM 组合可用来设置或取消特殊屏蔽方式。当 $D_6D_5=11$ 时，设置特殊屏蔽；当 $D_6D_5=10$ 时，取消特殊屏蔽。

D_4D_3：OCW_3 的标志位，为 01。

D_2：P 为查询中断方式位。$D_2=1$ 时，设置 8259A 为中断查询工作方式，这时 CPU 靠发送查询命令，通过读取查询字来获得外部设备的中断请求信息；$D_2=0$ 时，配合 D_1、D_0 读取内部寄存器。

D_1：RR 为读寄存器允许位，$D_1=1$ 时，允许读寄存器读取对象由 D_0 指定。

D_0：RIS 读寄存器选择位。当 $D_0=0$ 时，读取 IRR；当 $D_0=1$ 时，读取 ISR。在进行读 ISR 或 IRR 操作时，先写入读命令 OCW_3，然后紧接着执行读 ISR 或 IRR 的指令。ISR 和 IRR 的读取地址为 20H。

D_2、D_1、D_0 的组合操作功能如表 7.5 所示。

表 7.5　OCW_3 中 $D_2D_1D_0$ 组合功能表

D_2	D_1	D_0	功　能
0	0	×	无操作
	1	0	下一个 $\overline{RD}$ 脉冲读取 IRR 内容
		1	下一个 $\overline{RD}$ 脉冲读取 ISR 内容
1	×	×	下一个 $\overline{RD}$ 脉冲读取中断状态(查询命令)

例如，读取 ISR 内容的程序段为

```
MOV      AL,00001011B
OUT      20H,AL          ;读 ISR 命令写入 OCW3
IN       AL,20H          ;读 ISR 内容至 AL 中
```

读取 IRR 内容的程序段为

```
MOV      AL,00001010B
OUT      20H,AL          ;读 IRR 命令写入 OCW3
```

```
IN      AL,20H          ;读 IRR 内容至 AL 中
```

如果使用 OCW_3 的 D_2 位为 1 的命令,可以通过读取查询字判断中断是否发生,并判断级别最高的是哪级,查询字是 CPU 从偶地址端口读入的,查询字格式如图 7.18 所示。

D_7	D_6	D_5	D_4	D_3	D_2	D_1	D_0
I					W_2	W_1	W_0

图 7.18 8259A 的查询字格式

其中,I 为中断特征位,若 $D_7=1$,表示 8259A 有中断请求;$D_7=0$ 表示无中断请求。当 I=1 时,$W_2\sim W_0$ 的编码,表明当前优先级最高的中断请求是哪一个,$W_2\sim W_0$ 为 000~111,分别对应 $IR_0\sim IR_7$ 中断源编码。CPU 读取查询字后,若发现有中断请求,通过 $D_2\sim D_0$ 的编码转入相应的中断处理程序进行中断处理。查询中断的程序如下:

```
⋮
MOV     AL,00001100B
OUT     20H,AL          ;发 OCW3 的查询中断命令字
IN      AL,20H          ;读取查询字
MOV     AH,AL
XOR     AL,87H
JZ      NUM7
MOV     AL,AH
XOR     AL,86H
JZ      NUM6
⋮
NUM7: …
NUM6: …
```

8259 的查询中断方式为设计者提供了又一种判断和识别中断的手段。可用于无法使用中断类型号或无中断向量表等情况。

7.3.4 8259A 的应用

1. 8259A 的初始化编程

8259A 的初始化编程需要写入初始化命令字 $ICW_1\sim ICW_4$,对它的连接方式、中断触发方式和中断结束方式进行设置。但由于 $ICW_1\sim ICW_4$ 使用两个端口地址,即 ICW_1 用 $A_0=0$ 的端口,$ICW_2\sim ICW_4$ 使用 $A_0=1$ 的端口,因此初始化程序应严格按照系统规定的顺序写入,即先写入 ICW_1,接着写 ICW_2,ICW_3,ICW_4。8259A 的初始化流程见图 7.14。

【例 7.1】 设 CPU 为 8088,使用一片 8259A,中断申请信号采用电平触发,中断类型号为 60H-67H 采用特殊嵌套,非缓冲方式,中断自动结束方式,8259A 的端口地址为 80H 和 81H,试编写其初始化程序。

初始化程序设计如下:

```
MOV    AL,1BH
OUT    80H,AL
MOV    AL,60H
OUT    81H,AL
MOV    AL,13H
OUT    81H,AL
```

【例 7.2】 某微型计算机系统使用主、从两片 8259A 管理中断，从片中断请求 INT 与主片的 IR_2 连接。设主片工作于特殊完全嵌套、非缓冲和非自动结束方式，中断类型号为 40H，端口地址为 20H 和 21H。从片工作于完全嵌套、非缓冲和非自动结束方式，中断类型号为 70H，端口地址为 80H 和 81H。试编写主片和从片的初始化程序。

对主片和从片分别编写初始化程序如下：

主片 8259A 的初始化程序：

```
MOV    AL,00010001B    ;级联,边沿触发,需要写 ICW4
OUT    20H,AL          ;写 ICW1
MOV    AL,01000000B    ;中断类型号 40H
OUT    21H,AL          ;写 ICW2
MOV    AL,00000100B    ;主片的 IR2 引脚接从片
OUT    21H,AL          ;写 ICW3
MOV    AL,00010001B    ;特殊完全嵌套、非缓冲、自动结束
OUT    21H,AL          ;写 ICW4
```

从片 8259A 初始化程序如下：

```
MOV    AL,00010001B    ;级联,边沿触发,需要写 ICW4
OUT    80H,AL          ;写 ICW1
MOV    AL,01110000B    ;中断类型号 70H
OUT    81H,AL          ;写 ICW2
MOV    AL,00000010B    ;接主片的 IR2 引脚
OUT    81H,AL          ;写 ICW3
MOV    AL,00000001B    ;完全嵌套、非缓冲、非自动结束
OUT    81H,AL          ;写 ICW4
```

2. 操作方式编程

操作方式编程是在 8259A 初始化后，由 CPU 向 8259A 写入操作命令字，从而实现对 8259A 的灵活控制。OCW_1～OCW_3 的设置可以出现在主程序和中断服务程序需要的任意位置，而且写入顺序没有限制。

【例 7.3】 某系统正在为 IR_2 服务，在服务过程中，打算允许优先级比较低的中断得到响应。在为低级中断服务完之后，再继续为 IR_2 服务。该系统中 8259A 的端口地址为 0A20H，0A21H。试编制控制程序段。

分析：先用 OCW1 屏蔽 IR_2，再用 OCW_3 设置 8259A 的特殊屏蔽方式。程序如下：

```
⋮
CLI
```

```
MOV     AL,04H
MOV     DX,0A21H
OUT     DX,AL           ;写 OCW1
MOV     AL,68H
MOV     DX,0A20H
OUT     DX,AL           ;写 OCW3
STI
⋮                        ;响应低优先级中断,为低优先级中断服务
CLI
MOV     AL,48H
MOV     DX,0A20H
OUT     DX,AL            ;写 OCW3
MOV     AL,00H
MOV     DX,0A21H
OUT     DX,AL            ;写 OCW1
STI
⋮
```

7.4　8259A 的实践

8259 作为 CPU 外围中断控制器芯片,在实际应用中,根据中断请求的等级多少,硬件设计可以选择单片使用、2 片级联、多片级联、板卡扩展等设计,涉及的主要内容有初始化、各种操作控制、级联设置、查询中断方式等。

【例 7.4】 PC 系统中 2 片 8259A 级联使用分析。

PC 采用 2 片 8259A 管理系统的中断,系统开机后固化在 BIOS 中的系统初始化程序对主 8259A 和从 8259A 进行初始化设置,主 8259A 口地址为 20H 和 21H,从 8259A 口地址为 0A0H 和 0A1H。系统连接如图 7.19 所示。

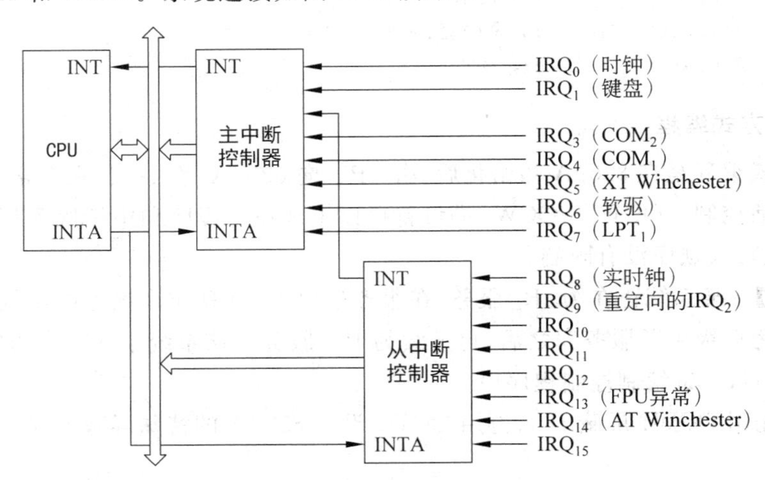

图 7.19　PC/AT 机中两片 8259A 硬件连接图

1. 主片 8259A 初始化程序代码

```
        MOV    AL,11H          ;ICW1=00010001B,边沿触发
        OUT    20H,AL          ;ICW4,级联方式
        JMP    INTR1           ;延迟
INTR1: MOV    AL,08H          ;ICW2=00001000B,中断类型号起始值为 08H
        OUT    21H,AL
        JMP    INTR2
INTR2: MOV    AL,04H
        OUT    21H,AL          ;ICW3=00000100B,从 8259A 与 IR2 脚级联
        JMP    INTR3
INTR3: MOV    AL,15H          ;ICW4=00010101B,特殊全嵌套;非缓冲,主片命令字
        OUT    21H,AL          ;中断结束方式
```

2. 从 8259A 的初始化程序代码

```
        MOV    AL,11H          ;ICW1=00010001B,边沿触发
        OUT    0A0H,AL         ;ICW4,级联方式
        JMP    INTR5           ;延迟
INTR5: MOV    AL,70H          ;ICW2=01110000B,中断类型号起始值为 70H
        OUT    0A1H,AL
        JMP    INTR6
INTR6: MOV    AL,02H          ;ICW3=00000010B,从 8259A 与 IR2 脚级联
        OUT0   A1H,AL
        JMP    INTR7
INTR7: MOV    AL,01H          ;ICW4=00000001B,特殊全嵌套;非缓冲,从片命令字
        OUT    0A1H,AL         ;中断结束方式
```

【例 7.5】 设计一个中断处理程序。要求中断请求信号以跳变方式由 IR_2 引入(可为任一定时脉冲信号),当 CPU 响应 IR_2 请求时,输出字符串"8259A INTERRUPT!",中断 10 次程序退出(设 8259A 的端口地址为 20H 和 21H,中断类型号为 40H)。

中断处理程序如下:

```
DATA    SEGMENT
      MESS      DB  '8259A INTERRUPT!',0AH,0DH,'$'
      COUNT     DB   10                    ;计数值为 10
DATA    ENDS
STACK   SEGMENT  STACK
      STA       DB  100H DUP(?)
      TOP       EQU  LENGTH    STA
STACK    ENDS

CODE     SEGMENT
      ASSUME    CS:CODE,DS:DATA,SS:STACK
MAIN:
      CLI
```

```
        MOV     AX,DATA
        MOV     DS,AX
        MOV     AX,STACK
        MOV     SS,AX
        MOV     SP,TOP
        MOV     AL,13H              ;8259A 初始化
        OUT     20H,AL              ;单片,边沿触发
        MOV     AL,40H              ;中断类型号 40H
        OUT     21H,AL
        MOV     AL,01H              ;非自动结束
        OUT     21H,AL
        MOV     AX,SEG INT-P        ;设置中断向量
        MOV     DS,AX               ;中断服务子程序入口段基址送 DS
        MOV     DX,OFFSET INT-P     ;中断服务子程序入口偏移地址送 DX
        MOV     AL,42H              ;IR2 的中断类型号 42H 送 AL
        MOV     AH,25H              ;25H 功能调用
        INT     21H
        IN      AL,21H              ;读 IMR
        AND     AL,0FBH             ;允许 IR2 请求中断
        OUT     21H,AL              ;写中断屏蔽字 OCW1
WAIT1:  STI                         ;开中断
        CMP     COUNT,0             ;判断 10 次中断是否结束
        JNZ     WAIT1               ;未结束,等待
        MOV     AX,4C00H            ;结束,返回 DOS
        INT     21H
INT-P   PROC                        ;中断服务子程序
        PUSH    DS                  ;保护现场
        PUSH    AX
        PUSH    DX
        STI                         ;开中断
        MOV     DS,AX
        MOV     DX,OFFSET MESS
        MOV     AH,09H
        INT     21H
        DEC     COUNT               ;控制 10 次循环
        JNZ     NEXT
        IN      AL,21H              ;读 IMR
        OR      AL,04H              ;屏蔽 IR2 请求
        OUT     21H,AL
NEXT:   CLI                         ;关中断
        MOV     AL,20H              ;写 OCW2,送中断结束命令 EOI
        OUT     20H,AL
        POP     DX                  ;恢复现场
        POP     AX
```

```
        POP      DS
        IRET     ;中断返回
INT-P   ENDP
CODE    ENDS
END     MAIN
```

习　题　7

1. 什么是中断？简述微型计算机系统的中断过程。

2. 什么是中断向量？什么是中断向量表？

3. 中断类型号为77H的中断服务程序的起始地址为0A16：0480 H，它在中断向量表中什么位置？是如何存放的？

4. 简述中断向量的具体修改方法。

5. 8086中断系统可处理哪些中断，它们的优先级是如何排列的？

6. 对8259A的编程有哪两大类？它们分别如何应用？各使用哪些命令字？

7. CPU响应外部中断的条件有哪些？

8. 8259如何实现查询中断？

9. 某可编程中断控制器8259A初始化命令字ICW_2为20H，则该8259A的中断类型号的范围是多少？

10. 8088系统中有一片8259A，其占用地址为0F0H～0F1H，采用非缓冲，一般嵌套，电平触发，普通中断结束，中断类型号为80H～87H，禁止IRQ_3，IRQ_4中断，试写出8259A的初始化程序段。

11. 简述特定屏蔽方式的作用，并画出实现的流程图和程序段。

12. 试编写一段程序，实现将8088系统中8259的IRR、ISR、IMR 3个寄存器的内容读出，并送入内存从2000H开始的单元中，设8259的端口地址为20H和21H。

13. 试为8086系列微型计算机扩充8个中断。设计硬件电路并给出相应的驱动程序。

14. 简述有从片级联的情况下，CPU响应从片中断的过程和从片中断结束的过程。

第8章 DMA技术与定时/计数技术

微型计算机系统中的DMA技术和定时/计数技术，在计算机中具有重要的作用，系统定时和数据传输是计算机系统本身和应用装置完成功能、提高效率、保障性能的关键技术，具有普遍的意义和重要的价值。本章具体介绍Intel 8237芯片和Intel 8253定时/计数芯片所代表的DMA技术和定时/计数技术以及芯片的应用。

8.1 DMA技术

8.1.1 DMA基本概念及功能

DMA(Direct Memory Access)即存储器直接访问，是一种高速的数据传输技术，它允许在外部设备和存储器之间直接进行数据的读写操作，即不通过CPU也无须CPU干预，整个数据传输操作是在一个称为“DMA控制器”DMAC的控制下进行的。CPU除了在数据传输开始和结束时进行一点处理外，在这个传输过程中CPU可以去完成其他的工作，所以在大部分时间里CPU和数据的输入/输出都处于并行操作，从而使整个计算机系统的效率大大提高。这与中断方式依靠CPU执行中断服务程序进行数据传输的操作完全不同，DMA方式完全靠硬件控制，为实现DMA操作而设计了专用接口电路，如Intel 8237、Intel 8257、Z8410、MC 6844等各个公司的DMAC芯片。

由于这种外部设备与内存直接传送，不需要CPU及其累加器AX中转，并且其传输控制(检查字数、修改地址等)均由硬件完成，从而实现高速、大量数据的直接传输，在计算机中有着越来越广泛的应用，如磁盘存取、图像处理、同步通信、高速数据采集、多媒体数据传送以及RAM刷新等。

DMA的数据传输过程如图8.1所示，工作描述如下。

(1) 当外部设备准备好，具备DMA传送的条件时，外设向DMAC提出传送请求信号(DREQ)。

(2) DMAC收到外部设备的DMA请求，便向CPU发出占用总线的请求信号(HRQ)。

(3) CPU响应DMAC的占用总线的请求，发出总线响应信号(HLDA)。

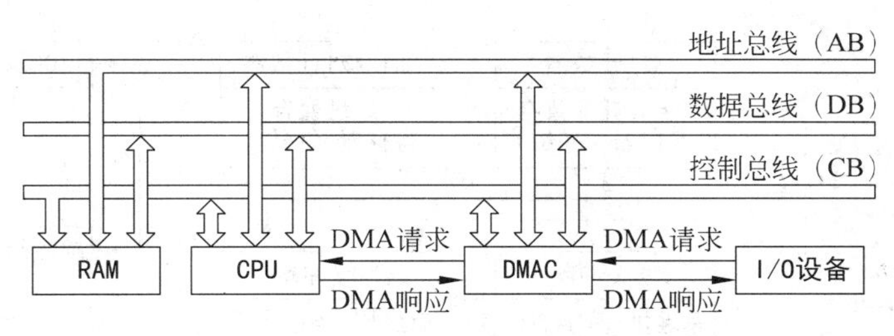

图 8.1 DMA 的数据传输过程

(4) DMAC 收到总线响应信号(HLDA)，得到总线的控制权。

(5) 并且 DMAC 向外部设备发出 DMA 响应信号(DACK)，通知外部设备，其 DMA 传送请求获得允许，可以进行数据传输了。

(6) DMAC 发出地址信息和相关控制信号，实现外部设备与内存间直接的数据传送。并且 DMAC 自动修改地址(+1 或-1)和字节计数器(-1 直到为 0)，据此判断是否重复进行传送操作。

(7) 字节计数为 0，表明传送完毕，DMAC 撤销发给 CPU 的 HRQ 信号，CPU 检测到 HRQ 信号失效，便撤销 HLDA，并在下一时钟周期开始时 DMAC 让出总线，CPU 重新控制总线。

8.1.2 8237A 的结构与引脚

Intel 8237 是由 Intel 公司推出的典型的可编程 DMA 控制器，是高性能可编程的 DMA 控制器，内部有 4 个独立的 DMA 通道，每个通道都有 64KB 的寻址和计数能力，具有不同的优先级，有 4 种工作方式，可以分别设置允许和禁止，多片 8237 芯片可以级联以扩展通道数。在 5MHz 时钟频率下，数据传送速率最高可达 1.6MBps。可见其基本特点如下：

(1) 具有独立的 4 个 DMA 通道，每个通道可以请求或屏蔽 DMA 传送。

(2) 4 个 DMA 通道具有不同的优先级。通过编程可以工作在固定优先级方式，也可以是循环优先级方式。

(3) 提供 4 个工作模式：单字节传送、数据块传送、请求传送和级联传送，通过编程进行选择。

(4) 提供 3 种 DMA 传送类型：写传送、读传送和校验传送。

(5) 提供外部硬件 DMA 请求和软件 DMA 请求两种方式。

8237 的基本结构如图 8.2 所示。

1. 8237 的内部结构

8237 主要由 3 个基本控制逻辑单元、三个地址/数据缓冲器单元和一组内部寄存器组成。

(1) 控制逻辑单元。控制逻辑单元包括定时和控制逻辑、命令控制逻辑和优先级控

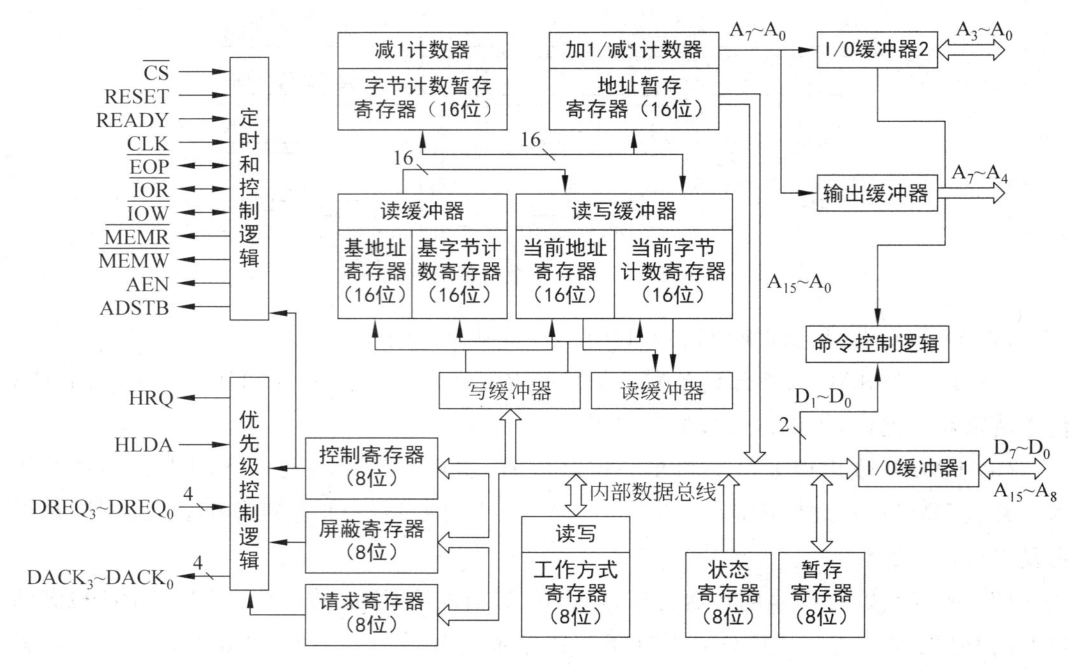

图 8.2 8237 内部结构

制逻辑,其功能如下。

① 定时和控制逻辑:根据初始化编程所设置的工作方式寄存器的内容和命令,在输入时钟信号的控制下,产生 8237A 的内部定时信号和外部控制信号。

② 命令控制逻辑:主要是在 CPU 控制总线时(即 DMA 处于空闲周期),将 CPU 在初始化编程送来的命令字进行译码;当 8237A 进入 DMA 服务时,对 DMA 的工作方式控制字进行译码。

③ 优先级控制逻辑:用来裁决各通道的优先权顺序,解决多个通道同时请求 DMA 服务时可能出现的优先权竞争问题。

(2) 地址/数据缓冲器单元。缓冲器包括 I/O 缓冲器 1、I/O 缓冲器 2 和输出缓冲器,其功能如下。

① I/O 缓冲器 1:8 位、双向、三态地址/数据缓冲器,作为 8 位数据 $D_7 \sim D_0$ 输入输出和高 8 位地址 $A_{15} \sim A_8$ 输出缓冲。

② I/O 缓冲器 2:4 位地址缓冲器,作为地址 $A_3 \sim A_0$ 输出缓冲。

③ 输出缓冲器:4 位地址缓冲器,作为地址 $A_7 \sim A_4$ 输出缓冲。

(3) 内部寄存器。8237 的内部寄存器以存储器结构形式构成寄存器阵列,包括每个通道都有的 4 个 16 位基地址/当前地址寄存器、基字节/当前字节计数寄存器,以及方式寄存器、请求触发器、屏蔽触发器,4 个通道共用的控制寄存器、状态寄存器,和不能访问的 2 个 16 位的地址暂存寄存器、字节计数暂存寄存器、1 个 8 位数据暂存器,如表 8.1 所示。

表 8.1 8237 的内部寄存器

名称	位数	数量	CPU 访问方式
基地址寄存器	16	4	只写
基字节计数寄存器	16	4	只写
当前地址寄存器	16	4	可读可写
当前字节计数寄存器	16	4	可读可写
地址暂存器	16	1	不能访问
字节计数暂存器	16	1	不能访问
控制寄存器	8	1	只写
工作方式寄存器	6	4	只写
屏蔽寄存器	1	4	只写
请求寄存器	1	4	只写
状态寄存器	8	1	只读
数据暂存器	8	1	只读

2. 8237 的引脚信号

8237 是 40 引脚双列直插式芯片，芯片外部引脚如图 8.3 所示。

(1) $DB_7 \sim DB_0$：8 位地址/数据线。当 CPU 控制总线时，$DB_7 \sim DB_0$ 作为双向数据线，由 CPU 读写 8237 内部寄存器；当 8237 控制总线时，$DB_7 \sim DB_0$ 输出被访问存储器单元的高 8 位地址信号 $A_{15} \sim A_8$，并由 ADSTB 信号锁存。

(2) $A_3 \sim A_0$：地址线，双向。当 CPU 控制总线时，$A_3 \sim A_0$ 为输入，作为 CPU 访问 8237 时内部寄存器的端口地址选择线。当 8237 控制总线时，$A_3 \sim A_0$ 为输出，作为被访问存储器单元的地址信号 $A_3 \sim A_0$。

(3) $A_7 \sim A_4$：地址线，单向。当 8237A 控制总线时，$A_7 \sim A_4$ 为输出，作为被访问存储器单元的地址信号 $A_7 \sim A_4$。

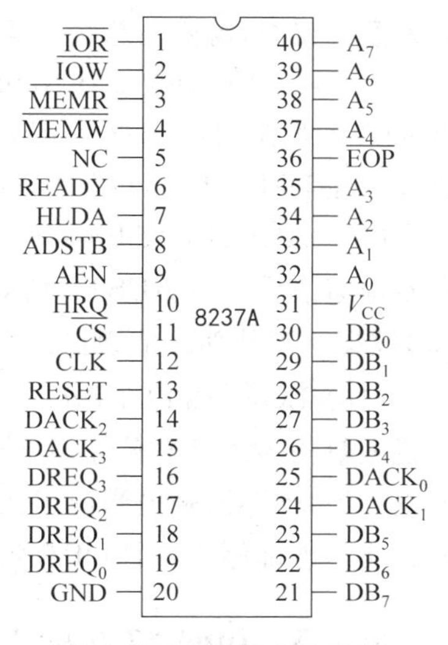

图 8.3 8237 的芯片引脚

(4) $\overline{CS}$：片选信号，低电平有效。当 CPU 控制总线时，$\overline{CS}$为低电平，选中指定的 8237。

(5) $\overline{IOR}$：I/O 读信号，双向，低电平有效。当 CPU 控制总线时，$\overline{IOR}$为输入信号，CPU 读 8237 内部寄存器的状态信息；当 8237 控制总线时，$\overline{IOR}$为输出信号，与$\overline{MEMW}$配合控制数据由外设传至存储器。

(6) $\overline{IOW}$：I/O 写信号，双向，低电平有效。当 CPU 控制总线时，$\overline{IOW}$为输入信号，CPU 写 8237 内部寄存器；当 8237A 控制总线时，$\overline{IOW}$为输出信号，与$\overline{MEMW}$配合控制数

据由存储器传至外设。

(7) $\overline{MEMR}$：存储器读信号，输出，低电平有效，与$\overline{IOW}$配合控制数据由存储器传至外设。

(8) $\overline{MEMW}$：存储器写信号，输出，低电平有效，与$\overline{IOR}$配合控制数据由外部设备传至存储器。

(9) $DREQ_3 \sim DREQ_0$(DMA Request)：4 个通道的 DMA 请求输入信号，由请求 DMA 传送的外设输入，其有效极性和优先级可以通过编程设定。

(10) $DACK_3 \sim DACK_0$(DMA Acknowledge)：4 个通道的 DMA 响应信号，作为对请求 DMA 传送外部设备的应答信号，其有效极性可以通过编程设定。

(11) HRQ(Hold Request)：总线请求信号，输出，高电平有效，与 CPU 的总线请求信号 HOLD 相连。当 8237 接收到 DREQ 请求后，使 HRQ 变为有效电平。

(12) HLDA(Hold Acknowledge)：总线应答信号，输入，高电平有效。与 CPU 的总线响应信号 HLDA 相连。当 HLDA 有效后，表明 8237 获得了总线控制权。

(13) CLK(Clock)：时钟信号，用来控制 8237 内部操作的定时并控制数据传送的速率。

(14) RESET：复位信号，高电平有效。芯片复位后，屏蔽寄存器置"1"，其他寄存器被清 0，8237 处于空闲周期，可接受 CPU 的初始化操作。

(15) READY(I/O Device Ready)：外部设备准备就绪信号，输入，高电平有效。READY＝1，表示外部设备已经准备就绪，可以进行读写操作；READY＝0，表示外部设备未准备就绪，需要在总线周期中插入等待周期。

(16) AEN(Address ENable)：地址允许信号，输出，高电平有效。当 AEN 有效时，将 8237A 控制器输出的存储器单元地址送上系统地址总线，禁止其他总线控制设备使用总线。在 DMA 传送过程中，AEN 信号一直有效。

(17) ADSTB(Address Strobe)：地址选通信号，输出，高电平有效，作为外部地址锁存器选通信号。当 ADSTB 信号有效时，$DB_7 \sim DB_0$ 传送的存储器高 8 位地址信号($A_{15} \sim A_8$)被锁存到外部地址锁存器中。

(18) $\overline{EOP}$(End Of Process)：DMA 传送结束信号，双向，低电平有效。当 8237 的任一通道数据传送计数停止时，产生$\overline{EOP}$输出信号，表示 DMA 传送结束；也可以由外部设备输入$\overline{EOP}$信号，强迫当前正在工作的 DMA 通道停止计数，数据传送停止。无论是内部停止还是外部停止，当$\overline{EOP}$有效时，立即停止 DMA 服务，并复位 8237 的内部寄存器。

8.1.3 Intel 8237 的工作周期

由于 8237 要作为系统的控制器，控制外部设备与内存间的数据传输，所以它有主控和从属两种工作状态，当它没有获得总线控制权时，作为从属设备由 CPU 控制，如初始化操作。8237 一旦获得总线控制权，由从属状态变为主控状态，控制 DMA 进行数据传送。数据传送完毕，将总线控制权交还给 CPU，又由主控状态变为从属状态。相应的，8237 有两个工作周期，即空闲周期和有效周期，每个周期又由若干个时钟周期组成。

1. 空闲周期

当 8237 的 4 个通道中任意一个通道无 DMA 请求时，8237 就进入空闲周期，在空闲周期，8237 始终执行 SI 状态，并且在每一个时钟周期都采样通道的请求输入线 DREQ。若无 Cs 请求就始终停留在 SI 状态。在空闲周期，8237 就作为 CPU 的一个外部设备。在 SI 状态。可由 CPU 对 8237 编程，或从 8237 读取状态，只要$\overline{CS}$信号有效并且 HRQ 为无效，则 CPU 可对 8237 进行读/写操作。

2. 有效周期

当 8237 在 S_I 状态采样到外设有请求，就脱离 S_I 而进入 S_0 状态。

(1) S_0 状态是 DMA 服务的第一个状态，在这个状态，8237 已接收了外设的请求，向 CPU 发出了 DMA 请求信号 HRQ，但尚未收到 CPU 的 DMA 响应信号 HLDA。

(2) 当接收到 HLDA 就使 8237 进入工作状态，开始 DMA 传送，此时，8237 就作为系统总线的主控设备。

在通常情况下，工作状态由 S_1、S_2、S_3、S_4 组成以完成数据传送，若外部设备的数据传送速度较慢，不能在 S_4 之前完成，则可由 READY 线在 S_3 或 S_2 与 S_4 之间插入 S_w 状态。在存储器与存储器之间的传送，则需 8 个时钟周期。前 4 个时钟周期 S_{11}～S_{14}完成从存储器读，后 4 个时钟周期 S_{21}～S_{24}完成对存储器写。DMA 传送时序如图 8.4 所示。

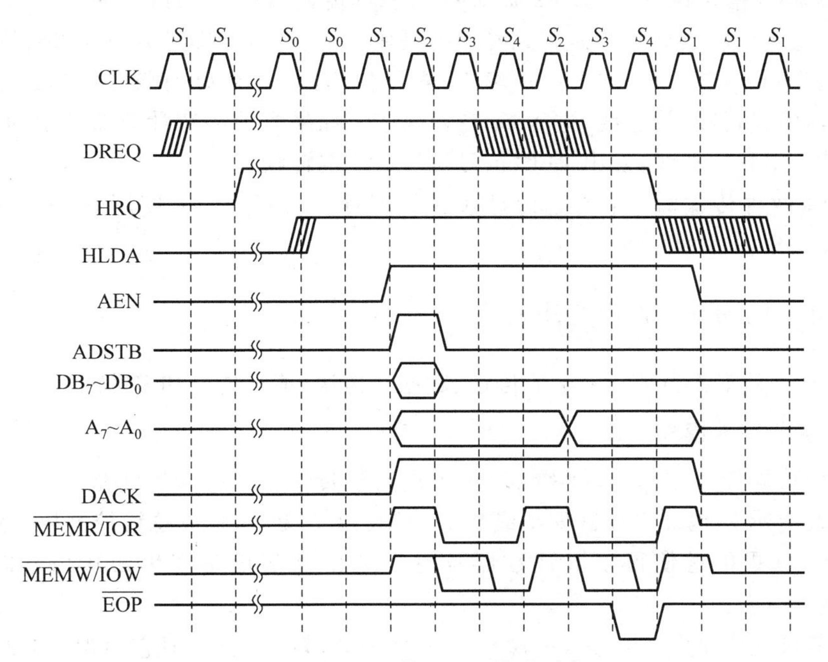

图 8.4　8237A 的 DMA 传送时序

8237 的时序包括 S_I、S_0、S_1、S_2、S_w、S_3、S_4 这 7 个状态。

S_I：空闲状态(Idle)。当 8237 的通道都无 DMA 请求时，则其处于空闲周期或称为 S_I 状态，空闲周期由一系列的时钟周期组成，在空闲周期中的每一个时钟周期，8237 只做两项工作：8237A 采样 C_S 片选信号，该信号有效，CPU 就要对 8237A 进行读/写操作；

8237A 还采样通道的请求输入信号 DREQ,该信号有效,就进入有效周期。

S_0:请求状态。如果某一通道有 DREQ 请求,则 8237 将驱动 HRQ 为高电平,向 CPU 提出 DMA 请求,8237 进入 S_0 状态,等待 CPU 交出总线控制权。

S_1:获得总线控制权。当 8237 收到 CPU 发出的总线允许信号 HLDA,8237 脱离 S_0 进入 S_1 状态。8237 获得总线控制权,输出 AEN 信号,允许高 8 位地址输出到总线。在 8237 占用总线期间,AEN 信号不变,因此,一般情况下,S_1 状态被跳过,仅在第一次 8237 才执行 S_1 状态。

S_2:输出地址并发出读写控制信号。8237 在 $A_7 \sim A_0$ 引脚输出地址低 8 位,在 $DB_7 \sim DB_0$ 引脚输出高 8 位地址 $A_{15} \sim A_8$ 及其锁存信号 ADSTB,并发出读写控制信号 IOR、IOW、MEMR、MEMW。注意,高 8 位地址 $A_{15} \sim A_8$ 要在 S_3 状态才出现在系统地址总线上。

S_w:等待状态。如果外部设备的速度不够快(READY=0),在 S_2 或 S_3 状态后插入 S_w 周期。

S_3:锁存地址高 8 位。8237 仅在第一次执行 S_2 时,才输出地址高 8 位及其锁存信号 ADSTB,然后在 S_3 状态锁存高 8 位地址,高 8 位地址出现在系统地址总线上。一般情况下,高 8 位地址不变,因此,不执行 S3 状态,仅在需要时(第一次,及以后需修改高 8 位地址时),才执行 S_3 状态。正常时序时,S_3 产生较长的 IOR 或 MEMR 脉冲。

S_4:传输数据。在 S_4 状态 8237 对数据进行传输或模式测试。使 IOW 或 MEMW 信号有效,完成一次数据的传输。此时如果是块传输模式,立即进入 S_2,如果是请求传输模式,测试 DREQ,当 DREQ 无效时,8237 暂停传输,当 DREQ 有效时,进入 S_2。如果是单字节传输模式,则释放总线,进入 S_1 空转状态。如果当前字节计数器的值为 0,表明本次传输结束,则释放总线,发出 EOP 信号,进入 S_1 空转状态。

8237 有两种传输时序:普通时序和压缩时序。普通时序:使用 S_2、S_3、S_4;压缩时序:使用 S_2、S_4。

8.1.4　Intel 8237 的工作方式

8237 有 4 种工作方式:单字节传送、数据块传送、请求传送和多片级联。

1. 单字节传送模式

在这种数据传送方式下,每次 DMA 传送时仅传送一个字节。传送一个字节之后当前字节计数器减 1,地址寄存器加 1 或减 1,HRQ 变为无效,释放总线控制权,将控制权交还给 CPU。如果传送使得字节计数器减为 0 或由外部设备产生 $\overline{EOP}$ 信号时,则终止 DMA 传送。

单字节传送方式的特点是,一次传送一个字节,效率较低,但它会保证在两次 DMA 传送之间,CPU 有机会获得总线控制权,执行一次 CPU 总线周期。

2. 数据块传送模式

在这种数据传送方式下,8237 一旦获得总线控制权,就会连续地传送数据块,直到当前字节计数器减到 0 或由外部设备产生 $\overline{EOP}$ 信号时,终止 DMA 传送,释放总线控制权。数据块传送方式的特点是,一次请求传送一个数据块,效率高,但在整个 DMA 传送期间,

CPU 长时间无法控制总线(无法响应其他 DMA 请求,无法处理其他中断等)。

3. 请求传送模式

请求传送方式与数据块传送方式类似,也是一种连续传送数据的方式。区别是:8237 在请求传送方式下,每传送一个字节就要检测一次 DREQ 信号是否有效,若有效,则继续传送下一个字节;若无效,则停止数据传送,结束 DMA 过程。但 DMA 的传送现场全部保持(当前地址寄存器和当前字节计数器的值),待请求信号 DREQ 再次有效时,8237 接着原来的计数值和地址继续进行数据传送,直到当前字节计数器减到 0 或由外设产生$\overline{EOP}$信号时,终止 DMA 传送,释放总线控制权。请求传送方式的特点是:DMA 操作可由外部设备利用 DREQ 信号控制数据传送的过程。

4. 多片级联模式

这种模式用于通过多个 8237 级联以扩展通道,如图 8.5 所示,由主、从两级构成,从片 8237 的 HRQ 和 HLDA 引脚与主片 8237 的 DREQ 和 DACK 引脚连接,一片主片最多可连接 4 片从片。在级联方式下,从片进行 DMA 传送,主片在从片与 CPU 之间传递联络信号,并对从片各通道的优先级进行管理。级联方式下可扩展多个 DMA 通道。

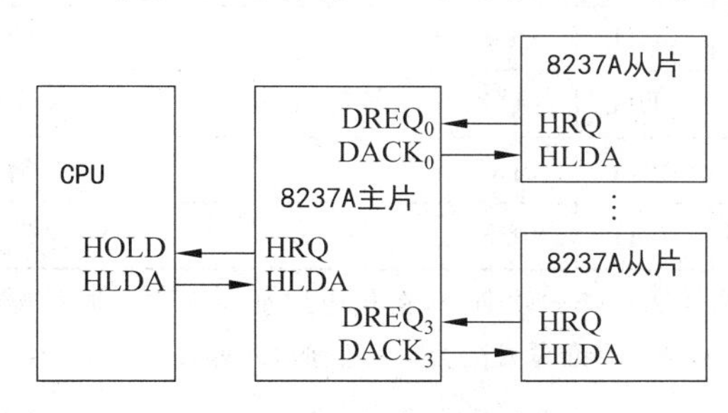

图 8.5 8237 的多片级联方式

8.1.5 Intel 8237 的内部寄存器结构

8237 的内部寄存器有两类。一类称为通道寄存器,每个通道包括基地址寄存器、当前地址寄存器、基字节计数器、当前字节计数器和工作方式寄存器,这些寄存器的内容在初始化编程时写入。另一类为控制寄存器和状态寄存器等,这类寄存器是 4 个通道公用的,控制寄存器用来设置 8237 的传送类型和请求控制,初始化编程时写入。状态寄存器存放 8237 的工作状态信息,供 CPU 读取查询。8237 内部寄存器的端口地址分配及读写功能如表 8.2 所示。

表 8.2 8237 内部寄存器端口地址分配及读/写操作功能

通道号	DMA+		地址		寄存器操作访问	
	地址	端口	主片	从片	读操作($\overline{IOR}$=0)	写操作($\overline{IOR}$=0)
0	0000	+0	00H	0C0	当前地址寄存器	基地址/当前地址寄存器
	0001	+1	01H	0C2	当前字节寄存器	基字节/当前字节寄存器

续表

通道号	DMA+		地 址		寄存器操作访问	
	地址	端口	主片	从片	读操作($\overline{IOR}$=0)	写操作($\overline{IOR}$=0)
1	0010	+2	02H	0C4	当前地址寄存器	基地址/当前地址寄存器
	0011	+3	03H	0C6	当前字节寄存器	基字节/当前字节寄存器
2	0100	+4	04H	0C8	当前地址寄存器	基地址/当前地址寄存器
	0101	+5	05H	0CA	当前字节寄存器	基字节/当前字节寄存器
3	0110	+6	06H	0CC	当前地址寄存器	基地址/当前地址寄存器
	0111	+7	07H	0CE	当前字节寄存器	基字节/当前字节寄存器
公用	1000	+8	08H	0D0	状态寄存器	控制寄存器
	1001	+9	09H	0D2		请求寄存器
	1010	+A	0AH	0D4		单通道屏蔽寄存器
	1011	+B	0BH	0D6		方式寄存器
	1100	+C	0CH	0D8		清除先后触发器(*)
	1101	+D	0DH	0DA	暂存寄存器	主清除(软复位)(*)
	1110	+E	0EH	0DC		清4通道屏蔽寄存器(*)
	1111	+F	0FH	0DE		置4通道屏蔽寄存器

※ 注(*)处是8237的3个特殊的软命令,在相应地址写入清除先后触发器、主清除(软件复位)、清4通道屏蔽寄存器属于软命令,不论写入内容,一旦有写入操作,即可产生作用。

(1) 当前地址寄存器:用来保存DMA传送的当前地址,每次传送后这个寄存器的值自动加1或减1。当前地址寄存器可由CPU写入或读出。

(2) 当前字节计数器:保存DMA还要传送的字节数,每次传送后减1。这个计数器的值可由CPU写入和读出,当前字节计数器的值减到0时,终止计数。

(3) 基地址寄存器和基字节寄存器:基地址寄存器中存放着与当前地址寄存器、当前字节计数寄存器相联系的初始值,但不随传输的进行而变化,也不能读出。初始化时,CPU将起始地址写入基地址寄存器和当前地址寄存器,同时写入基字节数寄存器和当前字节数寄存器。

(4) 工作方式寄存器:该寄存器寄存相应通道的方式控制字,它规定了相应通道的操作方式。其写入格式如图8.6所示。

D_7D_6	D_5	D_4	D_3D_2	D_1D_0
00:请求方式	0:地址加1	0:禁止自动初始化	00:检验传送	00:通道0
01:单字节传送 10:块传送 11:级联传送	1:地址减1	1:允许自动初始化	01:写传送 10:读传送	01:通道1 10:通道2 11:通道3

图8.6 8237的工作方式寄存器

D_1D_0：用于选择该方式控制字的相应 DMA 通道。当 CPU 对其编程时，根据 D_1D_0 的值写入到相应通道的 6 位方式寄存器中（D_1D_0 不写入）。

D_3D_2：用来设置数据传送类型。

D_4：用来设置是否允许自动初始化。若工作在自动初始化方式，则每当产生$\overline{EOP}$信号时，当前地址寄存器和字节数计数器分别装入基地址寄存器和基字节数计数器的初始值，为通道进行再一次的 DMA 传送作好准备。当某个通道设置为自动初始化方式时，其相应的屏蔽位不能置位。

D_5：用于规定地址是递增或递减。

D_7D_6：用于规定 DMA 操作类型。

(5) 控制寄存器：控制寄存器存放 8237 的控制字，如图 8.7 所示。它用来设置 8237 的操作方式，影响每个通道。复位时，控制寄存器被清“0”。在系统性能允许的范围内，为获得较高的传输效率，8237 能将每次传输时间从正常时序的三个时钟周期变成压缩时序的两个时钟周期。

D_7	D_6	D_5	D_4	D_3	D_2	D_1	D_0
0：DACK低电平有效 1：DACK高电平有效	0：DREQ高电平有效 1：DREQ低电平有效	0：滞后写 1：扩展写	0：固定优先权 1：循环优先权	0：正常时序 1：压缩时序	0：允许8237A操作 1：禁止8237A操作	0：通道0地址不保持 1：通道0地址保持不变	0：禁止存储器到存储器传送 1：允许存储器到存储器传送

图 8.7　8237 的控制寄存器

D_0：用以规定是否允许采用存储器到存储器的传送方式，8237 约定在存储器到存储器传送利用通道 0 和通道 1 来实现，第一个总线周期从通道 0 把源地址字节数据读入 8237 的暂存器，第二个总线周期，由通道 1 把暂存器数据送到总线，在写信号作用下写入目标地址。两通道没传送一个数据，地址各自加 1 或减 1，通道 1 的字节计数器减 1，直到为 0 产生$\overline{EOP}$信号，DMA 传输结束。D_0 为 0 或 1 用来禁止和允许这种传送。

D_1：用以规定通道 0 的地址是否保持不变。如前所述，在存储器到存储器传送中，源地址由通道 0 提供，读出数据到暂存寄存器，而后，由通道 1 送出目的地址，将数据写入目的区域；若命令字中 $D_1=0$，则在整个数据块传送中(块长由通道 1 决定）保持内存源区域地址不变，因此，就会把同一个数据写入到整个目的存储器区域中。

D_2：允许或禁止 8237 芯片工作的控制位。

D_3：用于 8237 的正常时序和压缩时序选择，靠 DMA 传输的各设备速度都比较高，采用压缩时序可提高数据传输的量。

D_4：用于 8237 的优先权控制。固定优先权下，通道 0 的优先级最高，通道 3 的优先级最低；采用循环优先权时，各个通道的优先级可以发生变化，刚刚服务过的通道优先级降为最低，下一个通道的优先级变成最高的，如此循环，每个通道都有平等的优先权。

D_5：用于 8237 的时序控制。D_5位用于选择是否扩展写信号。在 $D_3=0$（正常时序）时，如果外部设备速度较慢，有些外设是用 8237A 送出的$\overline{IOW}$和$\overline{MEMW}$信号的下降沿来产生的 READY 信号的，为提高传送速度，能够使 READY 信号早些到来，须将$\overline{IOW}$和

$\overline{MEMW}$信号加宽，以使它们提前到来。因此，可以通过令 $D_5=1$ 使$\overline{IOW}$和$\overline{MEMW}$信号扩展 2 个时钟周期提前到来。

D_6：用于 8237 对 DREQ 信号的高低电平选择。

D_7：用于 8237 对 DACK 信号的高低电平选择。

(6) 请求寄存器：8237 除了可以利用硬件 DREQ 信号提出 DMA 请求外，当工作在数据块传送方式时，也可以通过软件发出 DMA 请求。在执行存储器与存储器之间的数据传送时，由通道 0 从源数据区读取数据，由通道 1 将数据写入目标数据区，此时启动 DMA 过程是由内部软件 DMA 请求来实现的，即对通道 0 的请求寄存器写入 04H，产生 DREQ 请求，使 8237 产生总线请求信号 HRQ，启动 DMA 传送。格式如图 8.8 所示。

$D_7 \sim D_3$：未用。

D_2：表示有无 DMA 请求。

$D_1 \sim D_0$：组合为 00 是表示选择通道 0，为 01 时选择通道 1，为 10 时选择通道 2，为 11 时选择通道 3。

(7) 屏蔽寄存器：8237 的每个通道都有一个屏蔽位，当该位为 1 时，屏蔽对应通道的 DMA 请求，屏蔽位可以用两种命令字置位或清除，如图 8.9 所示。

$D_7D_6D_5D_4D_3$	D_2	D_1D_0
未用	0：无DMA请求 1：有DMA请求	00：通道0 01：通道1 10：通道2 11：通道3

图 8.8 8237 的请求寄存器

$D_7D_6D_5D_4D_3$	D_2	D_1D_0
未用	1：屏蔽DMA请求 0：允许DMA请求	00：通道0 01：通道1 10：通道2 11：通道3

图 8.9 8237 的单通道屏蔽字

$D_7 \sim D_3$：未用。

D_2：为 1 和 0 时表示屏蔽和允许 DMA 请求。

$D_1 \sim D_0$：组合为 00 是表示选择通道 0，为 01 时选择通道 1，为 10 时选择通道 2，为 11 时选择通道 3。

8237 的通道也可以一次屏蔽多个，用 8237 的四通道屏蔽字进行设置。如图 8.10 所示。

$D_7D_6D_5D_4$	D_3	D_2	D_1	D_0
未用	0：清通道3屏蔽位 1：置通道3屏蔽位	0：清通道2屏蔽位 1：置通道2屏蔽位	0：清通道1屏蔽位 1：置通道1屏蔽位	0：清通道0屏蔽位 1：置通道0屏蔽位

图 8.10 8237 的四通道屏蔽字

通道相应的位为 0 表示清屏蔽位，为 1 表示置通道屏蔽位。

(8) 状态寄存器：状态寄存器用来存放各通道的工作状态和请求标志，低 4 位对应表示各通道的终止计数状态。当某通道终止计数或外部$\overline{EOP}$信号有效时，则对应位置 1。高 4 位对应表示当前是否存在 DMA 请求。这些状态位在复位或被读出后，均被清 0。如图 8.11 所示。

D_7	D_6	D_5	D_4	D_3	D_2	D_1	D_0
通道3请求	通道2请求	通道1请求	通道0请求	通道3终止计数	通道2终止计数	通道1终止计数	通道0终止计数

图 8.11　8237 的状态寄存器

当某通道终止计数或外部$\overline{EOP}$信号有效时，则对应位置 1。高 4 位对应表示当前是否存在 DMA 请求。这些状态位在复位或被读出后，均被清 0。

(9) 暂存寄存器：8237 进行从存储器到存储器的数据传送时，通道 0 先把从源数据区读出的数据，送入暂存寄存器中保存，然后由通道 1 从暂存寄存器中读出数据，传送至目标数据区中。传送结束时，暂存寄存器只会保留最后一个字节数据并可由 CPU 读出。复位时，用 RESET 信号清除此暂存寄存器中的内容。

(10) 清除命令：清除命令不需要通过写入控制寄存器来执行，只需要对特定的 DMA 端口执行一次写操作即可完成。主清除命令的功能与复位信号 RESET 类似，可以对 8237 进行软件复位。只要对 $A_3 \sim A_0 = 1101B$ 的端口执行一次写操作，便可以使 8237 处于复位状态。

8.1.6　Intel 8237 的应用

8237 的应用主要在硬件连线基础上进行编程设置，8237 自动进行 DMA 传输的控制。

1. 编程步骤

8237 的编程通常可按如下步骤进行：

(1) 写主清除命令；总清时只要求对总清地址进行写操作并不关心写入什么数据；

(2) 置页面寄存器；

(3) 写入基地址和当前地址寄存器；

(4) 写入基字节和当前字节计数寄存器；

(5) 写入方式寄存器；

(6) 写入控制寄存器；

(7) 写入屏蔽寄存器；

(8) 写入请求寄存器。

其中第(8)步是采用软件 DMA 请求时所需要的，由此可将相应的请求命令字写入指定通道，从而启动 DMA 传送过程；若为硬件 DMA 请求，则无须完成此步骤，只要在完成了(1)～(7)步编程后，由通道的 DREQ 信号即可启动 DMA 传送过程。

【例 8.1】 在 IBM-PC 系统中，试利用 8237 通道 1，将内存 8000H：0H 开始的 16KB 数据传送至磁盘(地址增量传送)。要求采用块传送方式，传送完不自动预置，DREQ 和 DACK 均为高电平有效，固定优先级，普通时序，不扩展写信号。系统中 8237 的端口地址为 00H～0FH。通道 1“页面寄存器”的端口地址为 83H。

(1) 确定模式字(图 8.12)。

D_7	D_6	D_5	D_4	D_3	D_2	D_1	D_0
1	0	0	0	1	0	0	1
块方式		地址增量	非自动初始化	读传送		通道1	

图 8.12 模式字

(2) 确定命令字(图 8.13)。

D_7	D_6	D_5	D_4	D_3	D_2	D_1	D_0
1	0	0	0	0	0	0	0
DACK高电平有效	DREQ高电平有效	正常写	固定优先级				非存储器至存储器传送

图 8.13 命令字

(3) 确定屏蔽字(图 8.14)。

D_7	D_6	D_5	D_4	D_3	D_2	D_1	D_0
0	0	0	0	0	0	0	1
					通道1的屏蔽位复位		

图 8.14 屏蔽字

初始化程序如下：

```
OUT  0DH,AL      ;输出主清除命令
MOV  AL,08H      ;置通道 1"页面寄存器",页面地址为 8(A19~A16=08H)
OUT  83H,AL
MOV  AL,00H      ;写入基和当前地址低 8 位
OUT  02H,AL
MOV  AL,00H      ;写入基和当前地址高 8 位
OUT  02H,AL
MOV  AL,00H      ;写入基和当前字节计数寄存器低 8 位
OUT  03H,AL
MOV  AL,40H      ;写入基和当前字节计数寄存器高 8 位
OUT  03H,AL
MOV  AL,89H      ;输出模式字
OUT  0BH,AL
MOV  AL,80H      ;输出命令字
OUT  08H,AL      ;8237 内部寄存器的寻址
MOV  AL,01H      ;输出屏蔽字
OUT  0AH,AL
```

2. 8237A 与外部设备的接口电路

如图 8.15 所示，8237 有 4 个独立的 DMA 通道，通常总是把每一个通道指定给一个专门的外部设备。4 个 DMA 请求输入信号 $DREQ_3$～$DREQ_0$ 分别对应通道 3～通道 0。

在空闲状态，8237 不断采样这些输入信号，当某个外设请求 DMA 操作时，相应的 DREQ 变为有效电平。

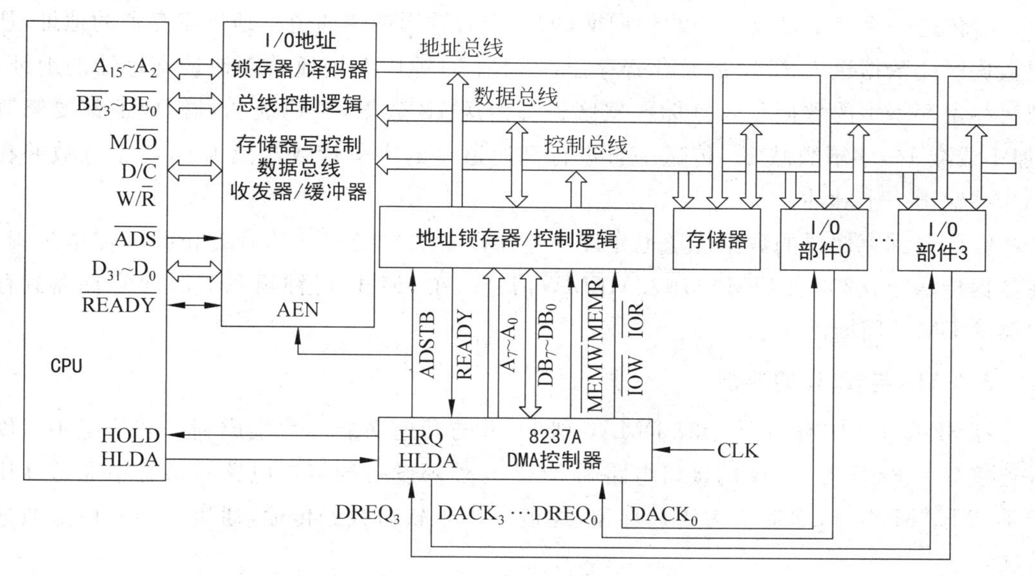

图 8.15　8237A 与外部设备的接口电路

8237 采样到 DREQ 有效电平后，使 HRQ 信号变为高电平有效，并将其传送给 CPU 的 HOLD 输入端，请求 CPU 让出总线控制权。当 CPU 准备让出总线控制权时，使总线信号进入高阻状态，同时使输出信号 HLDA 变为高电平有效，作为对 HOLD 的应答。8237 接收到有效的 HLDA 应答信号后，就取得了总线控制权。

8237 取得总线控制权后，使输出信号 DACK 变为高电平有效，通知外部设备它已经处于准备就绪状态。在 8237 控制总线期间，将产生存储器、I/O 数据传送所需要的全部控制信号。DMA 传送有下列三种情况：

(1) 外部设备到存储器的数据传送。在这种情况下，8237 利用$\overline{IOR}$信号通知外部设备，把数据送上数据总线 DB_7～DB_0。与此同时，8237 利用$\overline{MEMW}$信号把总线上的有效数据写入存储器。

(2) 存储器到外部设备的数据传送。在这种情况下，8237 先从存储器读出数据，然后再把数据传送到外部设备，在数据传送过程中 8237 需要$\overline{MEMR}$和$\overline{IOW}$信号。在存储器到外部设备或从外部设备到存储器的传送过程中，数据直接从外部设备传送到存储器或从存储器传送到外部设备，而没有通过 8237 控制器。

8237 形成存储器到外部设备或从外部设备到存储器的 DMA 总线周期，均需要 4 个时钟周期的时间。时钟周期的持续时间由加到 CLK 输入端的时钟信号的频率所决定。例如，频率为 5MHz 的时钟信号，周期为 200ns，DMA 总线周期为 800ns。

(3) 存储器到存储器的数据传送。在这种传送方式下，8237 固定使用通道 0 和通道 1。通道 0 的地址寄存器存放源数据区地址，通道 1 的地址寄存器存放目标数据区的地址,通道 1 的字节计数器存放需要传送数据的字节数。传送过程由设置通道 0 的软件请求启动,8237 按正常方式向 CPU 发出 HRQ 请求信号,待 HLDA 响应后传送开始。

每传送一个字节需要 8 个时钟周期,前 4 个时钟周期用通道 0 地址寄存器的地址,从源数据区读数据送入 8237 的暂存寄存器;后 4 个时钟周期用通道 1 地址寄存器的地址,把暂存寄存器中的数据写入目标数据区。每传送 1B 数据,源地址和目标地址都要修改(加 1 或减 1),字节数减 1。传送一直进行到通道 1 的字节计数器减为 0,终止计数并在$\overline{EOP}$端输出一个脉冲。

存储器到存储器的数据传送也允许由外部设备送来的$\overline{EOP}$信号终止数据传送过程。在数据传送中,8237 使用$\overline{MEMR}$和$\overline{MEMW}$信号。在 5MHz 时钟频率下,1 个存储器到存储器的 DMA 周期需要 1.6ms。

3. 8237 与 CPU 的连接

在 32 位 PC 中有两个 8237 DMAC 级联,并与其他功能芯片集成到一芯片组中。硬件连接分为 8237 与 CPU 的接口电路和 8237 与外部设备的接口电路。系统中通道 0 用于动态 RAM 刷新,通道 1 为用户保留,通道 2 用于软盘数据传输,通道 3 用于硬盘数据传输。

在微型计算机系统中,8237 是作为外围从属设备进行工作的,它的操作必须通过软件进行初始化处理,通过读写内部寄存器来实现,而数据的传送是通过它与 CPU 之间的接口电路来进行的。8237 与 CPU 的接口电路如图 8.16 所示。

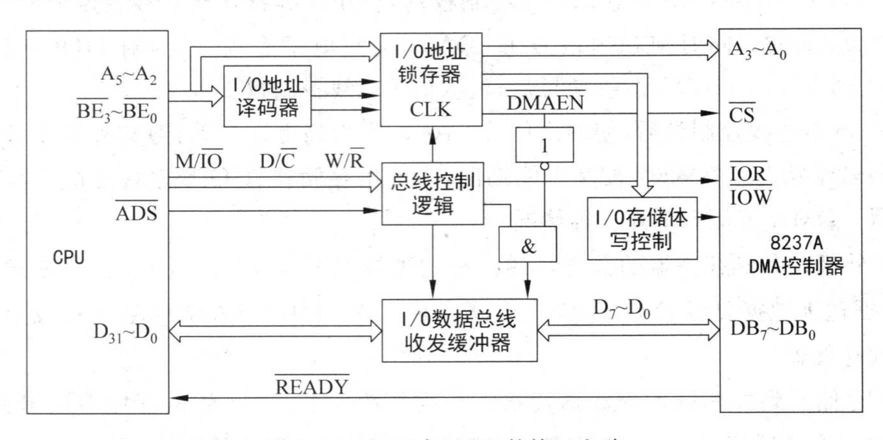

图 8.16 8237 与 CPU 的接口电路

当 8237 没有被外部设备用来进行 DMA 操作时,处于所谓的空闲状态。在空闲状态下,CPU 可以向 8237 输出命令以及读写它的内部寄存器。所访问寄存器的端口地址 A_3～A_0 由 CPU 的地址信号线 A_5～A_2 来提供。

在数据传送总线周期,其他地址线经译码电路产生 8237 的片选信号$\overline{CS}$。在空闲状态时,8237 不断采样片选信号$\overline{CS}$,当$\overline{CS}$有效时,CPU 分别用$\overline{IOR}$信号和$\overline{IOW}$信号来控制 8237,实现输入总线操作和输出总线操作。

8.2 定时/计数技术

8.2.1 定时/计数技术概述

在微型计算机系统和测控应用系统中,需要对时间操作的一些技术以实现定时或延时控制,如定时采集数据、CPU 的时间片轮换、定时检测与控制、波形发生等;有的需要对外部事件进行计数,而后使微处理器产生相关操作等。因此在微型计算机其应用系统中经常要用到定时信号,以进行准确的定时、延时和计数控制。

要实现定时或延时控制,主要有 3 种方法:软件定时、不可编程的硬件定时、可编程的硬件定时器。

1. 软件定时

软件定时方法简单、灵活,不需要增加硬件电路并且可用程序设计延时,缺点是大量占用 CPU 时间而降低了 CPU 的利用率。用软件定时方法必须正确掌握处理器与指令,安排合适的循环次数,因此常用于定时时间短、重复调用次数少的场合。

2. 不可编程硬件定时

不可编程硬件定时方法硬件电路简单,价格便宜,缺点是一旦电路硬件确定并连接好后其定时时间和范围就确定了,不能改变和控制,并且精度不高。一般可选用小规模集成电路器件 555 通过外接定时部件电阻和电容构成,不占用 CPU 的时间。

3. 可编程硬件定时

可编程硬件定时方法以硬件定时芯片电路为基础,通过编程能够确定电路的定时值及其范围,这种方法的灵活性高、定时精度高,不占用 CPU 的时间。

微型计算机采用的 Intel 8253/4 PIT(Programmable Interval Timer)是可编程定时/计数器芯片,用户可通过编程设定其工作方式和计数值,外围连接简单,配合微型计算机系统完成时间更新、时钟定时、定时控制等。下面以 Intel 8253 为对象介绍可编程定时/计数芯片功能,Intel 8254 在计数频率和一些辅助功能方面有一定扩展,使用时基本相同。

8.2.2 8253 的主要功能与结构

1. 8253 的主要功能

Intel 8253 作为 Intel 系列微处理器的外围芯片,具有可编程功能,24 个引脚的双列直插式封装,+5V 电源,提供多个通道和多种工作方式。其主要功能如下:

(1) 芯片上有 3 个独立的 16 位的计数器通道。

(2) 每个计数器可以单独作为定时器或计数器使用,并且都可以按照二进制或十进制来计数。

(3) 每个计数器通道都有 6 种工作方式,都可以通过程序设置或改变。

(4) 每个计数器的最高的计数频率为 2.6MHz(Intel 8254 的最高的计数频率可达 5~10MHz,82801BA 集成的 8254 的计数频率为 14.31808MHz)。

(5) 所有的输入输出都是 TTL 电平,便于与外围接口电路相连接。

2. 8253 的内部结构

8253 的结构分为四大部分:数据总线缓冲器、读写控制逻辑、控制字寄存器以及 3 个独立的 16 位的计数器通道。这 3 个计数器通道分别叫作计数器 0、计数器 1 和计数器 2。如图 8.17 所示。

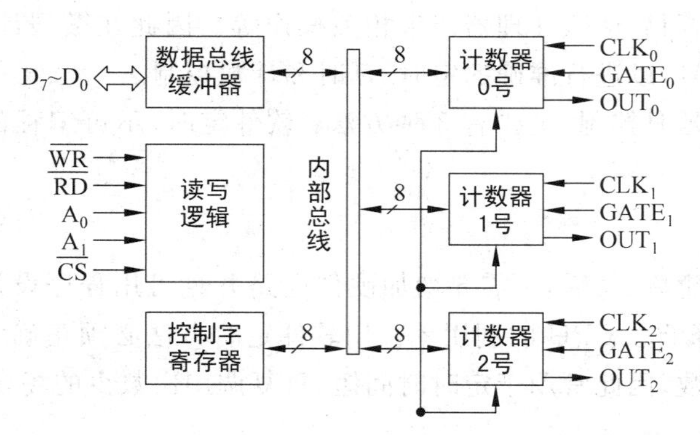

图 8.17　8253 的内部结构框图

(1) 数据总线缓冲器:8 位的双向三态缓冲器,与系统数据总线 D_0~D_7 相连,主要用于 CPU 发送控制字给 8253、向 8253 的计数器写入计数值、从 8253 的计数器读出计数值等操作。

(2) 读写控制逻辑电路:该电路按 CPU 发来的 $\overline{RD}$、$\overline{WR}$、$\overline{CS}$、A_1、A_0 等信号组合产生对 8253 一定功能的访问操作,如表 8.3 所示。

表 8.3　8253 控制信号的组合功能

A_1	A_0	$\overline{RD}$	$\overline{WR}$	$\overline{CS}$	操作功能
0	0	0	1	0	读计数器 0
0	1	0	1	0	读计数器 1
1	0	0	1	0	读计数器 2
0	0	1	0	0	写计数器 0
0	1	1	0	0	写计数器 1
1	0	1	0	0	写计数器 2
1	1	1	0	0	写方式控制字
×	×	×	×	1	禁止操作

(3) 控制字寄存器:存放 CPU 发给 8253 的控制字,只能写入,不能读出,8253 按控制字进行初始化,设定计数器及工作方式。

(4) 3 个计数器:分别为计数器 0、1 和 2,是 3 个独立的计数/定时通道,它们都可按不同的方式工作。每个计数器内部都包含一个初始值寄存器 CR、一个减法计数执行部件 CE 和一个计数输出锁存器 OL,这 3 个寄存器都是 16 位的,分为高 8 位和低 8 位,也可用作 8 位寄存器。

在初始化编程时,CPU 把初始值送入初始值寄存器,在时钟脉冲作用下送入减法计数器执行部件,输出锁存器可以锁存当前的计数值以便读出。启动工作后,减法计数器进行递减计数,当计数器内容减为 0 时,还可控制初始值寄存器自动将其数值填入计数器内重新开始计数。工作中,8253 还能将计数器当前数值随时锁存到锁存寄存器内,以便读出当前计数值。

3. 8253 的引脚

8253 为 24 引脚的双列直插式芯片,单一的 5V 电源,其引脚和各个计数器框图如图 8.18和 8.19 所示。

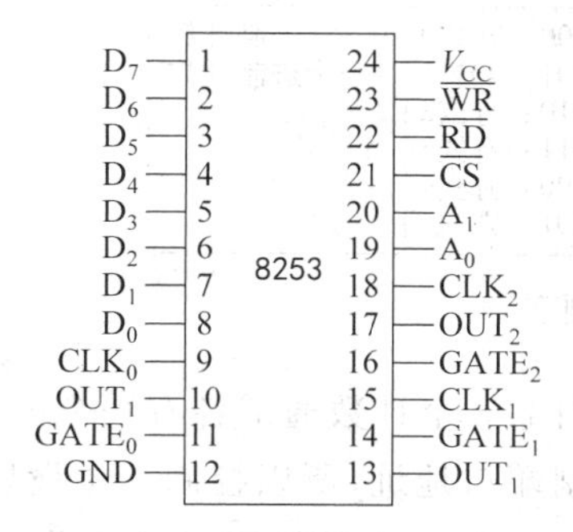

图 8.18 8253 的芯片引脚图

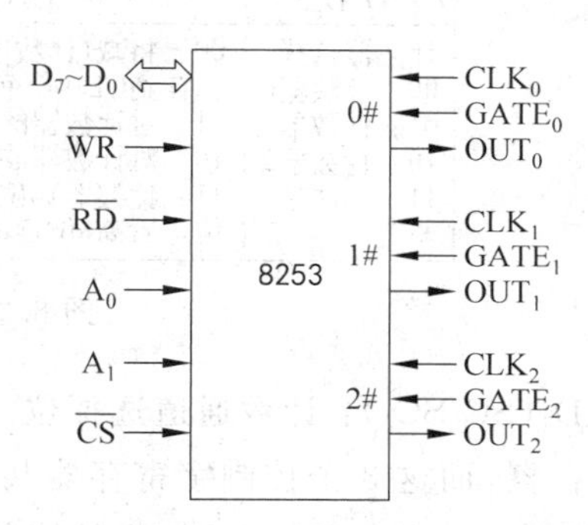

图 8.19 8253 的计数器框图

(1) $D_0 \sim D_7$:数据总线,为三态 8 位输入输出线。用于将 8253 与系统数据总线相连,是 8253 与 CPU 接口数据线,供 CPU 向 8253 进行读写数据、命令和状态信息。

(2) $\overline{CS}$:片选信号,输入,低电平有效。当 CS 为低电平时,CPU 选中 8253 可以向 8253 进行读写,CS 为高电平时未选中。CS 由 CPU 输出的地址码经译码获取。

(3) $\overline{RD}$:读信号,为一输入低电平有效信号。它由 CPU 产生加到 8253,控制对 8253 选中寄存器读取信号。

(4) $\overline{WR}$:写信号,为一输入低电平有效信号。它由 CPU 产生加到 8253,它控制把 CPU 输出的数据或命令信号写到 8253 中的寄存器。

(5) A_1A_0:这两根线接到地址总线的 A_1、A_0 上。当 CS=0,8253 被选中时,接通最低两位地址 A_1 和 A_0 选择 8253 内部的各个寄存器,以便对它们进行读写操作。A_1A_0 与 8253 内部寄存器的关系如表 8.1 所示。

(6) CLK:时钟信号,输入。3 个独立的计数器,各有一独立的时钟输入信号分别为 CLK_0、CLK_1 和 CLK_2。时钟信号的作用是在 8253 进行定时或计数工作时,每输入一个时钟信号 CLK,便使定时或计数值减 1。它是计量的基本时钟。

(7) GATE:门控信号,输入。3 个独立的通道分别有自己的选通信号 $GATE_0$、$GETA_1$ 和 $GATE_2$。GATE 信号的作用是控制启动定时或计数。对于 8253 的 6 种不同工作方式,GATE 信号的有效方式不同,有用电平控制的,也有用 GATE 信号的上升沿控制的。

(8) OUT：计数器输出信号，是8253向外输出信号。3个独立通道分别有自己的输出信号 OUT_0、OUT_1、OUT_2。OUT信号的作用是当计数器工作时，其定时或计数值减为0，于是在OUT线上输出一个OUT信号，用以指示定时及计数时间到。这个信号既可用于定时、计数控制，也可作为定时、计数到的状态信号供CPU检测，还可以作为中断请求信号使用。

8.2.3 8253的控制字

8253的控制字进行计数器选择、读写操作方式选择、工作方式选择以及计数方式选择等。具体格式如图8.20所示。

D_7D_6	D_5D_4	$D_3D_2D_1$	D_0
计数器选择 00：计数器0 01：计数器1 10：计数器2 11：非法	00：将减1计数器CE中的数据锁存到OL中（锁存功能） 01：对计数器的低8位读或写 10：对计数器的高8位读或写 11：计数器16位操作（先低8位，后高8位读或写）	000：方式0 001：方式1 010：方式2 011：方式3 100：方式4 101：方式5	0：二进制计数 1：十进制计数

图8.20 8253的控制字

D_7D_6(SC_1SC_0)：计数通道选择位。由于8253内部3个计数通道各有一个8位的控制字寄存器，而这3个控制字寄存器共用同一个控制端口地址，所以控制字中设置 SC_1，SC_0 这两位来确定CPU当前发出的控制字是写入哪个计数通道的控制字寄存器中。

D_5D_4(RL_1RL_0)：读写操作方式位。这两位用来确定对选中的计数通道进行读写操作方式。当CPU对8253进行16位读写操作时，可以只读写高8位或只读写低8位，也可以读写16位。读写16位时，先读写低8位，后读写高8位，具体是哪种操作方式由 RL_1 和 RL_0 这两位的编码确定。由于8253的数据线只有(D_7～D_0)，一次只能传送8位数据，故传送16位数据时，要分两次进行。

$D_3D_2D_1$($M_2M_1M_0$)：工作方式选择位。8253的每个计数通道有6种不同的工作方式，即方式0到方式5。

D0(BCD)：计数方式选择位。8253的每个计数通道有两种计数方式，按二进制计数或按十进制(BCD码)计数。D0位用来具体确定采用哪种计数方式。当 $D_0=0$ 时，计数初值为二进制数，计数减1按二进制规律进行，可设定初值范围为0000H～FFFFH，其中0000H可引起最大计数65536；当 $D_0=1$ 时，计数初值为二—十进制数，计数减1按十进制规律进行，可设定初值范围为0000H～9999，其中0000H代表10000。

计数初值计算公式：计数初值=计数频率/输出频率。

8.2.4 8253的工作方式

8253有6种工作方式，对它们的操作都遵守以下3条基本原则：

(1) 当控制字写入8253时，所有的控制逻辑电路自动复位，这时输出端OUT进入初始态。

(2) 当初始值写入计数器以后，要经过一个时钟周期，减法计数器才开始工作，时钟脉冲的下降沿使计数器进行减 1 计数。计数器的最大初始值是 0，用二进制计数时 0 相当于 2^{16}，用 BCD 码时，0 相当于 10^4。

(3) 对于一般情况下，在时钟脉冲 CLK 的上升沿时，采样门控信号。对门控信号(GATE)的触发方式是有具体规定的：

门控信号为电平触发的有方式 0 和方式 4。

门控信号为上升沿触发的有方式 1 和方式 5。

门控信号可为电平触发也可为上升沿触发的有方式 2 和方式 3。

计数方式的有方式 0、方式 1、方式 4 和方式 5。

定时方式的有方式 2 和方式 3。

归纳起来，8253 的计数有以下几种工作模式。

① 门控信号控制时钟信号：门控信号有效，时钟有效，计数器工作；门控信号无效时时钟信号无效。

② 门控信号启动重新计数过程或停止计数过程。

③ 单一计数和循环计数：门控信号有效，单一计数到 0，终止计数；计数到 0 又从初始值寄存器获得计数值，开始新的计数过程，循环往复，进行循环计数。

区分 8253 的 6 种工作方式，主要标志有 3 个方面：一是它们的输出波形不同；二是启动计数器的触发方式不同；三是计数过程中门控信号对计数操作的影响不同。

1. 方式 0：计数结束产生中断的计数器

软件启动，不能自动重复的计数方式，如图 8.21 所示。

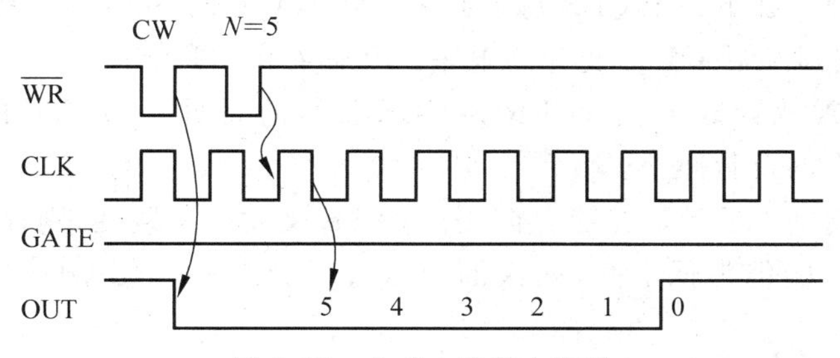

图 8.21　方式 0 的基本波形

写入控制字(CW)后，其输出 OUT 变为低电平。门控 GATE 为高电平情况下(此高电平信号一直保持)写入计数初值 N(图中 $N=5$)，在写信号 WR 以后经过 CLK 的一个上升沿和一个下降沿开始计数，当计数到达终点即计数器的值变成 0 时，OUT 变为高电平。

方式 0 可由门控信号控制暂停，GATE 为低电平时，计数器暂停，GATE 信号变高后，就接着计数，如图 8.22 所示。

计数到时的信号由低变高可以用来作为中断请求信号，所以方式 0 可称作计数结束产生中断的计数器。也可作为查询信号，也可直接去控制某个操作，如让某个开关动作。

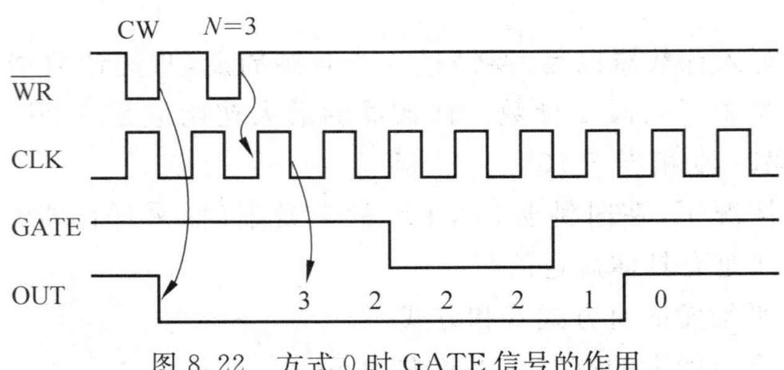

图 8.22 方式 0 时 GATE 信号的作用

2. 方式 1:可编程单拍脉冲

硬件启动,不能自动重复但通过 GATE 的正跳变可使计数过程重新开始的计数方式,如图 8.23 所示。

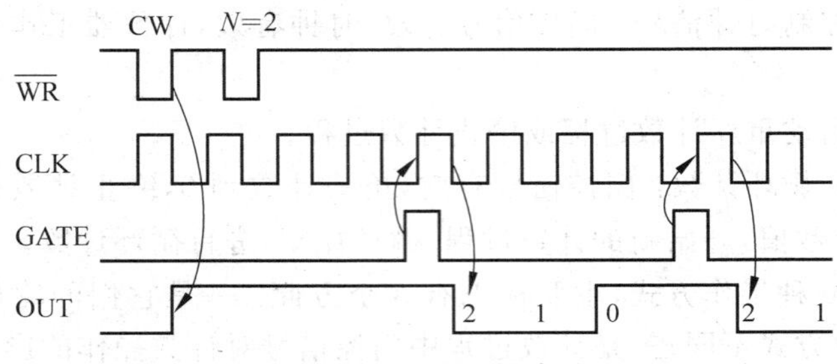

图 8.23 方式 1 的波形

在写入控制字后 OUT 变为高电平,在写入计数初值后,要等 GATE 信号出现正跳变时才能开始计数。在下一个 CLK 脉冲到来后,OUT 变低,送入计数初值并开始减 1 计数,直到计数器减到 0 后 OUT 变为高电平。从而在 OUT 端产生一个负脉冲,宽度为 $N\times$TCLK(其中 N 为计数初值,TCLK 为 CLK 信号的周期)。GATE 的每一个正跳变,计数器都输出一个的负脉冲。

在计数过程启动之后计数完成之前,若 GATE 又发生正跳变,则计数器又从初值开始重新计数,OUT 端仍为低电平,两次的计数过程合在一起使 OUT 输出的负脉冲加宽了。

在计数过程中若写入新的计数初值,也只是写入到计数初值寄存器中,并不马上影响当前计数过程,同样要等到下一个 GATE 正跳变启动信号,计数器才接收新初值重新计数。

3. 方式 2:分频脉冲发生器

方式 2 既可以用软件启动(GATE=1 时写入计数初值后启动),也可以用硬件启动(GATE=0 时写入计数初值后并不立即开始计数,等 GATE 由低变高时启动计数),如图 8.24所示。方式 2 一旦启动,计数器就可以自动重复地工作。

写入控制字后,OUT 信号变为高电平,若计数初值 $N=3$,启动计数后,以 CLK 信号的频率进行减 1 计数。当减到 1 时,OUT 变为低电平,经过一个 CLK 周期,OUT 恢复成

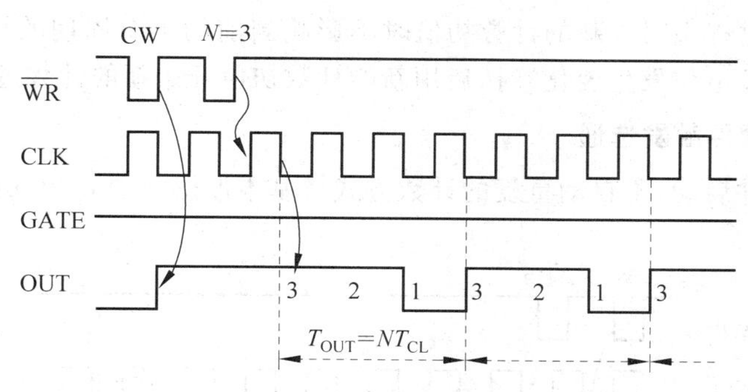

图 8.24 方式 2 的波形

高电平后，计数器又重新开始计数。因此，它能够连续工作，输出固定频率的脉冲，OUT 输出信号的频率为 CLK 信号频率的 $1/N$，即 N 次分频。

GATE 信号要保持高电平，当 GATE 变为低电平时，停止计数。GATE 由低变高后，自动恢复重新开始计数。在计数过程中可以改变计数初值，对正在进行的计数没有影响。在本次计数结束后，才以新的计数初值开始新的分频工作方式。

4. 方式 3：方波发生器

工作于方式 3 时，在计数过程中其输出前一半时间为高电平，后一半时间为低电平。其输出是可以自动重复的周期性方波，输出的方波周期为 $N\times$TCLK，如图 8.25 所示。

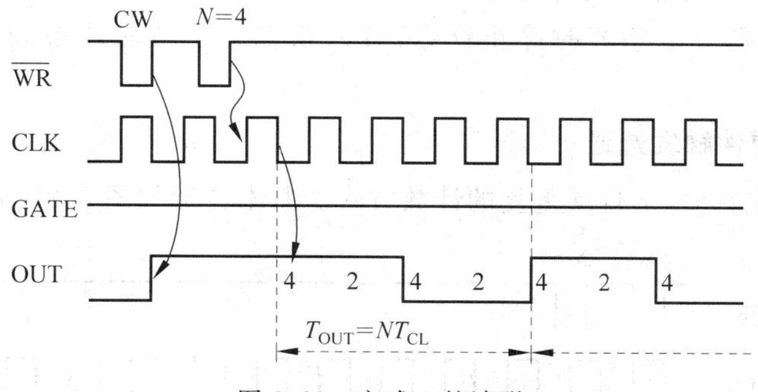

图 8.25 方式 3 的波形

在写入控制字后，计数器 OUT 端立即变高。若 GATE 信号为高，在写完计数初值 N 后，开始对 CLK 信号进行计数。计数到 $N/2$ 时 OUT 端变低，计完余下的 $N/2$ 后 OUT 又变回高，如此自动重复，OUT 端产生周期为 $N\times$TCLK 的方波。实际上，电路中对半周期 $N/2$ 的控制方法是每来一个 CLK 信号，让计数器减 2。因此来 $N/2$ 个 CLK 信号后，计数器就已经减到零，OUT 端发生一次高低电位的变化，且又将初值置入计数器重新开始计数。若计数初值为奇数，计数的前半周期为 $(N+1)/2$，计数的后半周期为 $(N-1)/2$。

在写入计数初值时，如果 GATE 信号为低电平，计数器并不开始计数。待 GATE 变为高电平时，才启动计数过程。在计数过程中，应始终使 GATE=1。若 GATE=0，不仅中止计数，而且 OUT 端马上变高。待恢复 GATE=1 时产生硬件启动，计数器又从头开始计数。在计数过程中写入新的计数初值时不影响当前的半个周期的计数，在当前的半个周期结束(OUT 电位发生变化)时，启用新的计数初值开始新的计数过程。

5. 方式 4：软件触发选通

方式 4 是软件启动、不自动重复的计数方式。基本波形如图 8.26 所示。

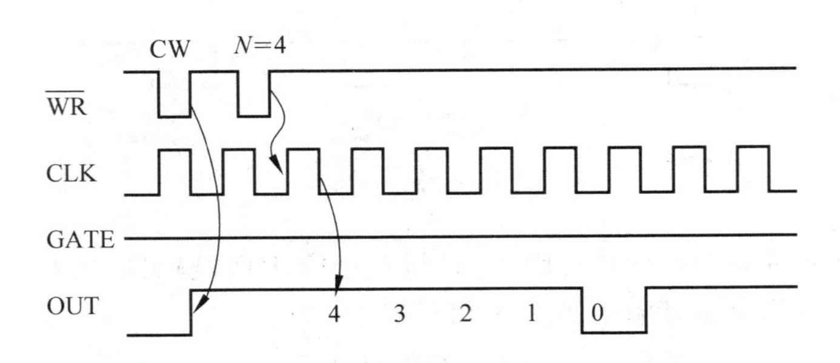

图 8.26 方式 4 的波形

在写入控制字后，OUT 信号变为高电平。当写入计数初值后立即开始计数(相当于软件触发启动)。当计数到 0 输出一个 CLK 脉冲周期的负脉冲，计数器停止计数。只有 CPU 再写入新的计数初值才开始另一次计数过程。方式 4 的计数形式属于一次性的。

若在计数过程中改变计数初值，则可按新的计数初值重新开始计数。若计数初值是两个字节，则置入第一个字节时停止计数，置入第二个字节后才按新的计数初值开始计数。

6. 方式 5：硬件触发选通

方式 5 是硬件启动、不自动重复的计数方式。基本波形如图 8.27 所示。

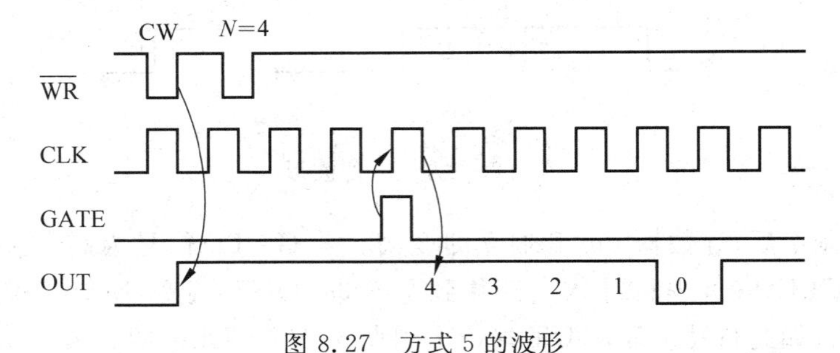

图 8.27 方式 5 的波形

在写入控制字后，OUT 变为高电平，计数器并不立即开始计数，而是等待 GATE 信号出现一个正跳变，然后在下一个 CLK 信号到来后才开始计数。计数器减到 0 时，OUT 变低，经一个 CLK 信号后变高且一直保持。

由于方式 5 是由 GATE 的上升沿启动计数，同方式 1 一样，计数启动后即使 GATE 变成低电平也不影响计数过程的进行。但若 GATE 信号产生了正跳变，则不论计数是否完成都将重新计数。8253 的 6 种工作方式的比较如表 8.4 所列。

表 8.4　8253 的 6 种工作方式比较

区别比较＼工作方式		方式 0	方式 1	方式 2	方式 3	方式 4	方式 5
OUT 的输出		写入控制字变 0，计数结束变 1，直至重新写入控制字或计数值	写入控制字变 1，GATE 上升沿触发变 0，计数结束变 1	写入控制字变 1，计数到 1 变 0，维持 1 个 CLK 变 1	写入控制字变 0，写入初值且 GATE 为 1 输出 1，计数到变 0，重新装入继续计数，输出反向	写入控制字变 1，计数结束变 0，维持 1 个 CLK 变 1	写入控制字变 1，GATE 上升沿触发计数，结束输出 1 个 CLK 的负脉冲
GATE 的作用	0	禁止计数	无影响	禁止计数	禁止计数	禁止计数	无影响
	下降沿	暂停计数	无影响	停止计数	停止计数	停止计数	无影响
	上升沿	继续计数	重新计数	重新计数	重新计数	重新计数	重新计数
	1	允许计数	无影响	允许计数	允许计数	允许计数	无影响
初始值	自动重新装入	不	不	计数到 0 时	据计数值奇偶分别重新装入	不	不
	计数过程改变计数初值	立即有效	GATE 触发生效	GATE 触发生效或计数到 1	GATE 触发生效或计数结束	立即有效	GATE 触发生效

8.2.5　8253 的应用

微型计算机中的定时/计数器主要用于系统的功能实现，系统提供 1.1931816MHz 的方波脉冲作为 CLK 输入。计数器 0 用于系统的计时器，系统利用计数器 0 实现系统时钟的计数功能，系统初始化为方式 3、16 位二进制最大计数 0(即 35536)，输出 OUT_0 产生 18.2Hz 的方波输出，连接 IRQ_0，每隔 54.925ms 定时产生一次 IRQ_0 的定时中断，结合软件完成日时钟的更新；计数器 1 专门用于动态内存的定时刷新控制，计数器工作于方式 2，初始值设为 0012H，产生一定周期的负脉冲，作为 DMAC8237 的通道 0 的请求信号 DREQ0，实现定时对系统 DRAM 的一次刷新；计数器 2 用于系统机箱内扬声器的音频发声，系统利用扬声器发声提示和故障报警，用户也可以编程实现乐曲演奏。

8253 在系统设计中应用非常广泛，结合其他功能的芯片构成具有定时/计数功能的应用。

【例 8.2】 用 8253 计数器 0 做一频率为 1kHz 的方波发生器，8253 的端口地址为 40H～43H，计数频率为 2MHz。编写初始化程序。

根据设计要求，8253 的计数器 0 应该选择工作方式 3，其计数初值＝2MHz/1kHz＝2000。初始化程序如下：

```
MOV   AL,00110110B
MOV   DX,0043H          ;写控制字,定义计数器 0 为工作方式 3,初值为二进制计数
```

```
OUT  DX,AL
MOV  AX,2000            ;送计数初值 2000,分 2 次传送
MOV  DX,0040H
OUT  DX,AL
MOV  AL,AH
OUT  DX,AL
```

【例 8.3】 8253 计数器 2 产生频率为 40kHz 的方波,8253 的端口地址为 0040～0043H,已知时钟端 CLK_2 输入信号的频率为 2MHz。试设计 8253 与 8088 总线的接口电路,并编写产生方波的程序。8253 与 8088 的接口电路如图 8.28 所示。

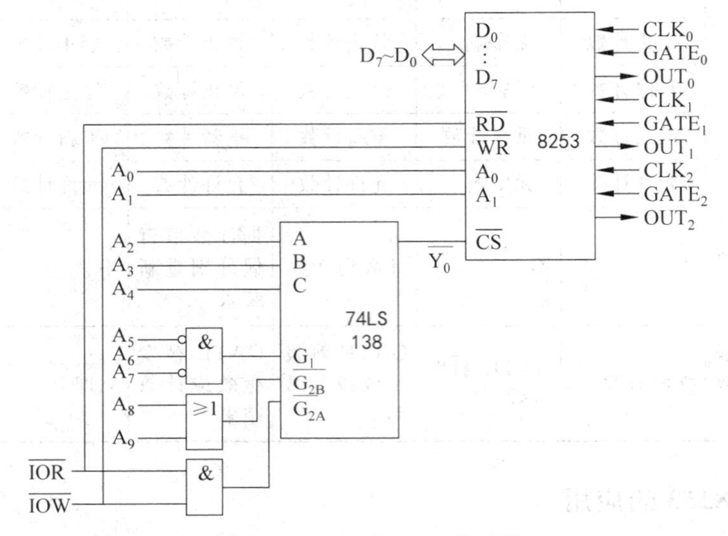

图 8.28 8253 与 8088 的连接

为了使计数器 2 产生方波,应使其工作于方式 3,输入的 2MHz 的 CLK_2 时钟信号进行 50 次分频后可在 OUT_2 端输出频率为 40kHz 的方波,因此,对应的控制字应为 10010111B,计数初值为十进制数 50。程序如下:

```
MOV AL,   10010111B          ;对计数器 2 送控制字
MOV DX,   0043H
OUT DX,   AL
MOV AL,   50H                   ;送计数初值 50
MOV DX,   0042H
OUT DX,   AL
```

【例 8.4】 8086 系统中,计数频率为 1MHz 的 8253 通道 2 接有一发光二极管,要使发光二极管以点亮 2s,熄灭 2s 的间隔工作,8253 的端口地址分别为 0360H、0362H、0364H 和 0366H,试编程完成以上工作。

根据要求 8253 通道 2 输出一个周期为 4s 的方波,其频率为 0.25Hz,所需计数初值为 1M Hz/0.25 Hz =4000000,大于 1 个计数通道最大计数 65536。只使用一个计数器通道不能满足设计需要,可采用 2 个计数器通道级联,扩大计数范围。比如,把计数器 1

的输出作为计数器 2 的输入，都工作于方式 3，计数初值分配为 4000 和 1000。接口电路连接如图 8.29 所示。

初始化程序如下：

```
⋮
MOV  DX,0366H
MOV  AL,01110111B
OUT  DX,AL         ;写控制字,定义计数器 1 工作于方式 3,
                   ;16 位 BCD 计数
MOV  AX,4000H      ;写入初值
MOV  DX,0362H
OUT  DX,AL         ;先写计数器 1 的低 8 位初值,再写高 8 位初值
MOV  AL,AH
OUT  DX,AL
MOV  DX,0366H
MOV  AL,10110110B
OUT  DX,AL         ;写控制字,定义计数器 2 工作于方式 3,二进制计数
MOV  AX,1000       ;写入初值
MOV  DX,0364H
OUT  DX,AL         ;先写计数器 2 的低 8 位初值,再写高 8 位初值
MOV  AL,AH
OUT  DX,AL
⋮
```


图 8.29　8253 的定时应用

本例由于计数初值的低 8 位 0，因此也可采用只读写高 8 位的方法，即读写格式选择位为 10。另外，请思考本例所使用的端口地址有什么特点？8086 CPU 如何与 8253 芯片连接？

习　题　8

1. 简述 DMA 技术主要用于什么场合？

2. 8237 只有 8 根数据线，为何能支持 16 位 RAM 和 16 位的 I/O 接口之间的 DMA 传输？

3. DMA 控制器选择存储器到存储器的传送操作必须具备哪些条件？

4. 简述 DMAC 有效地址的生成过程。

5. 试说明 DMAC 初始化编程需要注意哪些问题？

6. 利用 8237 的通道 2，由磁盘输入 32KB 的数据块，传送至内存 68000H 开始的区域，采用增量、块连续的方式传送，磁盘的 DREQ 和 DACK 都是高电平有效。试编写初始化程序。

7. 如果 8253 接收到的控制字为 10010000B，那么会把它设置成何种配置？

8. 编写一个在计数操作进行过程中读取计数器 2 内容的指令序列，并把读取的数值

装入 AX 寄存器。假定 8253 的端口地址从 40H 开始。

9. 8253—5 的通道 0 按方式 3 工作,时钟 CLK_0 的频率为 1MHz,要求输出方波的重复频率为 40kHz,此时应如何写入计数初值。

10. 编程实现 8253 通道 0 方式 0,计数值为 0FH,手动逐个输入脉冲,从计算机显示器上显示对应的数。

11. 8253 通道 2 接有一个发光二极管,要使发光二极管以点亮 2s、熄灭 2s 的间隔工作,当 CPU 的地址线 A9A8A7A6A5A4A3A2=11000000 时,8253 的片选信号端变低,其硬件电路如图 8.30 所示。试编程完成以上工作。

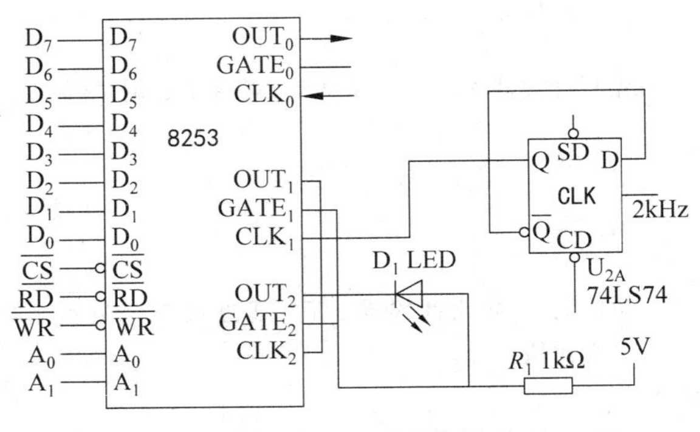

图 8.30 电路连接图

第 9 章　并行接口技术

CPU 与外部设备之间的信息交换、计算机与计算机之间的信息交换称为数据传输，数据传输是通过接口来实现的，最常用的两种基本接口是并行接口和串行接口。本章具体介绍并行接口的基本工作原理、接口电路的结构及应用等知识内容。涉及并行接口数据传输的概念、并行接口芯片的结构与功能、接口硬件连接、初始化编程、操作控制的编程与设计应用等内容。

9.1　并行接口技术概述

9.1.1　并行接口的概念

并行数据传输以计算机的一个字节或字为单位，同时在多条数据线上进行传送，如系统总线的数据传输、打印机数据传输、显示输出等。并行数据传输采用同步方式传输，具有传输速度快、传输距离近、控制复杂、硬件开销大等特点。支持无条件传送、查询传送、中断方式传送等传送方式，除了无条件传送外，一般需要设置并行数据线的同时，还需要设置传输联络的信号线(称为握手信号)和控制信号线，故一般并行数据传输需要数据信息、状态信息、控制信息，但传送的信息不需要固定的格式，无须数据格式转换的开销；CPU 通过并行数据传输可以很方便地扩展外围子系统以组成各种应用系统，所以使用非常广泛，是重要的连接手段之一。

并行数据传输由并行接口电路完成，并行接口电路有不可编程接口和可编程接口之分。不可编程接口的基本电路包括数据锁存器、三态缓冲器等构成，电路简单、使用方便，传输时的工作方式和功能靠硬件连线设定，不能用软件方法改变，使用没有灵活性；可编程接口就较为灵活，芯片电路提供接口的硬件连接，通过编程可以灵活设置接口芯片的工作方式、传输控制方式和过程等，功能十分完善。

9.1.2　并行接口的数据传输

1. 并行接口的组成与连接

并行接口电路一般具备控制寄存器、状态寄存器、数据缓冲寄存器等关键构件，还需要地址译码电路、中断控制电路等。控制寄存器存放 CPU 发给接口电路的命令，接口电路按 CPU 的命令要求完成对电路工作的设置和控制等;状态寄存器用来存放外部设备的状态信息,CPU 可以通过这个寄存器得到外部设备工作的状态信息,以便控制数据传送过程;数据寄存器是 CPU 与外部设备间数据传递的通道,用来暂时存放数据,以弥补 CPU 传输处理数据速度与外部设备处理数据速度的巨大差异,保证数据可靠有序地进行传输,数据寄存器一般分为输入数据锁存寄存器和输出数据缓冲寄存器。

并行接口电路一侧与外部设备连接,一侧与 CPU 连接。与外部设备的连接通过多条数据线、联络的信号线(状态和应答握手,如数据准备好、I/O 应答等)等;与 CPU 一侧的连接需要系统的数据总线、地址总线和相关的控制信号线、电源线、地线等,图 9.1 是一个典型的并行接口结构及与 CPU、外部设备连接图。

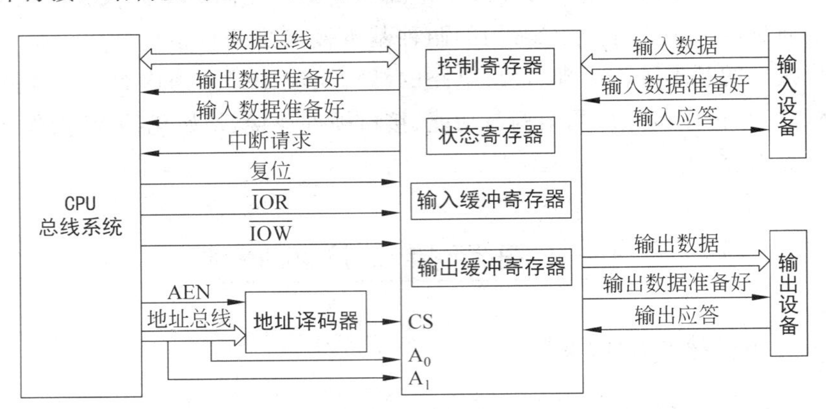

图 9.1　并行接口结构及与 CPU、外部设备连接图

2. 并行接口的数据传输过程

(1) 并行数据输入。并行数据输入是指外部设备通过并口向 CPU 传送数据,其一般过程是,外部设备将数据通过数据线送到接口的输入缓冲寄存器,并置“输入数据准备好”信号,接口收到数据后,发给外部设备一个“输入应答”信号;外部设备接收到“输入应答”信号,撤销“输入数据准备好”信号,接口收到数据会在状态寄存器置位“数据准备好”,以供 CPU 读取查询;CPU 通过查询状态寄存器或接收接口发来的中断信号,读取接口的数据寄存器中的数据;CPU 读取数据后,状态寄存器的“数据准备好”状态位自动复位,准备下一个数据的输入。周而复始,直到所有数据输入完毕。

(2) 并行数据输出。并行数据输出是指 CPU 通过并口向外部设备传送数据,其一般过程是,CPU 查询状态寄存器的“输出数据准备好”状态位有效,或由于输出缓冲寄存器为“空”,而向 CPU 发出中断请求信号,CPU 通过数据总线向接口的输出数据寄存器发送一个数据;接口把数据发送出去,并启动(选通信号)外部设备接收这个数据,外部设备收到数据,回送接口一个“输出应答”信号;接口收到这个“输出应答”信号,自动将状态寄存器的“输出数据准备好”状态位置位,继续发送下一个数据;周而复始这个过程,直到把所有数据输出到外部设备。

9.2　可编程并行接口芯片 8255A

并行接口芯片有两大类，一类是不可编程的接口芯片，如 74LS244/245、74LS273/373 等，是基本的三态缓冲器或锁存器，电路简单、使用方便，但一旦连接，很难改变，使用不够灵活；另外一类是可编程的接口芯片，在硬件连接固定后，通过软件编程可以灵活改变接口功能，使用灵活方便。

对于各种型号的 CPU 都有与其配套的并行接口芯片，如 Intel 公司的 8255A，Zilog 公司的 Z-80PIO 等，它们的功能虽有差异，但工作原理基本相同。8255A 是目前应用非常广泛的可编程并行接口芯片，与 TTL 电平完全兼容，通用性强，通过编程设置，可工作在多种输入输出方式，使用灵活方便；它的型号有 8255、8255A、8255A-5 几种，其差别在于时间参数的缩短、工作频率的提高，芯片功能和使用没有差别，相互完全兼容，我们学习其原理与应用，将它们统称为 8255A.

9.2.1　8255A 的结构与引脚

1. 8255A 的内部结构

8255A 的基本结构如图 9.2 所示，它有 4 个功能组成部分，即 3 个数据口、A 组控制和 B 组控制电路、数据总线缓冲器、读写控制电路。

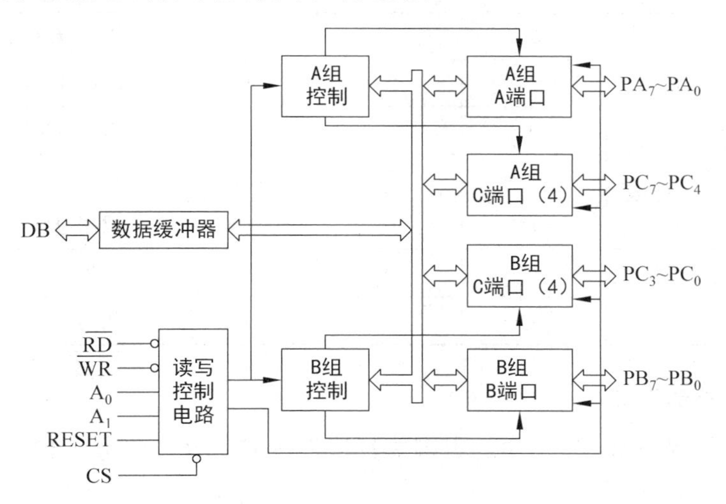

图 9.2　8255 的基本结构框图

（1）3 个数据端口。3 个数据端口分别称为 A 端口、B 端口和 C 端口，在功能上这 3 个端口各有各的特点，均可被编程设置为输入端口或输出端口使用，可用来与外部设备相连，与外部设备之间进行数据信息、控制信息和状态信息的交换。

① A 端口：A 端口具有 8 位输入锁存和输出锁存/缓冲功能，能同时具有双向数据传输功能，具有 3 种工作方式。

② B 端口：B 端口具有 8 位输入锁存和输出锁存/缓冲功能，可用于数据输入输出传

输,具有 2 种工作方式。

③ C 端口:C 端口可单独用于基本的数据输入输出传输,更多情况下可通过编程把 C 端口分为高 4 位和低 4 位端口,独立定义其输入输出,分别用于 A 端口和 B 端口配合,完成数据传输过程的控制和状态反映,形成 A 组和 B 组端口的应用。

(2) A 组控制和 B 组控制电路。8255A 有 3 个端口,但不是每个端口都有自己独立的控制部件。实际上,它只有两个控制部件,这样 8255A 内部的 3 个端口就分为两组。A 组控制电路用于 8255A 内部控制 A 端口和 C 端口高 4 位($PC_7 \sim PC_4$),B 组控制电路用于控制 B 端口和 C 端口低 4 位($PC_3 \sim PC_0$)。A 组 B 组都有自己的控制部件,可同时接收来自读写控制电路的命令和 CPU 送来的控制字,并且根据它们来定义各个端口的操作方式。

(3) 数据总线缓冲器。数据总线缓冲器是芯片和 CPU 数据总线连接的部件,是三态 8 位双向缓冲器,CPU 执行输出操作时,可将控制字或数据通过该缓冲器传送给 8255A 的控制口或数据端口;CPU 执行输入操作时,8255A 可将数据端口的状态信息或数据通过它传输给 CPU。

(4) 读写控制电路。读写控制电路用于实现和 CPU 控制信号和地址信号的连接,完成对 3 个数据端口的访问译码、控制读写过程等操作。控制信号与端口操作的关系见表 9.1。

表 9.1 8255A 控制信号与端口操作的关系

A1	A0	$\overline{RD}$	$\overline{WR}$	$\overline{CS}$	操作功能
0	0	0	1	0	PA→数据总线
0	1	0	1	0	PB→数据总线
1	0	0	1	0	PC→数据总线
0	0	1	0	0	数据总线→PA
0	1	1	0	0	数据总线→PB
1	0	1	0	0	数据总线→PC
1	1	1	0	0	数据总线→控制寄存器

2. 8255A 外部引脚

8255 外部引脚如图 9.3 所示。引脚信号按连接对象分为两组,一组是和 CPU 连接的,一组是与外部设备连接的。

(1) 和 CPU 连接的信号。

① $D_0 \sim D_7$:是 CPU 通过数据总线连接 8255 的双向数据线,具有三态功能,负责传送控制字、状态字、数据信息。

② $\overline{CS}$:片选信号,低电平有效,是 CPU 发出的地址信号经过译码后得到的,由它选择芯片进行工作。

③ A_1、A_0:芯片内寄存器(端口)选择信号,用于 8255 的 3 个数据口和一个控制口的寻址,如表 9.1 所示。

④ $\overline{RD}$和$\overline{WR}$：读写控制信号，用于 CPU 对寄存器的读写操作。

⑤ RESET：复位信号，输入，高电平有效。这个信号出现会把内部寄存器清除，数据口被自动设置为输入状态。

(2) 与外部设备连接的信号。8255A 有 3 个数据端口，每个端口 8 位，故与外部设备相连接的管脚共有 24 位。

① $PA_0 \sim PA_7$：A 端口的外部设备数据线。

② $PB_0 \sim PB_7$：B 端口的外部设备数据线。

③ $PC_0 \sim PC_7$：C 端口的外部设备数据线。其中可有若干根信号线用于“联络”信号或状态信号，其具体定义与端口的工作方式有关。

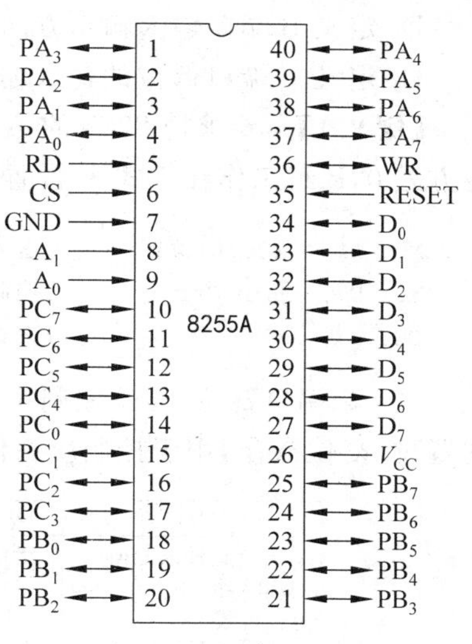

图 9.3　8255 外部引脚图

9.2.2　8255 的编程

8255A 是可编程的并行接口芯片，其 3 种工作方式及各端口的输入输出状态可由编程设置。当 8255A 工作之前，首先应对其进行初始化，初始化后的 8255A 才能够正式进入输入输出的工作状态，实现 CPU 与外部设备之间的数据传送。

1. 8255A 的控制字

CPU 通过给 8255 发送控制字，实现对 8255A 的编程，设定其工作方式和 C 端口的按位控制操作，对应方式控制字、C 端口按位控制字。

(1) 方式控制字：方式控制字由一个 8 位寄存器实现，其内容决定 8255A 的 3 个数据端口的工作方式，在对 8255 使用时进行初始化，格式如图 9.4 所示。

D_7	D_6	D_5	D_4	D_3	D_2	D_1	D_0
方式选择控制功能识别特征位 1：有效 0：C端口按位控制字	A端口方式选择控制位 00：方式0 01：方式1 10：方式2		A端口输入输出方向 1：输入 0：输出	C端口高位输入输出方向 1：输入 0：输出	B端口方式选择控制位 0：方式0 1：方式1	B端口输入输出方向 1：输入 0：输出	C端口低位输入输出方向 1：输入 0：输出
	A组的控制				B组的控制		

图 9.4　8255 的方式控制字

D_7 为方式选择控制功能识别特征位，为 1 有效。

$D_6 \sim D_3$ 用于 A 组的控制，负责 A 端口和 C 端口高 4 位控制：

D_6D_5 为 A 端口方式选择控制位，00＝方式 0，01＝方式 1，10＝方式 2；

D_4 定义 A 端口输入输出方向，1＝输入，0＝输出；

D_3 定义 C 端口高 4 位的输入输出方向，1＝输入，0＝输出；

$D_2 \sim D_0$ 用于 B 组的控制，负责 B 端口和 C 端口低位(下半部)控制：

D_2 为 B 端口方式选择控制位，0＝方式 0，1＝方式 1；

D_1 定义B端口输入输出方向,1=输入,0=输出;

D_0 定义C端口低位的输入输出方向,1=输入,0=输出。

【例9.1】 要求把8255的A端口作为输入,B端口作为输出,C端口任意,A组工作在方式0,B组工作在方式1,设置8255的端口工作方式的程序段:

```
MOV AL,   10010100B         ;送方式控制字 94H 到 AL
MOV DX,   PortCtr           ;控制端口地址送 DX
OUT DX,   AL                ;方式控制字 AL 送控制端口 DX,完成方式控制字设置
```

(2) C端口置位/复位控制字:C端口可以根据C端口置位/复位控制字实现任意位的置位/复位操作,用于控制应答信号。其格式如图9.5所示。

D_7	D_6	D_5	D_4	D_3	D_2	D_1	D_0
C端口的按位控制字识别特征位 0:有效 1:8255方式控制字	不用,设为000			C端口的位选择 000:PC0 001:PC1 … 111:PC7			所选的置位/复位 1:置位 0:复位

图9.5 8255的C端口按位控制字

D_7 为C端口按位控制字的识别特征位,为0有效;

D_6~D_4 不用,一般设为000;

D_3~D_1 用于C端口位选择,000~111的不同组合分别对应选择 PC_0~PC_7;

D_0 用于对所选位的置位/复位,1:置位,0:复位。

【例9.2】 要求把8255A的C端口的 PC_3 置"1",PC_7 置"0",实现的程序段如下:

```
MOV   AL,00000111B        ;送 C 端口按位控制字 07H 到 AL
MOV   DX,PortCtr          ;控制端口地址送 DX
OUT   DX,AL               ;C 端口按位控制字 AL 送控制端口 DX,完成 PC3 置"1"的操作设置
MOV   AL,00001110B        ;送 C 端口按位控制字 0EH 到 AL
OUT   DX,AL               ;C 端口按位控制字 AL 送控制端口 DX,完成 PC7 置"0"的操作设置
```

当C端口用于控制信号时,能方便地置位/复位,但仅对一位有效且针对输出,如用于开关的启/停、信号电平控制、中断信号的允许和屏蔽等;工作方式控制字是对端口的初始化,一般放在程序段的开头,而C端口按位控制字位于初始化完成后,可出现在程序需要的那些位置;C端口的按位控制字可以实现按位输出功能,A端口和B端口也可以实现按位操作。

【例9.3】 置位 PA_7,可按如下程序完成。

```
MOV   DX,PortA        ;选择 A 端口
IN    AL,DX           ;读 A 端口原来的值
MOV   AH,AL           ;保存 A 端口原来的值
OR    AL,80H          ;置 PA7 为 1
OUT   DX,AL           ;输出 PA7
⋮
MOV   AL,AH           ;取回的保存值
```

```
OUT   DX,AL          ;恢复原值
```

【例 9.4】 复位 PA_7,可按如下程序完成。

```
MOV   DX,PortA       ;选择 A 端口
IN    AL,DX          ;读 A 端口原来的值
MOV   AH,AL          ;保存 A 端口原来的值
AND   AL,7FH         ;置 PA7 为 0
OUT   DX,AL          ;输出 PA7
 ⋮
MOV   AL,AH          ;取回的保存值
OUT   DX,AL          ;恢复原值
```

A 端口和 B 端口不但可以实现按位操作,还可以通过改变 OR、AND 的值,实现按多位置位/复位。

2. 8255 的 3 种工作方式

8255 的 3 种工作方式分别是方式 0、方式 1 和方式 2。其中 A 端口具有 3 种方式;B 端口具有方式 0 和方式 1 两种方式;C 端口一般作为控制信号使用,配合 A 端口和 B 端口的数据传送,作为数据端口时只有基本的输入输出功能。

(1) 方式 0:基本的输入输出方式。在这个方式下,A 端口、B 端口和 C 端口 3 个数据传输端口只能提供简单的输入输出操作,没有应答信号线,直接使用 IN 和 OUT 指令通过各端口进行数据 I/O;一般用于无条件传送的场合,即认为外部设备总是准备好的状态,也可以把 C 端口的高 4 位和低 4 位按需要定义成联络信号,配合 A 端口和 B 端口用作查询传送。

(2) 方式 1:选通输入/输出方式。方式 1 下数据传输必须在联络信号配合下进行的,为此,A 端口和 B 端口选择使用方式 1 时,分别分配 C 端口的高位和低位作为选通应答信号,这种分配是固定的,由硬件系统本身决定,软件只有按定义使用而不能改变。

① A 端口和 B 端口的选通输入:信号定义与连接如图 9.6 所示,图中各信号作用如下:

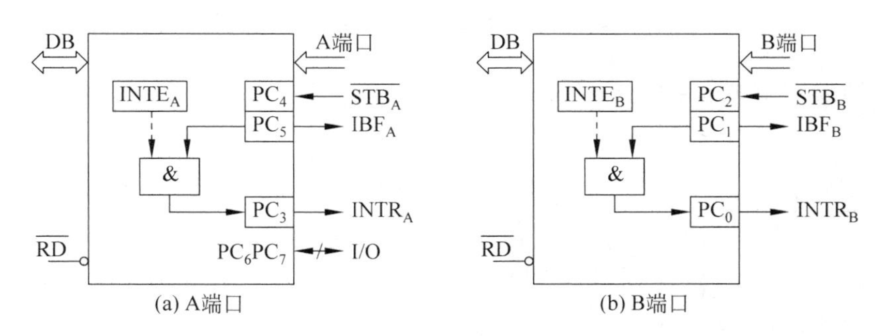

图 9.6　8255 的 A 端口和 B 端口选通输入信号定义

$\overline{STB}$是输入选通信号,低电平有效,A 端口对应 PC_4,B 端口对应 PC_2,该信号负责把外部设备发来的数据输入到缓冲器,信号负脉冲宽度最小 500ns。

IBF 是输入缓冲器满信号,高电平有效,A 端口对应 PC_5,B 端口对应 PC_1,是连接外

部设备的联络信号,当 8255 接收到一个新数据时,输出 IBF。

INTR 是中断请求信号,高电平有效,A 端口对应 PC_3,B 端口对应 PC_0,是 8255 向 CPU 发出的中断请求信号。

INTE 是内部中断允许信号,高电平有效,为低时表示内部屏蔽中断请求,INTE 可通过软件设置 C 端口的相应位来实现中断的内部允许或屏蔽,A 端口对应 PC_4,B 端口对应 PC_2。

A 端口方式 1 下的输入对应控制字 1011××××B,其中 D_3 位用来定义 PC_7、PC_6 的输入输出方向;B 端口方式 1 下的输入对应控制字 1××××11×B。

其选通输入过程是,当外部设备准备好数据并通过数据线送入数据端口 PA 或 PB 时,外部设备发出信号 $\overline{STB}$(信号宽度至少 500ns),将数据通过 A、B 数据端口锁存在数据输入锁存器,$\overline{STB}$ 变低有效最多 300ns 时,输入缓冲器满信号 IBF 有效(变为高电平),阻止外部设备发送新数据;$\overline{STB}$ 结束后,最多经过 300ns 的时间,8255 向 CPU 发出中断请求信号(内部中断允许时),INTR 变高,CPU 响应中断后,发出读信号 $\overline{RD}$,将数据读入 CPU 的 AL,读信号 $\overline{RD}$ 持续最多 400ns,$\overline{STB}$ 清除中断请求信号,读信号 $\overline{RD}$ 撤离后,IBF 信号变低,表示输入缓冲器变空,通知外部设备可以发送下一个数据。其工作时序如图 9.7所示。

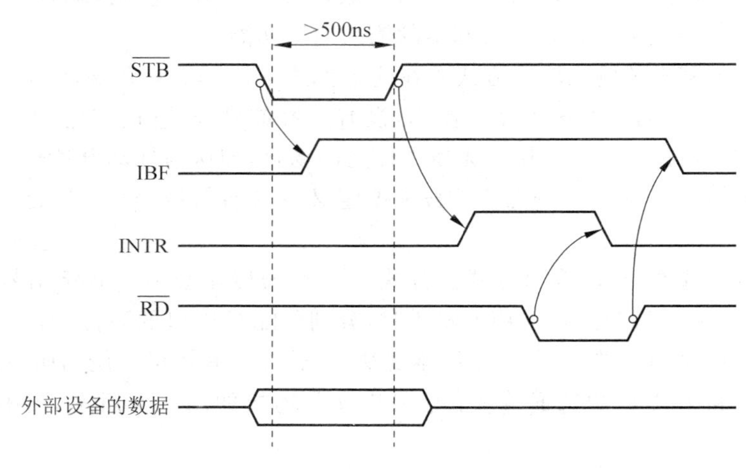

图 9.7 工作方式 1 输入时序图

② A 端口和 B 端口的选通输出:信号定义与连接如图 9.8 所示,图中各信号作用如下:

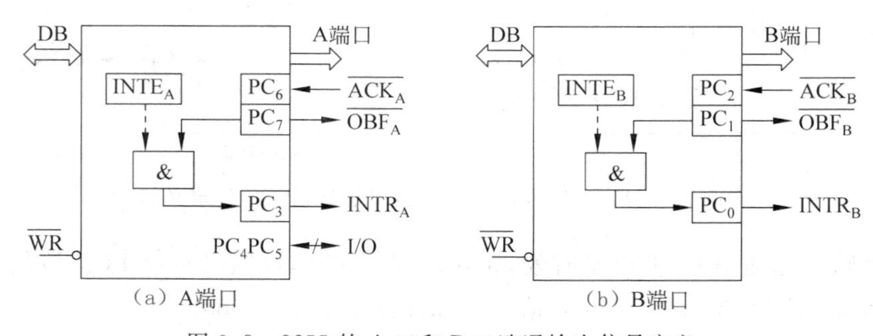

(a) A端口　　(b) B端口

图 9.8 8255 的 A 口和 B 口选通输出信号定义

$\overline{OBF}$是输出缓冲器满信号，低电平有效，A 端口对应 PC_7，B 端口对应 PC_1，CPU 把数据送到 8255 后，该信号负责向外部设备发出的指示信号，通知外部设备取数据。在输出数据的指令执行时产生$\overline{WR}$信号，其上升沿出现最多为 650ns 时，$\overline{OBF}$变成低电平。

$\overline{ACK}$信号是数据接收的应答信号，低电平有效，A 端口对应 PC_3，B 端口对应 PC_2，是外部设备响应信号，当 8255 输出的数据已被外部设备接收后，回送给 8255 的回答信息。

INTR 是中断请求信号，高电平有效，A 端口对应 PC_3，B 端口对应 PC_0，是 8255 确认外部设备收到数据后，向 CPU 发出的中断请求信号，请求 CPU 输出下一个数据。INTR 的有效需要$\overline{OBF}$为高电平、$\overline{ACK}$为高电平、内部中断允许 INTE 也为高(有效)时，INTR 变高，当$\overline{WR}$有效，其下降沿出现 850ns 时间内，INTR 变为无效。

INTE 是内部中断允许信号，高电平有效，为低时表示内部屏蔽中断请求，INTE 可通过软件设置 C 端口的相应位来实现中断的内部允许或屏蔽，A 端口对应 PC_6，B 端口对应 PC_2。

A 端口方式 1 下的输出对应控制字 1010××××B，其中 D_3 位用来定义 PC_5、PC_4 的输入输出方向；B 端口方式 1 下的输入对应控制字 1××××10×B。

其选通输出一般采用中断方式，其过程是：CPU 响应 8255 传送数据的请求后，就向 8255 输出数据，写信号$\overline{WR}$有效；当$\overline{WR}$经过最多 850ns 撤销，其上升沿撤销中断请求信号 INTR，表示 CPU 对数据传输的请求已经响应，其上升沿经过最多 650ns 还使$\overline{OBF}$信号变为有效，通知外部设备接收这个数据；外部设备收到数据后，会发出一个$\overline{ACK}$信号，$\overline{ACK}$使$\overline{OBF}$变成无效(高电平)，表示数据已经被取走，当前缓冲器为空；$\overline{ACK}$信号结束时会使 INTR 信号变高，向 CPU 发出中断请求信号，开始下一个数据的输出过程。工作时序图如图 9.9 所示。

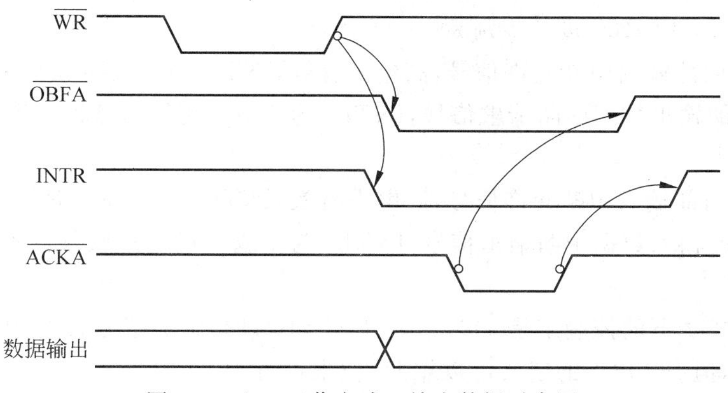

图 9.9　A 口工作方式 1 输出数据时序图

③ 状态字：8255 工作在方式 1 下 A 端口、B 端口进行输入和输出产生状态字，供 CPU 查询使用，通过读取 C 端口获得状态字。其各位的意义如图 9.10 所示。

方式1	D_7	D_6	D_5	D_4	D_3	D_2	D_1	D_0
	A组					B组		
输入	I/O	I/O	IBF	$INTE_A$	INTR	$INTE_B$	IBF	INTR
输出	OBF	$INTE_A$	I/O	I/O	INTR	$INTE_B$	OBF	INTR

图 9.10　方式 1 的输入和输出状态字

(3) 方式 2：双向选通输入输出方式。A 端口具有双向数据传输功能，使用同样的 8 条数据线，信号定义与连接如图 9.11 所示。从图可以看出，A 端口做双向数据传输，C 端口的 $PC_7 \sim PC_3$ 做专用应答线；而 A 端口方式 2 的信号是方式 1 的输入和输出信号的叠加，各信号作用如下：

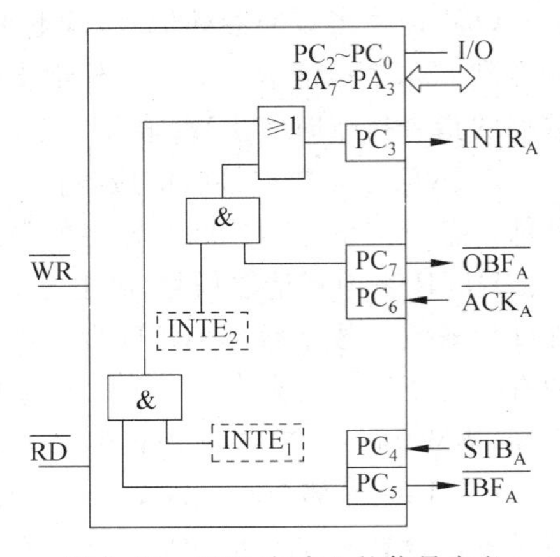

图 9.11　8255 方式 2 的信号定义

$\overline{STB}$是输入选通信号，低电平有效，对应 PC_4，由外部设备提供给 8255，信号负责把外部设备发来的数据输入到输入锁存器。

IBF 是输入缓冲器满信号，高电平有效，对应 PC_5，是 8255 输出给外部设备的状态联络信号，当 8255 接收到外部设备的一个新数据时，输出 IBF 表示 CPU 可以取数据了。

$\overline{OBF}$是输出缓冲器满信号，低电平有效，对应 PC_7，该信号是向外部设备发出的选通信号，通知外部设备取数据。

$\overline{ACK}$信号是数据接收的应答信号，低电平有效，对应 PC_6，是外部设备对$\overline{OBF}$的响应信号，当$\overline{ACK}$有效时，打开 A 端口的输出缓冲器，把数据送到外部设备。

INTR 是中断请求信号，高电平有效，对应 PC_3，是 8255 向 CPU 发出的中断请求信号。而且不论 A 端口是工作在输入方式还是输出方式，当前数据操作完成，8255 都会向 CPU 发出中断请求信号。区分是由于输入还是输出引起了中断，还须通过查询 PC_7(对应$\overline{OBF}$)和 PC_5(对应 IBF)进一步判断。

$INTE_1$ 是内部输出中断允许信号，高电平有效，$INTE_1$ 为 1 表示允许向 CPU 发出 A 端口方式 2 下的输出数据中断请求信号，$INTE_1$ 为 1 或 0 可通过软件设置 C 口的 PC_6 位来实现的。

$INTE_2$ 是内部输入中断允许信号，高电平有效，$INTE_2$ 为 1 表示允许向 CPU 发出 A 端口方式 2 下的输入数据中断请求信号，$INTE_2$ 为 1 或 0 可通过软件设置 C 端口的 PC_4 位来实现的。

A 端口方式 2 下的控制字是 11××××××B，只要定义了方式 2，其联络信号的定义就是固定的，但 PC_1PC_0 的定义可以靠 D_0 位来进行。

因为 A 端口方式 2 的信号就是方式 1 的输入和输出信号的叠加，输入和输出过程等同于方式 1 下 A 端口的输入和输出过程。只是在中断发生时，需要依据是输入还是输出引起的中断决定进行输入或输出操作。

方式 2 下 A 端口的状态字也是方式 1 下 A 端口输入和输出的状态字的组合，具体格式如图 9.12 所示。

方式2	D_7	D_6	D_5	D_4	D_3	D_2	D_1	D_0
	A组					B组		
输入输出	OBF	$INTE_1$	IBF	$INTE_2$	INTR	不用		

图 9.12　方式 2 的 A 端口双向传送的状态字

当 8255 设置为方式 2 的双向数据传送，工作在查询数据传送方式时，可通过查询状态字的 D_7 和 D_5 决定进行输入或输出，当进行中断方式的数据传送时，除了设置 D_6 和 D_4 位打开内部中断外，中断的识别需要 D_7 和 D_5 位判断是输出中断还是输入中断。工作时序如图 9.13 所示。

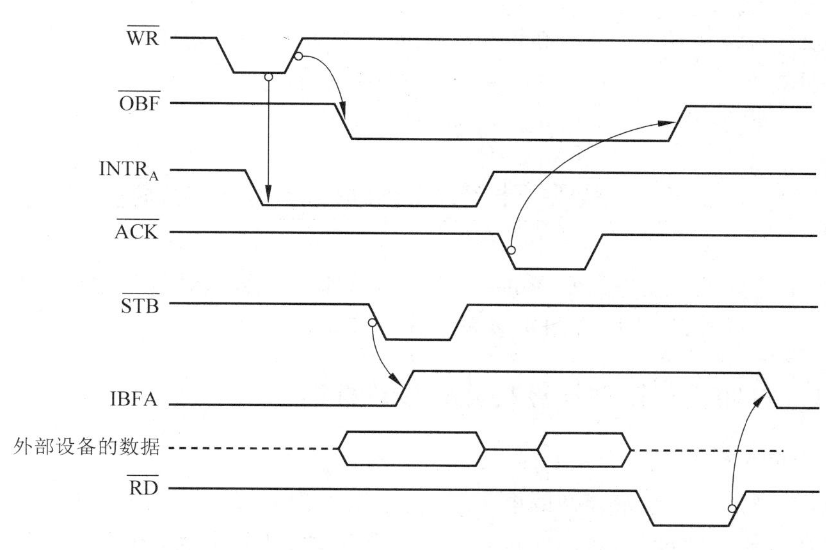

图 9.13　工作方式 2 的时序图

9.2.3　8255 的应用举例

8255A 是一个多功能的并行接口芯片，在微型计算机外部通信中经常使用，下面举几个实例介绍 8255A 的基本使用方法。

【例 9.5】　应用并行接口芯片 8255A，设计一个并行接口，控制 LED 显示，要求：8 位 LED 指示灯依次流水循环显示。设 8255A 的端口地址范围是 3340H～3343H。

分析：LED 显示器是一个简单地显示输出设备，可以设计 8255A 在方式 0 下，以无条件传送方式控制 LED 显示输出。选择 A 端口、B 端口或 C 端口中的任意一个均可。流水显示效果的实现比较简单，令 LED 显示器的 D_0～D_7 指示灯循环逐次点亮即可。

硬件连接图如图 9.14 所示。

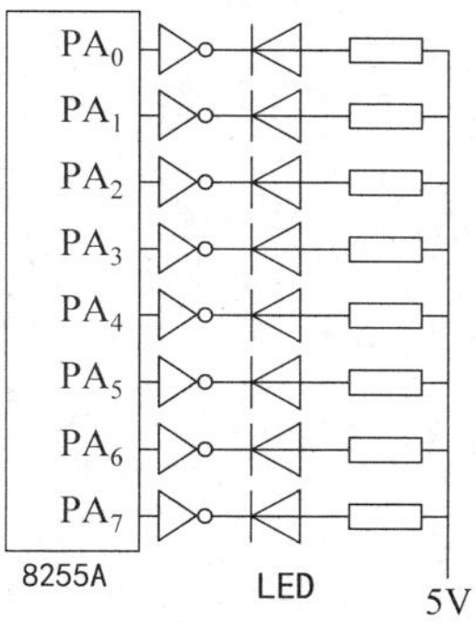

图 9.14　8255A 控制 LED 显示接口电路

8255A 控制程序如下：

```
PORT_A EQU 3340H
PORT_B EQU 3341H
PORT_C EQU 3342H
PORT_MODE EQU 3343H
⋮
;8255A 初始化
    MOV   DX,PORT_MODE        ;8255A 控制端口
    MOV   AL,80H              ;工作方式控制字,A 端口方式 0 输出
```

```
        OUT   DX,AL
;控制 LED 显示主程序
        MOV   DX,PORT_A            ;由 A 端口输出控制指示灯显示的信号
        MOV   AL,01H               ;亮灯的指示位为 1,先从 LED 的 D0 亮起
    LL:OUT    DX,AL
        ROL   AL,1                 ;亮灯的指示位左移,准备让邻位指示灯亮
        CALL DALLY                 ;调用延时子程序,延时
        JMP   LL
```

9.3 微型计算机的并行打印功能

打印机是计算机系统中最常用的输出设备,打印机与微型计算机之间的接口可以采用并行接口或串行接口,实际应用中多采用并行接口。

9.3.1 打印机与微型计算机并行接口标准

1. Centronic 标准

打印机本身是一种精密复杂的电子系统,把微处理器或微控制器应用于打印机的控制电路,实现智能打印设备,智能使得打印机操作简便、功能强大,但接口很简单,可采用并行接口 Centronic 标准连接、串口连接、USB 连接等手段。Centronic 标准采用并口方式,利用计算机具有的打印机适配器,实现打印功能。这里我们在分析 Centronic 标准的打印机接口信号基础上,用 8255 的方式 0 实现一个典型的打印机接口。

打印机接口的 Centronic 标准定义了 36 条信号线,用于并口打印机的连接,计算机一侧则用 25 针的 D 型插座实现打印接口信号的连接。25 针的 D 型打印口和打印机 36 线插座连接如图 9.15 所示,信号定义如表 9.2 和表 9.3 所示。

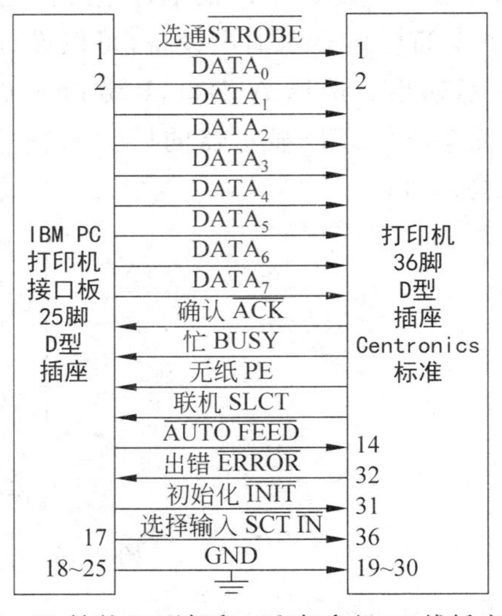

图 9.15 25 针的 D 型打印口和打印机 36 线插座连接图

表 9.2　打印机接口 25 针的 D 型插座信号定义

引脚	信　　号	方向	信号作用	与打印机 36 线的信号连接
1	$\overline{\text{STROBE}}$	OUT	数据选通信号	1
2～9	$D_0 \sim D_7$	OUT	8 位数据	2～9
10	$\overline{\text{ACK}}$	IN	数据应答	10
11	BUSY	IN	打印机忙	11
12	PE	IN	缺纸	12
13	SLCT	IN	联机状态	13
14	$\overline{\text{AUTOFEEDXT}}$	OUT	回车信号，自动走纸	14
15	$\overline{\text{ERROR}}$		出错指示	32
16	$\overline{\text{INIT}}$		复位打印机	31
17	$\overline{\text{SLCTIN}}$		打印机联机信号	36
18～25	GND	IN	＋5V 电源/不用	19～30，33

表 9.3　打印机 Centronic 标准接口 36 线连接器信号定义

引　　脚	信　　号	方　　向	信号作用
1	$\overline{\text{STROBE}}$	IN	数据选通信号
2～9	$D_0 \sim D_7$	IN	打印机接收的 8 位数据
10	$\overline{\text{ACK}}$	OUT	接收数据应答
11	BUSY	OUT	打印机忙
12	PE	OUT	缺纸
13	SLCT	OUT	联机状态
14	$\overline{\text{AUTOFEEDXT}}$	IN	回车信号，自动走纸
15	NC		不用
16	SG		信号逻辑地
17	GND		机壳地
18	DC/NC	OUT	＋5V 电源/不用
19～30	GND		信号返回地
31	$\overline{\text{INT}}$	IN	打印机复位
32	$\overline{\text{ERROR}}$	OUT	出错指示
33	GND		地
34	NC		不用
35	DC/NC		＋5V 电源/不用
36	$\overline{\text{SLCTIN}}$	IN	打印机联机信号

打印机基本的信号连接是8条数据线及其选通信号、2条握手信号线。它们的工作时序如图9.16所示。

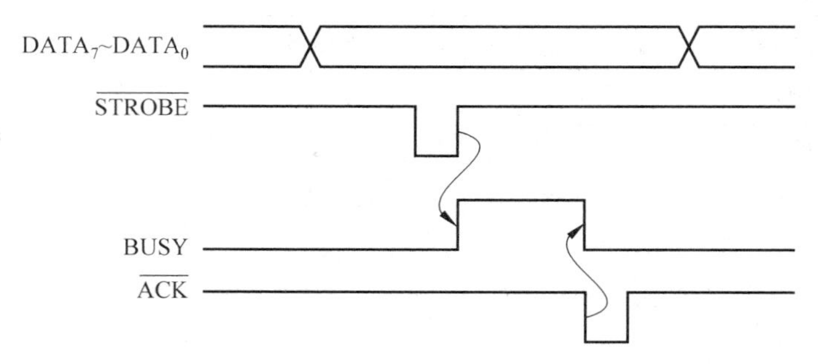

图9.16 打印机基本工作时序

当数据出现后不小于0.5μs时，$\overline{\text{STB}}$选通信号控制数据进入打印机，此后0～0.5μs间，打印机发回BUSY信号，表示打印机收到数据正在处理，打印机处于“忙”状态，阻止PC向打印机发送新的数据，直到数据处理完毕，BUSY信号由1变为0，同时发回$\overline{\text{ACK}}$信号给PC，表示数据处理完毕，可以接受下一个数据，PC收到$\overline{\text{ACK}}$信号后，继续发送下一个数据，重复这一过程，直到数据打印完成。这里的BUSY信号和$\overline{\text{ACK}}$信号可以作为中断请求信号或CPU查询打印机状态的信号，用中断或查询数据传输方式工作。

2. IEEE 1284 标准

并行端口的工作模式随着应用的需要，IEEE专委会发布了IEEE 1284标准，确定了数据传输的协议和物理、电气接口标准，形成低级的物理层和数据链路层协议，定义了5种数据传输模式，并口也不仅兼容了早期的打印机基本接口，还可以实现高速双向数据传输，并口模式定义如表9.4所示。

表9.4 并口模式

并口模式	数据方向	传输速率
半字节	反向	50KBps
字节	反向	150KBps
兼容 Centronic 方式	正向	150KBps
EPP	双向	500KBps～2MBps
ECP	双向	500KBps～2MBps

IEEE 1284定义的5种并口数据传输模式组合形成4种不同的接口类型，如表9.5所示。

表9.5 并口类型

并口类型	输入模式	输出模式
标准并口 SPP	半字节	兼容 Centronic 方式
双向	字节	兼容 Centronic 方式
增强型并口 EPP	EPP	EPP
增强功能并口 ECP	ECP	ECP

标准并行接口 SPP，采用半字节正向方式，是打印的标准方式，反向数据通道的通信完全采用软件方法实现；具有 FIFO 缓冲方式的 SPP，称为快速 Centronic 或 FIFO 并口，写到 FIFO 的数据使用硬件产生选通信号，传输速度能达到或高于 500KBps，不必做信号选通和握手检查，但此方式不是 IEEE 1284 推荐的标准。

双向并行接口是在标准并口上加了允许/禁止驱动程序驱动数据线路的功能，允许数据输出口变成输入口，可以允许外部设备向计算机在一个数据周期中传送一个字节的数据，而且反向数据通道的传输速率几乎与正向通道相同。这种方式采用软件控制的办法实现反向字节数据传输，数据传输速率一般为 50～250KBps。

增强型并口 EPP 方式目的是提供高性能并口传输方式，兼容标准并行接口 SPP 方式。EPP 协议具有 4 种数据传输周期：写数据周期、读数据周期、写地址周期和读地址周期。数据周期是主机和外部设备交换数据的周期，地址周期是主机和外部设备传输地址、通道、指令和控制信息的周期。这种并口标准传输速率可达 ISA 总线的传输能力。

增强功能并口 ECP 方式比 EPP 定义了更强力的协议，支持多个逻辑设备和传输数据实时的行程编码数据压缩（RLE），这种并口标准的功能含 EPP 的标准，且具有 DMA 传输能力，这对需要大块数据传输的打印机、扫描仪、网络适配器、高速数据采集和可移动硬盘等设备有很重要的作用。

现代微型计算机的并行输入输出部件（SIO）集成了 SPP、EPP 和 ECP 并口，集成芯片配合微型计算机芯片组提供并行接口的控制器，没有独立的 8255 芯片，以 8255 芯片为对象的基本并口技术是并口增强或扩展的知识和技术的基础。

9.3.2 微型计算机并行打印接口设计

【例 9.6】 打印机接口用 8255A 的方式 0 设计实现把内存 200H 处的 256B 数据送微型打印机 μ80 打印。

采用 8255 作接口芯片设计电路，可以选择 8255 的工作方式 0，用 A 端口作数据口，C 端口的部分信号线作为联络信号，比如选择 PC_0 作 $\overline{STB}$ 信号，PC_4 连接 BUSY 信号作查询信号，依据 BUSY 信号的状态决定是否发送下一个数据，$\overline{ACK}$ 信号这里可以不用。硬件连线如图 9.17 所示。

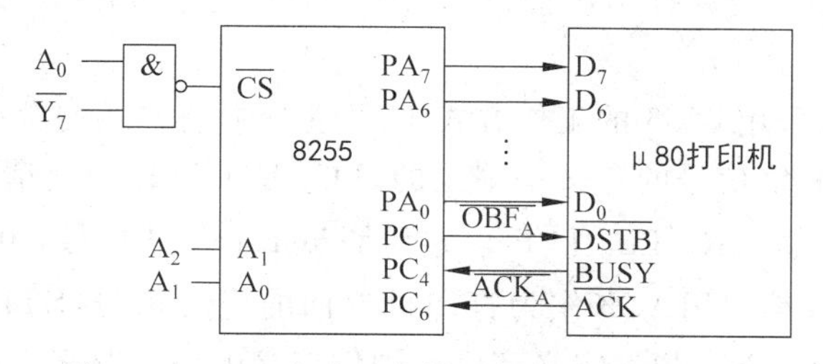

图 9.17 8255 方式 0 的并口打印机硬件连接图

假设 8255 的 A 端口、B 端口、C 端口的 I/O 地址为 60H、61H、62H，控制口地址为 63H。软件程序段如下：

```
    ;初始化和初始设置程序段
    MOV  SI,200H          ;传送数据的内存地址
    MOV  CX,0FFH          ;打印数据个数
    MOV  DX,63H           ;控制字寄存器地址
    MOV  AL,88H           ;控制字 10001000B,使 A 端口工作于方式 0 输出方向,
                          ;PC7~PC4 为输入,PC3~PC0 为输出
    OUT  DX,AL
    MOV  AL,01H           ;置位 PC0,即STB信号初始时为高电平
    OUT  DX,AL

    ;查询传送数据程序段
 L: MOV  DX,62H           ;C 端口地址,状态口
    IN   AL,DX            ;读状态端口
    AND  AL,10H           ;查询 PC4
    JNZ  L                ;忙,则循环等待,并继续查询;否则输出数据
    MOV  DX,60H           ;A 端口地址
    MOV  AL,[SI]
    OUT  DX,AL            ;通过 A 端口发送数据
    MOV  DX,63H
    MOV  AL,00H           ;把 PC0 复位,产生数据选通信号STB
    OUT  DX,AL
    NOP                   ;选通信号保持一定时间的低电平
    NOP
    MOV  AL,01H           ;置位 PC0,即撤离STB信号,恢复为高电平
    OUT  DX,AL
    INC  SI
    DEC  CX
    JNZ  L                ;未完成则继续发送,否则停机
    HLT
```

【例 9.7】 用 8255 设计打印机接口,采用中断方式把内存 200H 处的 256B 数据送打印机打印。

打印机并行接口采用 8255 的工作方式 1,可进行中断方式的数据传输,使用 A 端口作数据输出端口,则联络信号的定义是固定的,PC_3 是 INTR 中断请求信号,连接中断控制器 8259 的请求输入端 IR_2,PC_6 和 PC_7 分别是$\overline{ACK}$和$\overline{OBF}$信号,用于连接打印机,按照 Centronic 接口信号标准取用$\overline{ACK}$作为打印机返回的应答信号,$\overline{STB}$可以用 PC_7 直接实现,也可以采用 A 组的 PC_4、PC_5 定义产生。硬件连接电路如图 9.18 所示。

假设 8255 的 A 端口、B 端口、C 端口的 I/O 地址为 60H、61H、62H,控制端口地址为 63H。使用的中断向量号为 09H,具体的软件编程如下:

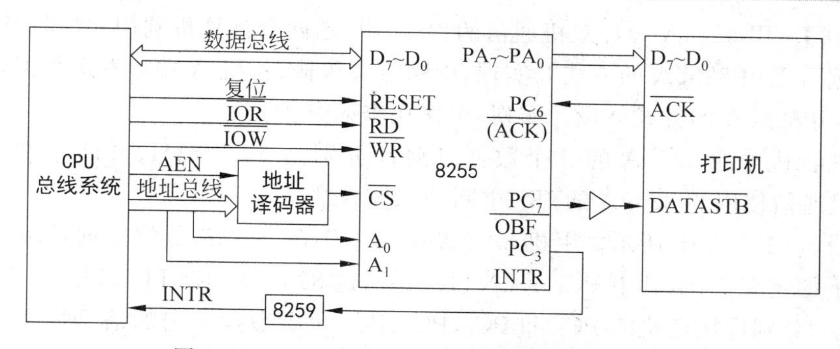

图 9.18　8255 方式 1 的并口打印机硬件连接图

主程序段：

```
MAIN:
        CLI                     ;关中断
        …                       ;8259 初始化
        …                       ;设置中断向量
        …                       ;设置中断屏蔽寄存器,开放 IR2 中断
        MOV   SI,200H           ;传送数据的内存缓冲区首地址
        MOV   CX,0FFH           ;打印数据个数
        MOV   DX,63H            ;控制字寄存器地址
        MOV   AL,A0H            ;控制字 10100000B ,使 A 端口工作于方式 1 输出方向
        OUT   DX,AL
        MOV   AL,0DH            ;PC6=1,允许输出中断
        OUT   DX,AL
        STI                     ;开中断
        …
```

中断服务程序：

```
PRINT256   PROC FAR
        PUSH  AX
        PUSH  DX
        MOV     DX,60H          ;A 端口地址
        MOV     AL,[SI]
        OUT     DX,AL           ;通过 A 端口发送数据
        MOV     DX,63H
        INC   SI
        DEC   CX
        POP   DX
        POP   AX
        MOV   AL,20H
        OUT   20H,AL            ;EOI
        IRET                    ;中断返回
PRINT256 ENDP
```

【例 9.8】 用 8255A 设计双机通信的程序,甲、乙两台计算机利用并口收发数据。甲机收发数据可采用 8255A 的方式 2 实现,中断方式传输;乙机 A 端口发送数据,B 端口接收数据,采用 8255A 的方式 0 设计实现,工作在查询方式。

假设两台机器的 8255A 的 3 个数据口地址分别是 60H、61H、62H,控制口地址为 63H。甲机通信使用的 8259A 的 IR_2 中断请求输入端。

硬件设计如图 9.19 所示。甲机 8255A 端口工作在方式 2,数据双向传输,联络信号按方式 2 下的定义连接,其中 PC_3 为 INTR 信号,送 8259 的 IR_2,PC_4、PC_5 负责数据输入的信号握手,分别连接乙机的 PC_7 和 PC_0,PC_6、PC_7 负责数据输出的信号握手,分别连接乙机的 PC_6 和 PC_1,这里对乙机 C 端口信号线的定义根据需要,把 C 端口高位定义为应答控制信号,低位定义为状态信号。

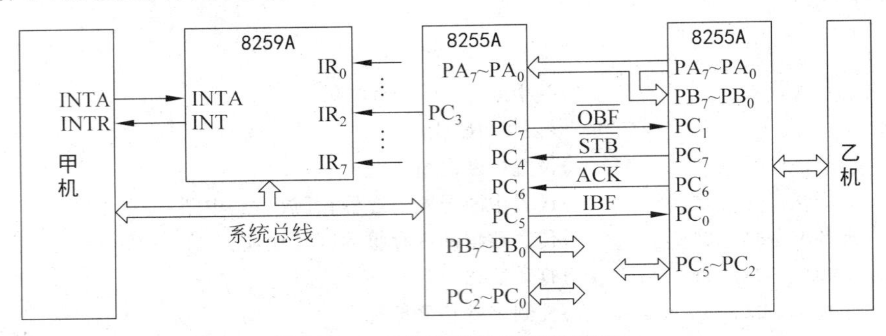

图 9.19 双机通信的硬件连接图

软件设计需要对两台机器分别编程。包括甲机双向数据传输的驱动程序和乙机接收和发送的程序段。

甲机主程序

```
    ⋮
;8259 中断向量设置
;8259 初始化
;开放 8259 的 IR2 为非屏蔽状态
MOV  DX,63H          ;控制字寄存器地址
MOV  AL,C0H          ;控制字 11000000B ,使 A 端口工作于方式 2
OUT  DX,AL
MOV  AL,09H          ;PC4=1,允许输入中断
OUT  DX,AL
MOV  AL,0DH          ;PC6=1,允许输出中断
OUT  DX,AL
MOV  SI,300H         ;发送数据的内存缓冲区首地址
MOV  CX,0FFH         ;发送数据的个数
MOV  DI,400H         ;接收数据的内存缓冲区首地址
MOV  BX,0FFH         ;接收数据的个数
STI
⋮
                     ;甲机中断服务程序
```

```
        ⋮
        MOV  DX,63H          ;控制字寄存器地址
        MOV  AL,08H          ;PC4=0,禁止输入中断
        OUT  DX,AL
        MOV  AL,0CH          ;PC6=0,禁止输出中断
        OUT  DX,AL
        CLI
        MOV  DX,62H
        IN   AL,DX           ;读状态端口
        MOV  AH,AL           ;保存状态字
        AND  AL,20H          ;PC5=1,输入中断
        JZ   OTHER
INPUT:  MOV  DX,60H          ;接收输入的数据
        IN   AL,DX
        MOV  [DI],AL
        INC  DI
        DEC  BX
        JMP  EXIT
OTHER:  MOV  AL,AH           ;恢复状态字
        AND  AL,80H          ;PC7=1,输出中断
        JZ   EXIT            ;不是,则转 EXIT
OUTPUT: MOV  DX,60H          ;发送数据
        MOV  AL,[SI]
        OUT  DX,AL
        INC  SI
        DEC  CX
EXIT:   MOV  DX,63H
        MOV  AL,09H          ;PC4=1,允许输入中断
        OUT  DX,AL
        MOV  AL,0DH          ;PC6=1,允许输出中断
        OUT  DX,AL
        STI
        MOV  DX,20H          ;OCW2,中断结束,指定 IR2 结束
        MOV  AL,62H
        OUT  DX,AL
        IRET
        ⋮
```

乙机 A 端口发送数据、B 端口接收数据的查询方式驱动程序,读者可参照查询方式相关内容自行设计乙机的驱动程序。

9.3.3 并行接口的 I/O 功能调用

微型计算机并行打印接口适配电路负责主机系统与并行打印机的连接,采用独立电

路时,打印接口电路的端口是378H～37AH/278H～27FH,基址378H和278H的选择通过A8为1或0实现;若打印接口电路与单色显示器接口组合成一块适配电路时,打印端口的地址是3BCH～3BEH。我们以基址为378H的打印口为例介绍。

当基址为378H时,偏移地址+0为数据口,+1为状态口,+2为控制端口。程序通过端口地址进行数据的读写、控制字的读写、状态的读操作。其控制字格式如图9.20所示,状态字格式图9.21所示。

D_7	D_6	D_5	D_4	D_3	D_2	D_1	D_0
×	×	×	允许中断	联机	初始化	自动走纸	选通

图9.20 并行打印接口的控制字格式

D_7	D_6	D_5	D_4	D_3	D_2	D_1	D_0
忙	应答	纸用完	联机状态	打印出错	×	×	×

图9.21 并行打印接口的状态字格式

微型计算机系统的BIOS提供了打印功能调用,用户通过INT 17H可以实现与打印机的通信功能。INT 17H的3个子功能如下:

AH=0,打印AL中的字符;

AH=1,对打印机初始化;

AH=2,读取打印机当前的状态。

返回的参数,通过读取AH的各个位获取,这与读取379H得到的状态字不同,INT 17H返回的状态字AH的格式如图9.22所示。

D_7	D_6	D_5	D_4	D_3	D_2	D_1	D_0
1:忙 0:不忙	1:有应答 0:无应答	1:纸用完 0:有纸	1:联机状态 0:脱机状态	1:I/O口有错 0:I/O口无错	×	×	1:超时出错 0:正常

图9.22 INT 17H返回的状态字AH格式

习 题 9

1. 并行接口有何特点?应用于什么样的场合?

2. 如何实现8255 A端口、B端口的按位操作?

3. 设计两种方法用8255的C端口的一条线对外输出连续的方波信号。

4. 用一个8255的A端口和B端口分别连接8个LED灯和8个开关,通过开关控制LED灯。设计其硬件电路和控制程序。

5. 设8255A工作在方式0下,从A端口读入数据,将其高4位清“0”,低4位保持不变,然后送B端口输出,试编写8255A初始化程序。

6. 设计用8255对74LS138的检测系统。

7. 设在一个系统中,8255A的端口地址为184H到187H,A口工作于方式1输出,允许中断,B端口工作于方式1输入,禁止中断,C端口剩余的两根线PC_5,PC_4位输入,试编写初始化程序。

8. 要求对图 9.23 所给电路编写有关程序段，使当开关接至位置 1～7 时，数码管显示相应的数字 1～7，当形状接至位置 8 时，退出程序。

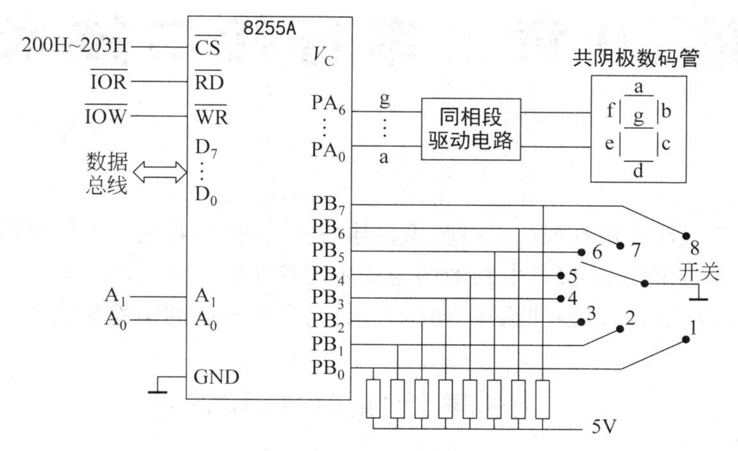

图 9.23　习题 7 电路图

9. 有一个 1μs 的脉冲信号送 8253 的计算器 1，利用软件方式扩大定时到 1s，每秒从 8255 的 PA 读入一组开关数据送 PB 的 LED 显示，假设用 10 条地址线用于端口译码。请完成：

(1) 硬件连线；

(2) 编写 8253 计数器 1 的初始化程序段(要求定时 50ms)；

(3) 编写 8255 的初始化程序和 1s 定时到时从 PA 读入一个字节开关数据并送 PB 显示的程序段。

10. 用 8086、8255、8259 和 8253 设计系统实现对指示灯的控制。要求 8255 的 PA_0、PA_1、PA_2 连接三位 DIP 开关，通过 DIP 开关的闭合决定连接 PB 的 8 个指示灯中的一个闪烁，闪烁频率 10。假设时钟频率为 50kHz，中断向量号使用 70H 和 71H。请设计硬件连接电路，编写所有芯片的初始化、填写中断向量表以及控制程序。

第10章　串行接口技术

本章介绍微型计算机系统的串行数据传输方式,具体内容包括串行通信的基本概念、串行接口的基本工作原理、接口电路的结构及应用等知识内容。涉及串行通信的知识、接口芯片的结构与功能、接口硬件连接、初始化编程、操作控制的编程与设计应用等内容。

10.1　串行接口技术概述

10.1.1　串行通信的概念

串行数据传输也叫串行通信,数据和控制信息是一位接一位串行传输,这样虽然速度会慢一些,但传输距离比并行通信长,硬件电路也相应简单一些。串行数据传输方式广泛应用于数据传输量不大、速度要求不高、远距离设备、价格经济等的一些场合。如微型计算机的键盘、鼠标、字符显示设备、微型计算机间通信,以及开发板、医疗设备、终端设备、制造设备、采集设备等。

1. 串行通信接口基本结构

串行通信的接口电路具备接口的一般构件,如控制寄存器、状态寄存器、数据缓冲寄存器、地址译码电路、中断控制电路等,但另外需要串行与并行数据的转换电路;串行接口电路一侧与外部设备连接,一侧与CPU连接。与CPU一侧的连接需要系统的数据总线、地址总线和相关的控制信号线、电源线、地线等,与外部设备的连接通过一条数据线进行输入和输出传输,没有联络的信号线,接口与外部设备的联络也通过这一条输入和输出传输线,这就需要对传送的一位一位的信息进行格式和速率的约定,形成串行通信的协议(又称通信规程),双方按通信协议发送和接收。

图10.1是一个典型的串行接口的基本结构及与CPU、外部设备连接图。

2. 串行通信相关技术术语

(1) 串行通信的工作方式。串行通信中按数据传送的方向可分为3种方式:单工通信方式、半双工通信方式和全双工通信方式,如图10.2所示。

单工通信方式是在发送方与接收方通过一条线连接,数据只允许一个方向传送。

半双工通信方式也是通过一条线连接收发双方,并允许相互发送和接收,但不能在这一条线上同时发送,即在某一时刻,某一方只能发送或只能接收,故称为半双工方式。双方通过切换各自的电路,可实现发送和接收的换向。这种方式能满足互相通信,而且比较

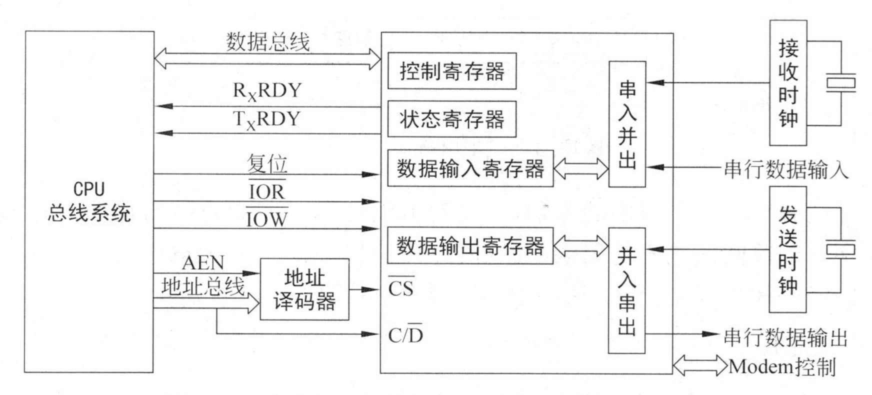

图 10.1　串行接口的结构及与 CPU、外部设备连接图

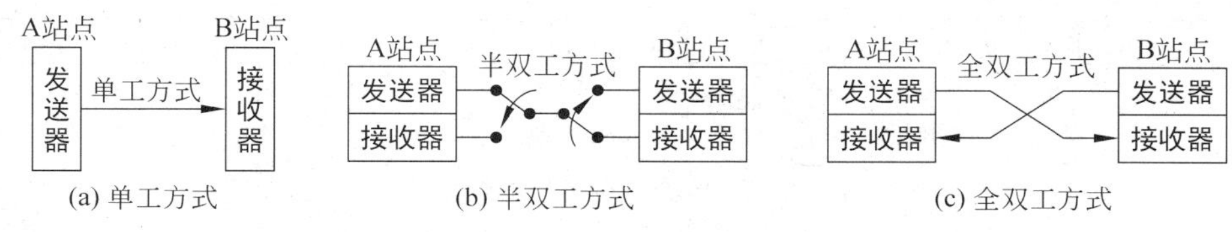

图 10.2　串行通信的工作方式

经济。

全双工通信方式中，通信双方通过两条传输线连接，比如用双绞线或同轴电缆，能实现同时的发送和接收，故称为双工通信。

(2) 串行通信的时钟。串行通信按二进制序列形式进行，传输线上的信号以数字信号出现，如高电平表示二进制数的 1、低电平表示二进制数的 0，并且用二进制序列中的电平持续的时间表示一位，所以数据位的检测按时钟划分，发送方与接收方按发送时钟和接收时钟进行通信。

发送时钟下降沿控制串行二进制数据的发送，即接口电路把并行数据通过移位寄存器，在发送时钟作用下进行移位输出，发送到数据线路上。

接收时钟上升沿控制把数据线上的数据序列送入移位寄存器。

(3) 串行通信方式。串行通信可分为同步串行通信、异步串行通信两种方式。

同步串行通信是在统一时钟控制下进行发送和接收，近距离通信需要增加一条时钟信号线，远距离通信可通过调制解调器从数据流提取同步信号，在接收方用锁相环电路，得到和发送时钟完全相同的时钟信号。同步通信有面向字符的规程、面向比特的规程和面向字节计数的规程。其数据块由若干字符或位组成一块数据，数据内不设间隔，并在这块数据上加检验字符，形成数据帧，通信靠同步字符或专用控制线获得同步传输。典型的同步通信规程有 IBM 公司的二进制同步规程 BSC(面向字符型、半双工)、IBM 公司的同步数据链路控制规程 SDLC(面向比特型)、ISO 的高级数据链路控制规程 HDLC、ANSI 的先进数据通信规程 ADCCP 等。面向字符型的同步串行通信的基本格式如图 10.3 所示。

异步串行通信把一个字符按一定格式传送，收发双方的时钟频率可以不是同源的，允

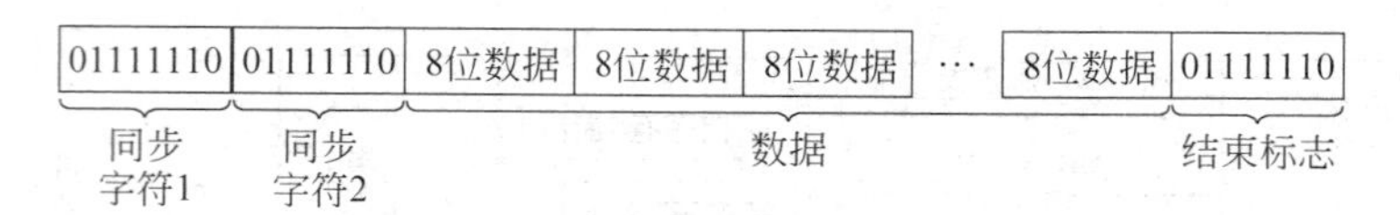

图 10.3 同步串行通信的帧格式

许收发时钟的频率有一定范围的差别,收发双方的传送靠起始位获得同步。这里的异步即指两个字符的时间间隔不是固定的(空闲时用逻辑 1 电平表示空闲位),但一个字符内的各个位的时间间隔固定。异步串行通信的数据格式如图 10.4 所示。

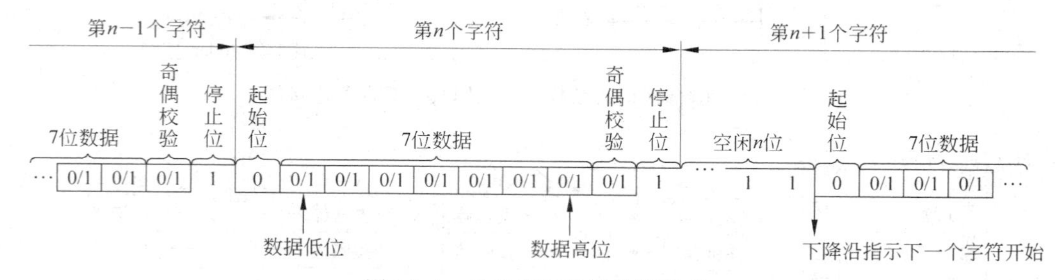

图 10.4 异步串行通信的帧格式

上述数据格式的起始位是持续一位时间的低电平,紧接的是 5～8 位的数据位(LSB 在前、MSB 在后的传输方式,即先传输最低位、最后的是最高位),1 位奇偶校验位和 1 位、1.5 位、2 位三种形式的停止位,再后是空闲位或下一个字符的传输开始。字符位数的设定、奇偶校验位的取舍和设定、停止位的设定都由初始化完成。每个位的持续时间相同,是传输速率的倒数。

(4) 数据终端设备、数据通信设备。这些是联网设备和网络设备的统称。

数据终端设备(Data Terminal Equipment,DTE)是数据的源或目的,是用户的联网设备,如数据处理设备、计算机等。

数据通信设备(Data Communication Equipment,DCE)是为用户设备提供入网接入的设备,如调制解调器 MODEM、自动呼叫/应答设备及其他中间通信设备。

(5) 串行通信的数据传输速率。数据传输速率指单位时间内传输的信息量,可用比特率和波特率来表示。比特率是指每秒钟传输的二进制数据位数,用 bps(位/秒)为表示单位,通常表示并行通信的速率;波特率是指每秒传输的波特数,这里所说的波特是通信中的符号(也称离散状态)传输速率单位,每秒传输 1 个符号称为传输率为 1 波特。通常表示串行通信的速率。

为了提高抗干扰能力,一般可用多个时钟调制一个二进制位,比如采用 n 个时钟收发,则收发时钟频率 $=n\times$ 波特率,一般 n 取 1、16、32、64 等,对于同步通信,n 必须取 1。异步串行通信的速率一般在 50～19200 波特之间,常取 110、300、600、1200、1800、2400、4800、7200、9600 和 19200 等数值。计算机串行传输的数据信息位速率的倒数称为位周期,比如传输速率是 2400 波特,其位周期为 1/2400=0.417ms。

计算机中只有高电平和低电平表示的 1、0 两种离散信号,所以计算机中波特率和比特率正好吻合，两者是一致的但意义不同。在其他场合，数据信息的传输通道中，载波调制成携带数据信息的信号单元，称为码元，波特率是每秒钟通过信道传输的码元数称为码元传输速率，通过不同的调制方法可以在一个信息符号上负载多个数据位信息，如采用M相调制时，单个调制状态对应 $\log 2^M$ 个二进制位，即比特率＝波特率×$\log 2^M$，两相调制下，单个调制状态对应1个二进制位，此时比特率等于波特率。

10.1.2 串行通信的标准 RS-232-C

通信的收发双方遵循相同的协议，保障可靠的数据传输，各公司和组织机构开发公布了一些标准。同步通信协议有面向比特的高级数据链路控制协议 HDLC，同步链路控制协议 SDLC 等，同步串行通信的数据传输效率高、速率高、对时钟要求高、硬件电路复杂；异步串行通信协议应用最广泛的是 EIA-RS-232-C，是美国 EIA（电子工业联合会）与 BELL 等公司一起制定的，该标准提供了用公共电话网络进行数据通信的技术规范，规定了 MODEM、DTE、DCE 的信号功能、电气特性等内容。

1. RS-232-C 信号线定义

RS-232-C 信号线定义如表10.1所示。

表10.1 RS-232-C 信号线定义

引脚号	引脚功能	引脚号	引脚功能
1 *	保护地(GND)	14	辅信道发送数据(TxD)
2 *	发送数据(TxD)	15	发送器定时时钟(DCE为源)
3 *	接收数据(RxD)	16	辅信道接收数据(RxD)
4 *	请求发送(RTS)	17	接收器定时时钟(DCE为源)
5 *	允许发送(CTS)	18	未定义
6 *	数据通信设备(DCE)准备好(DSR)	19	辅信道请求发送(RTS)
7 *	信号地(SG)	20	数据终端准备好(DTR)
8 *	数据载波监测(DCD)	21	信号质量检测
9	未定义	22	振铃指示(RI)
10	未定义	23	数据信号速率选择(DTE/DCE为源)
11	未定义	24	发送信号单元定时(DTE为源)
12	辅信道数据载波监测(DCD)	25	未定义
13	辅信道允许发送(CTS)		

※注：标有 * 的信号为主信道信号。

微型计算机常用的 RS-232-C 接口信号可只采用9个信号完成串行通信功能，采用的信号如表10.2所示。

表 10.2　微型计算机常用 RS-232-C 信号线定义

引脚号	引脚功能	方向	符号
2	发送数据	输出	TxD
3	接收数据	输入	RxD
4	请求发送	输出	RTS
5	允许发送	输入	CTS
6	数据通信设备(DCE)准备好	输入	DSR
7	信号地		SG
8	数据载波监测	输入	DCD
20	数据终端准备就绪	输出	DTR
22	振铃指示	输入	RI

微型计算机常用 RS-232-C 信号线中，一类用于数据传送，如 TxD、RxD、GND，一类用于 Modem 的状态和控制，如 RTS、CTS、DSR、DCD、DTR、RI。

2. RS-232-C 的物理连接

RS-232-C 的最高传输速率和最大传输线长度是两项基本性能，二者相互矛盾、相互制约，即可靠的传输速率随传输距离的增加而减小、反之亦然。一般应用情况下，RS-232-C 传输速率为 0～20Kbps，传输线长度为 0～30m。

(1) RS-232-C 连接器。串行通信的实现方法是使用硬件电路，在驱动程序作用下，完成数据收发。目前微型计算机常用的串行通信连接器有 UART(通用异步收/发器)、USRT(通用同步收/发器)、USART(通用同步/异步收/发器)，它们都有实现串并转换和位计数的基本功能，这些连接器接口把复杂的串行通信集成化了，使用非常方便。

(2) 电气特性。RS-232-C 的工作采用负逻辑 EIA 电平，其负载开路电压不超过 ±25V，发送端规定，－5V ～ －15V 表示逻辑"1"(称为传号，MARK)，＋5～＋15V 表示逻辑"0"(称为空号，SPACE)，接收端定义，－3V ～ －15V 表示逻辑"1"(MARK)，＋3V～＋15V表示逻辑"0"(SPACE)。

(3) 机械特性。RS-232-C 的外形有 DB-25 和 DB-9 两种连接形式，其中 286 以上微型计算机普遍采用的 DB-9 的信号定义如表 10.3 所示。DB-25 和 DB-9 的对连接及 DB-9 与 25 引脚设备的连接如图 10.5 所示。

表 10.3　微型计算机 DB-9 信号线定义及与 DB-25 的对应关系

DB-9 引脚信号	引脚功能	符号	DB-25 引脚信号
1	数据载波监测	DCD	8
2	接收数据	RxD	3
3	发送数据	TxD	2
4	数据终端准备就绪	DTR	20

续表

DB-9 引脚信号	引 脚 功 能	符 号	DB-25 引脚信号
5	信号地	SG	7
6	数据通信设备(DCE)准备好	DSR	6
7	请求发送	RTS	4
8	允许发送	CTS	5
9	振铃指示	RI	22

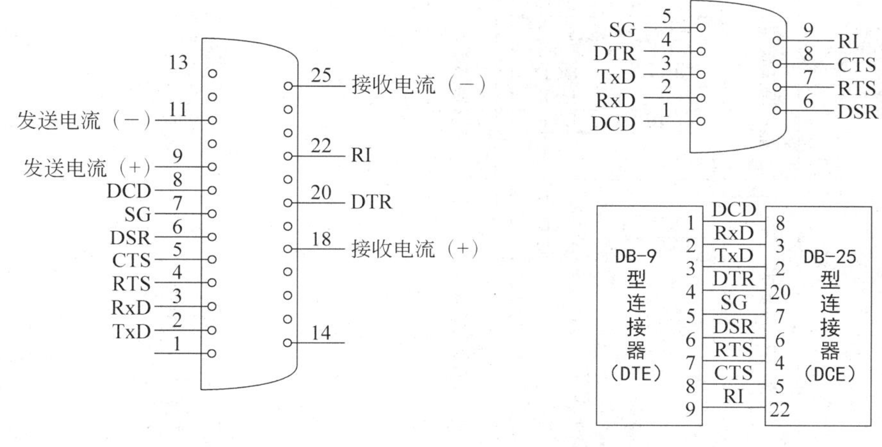

图 10.5 DB-25 和 DB-9 外形图

(4) RS-232-C 的连接方式。计算机通过 RS-232-C 连接器有几种连接方式,一种是通过 Modem 或其他 DCE 设备使用一条专门电话线进行 15m 以上的长距离通信,一种是直接通过 RS-232-C 接口连接终端设备,并带有反馈线的连接,还有一种简单场合广泛应用的,只需 3 条最基本信号线的连接,如图 10.6 所示。

(5) 电平转换。TTL 电平的串行接口芯片与 RS-232-C 串行通信采用的负逻辑 EIA 电平不能兼容,为实现连接,必须进行电平转换,一般可使用专门的集成电路芯片 MAX 232、MC 1488 或 SN 75150/75188 在发送方把 TTL 电平转换成 EIA 电平,接收方可采用 MC 1489 或 SN 75154/75189 把 EIA 电平转换成 TTL 电平。目前新型的电平转换芯片 MAX 232 能够完成 EIA 电平与 TTL 电平的双向转换,满足 RS-232-C 发送/接收器 UART 的需要,MAX 232 内部具有电压倍增电路和转换电路,仅用 5V 电源。MAX 232 的引脚图如图 10.7 所示。

MAX 23 功能结构包括三个基本部分。

第一部分是电荷泵电路:由 1、2、3、4、5、6 脚外接电容构成。其中 1 和 3 引脚、4 和 5 引脚、2 和 V_{CC}、6 和 GND 分别接 4 只 1μF,电容起到升压和产生负电压的作用,得到 +12V 和 −12V 两个电源,提供给 RS-232 串口电平。

第二部分是数据转换通道:由 7、8、9、10、11、12、13、14 脚构成两个数据通道。其中 13 脚(R_{1IN})、12 脚(R_{1OUT})、11 脚(T_{1IN})、14 脚(T_{1OUT})为第一数据通道。8 脚(R_{2IN})、9 脚

(R_{2OUT})、10 脚(T_{2IN})、7 脚(T_{2OUT})为第二数据通道。

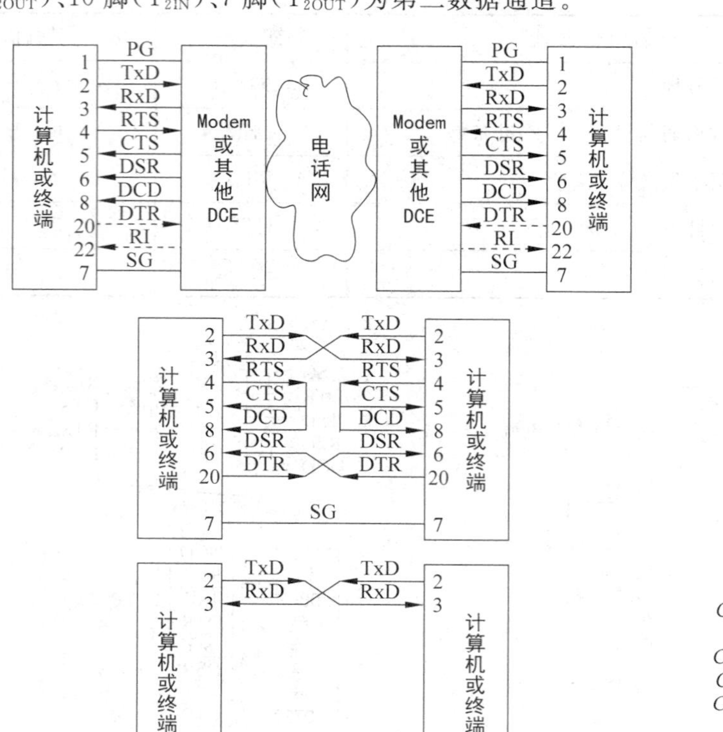

图 10.6　RS-232-C 的 3 种常用的连接方式

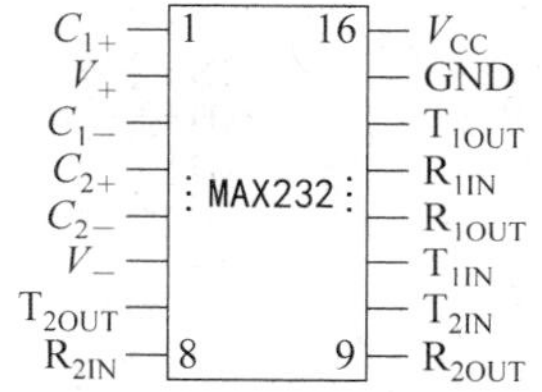

图 10.7　MAX232 的引脚图

TTL/CMOS 数据从 T_{1IN}、T_{2IN} 输入转换成 RS-232 数据从 T_{1OUT}、T_{2OUT} 送到计算机 DB9 插头；DB9 插头的 RS-232 数据从 R_{1IN}、R_{2IN} 输入转换成 TTL/CMOS 数据后从 R_{1OUT}、R_{2OUT} 输出。

第三部分是电源、地：15 脚 GND、16 脚 V_{CC}(5V)。使用时 V_{CC} 和 GND 加上一个 1μF 的电容。

(6) 数据流控制。数据流控制协调收发过程，避免因为接收或处理不及时而造成的数据丢失，UART 通常有两种数据流控制方式，软件流控制 XON/XOFF(继续/停止)和硬件握手方式 RTS/CTS(请求发送/清除发送)及 DTR/DSR(数据终端准备好/数据装置就绪)。

软件流控制通过接收方向发送方发出 XON 字符/XOFF 字符(十进制的 17/19)作为标志字符，告诉发送方继续/停止发送数据，但会因为数据流中也可能出现标志字符而引起误操作；硬件握手方式靠硬件信号 RTS/CTS 和 DTR/DSR 的置位、检测来启动或暂停收发设备从而控制收发过程，不会存在软件流控制的这种误操作问题。

(7) 其他标准。目前应用最广泛的串行通信接口标准是 RS-232-C，其前身是 RS-232-B、RS-232-A 接口标准，早期的 20mA 电流环标准因为具有良好的抗干扰能力，曾经流行在 286 以前的微型计算机；针对 RS-232-C 在速率、通信距离、不平衡收发产生的串扰、收发器连接数目等方面的不足,当前并存的标准有 RS-423、RS-422、RS-485 等串行通信接口标准,它们具有分布式、高性能连接和通信能力,并配有相关的电平转换芯片 MAX 481/483/485/487～MAX491。在已有 RS-232-C 计算机基础上,通过 MAX232 电平转换器先将计算机 RS-232-C 的 EIA 电平转换成 TTL 电平,在通过 MAX485 电平转换器将此 TTL 电平转换成 RS-485 电平发送,接收时 MAX 485 电平转换器将双绞线上的 RS-485 电平转换成 TTL 电平,MAX 232 电平转换器再把 TTL 电平转换成计算机的 RS-232-C 电平,完成 RS-232-C/485 电气接口标准的转换。

10.2　可编程串行接口芯片 8251A

Intel 系列的串行接口芯片 8251A 是可编程接口芯片,具有多种同步/异步通信的接收/发送功能,应用非常广泛。采用双列直插式封装,28 个引脚,单一的＋5V 电源,单相时钟,可工作在同步传送、异步传送方式,全双工能力、自动检测等功能。

10.2.1　8251A 的结构与引脚

8251A 的基本结构如图 10.8 所示,它有 5 个主要组成部分,分别是接收器、发送器、读写控制逻辑、数据缓冲器、调制解调控制电路,各个内部组成部件之间通过内部总线连接。

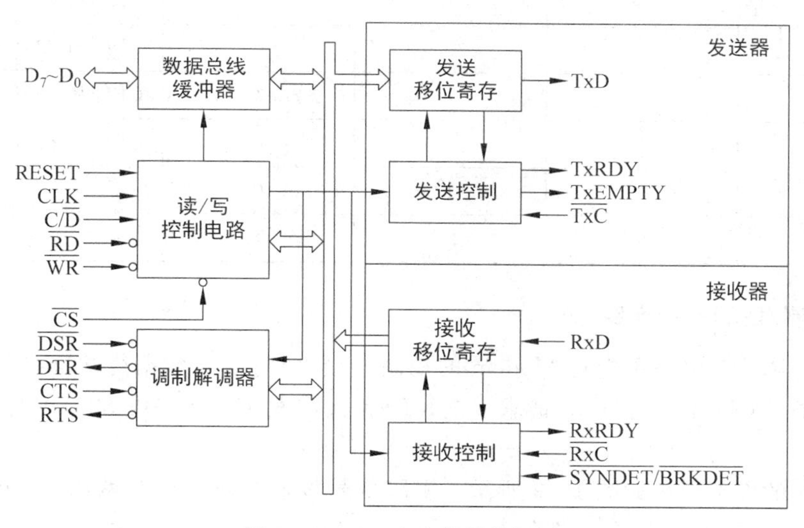

图 10.8　8251A 内部结构框图

1. 接收器

接收器从 RxD 上在接收时钟作用下接收串行数据,并进行并串转换、校验,最终存入接收数据缓冲器中,等待 CPU 读取。8251A 在异步方式下,检测接收线路上的数据信号,当没有数据时,线路维持高电平状态,8251A 把检测到的低电平作为起始位,并启动接收控制电路的内部计数器进行计数,其计数脉冲就是接收时钟,如果设定波特率是时钟脉冲的16倍分频，计数到16时发出1个接收时钟。当计数相当于半个位的时间时，再对接收线路检测(两次采样)，如果仍为低电平，则确认为收到起始位，于是8251A开始按每隔1个数位的时间间隔进行1次采样，在接收时钟$\overline{RxC}$下送入移位寄存器，进行奇/偶校验、去掉停止位后，转换成并行数据，然后送入数据输入缓冲器，向CPU发出接收数据准备好RxRDY信号。

但是当接收的数据不足8位时，8251A在高位填充0；在起始位经过半位时间的第二次采样没有得到低电平，8251A会把这个信号当作干扰信号，从而不认为接收到了起始位，8251A再重新检测接收线路上的低电平。

2. 发送器

CPU发来的数据到8251A的发送器，并把数据转换成通信要求的帧格，加上起始位、校验位和停止位后，在发送时钟$\overline{TxC}$的作用下一位一位地通过TxD发送出去，发送完成时，向CPU发出发送缓冲器准备好TxRDY信号，通知CPU发送下一个数据。

3. 读写控制逻辑

8251A的读写控制逻辑根据CPU发出的信号实现读写控制功能。功能表如表10.4所示。

表10.4 8251A读写控制功能表

$C/\overline{D}$	$\overline{RD}$	$\overline{WR}$	$\overline{CS}$	控制功能
0	0	1	0	CPU从8251A读数据
0	1	0	0	CPU向8251A写数据
1	0	1	0	CPU从8251A读状态
1	1	0	0	CPU向8251A写控制字
×	1	1	0	高阻
×	×	×	1	

4. 调制/解调控制电路

调制解调控制电路负责对Modem的控制连接，两对信号数据终端准备好$\overline{DTR}$和数据通信设备(DCE)准备好$\overline{DSR}$、请求发送$\overline{RTS}$和允许发送$\overline{CTS}$完成8251A与Modem的通信握手。

8251A的外部引脚如图10.9所示。引脚信号按连接对象分为两组，一组是和CPU连接的，一组是与外部设备连接的。

其中一组是和CPU连接的信号：

(1) $D_0 \sim D_7$：是CPU连接8251A的双向数据线，负责传送控制字、状态字、数据信息。

(2) CLK：外部给8251A有关电路提供的工作时钟，与数据传输速率无直接关系，但为了使电路工作可靠，一般对其频率有一定的要求，同步方式下CLK必须大于收发时钟的30倍，异步方式下CLK必须大于输入时钟的5.4倍，而且规定CLK的时钟周期在420～1350ns范围内。

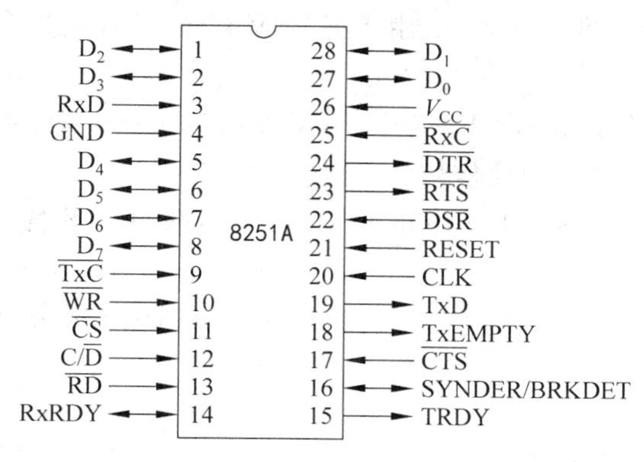

图 10.9　8251A 的引脚图

(3) $\overline{CS}$：片选信号，是 CPU 发出的地址信号经过译码后得到的对芯片的工作选择信号。

(4) $C/\overline{D}$：控制/数据选择信号，如果输入为高电平，则代表 CPU 读写的是控制信息或状态信息，否则，CPU 读写的是数据信息。一般此信号连接地址线的 A_0，用来区分端口地址。一般收发数据的端口地址为偶地址，控制口和状态口地址为连续的奇地址。

(5) $\overline{RD}$和$\overline{WR}$：读写控制信号，用于 CPU 对寄存器的读写操作。

(6) RESET。复位信号，这个引脚出现一个时钟 6 倍宽度的高电平时，芯片被复位，回到初始状态，直到芯片被重新编程，设定其工作状态。使用时，它与系统复位线相连，受系统加电或人工复位的控制。

(7) TxE：发送缓冲器空信号，表示数据已经进入移位寄存器进行并串转换。

(8) TxRDY：发送缓冲器准备好信号，用于通知 CPU 已经准备接收数据了，起到联络信号的作用，供 CPU 查询 8251A 状态，或作为中断请求信号给 CPU。当 8251A 接收数据后，此信号复位。

(9) RxRDY：接收缓冲器准备好信号，8251A 接收数据并组装完毕后，用于通知 CPU 已经准备数据了，起到联络信号的作用，供 CPU 查询 8251A 状态以便读取数据，或作为中断请求信号给 CPU。当 CPU 读取数据后，此信号复位，如果没有及时取走数据，新接收的数据就会覆盖它，造成数据丢失，出现溢出错，反映到状态字中。

(10) SYNDET：同步检测信号，用于同步方式，双向的，按同步检出信号来自于内部还是外部，分为内同步和外同步两种方式。

另外一组是与外部设备连接的信号：

(1) RxD：接收数据信号，信号来自外部设备，串行数据在$\overline{RxC}$上升沿采用输入。

(2) TxD：发送数据信号，信号向外部设备发送，串行数据在$\overline{TxC}$下降沿按位经 TxD 输出。

(3) $\overline{RxC}$：接收数据的时钟信号，每个数据的移位接收在它的上升沿进行，异步方式下，其频率可以是数据速率的 1、16 或 64 倍，同步方式下，其频率与数据速率相同。

(4) $\overline{TxC}$：发送数据的时钟信号，每个数据的移位发送在$\overline{TxC}$下降沿按位经 TxD 输出，其作用与$\overline{RxC}$相同，实际使用时$\overline{TxC}$和$\overline{RxC}$相互连接，用同一个时钟源。

(5) $\overline{DTR}$：数据终端准备好信号，用于通知 Modem 计算机准备就绪，可由命令字设置其有效。

(6) $\overline{DSR}$：数据通信设备(DCE)信号，用于表示 Modem 或外部设备数据准备就绪，CPU 通过读取状态寄存器检测此信号。

(7) $\overline{RTS}$：请求发送信号，用于通知 Modem，计算机已经准备好发送了，由命令字设置其有效。

(8) $\overline{CTS}$：允许发送(清除发送)信号，用于表示 Modem 或外部设备状态准备好，通知计算机可以发送数据。

10.2.2 8251A 的编程

8251A 是一个可编程的多功能串行通信接口芯片，在使用前必须对它进行初始化，以确定它的工作方式、传输速率、字符格式以及停止位长度等。

1. 8251A 的控制字

8251A 的各种工作方式及工作过程的实际控制需要设置其方式控制字和命令控制字。在写入方式控制字后，完成芯片初始化，接着根据需要写入同步字符或命令字。

(1) 方式控制字。方式控制字由一个 8 位寄存器实现，其内容决定 8251A 的同步或异步方式、通信的数据帧格式和速率等，在对 8251A 使用时进行初始化设置，格式如图 10.10所示。

D_7	D_6	D_5	D_4	D_3	D_2	D_1	D_0
同步/停止位		奇偶校验		字符长度		波特率系数	
同步 (D_1D_0=00) ×0：内同步 ×1：外同步 0×：双同步 1×：单同步	同步 (D_1D_0≠00) 00：不用 01：1位 10：1.5位 11：2位	×0：无校验 01：奇校验 11：偶校验		00：5位 01：6位 10：7位 11：8位		异步 00:不用 01：1 10：16 11：64	异步 00：同步方式标志

图 10.10 8251A 的工作方式控制字

(2) 命令控制字。命令控制字是在 8251A 进行发送、接收、内部复位、检测同步字符或设置某种工作状态时设置的命令。其格式如图 10.11 所示。

D_7	D_6	D_5	D_4	D_3	D_2	D_1	D_0
外部搜索方式 1：启动搜索同步字符	内部复位 1：使8251A复位	请求发送 1：强制$\overline{RTS}$输出0	错误标志复位 1：使全部错误标志位复位	发送中止字符 1：强制TxD为低 0：正常工作	接收允许 1：允许 0：禁止	数据终端准备好 1：强制$\overline{DTR}$输出0	发送允许 1：允许 0：禁止

图 10.11 8251A 的命令控制字

其中，D_7 为进入搜索方式，此时将接收到的数据组合形成字符，做同步比较，找到同步码后，信号 SYNDET 同步检测信号输出 1，然后复位此控制位为 0，做正常接收；D6 为内部复位位，D_6=1 的命令字是软复位方式，它使 8251A 回到初始状态进行初始化，即初始化前必须复位，而命令字的设置又需要在方式字之后，这就需要发此命令字前有方式字设置，一般可发一个假的方式字再发内部复位命令。即，发一个假的方式字→发内部复位命令→写入方式字初始化→…，进入初始化编程，初始化过程详见图11.13。

(3) 状态字。CPU向8251A发送命令字进行各种操作前，需要根据8251A当前的状态决定下一步的操作，如发送、接收或处理错误等，其状态字格式如图10.12所示。

D_7	D_6	D_5	D_4	D_3	D_2	D_1	D_0
数据装置就绪	同步检出	帧格式错	溢出错	奇偶错	发送器空	接收就绪	发送就绪

图10.12 8251A的状态字

如果8251A的状态具备其状态字格式所表示的含义，则相应位置1。CPU通过检测相应的状态位，得到通信需要的信息，从而决定进行的操作控制。

2. 8251A编程时的三点要求

(1) 两个控制字和一个状态字的使用关系。由于方式选择控制字只是约定了双方通信方式(同步方式/异步方式)、数据格式(字符长度、停止位长度、校验特性、同步字符特性)、传输速度(波特率系数)等，并没有规定数据传送方向(发送/接收)，所以还不能进行数据传送。故需要操作命令控制字来控制数据的发送/接收。但何时才能发送/接收，取决于8251A的状态字，只有在8251A进入发送/接收准备好状态后，才能开始数据的传送。

(2) 编程顺序。因为8251A的两个控制字都要送入同一个控制端口，而控制字本身并无特征标志位，所以向8251A写入两个控制字时，必须按照一定的顺序，且这种顺序不能改变，正确顺序如图10.13所示。先向8251A控制口写入方式选择控制字，规定了8251A的工作方式后，可以根据8251A的工作状态随时控制口写入操作命令控制字。

(3) 初始化程序必须在系统复位(内部复位或外部复位)之后，8251A工作之前进行。若要在使用过程中改变8251A的工作方式，也必须先使8251A芯片复位(内部复位命令字40H)，然后才可重新向8251A输出方式选择控制字。

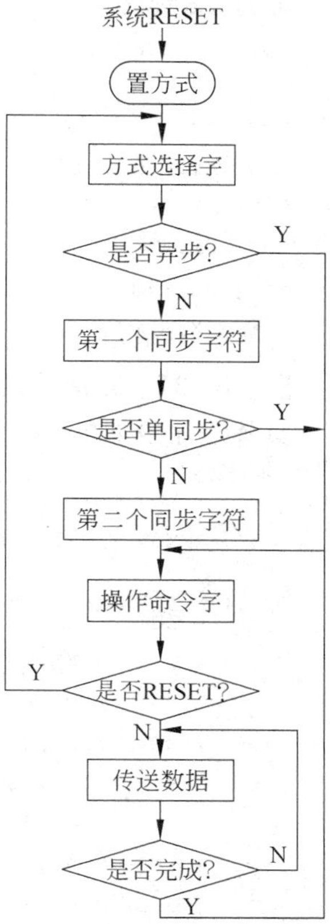

图10.13 8251A初始化流程图

10.2.3 8251A的应用示例

【例10.1】 异步模式的初始化编程。

假设控制口地址为$PORT_1$，数据口地址为$PORT_0$，设定异步模式下的数据格式为字符采用7位二进制表示，1位偶校验，2个停止位，波特率因子为16，初始化完成进入收发状态。

具体程序段如下：

```
MOV   DX,PORT1                ;控制口地址
MOV   AL,0FAH                 ;方式字,使 8251A 初始化成异步模式,
                              ;波特率因子为 16 及相关数据格式
OUT   DX,AL
MOV   AL,37H                  ;命令字,使发送、接收都允许
OUT   DX,AL
```

【例 10.2】 同步模式的初始化编程。

假设控制口地址为 $PORT_1$,数据口地址为 $PORT_0$,设定同步模式下的协议为内同步、2 个同步字符、7 个数据位、偶校验。按照方式字、同步字符、命令字的顺序对控制口设置。

具体程序段如下:

```
MOV   DX,PORT1                ;控制口地址
MOV   AL,38H                  ;方式字,使 8251A 初始化成内同步模式,2 个同步字
                              ; 符,7 个数据位、偶校验
OUT   DX,AL
MOV   AL,16H                  ;同步字符规定为 16H,方式字后连续发送 2 个
OUT   DX,AL
OUT   DX,AL
MOV   AL,97H                  ;命令字,使发送、接收都允许
OUT   DX,AL
```

【例 10.3】 查询方式的异步通信编程。

具体程序段如下:

```
        MOV     DX,PORT1          ;控制口地址
        MOV     AL,0FAH           ;方式字,使 8251A 初始化成异步模式,
                                  ;波特率因子为 16 及相关数据格式
        OUT     DX,AL
        MOV     AL,35H            ;命令字,使发送、接收都允许并清除错误指示位
        OUT     DX,AL
        MOV     DI,0              ;接收区首地址
        MOV     SI,100            ;发送区首地址
L:      IN      AL, PORT1         ;读状态口
        TEST    AL,02H            ;测试是否接收准备好,即 RxRDY= 1
        JNZ     RECE
        TEST    AL,01H            ;测试是否发送准备好,即 TxRDY= 1
        JNZ     TRAN
        JMP     L
RECE:   IN      AL, PORT1         ;测试接收的数据有无错误
        TEST    AL,38H
        JNZ     ERROR
        IN      AL, PORT0         ;读数据
        MOV     [DI],AL
```

```
        INC     DI
        JMP     L
TRAN:   MOV     AL,[SI]
        OUT     PORT0,AL            ;发送数据
        INC     SI
        JMP     L
ERROR: …                            ;错误处理
```

【例 10.4】 双机异步串行通信。采用 8251A 构成接口电路,完成查询方式的收发。

接口的硬件设计采用 8251A、电平转换电路,加上译码电路形成片选、三态 8 位数据缓冲器等。双机采用标准的 3 线 RS-232-C 串行通信电缆连接。硬件连线如图 10.14 所示。

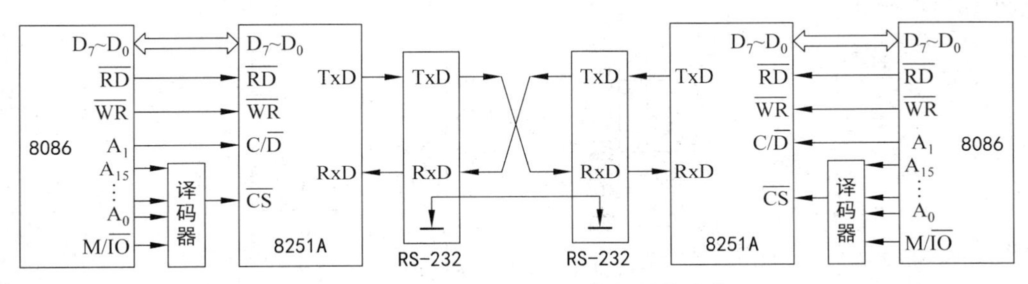

图 10.14 双机异步串行通信的硬件连线

软件驱动程序如下:

```
;甲机发送程序
CODE SEGMENT
  ASSUME CS:CODE
TRA  PROC  FAR
START: MOV   DX,PORT1               ;控制端口
       MOV  AL,00H                  ;空操作,假的方式字
       OUT  DX,AL
       MOV  AL,40H                  ;复位命令
       OUT  DX,AL
       NOP
       MOV  AL,0CFH                 ;方式字
       OUT  DX,AL
       MOV  AL,37H                  ;命令字
       OUT  DX,AL
       MOV  CX,3DH                  ;传送字数
       MOV  SI,300H                 ;发送区首地址
L1:    MOV  DX,PORT1                ;读状态端口
       IN    AL,DX
       AND  AL,01                   ;查 TxRDY=1?
       JZ    L1
       MOV  DX,PORT0                ;数据端口
```

```
        MOV  AL,[SI]
        OUT  DX,AL
        INC   SI
        DEC  CX
        JNZ   L1
        MOV  AX,4C00H               ;返回系统
        INT   21H
TRA   ENDP
CODE  ENDS
```

乙机接收程序与发送类似,读者可自行编写。

【例 10.5】 用 8251A 构成异步串行通信接口,中断方式收发数据,示例的硬件连线如图 10.15 所示。

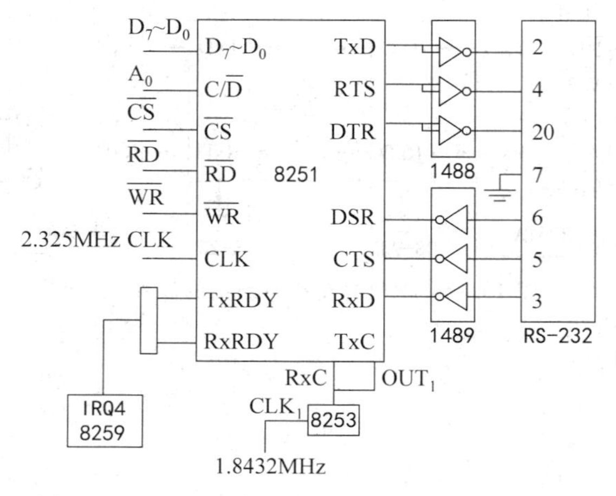

图 10.15 8251A 构成的串行接口的硬件连线图

设计采用 8251A 为核心构成异步串行通信接口电路,8253 形成波特率发生器,给 TxC、RxC 提供收发时钟,用 MAX 232 或 1488/9 完成 TTL 电平与 EIA 电平的转换,接口电路的译码器按系统需要连接,中断控制器使用系统的 8259。

软件设计包括主程序和中断服务程序。

主程序:

```
CLI
MOV    SI,200              ;设置收发的数据区和字节数
MOV    CX,100
MOV    DI,500
MOV    BX,100
...                        ;初始化 8259
MOV    AX,00H              ;加载中断向量
MOV    ES,AX
MOV    BX,0CH * 4
MOV    AX,OFFSET RECV-TRAN
```

```
        MOV     ES:[BX],AX
        PUSH    CS
        POP     AX
        MOV     ES:[BX+2],AX
        MOV     AL,76               ;初始化 8253 并设置初值
        OUT     43H,AL
        MOV     AL,30
        OUT     41H,AL
        MOV     AL,00
        OUT     41H,AL
        MOV     DX,301H             ;复位 8251A
        MOV     AL,00
        OUT     DX,AL
        MOV     AL,40H
        OUT     DX,AL
        MOV     AL,6AH              ;初始化 8251A 设定工作方式和数据格式、波特率
        OUT     DX,AL
        MOV     AL,27               ;设置 8251A 允许收发
        OUT     DX,AL
        IN      AL,21H
        AND     AL,11101111B        ;设置 8259 开放 IR4
        OUT     21H,AL
L:      CMP     CX,0
        JE      TRAN-ST
        CMP     BX,0
        JE      RECV-ST
        JMP   L
TRAN-ST:
        MOV     AL,26               ;设置 8251A 停止发送
        OUT     DX,AL
        JMP   L
RECV-ST:
        MOV   AL,23                 ;设置 8251A 停止接收
        OUT     DX,AL
        JMP   L
        ...
```

中断服务程序：

```
RECV-TRAN PROC FAR
        PUSH  DX
        PUSH  AX
        MOV   DX,301H               ;查询状态字,判断是接收还是发送
```

```
        IN    AL,DX
        TEST  AL,01           ;发送准备好?
        JNZ   TRAN
        TEST  AL,02H          ;接收准备好?
        JNZ   RECV
        JMP   EXIT
TRAN:   MOV   DX,300H         ;发送
        MOV   AL,[SI]
        OUT   DX,AL
        INC   SI
        DEC   CX
        JMP EXIT
RECV:   MOV   DX,300H         ;接收
        IN    AL,DX
        MOV   [DI],AL
        INC   DI
        DEC   BX
EXIT:   MOV   AL,20H          ;中断结束
        OUT   20H,AL
        POP   AX
        POP   DX
        IRET                  ;中断返回
RECV-TRAN ENDP
```

10.3 可编程串行接口芯片 INS 8250

可编程串行接口芯片 INS 8250 是微型计算机上串行通信的核心芯片,INS 8250 使用+5V 单一电源,40 引脚双列直插式封装,与 8251A 比较其优越性在于可编程能力很强,内部提供 10 多个可访问的寄存器,使用十分灵活。以 8250 为核心构成的异步串行接口电路,称为通用异步收发器(Universal Asynchronous Receiver Transmitter,UART),UART 是广泛使用的串行数据传输协议。

INS 8250 属于第一代产品,由于 PC 的 BIOS 包含对 8250 的支持,随着 PC 的普及,以 INS 8250 为基础的 UART 得以确立,具有良好的通用性,所以 UART 总体发展比较缓慢,产品的引脚、寄存器很少改变。随着 8250 结构的扩展和速率的提高,总线接口也有一定改善,随后出现的 16450UART 是 8250 的直接扩展,16550UART 共有 A、B、C、D 4 种型号,其中 16550C 使用最为广泛。

新一代的 UART 为了克服中断、缓存等软件响应占用 CPU 比例过大的问题,成为现代 CMOS 的标准 UART 的 16550 增加了硬件缓存,比 8250 多了一个 16B 的接收、发送 FIFO,后来的 16C650 的 FIFO 增加为 32B、16C750 的 FIFO 增加为 64B,满足速度不断提高的需求。这里仅以 INS 8250 为代表,介绍串行通信接口的芯片原理及其应用技术。

10.3.1　INS 8250的结构与引脚

INS 8250的基本结构如图10.16所示，它有数据总线缓冲器、选择和控制逻辑、接收器、发送器、收发同步控制电路、调制解调控制逻辑、中断控制逻辑、以及用户可以编程使用的各种功能的寄存器等，各个内部组成部件之间通过内部总线连接。8250的内部寄存器有接收移位寄存器RSR、接收缓冲寄存器RBR、发送保持寄存器THR、发送移位寄存器TSR、线路控制寄存器LCR、线路状态寄存器LSR、除数寄存器DLH和DLL、Modem控制寄存器MCR、Modem状态寄存器MSR、中断允许寄存器IER、中断识别寄存器IIR。8250内部寄存器及其寻址如表10.5所示。

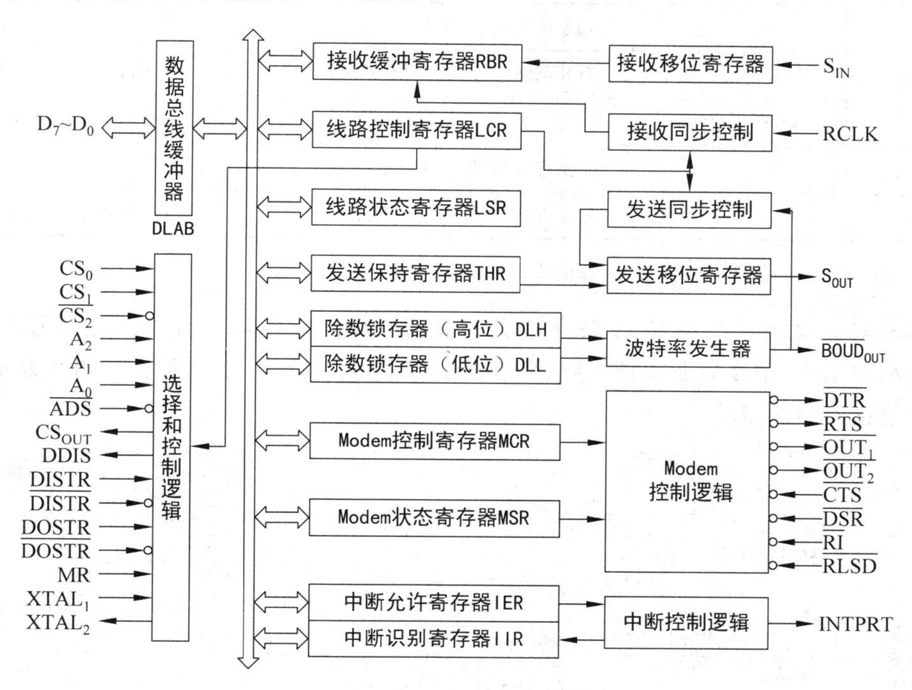

图10.16　INS 8250内部结构框图

发送数据时，8250把CPU发来的并行数据存入发送保持寄存器THR中，如果发送移位寄存器TSR空，数据就进入移位寄存器，并按协议编程的数据格式和波特率，加上起始位、校验位和停止位，从串行输出端S_{OUT}在内部同步时钟作用下逐位发送出去。串行输出端S_{OUT}在没有数据发送时，发送连续的低电平表示中止符。

接收数据时，8250通过接收移位寄存器RSR把数据输入端S_{IN}的串行数据按位移位接收，并搜索起始位。8250按协议的数据格式去掉起始位、校验位和停止位，把接收的串行数据送入接收缓冲寄存器RBR中，如果发现数据错误(校验错PE、帧格式错FE、溢出错OE)或接收了中止符，就把状态寄存器相应位置位，如果允许中断，还可以请求中断由CPU处理。

表 10.5 INS 8250 内部寄存器及其寻址

$A_2A_1A_0$	DLAB	寄存器名称	COM_1 地址	COM_2 地址
000	0	接收缓冲寄存器 RBR	3F8H	2F8H
000	0	发送保持寄存器 THR	3F8H	2F8H
001	0	中断允许寄存器 IER	3F9H	2F9H
010	×	中断识别寄存器 IIR	3FAH	2FAH
011	×	线路控制寄存器 LCR	3FBH	2FBH
100	×	MODEM 控制寄存器 MCR	3FCH	2FCH
101	×	线路状态寄存器 LSR	3FDH	2FDH
110	×	MODEM 状态寄存器 MSR	3FEH	2FEH
111	×	不用	3FFH	2FFH
000	1	除数寄存器低 8 位 DLL	3F8H	2F8H
001	1	除数寄存器高 8 位 DLH	3F9H	2F9H

注：DLAB 为线路控制寄存器 LCR 的 D_7 位。

INS 8250 的外部引脚有 40 条。40 条引脚信号线包括数据线、系统控制信号线、通信数据线和控制线、中断以及电源、地线等。连接如图 10.17，可分为系统一侧和外部设备一侧的连接信号两组。

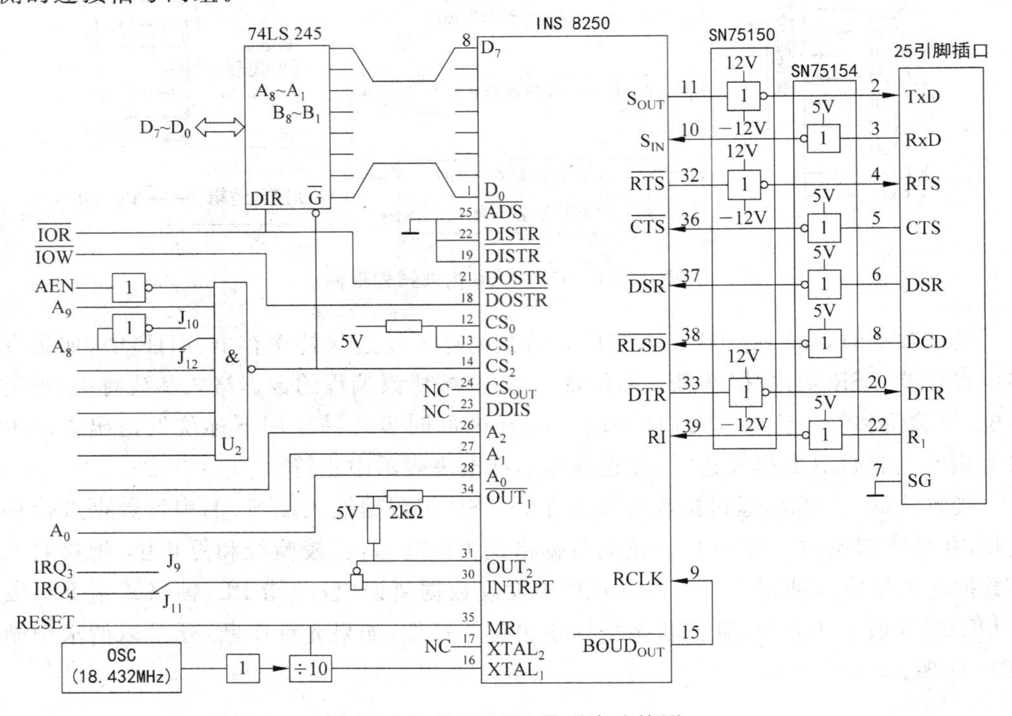

图 10.17 INS 8250 的引脚连接图

1. 与计算机系统连接的信号

(1) $D_0 \sim D_7$：8位双向数据总线，是CPU通过数据总线向8250写入数据或命令、读取数据或状态的数据线引脚，具有三态功能。

(2) CS_0、CS_1 和 $\overline{CS_2}$：片选信号，输入线，当 CS_0、CS_1 为高电平，$\overline{CS_2}$ 为低电平时，芯片被选中工作。

(3) $A_2 \sim A_0$：芯片内部寄存器（端口）选择信号，输入线，用于8250内部10个寄存器的寻址，$A_2 \sim A_0$ 与线路控制寄存器LCR的 D_7 位DLAB共同寻址编程寄存器。详见表11.5。

(4) $\overline{ADS}$：地址选通信号，输入线，用于锁存地址线信号和片选信号，x86系统使用时不需要连接，直接接地。

(5) MR：主复位信号，输入，高电平有效，连接系统的RESET信号，作用是对8250初始化。

(6) DISTR和 $\overline{DISTR}$：读选通信号，输入，其中一个有效，可读取内部寄存器的数据或状态。

(7) DOSTR和 $\overline{DOSTR}$：写选通信号，输入，其中一个有效，可写数据或控制字到内部寄存器。

(8) DDIS：驱动器禁止信号，输出，作用是禁止CPU对内部寄存器读取操作。

(9) CS_{OUT}：片选输出指示信号，输出线，用来指示 CS_0、CS_1 和 $\overline{CS_2}$ 3个信号同时有效，芯片被选中工作，可进行数据传输。

(10) $XTAL_1$：外部时钟输入信号，输入，外部频率振荡器产生的18.432MHz，经过10倍分频，通过此引脚输入，作为芯片内部电路工作的基准时钟信号。

(11) $XTAL_2$：基准时钟信号输出，用于芯片外其他电路的工作时钟。

(12) INTRPT：中断请求信号，输出线，当接收缓冲器满、发送保持寄存器空、接收数据错等情况产生中断并且芯片内部中断允许时，该信号有效，向系统发出中断请求。

(13) $\overline{OUT_1}$：对应Modem控制寄存器MCR的 D_2 位，可编程设定，用于用户指定的输出用途，如控制中断信号的输出。主复位信号MR有效时，被置为高电平。

(14) $\overline{OUT_2}$：对应Modem控制寄存器MCR的 D_3 位，可编程设定，用于用户指定的输出用途，如控制中断信号的输出。主复位信号MR有效时，被置为高电平。

(15) V_{CC}、GND和NC：芯片的电源线、地线和备用线。

2. 与外部设备有关的信号

(1) S_{IN}：串行接收数据信号线，输入，是外部设备发来的串行数据的输入引脚。

(2) S_{OUT}：串行发送数据信号引脚，输出，是芯片发给外部设备的串行数据的输出线。

(3) RCLK：接收数据的时钟信号输入，控制接收数据的传输速率，连接16倍波特率的时钟信号。此信号可单独使用外部专门时钟信号，也可以把芯片内部的工作时钟作为接收时钟。

(4) $\overline{BOUDOUT}$：工作时钟信号输出，控制发送数据的传输速率，连接16倍波特率的时钟信号。通常与RCLK互连，其频率=传送波特率×16。

(5) $\overline{DTR}$：数据终端准备好信号，输出，用于通知 Modem 计算机准备就绪，INS 8250 进入通信状态。

(6) $\overline{DSR}$：数据通信设备(DCE)准备好信号，输入，用于表示 Modem 或外部设备数据准备就绪，通知 INS 8250 可以通信了，是对$\overline{DTR}$的应答信号。

(7) $\overline{RTS}$：请求发送信号，输出，用于通知 Modem，计算机已经准备好发送数据了。

(8) $\overline{CTS}$：允许发送(清除发送)信号，输入，用于表示 Modem 或外部设备状态准备好，通知计算机可以发送数据，是对$\overline{RTS}$的应答信号。

(9) $\overline{RLSD}$：载波检测信号，输入，用于 Modem 检测到载波信号后发给 INS 8250 的。

(10) $\overline{R_I}$：振铃指示信号，输入，用于 Modem 收到振铃信号，请求 INS 8250 应答。

10.3.2 INS 8250 的编程

在利用 INS 8250 通信前，需要对其进行初始化。然后，处理机以程序查询方式或中断请求方式通过 8250 与外界进行异步通信。

8250 内部有 10 个可以编程使用的寄存器，用 $A_2 \sim A_0$ 来进行寻址，寄存器及其寻址见表 11.5。有的地址由多个寄存器共用，由线路控制寄存器 LCR 的 D_7 位 DLAB 区分或由读写方向区分。10 个寄存器按照编程时的用途可以分为两大类，一类是初始化设置的寄存器，一类是通信过程及控制的寄存器。

(1) 初始化设置的寄存器。

① 线路控制寄存器 LCR。用于指定异步串行通信的数据格式，可读可写，其格式与各位的含义如图 10.18 所示。

D_7	D_6	D_5	D_4	D_3	D_2	D_1	D_0
DLAB	SB	SP	EPS	PEN	STB	WLS_1	WLS_0
除数寄存器访问允许 1：允许 0：禁止	中止字符 1：发送中止字符 0：正常	强制检验位 1：恒为1 (D_4D_3=01) 1：恒为0 (D_4D_3=11) 1：无校验位 (D_3=0) 0：不强制附加	校验类型 1：偶校验 0：奇校验	校验允许 1：有校验位 0：无校验位	停止位个数 1：2位 ($D_1D_0 \neq 00$) 1：1.5位 (D_1D_0=00) 0：1位	数据位个数 00：5位 01：6位 10：7位 11：8位	

图 10.18 线路控制寄存器 LCR 的格式

这里的 D_7=1，表示对除数寄存器访问，否则为正常使用，如访问数据寄存器、中断允许寄存器等。

② 除数寄存器。除数寄存器存放分频系数，分为低 8 位 DLL 和高 8 位 DLH，用于把时钟引脚输入的基准时钟 $XTAL_1$ 分频，得到收发数据的时钟信号，收发数据的时钟信号是传输波特率的 16 倍，所以分频系数、基准时钟频率、波特率的关系如下：

$$分频系数=基准时钟频率/(16\times 波特率)$$

其中，数据收发工作时钟=16×波特率；基准时钟频率=数据收发工作时钟×分频系数。

8250 的最高速率可达 9600bps 和 19200bps，新型集成芯片如 PC 16650 一般可用基准时钟频率 18.432MHz，其设置速率更高。现假如 8250 的基准时钟频率为 1.8432MHz，若设置的波特率为 4800bps，通过计算，分频系数为 0018H，即 DLH=00H，DLL=18H。常用分频系数可以查表获得这一参数设置，如表 10.6 所示。

表 10.6　INS 8250 常用的分频系数参数表

速率(bps)	波特率系数高 8 位	波特率低 8 位
50	09H	00H
300	01H	80H
600	00H	C0H
2400	00H	30H
4800	00H	18H
9600	00H	0CH
19200	00H	06H
38400	00H	03H
57600	00H	02H
115200	00H	01H

设置波特率系数的高位、低位顺序任意，但要求线路控制寄存器 LCR 的 $D_7=1$。

③ Modem 控制寄存器 MCR。用于设置 8250 与 Modem 之间的联络信号，其含义如图 11.19 所示。

D_7 D_6 D_5	D_4	D_3	D_2	D_1	D_0
不用	LOOP	OUT_2	OUT_1	RTS	DTR
000	1：8250内部循环方式 0：正常	1：使$\overline{OUT_2}$为低 0：使$\overline{OUT_2}$为高	1：使$\overline{OUT_1}$为低 0：使$\overline{OUT_1}$为高	1：使$\overline{RTS}$为低 0：使$\overline{RTS}$为高	1：使$\overline{DTR}$为低 0：使$\overline{DTR}$为高

图 10.19　Modem 控制寄存器 MCR 的格式

④ 中断允许寄存器 IER。8250 内部具有很强的中断控制与优先级判决能力，此寄存器可控制 4 级中断，级别从高到低依次是接收线路状态中断（奇偶错、溢出错、帧格式错、中止字符）、接收数据准备好中断、发送保持寄存器空中断和调制解调器状态改变中断（清除发送$\overline{CTS}$状态改变、数据终端准备好$\overline{DSR}$状态改变、振铃$\overline{RI}$变为断开、接收线路信号检测$\overline{RSLD}$状态改变）。相应位置"1"则允许对应中断，否则屏蔽。格式如图 10.20 所示。

D_7 D_6 D_5 D_4	D_3	D_2	D_1	D_0
0000	调制解调器状态改变中断	接收线路状态中断	发送保持寄存器空中断	接收数据准备好中断

图 10.20　中断允许寄存器 IER 的格式

8250 初始化程序如下：

```
;设置波特率,1200 baud
    MOV  DX,3FBH                ;LCR 地址
    MOV  AL,80H                 ;使 DLAB=1
    OUT  DX,AL
    MOV  DX,3F8H                ;除数寄存器低位
    MOV  AL,60H                 ;1.8432MHz/16*1200=96=0060H
    OUT  DX,AL
    MOV  DX,3F9H                ;除数寄存器高位
    MOV  AL,0                   ;为 0
    OUT  DX,AL
;设置数据格式,7 位数据位、1 位停止位、校验位恒置 1
    MOV  DX,3FBH                ;LCR 地址
    MOV  AL,00101010B           ;LCR 控制字,设置数据格式
    OUT  DX,AL
;设置 MCR,开启中断信号输出,循环测试收发
    MOV  DX,3FCH                ;MCR 地址
    MOV  AL,1BH                 ;置位循环测试位,控制OUT2(反)为低,开启中断输出
    OUT  DX,AL

;设置 IER,屏蔽或允许中断
    MOV  DX,3F9H                ;IER 地址
    MOV  AL,0                   ;屏蔽所有中断(此时要求 DLAB=0)
    OUT  DX,AL
```

(2) 通信过程及控制的寄存器。

① 接收缓冲寄存器 RBR。存放接收的串行数据并转换成并行数据。

② 发送保持寄存器 THR。存放发送的并行数据并转换成串行数据。

③ 线路状态寄存器 LSR。提供通信过程的状态,被 CPU 读取并作相应处理,其格式与各位的含义如图 10.21 所示。

D_7	D_6	D_5	D_4	D_3	D_2	D_1	D_0
0	TSRE	THRE	BI	FE	PE	OE	DR
	1：发送移位寄存器空，发送保持寄存器数据送入后变为0	1：发送保持寄存器空,CPU写入字符后变为0	1：正在传输中止字符	1：帧格式错	1：奇偶错	1：溢出错	1：接收数据缓冲器收到1个数据，CPU读取数据后变为0

图 10.21 线路状态寄存器 LSR 的格式

④ Modem 状态寄存器 MSR。该寄存器反映 Modem 的 4 个控制信号的当前状态及其变化,高 4 位为 1 表示相应信号为低,低 4 位为 1 表示相应信号上次被 CPU 读取后已发生改变,且会引起 Modem 状态改变中断,该寄存器的低 4 位在复位或 CPU 读取后清“0”。其格式与各位的含义如图 10.22 所示。

⑤ 中断识别寄存器 IIR。当 8250 的 4 级中断有任何发生时,8250 的 INTRPT 输出高电平的中断请求信号,IIR 用于识别哪级中断发生了,IIR 存放级别最高的中断级别编

D_7	D_6	D_5	D_4	D_3	D_2	D_1	D_0
RLSD	RI	DSR	CTS	ΔRLSD	ΔRI	ΔDSR	ΔCTS
1：$\overline{RSLD}$引脚为低	1：$\overline{RI}$引脚为低	1：$\overline{DSR}$引脚为低	1：$\overline{CTS}$引脚为低	1：$\overline{RSLD}$改变	1：$\overline{RI}$改变	1：$\overline{DSR}$改变	1：$\overline{CTS}$改变

图 10.22　Modem 状态寄存器 MSR 的格式

码，8250 的中断优先级是按事件的紧急程度固定安排的，用户通过设置 IER 进行屏蔽或开放。相应中断发生并被完成相关操作后复位。IIR 格式如图 10.23 所示。

D_7	D_6	D_5	D_4	D_3	D_2	D_1	D_0
0000					ID_1	ID_0	IP
					11：接收线路状态中断（高） 10：接收数据准备好中断 01：发送保持寄存器空中断 00：调制解调器状态改变中断（低）		1：无中断 0：有中断

图 10.23　中断识别寄存器 IIR 的格式

查询方式的通信程序：

```
L:MOV    DX,3FDH            ;读 LSR
  IN     AL,DX
  TEST   AL,1EH             ;接收错?
  JNZ    ERROR
  TEST   AL,01H             ;接收到数据?
  JNZ    RECE
  TEST   AL,20H             ;能输出吗?
  JZ     L
;发送保持寄存器空,发送数据
  MOV    AH,1               ;监测键盘输入
  INT    16H
  JZ     L
  MOV    AH,0               ;读键盘的输入
  INT    16H
  MOV    DX,3F8H            ;通过保持寄存器发送数据
  OUT    DX,AL
  JMP L
RECE:
  MOV    DX,3F8H
  IN     AL,DX              ;读输入数据缓冲器数据
  AND    AL,7FH             ;去掉最高 1 位,保留低 7 位数据
  PUSH   AX
  MOV    BX,0
  MOV    AH,0EH
  INT    10H                ;屏幕显示数据
  POP    AX
  CMP    AL,0DH             ;是回车吗?
```

```
  JNZ    L
  MOV    AL,0AH
  MOV    BX,0
  MOV    AH,0EH
  INT    10H
  JMP    L
;错误处理
  ERROR: ...
```

10.3.3 INS 8250的应用举例

【例 10.6】 设计两台 PC 的收发通信程序,采用中断方式接收和发送。

发送程序:

```
    ⋮
  CLI                          ;关中断
  ...                          ;8259初始化
  MOV  AX,0                    ;设置 IRQ4 中断向量
  MOV  ES,AX
  CLD
  MOV   DI,0CH * 4             ;使用 COM1,IRQ4
  MOV   AX,OFFSET SEND-INT
  STOSW
  MOV  AX,SEG  SEND-INT
  STOSW
  MOV  AL,0FFH                 ;屏蔽 8259A 所有中断
  OUT  21H,AL
  MOV  DX,3FBH                 ;置 DLAB=1
  MOV  AL,80H
  OUT  DX,AL
  MOV  DX,3F8H                 ;设置通信波特率
  MOV  AL,30H                  ;波特率因子低字节
  OUT  DX,AL
  MOV  DX,3F9H
  MOV  AL,0                    ;波特率因子高字节
  OUT  DX,AL
  MOV  DX,3FBH                 ;设置通信线路控制寄存器
  MOV  AL,0AH                  ;数据格式设置
  OUT  DX,AL
  MOV  DX,3FCH                 ;设置 Modem 控制寄存器
  MOV  AL,0BH                  ;允许 8250 发送中断
  OUT  DX,AL
  MOV  AL,0                    ;置 8259A 中断屏蔽寄存器
  OUT  21H,AL                  ;开放 8259A 所有中断
```

```
  MOV   DX,3F9H              ;设置中断允许寄存器
  MOV   AL,2                 ;允许发送保持寄存器空中断
  OUT   DX,AL
  STI                        ;CPU开中断
  HLT                        ;等待中断
  ⋮
SEND-INT  PROC NEAR          ;中断方式发送子程序
  PUSH  AX                   ;寄存器保护
  PUSH  DX
  MOV   AL,[SI]              ;发送字符
  MOV   DX,3F8H
  OUT   DX,AL
  INC   SI                   ;修改发送数据的指针
  MOV   AL,20H               ;结束中断(EOI)
  OUT   20H,AL
  POP   DX                   ;恢复寄存器
  POP   AX
  IRET
SEND-INT  ENDP
```

接收程序：

```
  ⋮
  CLI                        ;CPU关中断
  …                          ;8259初始化
  MOV   AX,0                 ;设置IRQ3中断向量
  MOV   ES,AX
  CLD
  MOV   DI,0CH*4
  MOV   AX,OFFSET RECIV-INT
  STOSW
  MOV   AX,SEG RECIV-INT
  STOSW
  MOV   AL,0FFH              ;屏蔽8259A所有中断
  OUT   21H,AL
  MOV   DX,3FBH              ;置DLAB=1
  MOV   AL,80H
  OUT   DX,AL
  MOV   DX,3F8H              ;设置通信波特率
  MOV   AL,30H               ;波特率因子低字节
  OUT   DX,AL
  MOV   DX,3F9H
  MOV   AL,0                 ;波特率因子高字节
  OUT   DX,AL
  MOV   DX,3FBH              ;设置通信线路控制寄存器
```

```
    MOV   AL,0AH               ;数据格式设置
    OUT   DX,AL
    MOV   DX,3FCH              ;设置 Modem 控制寄存器
    MOV   AL,0BH               ;允许 8250 接收中断
    OUT   DX,AL
    MOV   DX,3F9H              ;设置中断允许寄存器
    MOV   AL,1                 ;允许数据接收准备好中断
    OUT   DX,AL
    MOV   AL,0                 ;打开 8259A 所有中断
    OUT   21H,AL
    STI                        ;CPU 开中断
    HLT
     ⋮
RECIV-INT   PROC NEAR          ;接收字符中断处理子程序
    PUSH  DI                   ;保护用到的寄存器
    PUSH  AX
    PUSH  DX
    MOV   DX,3F8H              ;接收字符
    IN    AL,DX
    MOV   [DI],AL              ;字符存入接收缓冲区
    INC   DI
    MOV   AL,20H               ;发中断结束命令
    OUT   20H,AL
    POP   DX                   ;恢复寄存器
    POP   AX
    POP   DI
    IRET
RECIV-INT   ENDP
```

10.4 微型计算机的异步串行通信功能

微型计算机的异步串行通信适配器以 INS 8250 为核心构成的 UART 提供了两个串口,分别叫作 COM_1、COM_2,基地址为 3F8H、2F8H,占用 IRQ_4、IRQ_3 做中断请求,通过改变跳线,使 A8=1 或 0 选择适配器地址和中断资源,连接器采用 RS-232-C 标准的 25 针 D 型插座或 9 针插座。

10.4.1 异步串行通信适配器的接口电路

以 8250 为核心的接口电路外围电路包括数据缓冲部件、译码部件、地址选择部件、时钟分频部件和电压转换部件等,按需要连接系统总线的信号;8250 引脚中功能重叠的信号和不用的信号按要求接地或接 5V,8250 用于收发的时钟信号短接。PC 的异步串行通信适配器电路结构见图 10.17。

10.4.2　异步串行通信的I/O功能调用

异步串行通信的I/O功能可用BIOS软件中断INT 14H调用。它支持COM_1、COM_2两个通信口，其入口参数DX=0选择COM_1（基地址为3F8H），DX=1选择COM_2（基地址为2F8H）。INT 14H调用的4个功能号分别为0号、1号、2号和3号，提供8250初始化设置、发送字符、接收字符以及读串口状态的功能。

1. 0号功能(8250初始化设置)

入口参数：AH=00H，AL=初始化参数，其格式如图10.24所示。

D_7	D_6	D_5	D_4	D_3	D_2	D_1	D_0
设置波特率 000~111：110、150、300、600、1200、2400、4800、9600 baud			设置奇偶校验位 ×0：无校验 01：奇校验 11：偶检验		设置停止位 0：1位 1：2位	设置数据位 10：7位 11：8位	

图10.24　异步串行通信适配器接口的初始化参数

出口参数：AH表示通信线路状态，AL表示调制解调器状态，其格式如图10.25所示。

D_7	D_6	D_5	D_4	D_3	D_2	D_1	D_0
超时	发送移位寄存器空	发送保持寄存器空	中止字符	帧格式错	奇偶错	溢出错	数据准备好

通信线路状态

D_7	D_6	D_5	D_4	D_3	D_2	D_1	D_0
载波检测到	振铃指示	DSR有效	CTS有效	载波改变	振铃指示断开	DSR改变	CTS改变

调制解调器状态

图10.25　8250初始化设置的出口参数

0号功能实际操作对应8250内部寄存器的操作，但功能比较简化。

2. 1号功能(发送字符)

入口参数：AH=01H，AL=需要发送的字符。

出口参数：AH=通信线路状态，其格式与0号功能相同，其中D_7=1表示发送不成功。

3. 2号功能(接收字符)

入口参数：AH=02H。

出口参数：AL=接收的字符，AH=通信线路状态，其格式与0号功能相同，其中D7=1表示接收不成功。

4. 3号功能(读串口状态)

入口参数：AH=03H。

出口参数：AH=通信线路状态，AL=调制解调器状态，其格式与0号功能相同。

习 题 10

1. 对比串行同步通信与串行异步通信,二者在哪些方面不同?

2. 计算在 18.432MHz 基准时钟频率下,RS-232-C 的 UART 在 9600、19200 Baud 速率下,其波特率除数应该为多少?

3. 使用 INS 8250 芯片做异步串行接口适配器,若传送的波特率为 2400bps,则收发器的时钟频率是多少?

4. 串行异步通信传送数据的格式为:起始位、8 位数据、奇校验、2 位停止位。试画出 ASCII 码 42H“B”的波形。

5. INS8250 内部管理的中断如何分级并实现优先权判断的?

6. 异步串行通信是如何解决收发同步问题和正确采样的?

7. 如何理解异步串行通信中定义的数据位数是 5~8 位?

8. 编写 8251A 接收数据的查询驱动程序。假设 8251A 工作于异步方式、奇校验、2 位停止位、7 位数据位,波特率因子为 64。

9. 某远程数据测量站点,把测得的数据以 300、600、1200、2400、4800 和 9600 波特中的一种发送给上位计算机的 8250,请设计其硬件连线和初始化程序。

10. 编制一个在 PC 上实现自收发的异步串行通信程序,完成其初始化程序和应用程序设计。

第 11 章　人机交互与接口技术

人机交互是人与计算机之间传递、交换信息的媒介和对话接口，是计算机系统的重要组成部分。微型计算机系统的人机交互功能是决定计算机系统“友善性”的一个重要因素。人机接口，又称输入输出接口（I/O 接口），是计算机和人机交互设备之间的交接界面，通过接口可以实现计算机与外部设备之间的信息交换。

人机交互设备是计算机系统中最基本的设备之一，是人和计算机之间建立联系、交换信息的外部设备，常见的人机交互设备可分为输入设备和输出设备两类。目前常见的人机接口设备主要有键盘、显示器、鼠标、打印机以及各种模式识别设备（如话筒、扫描仪、摄像机）等。

11.1　键盘与键盘接口

键盘是最常见的计算机输入设备，它广泛应用于微型计算机和各种终端设备上。即使是微型计算机如单片机应用系统中，通常也配有十六进制的键盘，一个标准的通用键盘由按键、编码器和接口电路等主要部件组成，其基本功能就是及时发现被按下的键，并将该按键对应的代码送入计算机。操作人员通过键盘可以进行数据输入、程序编写、程序查错及程序执行等操作，这是人机交互的一个重要输入工具。

1. 键盘的分类

PC 系列微型计算机的键盘主要包括 26 个大小写字母键、0～9 数字键、功能键、组合控制键、光标控制键、标点符号及特殊符号键。根据按键本身的结构方式，键盘可分为接触式和电容式两种；根据键盘控制形态的不同，可把键盘分为编码式键盘和非编码式键盘两种。

（1）接触式键盘。接触式键盘就是通常所说的机械式键盘，这类键盘的每个按键下有两个触点，平时这两个触点不接触，相当于断路，当该按键被按下时，两个触点直接接触，使电路闭合导通，产生信号。这类键盘手感差，易磨损，故障率较高，寿命短。

（2）电容式键盘。电容式键盘触点之间并非直接接触，而是当按键被按下时，通过改变电容器电极之间的距离，在触点之间形成两个串联的平板电容，从而使脉冲信号通过。

电容式键盘击键时无噪声，响应速度快，接触好，手感好，不易磨损，寿命长，灵敏度和稳定性也较好。为了避免电极间进入灰尘，按键采用密封组装，不可拆卸，不易维修。

（3）编码式键盘。编码式键盘带有硬件电路，有专门的控制电路对键盘进行扫描，当某个按键被按下时,系统能自动检测到该按键所在的位置并能产生相应的代码。这种键盘响应速度快,但硬件电路复杂,而且按键代码固定,不易修改和扩充。

(4) 非编码式键盘。非编码式键盘没有独立的硬件电路,主要采用软件来识别被按下的按键并产生代码,即代码的生成是由键盘和 PC 软件共同完成的。键盘本身只使用较为简单的硬件来识别被按下的按键的位置,向 PC 提供按键的位置代码,然后由软件把这些位置代码转换为规定的编码。这种键盘的响应速度不如编码式键盘快,但它可以通过软件为按键重新定义编码,扩充键盘功能方便,应用广。

2. 键盘的基本结构

(1) 独立式键盘的结构。独立式键盘的结构如图 11.1 所示,这是最简单的键盘结构形式,每个按键的电路是独立的,都有单独一根数据线输出键的通断状态。每个按键对应 I/O 端口的一位,没有按键闭合时,各位均处于高电位;当某键被按下时,对应位与地接通,则为低电位,而其他仍为高电位。软、硬件简单,但只适用于按键不多的情况。

(2) 矩阵式键盘。当有较多的按键需要识别时,常将按键设计成阵列形式。把若干个按键排列成矩阵形式,每一行和每一列都各占用 I/O 端口的一位。其按键排列为矩阵式,采用矩阵式结构的最大优点是键盘对外的引线少,如键盘有 $M\times N$ 个键,则送往计算机的输入线为 $M+N$ 条,如图 11.2 所示。

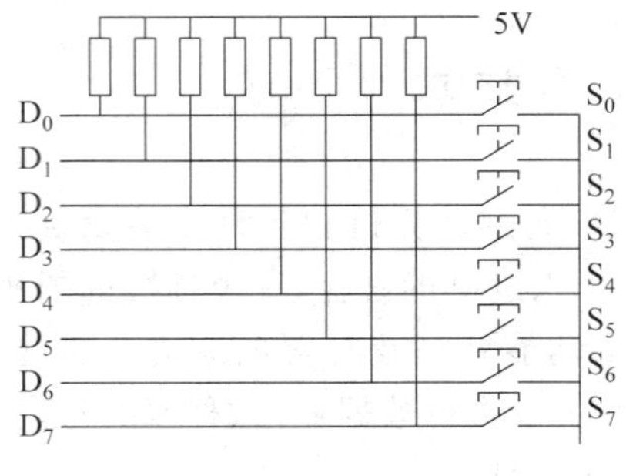

图 11.1 独立式键盘的结构

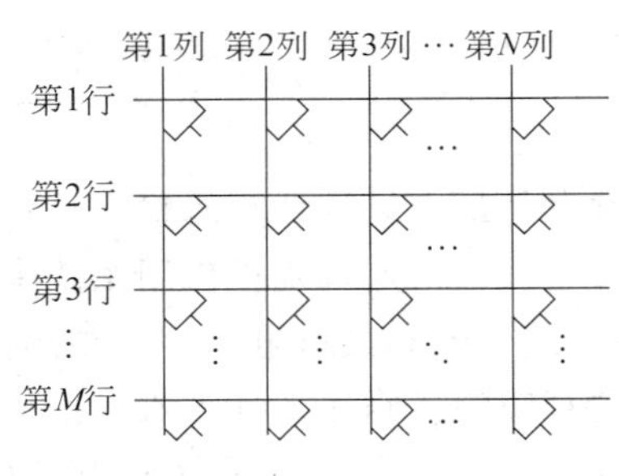

图 11.2 矩阵式键盘结构

目前,使用的 PC 键盘大多采用的是电容式非编码键盘,本节以非编码式键盘为例来讲述键盘的软硬件接口。

3. 非编码键盘按键识别方法

一般来说,对于非编码键盘主要考虑的问题是如何识别键盘矩阵中的闭合键,在键盘中通常用硬件或软硬件结合的方法来识别键盘中的闭合键,常用的按键识别方法有:扫描法、反转法。

(1) 扫描法。把 PC 系列键盘视为二维矩阵的行列结构,如图 11.3 所示。以 8 行×8 列的键盘为例,当采用扫描法来识别按键时,键盘扫描程序周期性地对按键进行扫描,然后根据回收的信息来确定按键的行和列的位置码。

例如,先使第 1 行接地,其他行为高电平,然后通过各列来查看第 1 行是否有按键闭合。如果有按键闭合,则该按键所在的列就会变为低电平;如果所有的列都没有变为低电平,则表示第 1 行没有按键被按下。同理,照此方法,再将第 2 行,第 3 行……逐个接地,然后检测各列是否有变为低电平的。直到最后一行，最后一列。在扫描过程中，若扫描到有按键闭合时，立即退出扫描。因此，可用行号和列号的组合给每个按键编一个唯一的编码。根据编码的不同，可以识别是哪个键被按下。

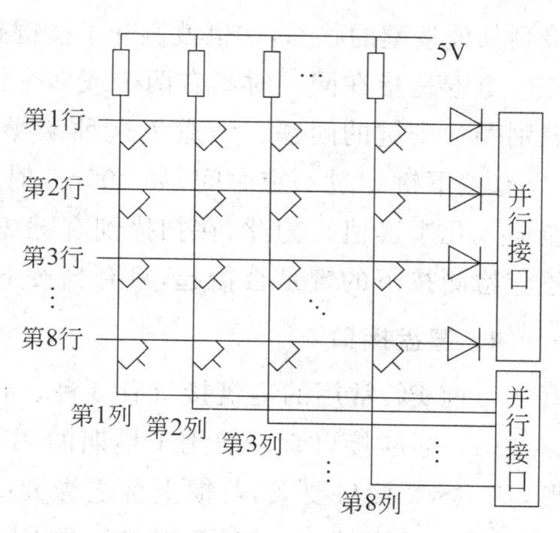

图 11.3 扫描法原理图

(2) 线路反转法。线路反转法是利用可编程并行接口(如 8255A)来实现的，在硬件上要求键盘的行和列分别连接到并行接口中。以 4×4 键盘为例，如图 11.4 和 11.5 所示，先让列工作在输出方式，而行工作在输入方式。首先进行列扫描、行检测，即经过初始化编程，使 CPU 通过输出端口向各列全部传送低电平，随后输入端口读入行的值。若读入的数据全为“1”，表示没有按键被按下，如果有某个键被按下，则必有一条行线为低电平。然后通过编程对两个并行端口重新进行方式设置，使连接行的端口工作在输出方式，而连接列的端口工作在输入方式，并将刚才读到的行值通过所连接的并口再输出到行线上，然后读取列的值，那么闭合键所对应的列必为低电平。这样当一个键被按下时，就可以读到一对唯一的行值和列值。

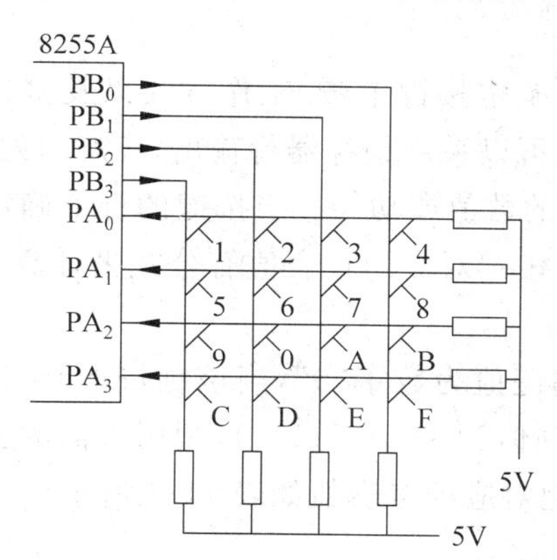

图 11.4 线路反转法原理图(列线输出)

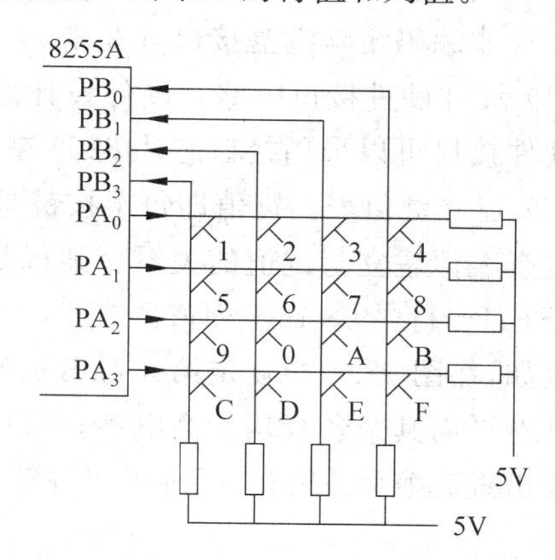

图 11.5 线路反转法原理图(行线输出)

例如，如果标号为“0”的按键被按下，则第一次向列输出低电平后读入的行值为 1011B，第二次向行输出 1011B 后，会从列上读到 1011B，这样行值和列值合并在一起为 10111011B，即 BBH，这个值对应着唯一的 0 号键。

在键盘设计时，除了对按键码的识别外，还需要解决抖动和重键问题。

当按下或抬起按键时，按键会产生机械抖动，抖动时间一般会维持几毫秒到几十毫秒，在抖动时检测键盘状态是不可靠的，因此要进行除抖动处理，否则会引起误操作。消除抖动的方法有两种：硬件消抖和软件消抖。硬件消除抖动的方法主要是利用触发器来锁定按键状态，以消除抖动的影响，也可以利用现成的专用消抖电路，如 MC14490 就是六路消抖电路。软件消抖就是利用延时的方法来消除抖动，即在发现按键按下时，就延时 20ms 以后再检测其他按键的状态,这也就避开了按键抖动的时间,使 CPU 能可靠的读取按键状态。

重键是指在同一时刻有两个或多个键同时按下的情况,此时存在着是否给予识别或识别哪一个键的问题。为避免这种误操作,应保证按一次键 CPU 只对该键做一次处理(只有按下键超过一定时间,如 300ms 时才认为该键是连续输入,同时也应保证 1 秒钟只能输入几个键值),为此,在扫描到有键按下时应只做一次键处理,而且在键处理完毕后,还应检测按下的键是否抬起,只有当按下的键抬起以后程序再继续往下执行。

4. 键盘接口

目前 PC 常用的键盘接口有 3 种。

(1) 标准接口。一般用于早期的 AT 主板上,所以也称作 AT 接口。标准接口为圆形,比 PS/2 接口要大,习惯上称之为大口。

(2) PS/2 接口。PS/2 接口为具有 6 引脚的圆形插座,目前 PC 上一般都具有连接键盘的 PS/2 接口。

(3) USB 接口。由于 USB 设备具有即插即用,支持热插拔等优点,很多设备都采用了 USB 接口,键盘也不例外。选择 USB 接口的键盘主要考虑主机上是否具有空余的 USB 接口。

5. 非编码矩阵键盘接口的实现

实现非编码矩阵键盘接口分 3 步。

(1) 设计硬件接口电路。硬件设计之前应先确定按键个数、工作方式以及接口地址等。硬件接口可以采用接口芯片 8255 来实现,也可以采用锁存器行输出,三态门列输入。

(2) 建立键值表。键值即每个按键具体代表的数值或功能。当按键的键值确定后可以通过查表值建立与键值的关系。某行某列上的按键对应的查表值有公式来计算:查表值=(FFH－行号)×16＋列值。

例如,在图 11.1 中规定第 0 行第 4 列的按键键值为数字“0”,当该键按下时,该行一定为低电平而其余各行均为高电平,所以此时的列值为 0FH(01111),利用上面的公式可以计算出查表值为 FFH。同理可以计算出各按键对应的查表值如表 11.1 所示。

表 11.1 键值表

查表值	键值	查表值	键值
FF	0	D7	8
EF	1	DB	9
F7	2	DD	A
FB	3	ED	B
DF	4	FD	C
E7	5	0D	D
EB	6	0B	E
CF	7	07	F

(3) 编写键盘扫描程序。键盘查询扫描过程的基本思想是,CPU 进入键盘扫描程序,使所有各行赋值为低电平,判断是否有键按下,若有,则列值肯定不是 1FH,若没有,则本次扫描结束。若有键按下,则进一步判断是哪一个键按下,首先延时 20ms 消除抖动,然后使各行依次变为低电平进行逐行扫描,确定按下的键是在哪一行上并读出此时的列值,计算查表值,查键值表即可获得按下键的键值。

键盘扫描及译码的流程如图 11.6 所示。首先向行寄存器送 3FH,由于 8D 锁存器输出加有反相器,故使所有行线置为低电平;然后读取列输入端口,只要有键按下,总会有一条列线为低电平,即列输入口的 B_0~B_4 位中必然有一位为 0;如果有键按下,则进行键盘扫描,否则跳过键盘扫描程序。

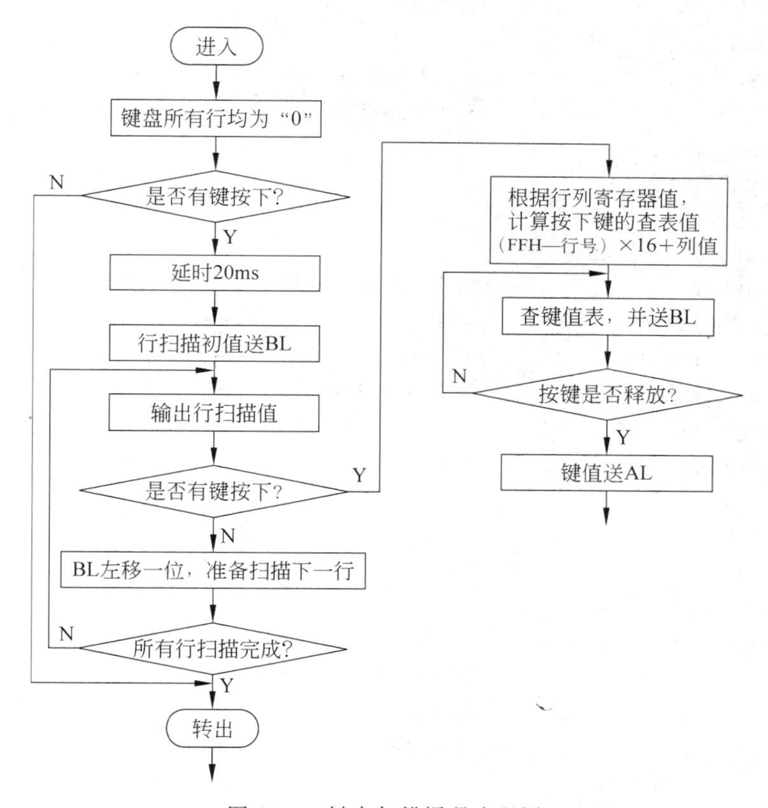

图 11.6 键盘扫描译码流程图

进行逐行扫描时首先使 L_0 行线置成低电平(B_0 位置"1"),其余各行均为高电平(B_1~B_5 位置"0")。然后读取列输入口,若有键按下,则对应该列为低电平,此时可根据该行列号从键值表中查得对应的键值。如果所有列线均为高电平,说明该行没有键按下,继续扫描下一行,如此循环,最终可对所有键扫描一遍。为了消除抖动,当判断有键按下后,应先延时 20ms,然后再进行键盘扫描。

键盘扫描程序如下:

```
DECKY: MOV  AL,    3FH
       MOV  DX,    DIGLH
```

```
          OUT  DX,    AL          ;行线全部置低电平
          MOV  DX,    KBSEL
          IN   AL,    DX
          AND  AL,    DX
          CMP  AL,    1FH         ;判断有无键闭合
          JZ   DISUP              ;无键闭合则转出
          CALL D20MS              ;消除键抖动
          MOV  BL,    01H         ;初始化行扫描值
KEYDN1:   MOV  DX,    DIGLH
          MOV  AL,    BL
          OUT  DX,    AL          ;行扫描
          MOV  DX,    KBSEL
          IN   AL,    DX          ;该行是否有键闭合
          AND  AL,    1FH         ;有则转译码程序
          CMP  AL,    1FH
          JNZ  KEYDN2
          SHL  BL,    1
          MOV  AL,    40H
          CMP  AL,    BL          ;所有行都扫描完否
          JNZ  KEYDN1             ;未完
          JMP  DISUP              ;完,转显示
KEYDN2:   MOV  CH,    00H         ;键盘译码程序
KEYDN3:   DEC  CH
          SHR  BL,    1
          JNZ  KEYDN3
          SHL  CH,    1
          SHL  CH,    1
          SHL  CH,    1
          SHL  CH,    1
          ADD  AL,    CH          ;实现(FFH—行号)×16+列
          MOV  DI,    KYTBL       ;端口值
KEYDN4:   CMP  AL,    [DI]        ;寻找键值
          JZ   KEYDN5
          INC  DI
          INC  BL                 ;表序号加 1
          JMP  KEYDN4
KEYDN5:   MOV  DX,    KBSEL
EYDN6:    IN   AL,    DX
          AND  AL,    1FH
          CMP  AL,    1FH         ;检测键是否释放
          JNZ  KEYDN6             ;未释放继续检测
          CALL  D20MS             ;消除键抖动
          MOV  AL,    BL          ;键值送 AL
          …
```

上述程序是利用一个公式实现查表值与键值的对应关系的，实际上还有许多方法都可以实现，例如，可以用一个字节(8 位二进制数)的高 4 位表示行号，低 4 位表示列号，则一个字节的值最多可以用来描述 16×16 的矩阵键盘。

这里采用的是每循环一次即查询有没有按键按下的查询方法，有时为了能加快响应速度可采用中断方式来实现。如图 11.7 所示为中断请求逻辑图，图中将列线 R_0～R_4 接到列接口(三态门)上的同时，再接到图中所示电路。无论哪一列按键按下，必产生低电平，该低电平利用 MC 14490 消抖后经与非门产生中断请求，中断响应后，利用中断服务程序对键盘进行扫描，扫描程序与前面相同。

图 11.7　键盘中断请求逻辑图

此设计方法存在 CPU 开销太大的弊端，降低了其工作效率。为此，有厂家生产了专门用于键盘接口的大规模集成电路芯片，例如 8279、SSK 814 等，这两种芯片都适用于矩阵键盘的接口，它们的共同特点是，键盘扫描及键码读取都是由这些接口硬件自动完成的，无须 CPU 进行干预，只有当有键按下时，接口才向 CPU 发出中断，要求 CPU 将键值码读入。这样，CPU 的工作效率就可以大大提高了。

11.2　显示技术

在计算机系统中，计算机通过显示设备向外部输出如字符、图形、图像和表格等计算机处理的各种信息。其中显示器是最常使用的显示设备，它可以作为计算机内部信息的输出设备，又可以与键盘配合作为输入设备。

11.2.1　显示器分类

1. CRT 显示器

CRT 显示器是计算机系统的标准输出设备，它的结构及原理与电视机相似，由阴极射线管、视频放大电路和同步控制电路组成，其中阴极射线管 CRT 包括电子枪、荧光屏和管壳三部分。

随着大规模集成电路技术的发展，CRT 接口采用了单片机的智能控制，并且有了大容量屏幕缓冲存储器。近年来，在显示器的亮度、对比度、行场中心调整等方面均由原来的模拟量控制方法改为数字量控制方法，使得彩色显示器性能有了很大提高。

CRT 显示器如果按照显像管的颜色来分，可分为单色显示器和彩色显示器。彩色显示器通常是由红、绿、蓝三种颜色扫描叠加而成。在实际使用中，人们习惯于以显示器所连接主机的显卡来区分，如 MDA 单色显示器、CGA 彩色显示器、EGA 彩色显示器、VGA 彩色显示器、TVGA 彩色显示器等。

由于近年微型计算机系统使用 CRT 显示器越来越少，逐渐被 LCD 或 LED 显示器所代替，这里对 CRT 相关原理不详细介绍，感兴趣可以查阅相关资料。

2. LCD 显示器

LCD 显示器也称液晶显示器,采用的技术主要分为有源和无源两种。有源液晶显示器又称为薄膜晶体管液晶显示器,每个像素点都用一个薄膜晶体管来控制液晶的透光率。它的优点是色彩鲜艳,视角宽,图像质量高,响应速度快。但其成品率低,导致价格昂贵;无源液晶显示器是用电阻代替有源晶体管,成本低,制造较为容易。其缺点是色彩饱和度差,图像不够清晰,对比度也较低,视角窄,响应速度慢。

LCD 显示器具有低炫目的全平面屏幕。有源的 LCD 面板的色彩质量实际上超过了大多数 CRT 显示器。LCD 显示器提供比同尺寸 CRT 显示器更大的可视图像,有 4 种基本的 LCD 选择:无源单色、无源彩色、有源模拟彩色和最新的有源数字彩色。与 CRT 显示器相比,LCD 显示器的特点是体积小、外形薄、重量轻、功耗小、低发热、工作电压低、无污染、无辐射、无静电感应、显示信息量大、无闪烁,并能直接与 CMOS 集成电路相匹配,同时,它是真正的"平板式"显示设备,但价格高,分辨率稍低。液晶显示器,特别是点阵式液晶,已经成为现代仪器仪表用户界面的主要发展方向。

LCD 显示器的成像原理与 CRT 显示器完全不同。LCD 显示器不是用体积较大的显像管进行成像,而是利用液晶的物理特性成像,如图 11.8 所示。

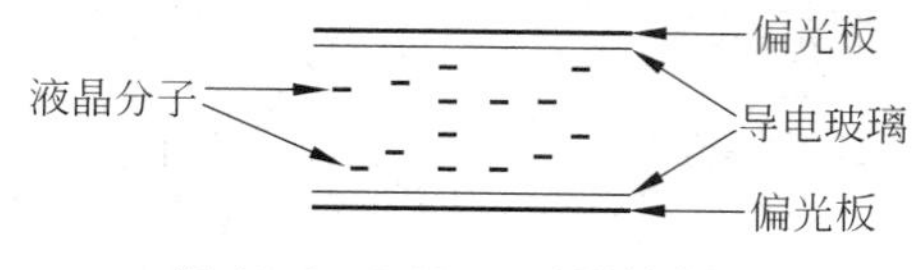

图 11.8　LCD 显示器结构图

LCD 显示器将液晶放置在两片可以导电的无钠玻璃之间,当导电玻璃加电时,中间的液晶分子会按照与导电玻璃垂直的方向顺序排列,使得光线不发生偏移和折射,而穿过液晶直射到对面的玻璃板上成像;当导电玻璃不加电时,中间的液晶分子是无规则分布,会使光线发生偏移和折射,不能直射到对面的玻璃板上,所以不能成像。

近几年液晶显示技术迅速发展,LED 背光技术愈加成熟,3D 液晶以及节能环保等新技术不断涌现,各家厂商竞相推出各种专用的控制和驱动大规模集成电路,使得液晶显示的控制和驱动极为方便,而且可由 CPU 直接控制,越来越多的用户都把 CRT 显示器换成 LCD 显示器。

3. LED 显示器

大多数计算机系统主要采用阴极射线管显示器(CRT)和液晶显示器(LCD)两种,但在一些简单或专用的微型计算机系统中,往往只需要显示数字,一般使用简单的数码管(LED)来构成系统的显示设备。LED 显示器也叫数码管,是通过发光二极管的应用,拼接若干个由发光二极管的"段"构成需要显示的图形。由于控制灵活、使用方便,在终端设备上应用比较广泛。

11.2.2　LED 显示器与接口应用

1. LED 显示原理

通过控制不同段的亮灭,即可显示一系列数字或符号。LED 是一种由半导体组成的固态发光器件,在正向导电时能发出可见光,常用的 LED 有红色、绿色、黄色和蓝色。

LED 的发光颜色与发光效率取决于制造材料与工艺，发光强度与其工作电流有关。它的工作寿命可长达十万小时以上，可靠性高。它具有类似于普通半导体二极管的特性，在正向导电时端电压近于恒定，通常约为 1.6～2.4V，工作电流一般约为 10～200mA。它适合于与低电压的数字集成电路器件匹配工作。

LED 显示器通常用 7 段发光二极管组成，按“日”字形排列。七段数码管原理如图 11.9所示，当发光二极管流过一定电流(5～10mA)时，该段就会发光。这 7 段发光二极管称为 a、b、c、d、e、f、g，有的还带有小数点，用 h 表示，如图 11.9(a)所示。通过 7 段发光二极管的不同组合，可以显示 0～9 和 A～F 等 16 个字符，见表 11.2。

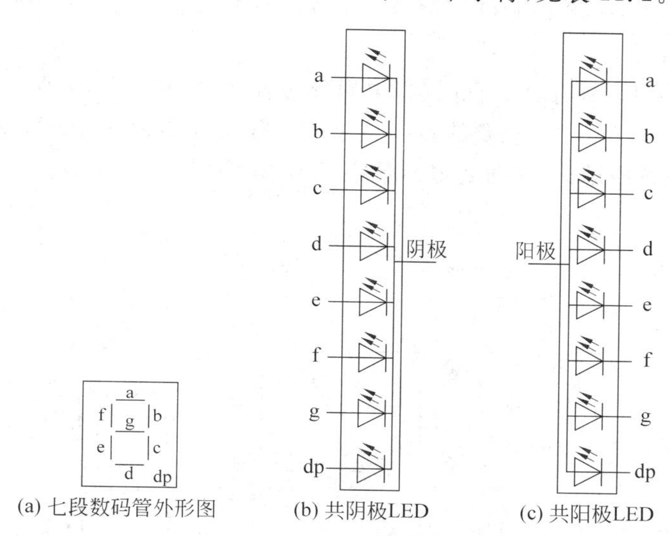

图 11.9 七段数码管

表 11.2 LED 显示器字符段码表

显示字符	共阴极段码	共阳极段码	显示字符	共阴极段码	共阳极段码
0	3FH	C0H	8	7FH	80H
1	06H	F9H	9	6FH	90H
2	5BH	A4H	A	77H	88H
3	4FH	B0H	B	7CH	83H
4	66H	99H	C	39H	C6H
5	6DH	92H	D	5EH	A1H
6	7DH	82H	E	79H	86H
7	07H	F8H	F	71H	8EH

各个 LED 可以按照共阴极和共阳极连接，共阴极 LED 的发光二极管阴极共地，当某个二极管的阳极为高电平时，该发光二极管点亮，如图 11.9(b) 所示；共阳极 LED 的发光二极管的阳极并接于电源+5V，如图 11.9(c)所示。

2. 静态显示

静态驱动显示也称直流驱动显示。在静态显示方式下，每一位显示器的字段控制线是独立的。当显示某一字时，该位的各字段线和字位线的电平不变，也就是各字段的亮灭状态不变。静态显示方式下 LED 显示器的电路连接方法是，每位 LED 的字位控制线门共阴极点或共阳极点连在一起，接地或接 5V 电压；其字段控制线（a～dp）分别接到一个 8 位口。

静态驱动的优点是编程简单，显示亮度高，缺点是占用 I/O 口多，如驱动 5 个数码管静态显示则需要 5×8＝40 根 I/O 口信号线来驱动。静态显示可以使用锁存器连接，也可以使用译码器来连接。

(1) 锁存器接口。锁存器 LED 接口电路比较简单，如图 11.10 所示，在锁存器上锁存一个特定的代码，即可显示想要的数字或字符。如锁存器锁存 6DH，则使数码管 a、c、d、f、g 点亮而其他各段熄灭，这时将显示数字“5”。程序如下：

```
MOV  DX,  8000H
MOV  AL,  6DH
OUT  DX,  AL
```

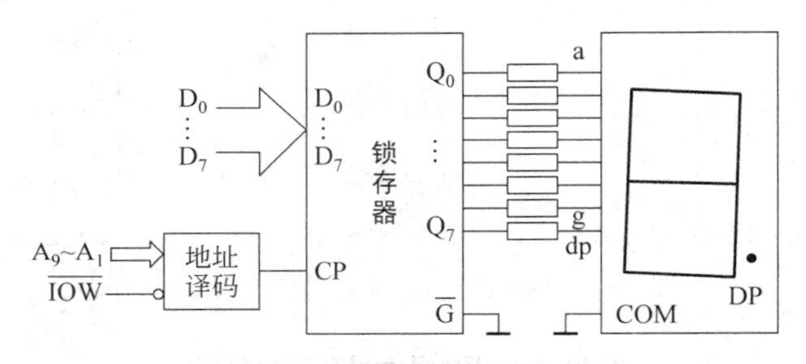

图 11.10　锁存器静态 LED 接口

(2) 译码器接口。大部分芯片生产厂家将锁存器、译码器和驱动器集成在一块芯片中。图 11.11 所示为利用译码器连接的 LED 静态显示电路，与图 11.10 比较可知，利用译码器可以节省 I/O 口。

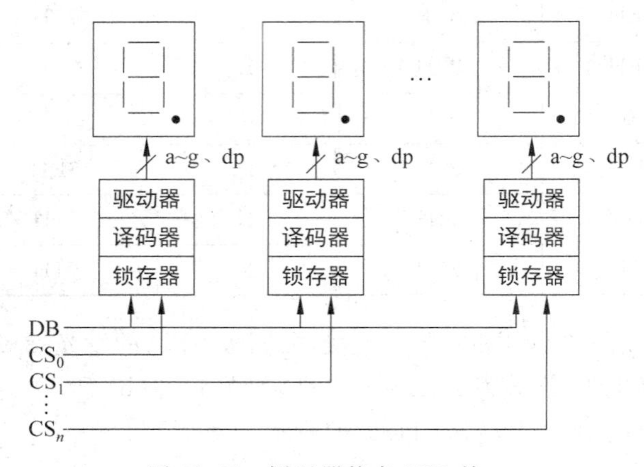

图 11.11　译码器静态 LED 接口

3. 动态显示

数码管动态显示是应用最为广泛的一种显示方式，动态驱动是将所有数码管的 8 个显示码段“a、b、c、d、e、f、g、dp”的同名端连在一起，另外为每个数码管的公共极 COM 增加位元选通控制电路，位元选通由各自独立的 I/O 线控制，当输出字形码时，所有数码管都接收到相同的字形码，但究竟是哪个数码管会显示出字形，取决于处理器对位元选通 COM 端电路的控制，所以我们只要将需要显示的数码管的选通控制打开，该位元就显示出字形，没有选通的数码管就不会亮。

通过分时轮流控制各个 LED 数码管的 COM 端，就使各个数码管轮流受控显示，这就是动态驱动。在轮流显示过程中，每位数码管的点亮时间为 1～2ms，由于人的视觉暂留现象及发光二极体的余辉效应，尽管实际上各位数码管并非同时点亮，但只要扫描的速度足够快，给人的印象就是一组稳定的显示资料，不会有闪烁感，动态显示的效果和静态显示是一样的，但可以节省大量的 I/O 口，而且功耗更低。

设计电路时要注意：

(1) LED 的驱动。总线上的 TTL 电平需要驱动才能接到 LED 上。常用于 LED 的驱动器如 7407/7406 同向/反向驱动器、75452 二输入与非驱动器；锁存器可用 74LS273/373 、74LS244 等集成电路。

(2) 系统中有多位 LED 时须确定位选码。每次只能使一位 LED 显示信息，每位 LED 上有一选通端(公共端)。欲使哪位 LED 显示信息，就应给其公共端提供有效电平(共阳极为“1”，共阴极为“0”)，而其他位的公共端提供无效电平。

(3) 多位 LED 动态显示的实现。在多位 LED 显示中，既要使每一位的显示信息有一个持续时间(可用循环延时程序实现)，又要保证一遍一遍地进行循环显示时不出现闪烁，在软、硬件设计时就要考虑 LED 的位数不能太多，显示的延时要适中。

图 11.12 所示为动态 LED 显示接口电路。

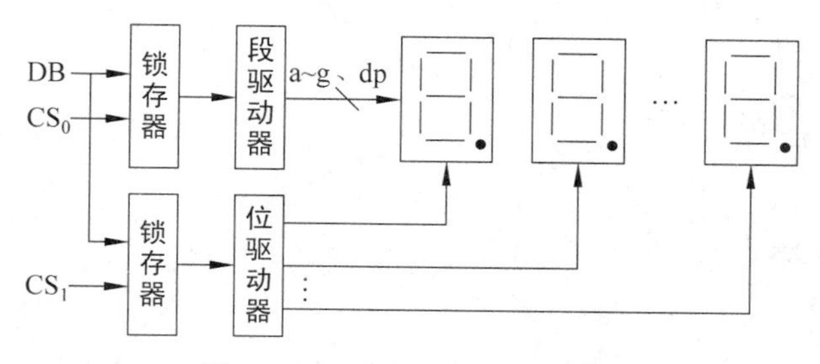

图 11.12　动态 LED 接口电路

图中的第一个锁存器的作用是输出要显示的各段状态，而另一片锁存器用来控制哪一位被点亮。其工作过程是利用定时器每 20ms 产生一次中断，在中断程序中使各位 LED 分别显示 1ms。中断程序即显示程序如下：

```
DISPLAY  PROC  FAR
         PUSH  AX
         PUSH  BX
```

```
            PUSH   DX
            PUSH   DS
            PUSH   SI
            STI
            MOV   DX,   SEG DISDAT          ;显示缓冲区段地址
            MOV   DS,   DX
            MOV   SI,   OFFSET DISDAT       ;显示缓冲区首地址
            MOV   BL,   8                   ;显示 8 位数码
            MOV   BH,   0FEH
LLL:        MOV   AL,   [SI]                ;取显示数据
            MOV   DX,   4001H
            OUT   DX,   AL                  ;送显示数据
            MOV   DX,   4000H
            MOV   AL,   BH
            OUT   DX,   AL                  ;点亮 1 位数码
            CALL DISPLAY                    ;延时
            INC   SI
            ROL   BH,   1
            DEC   BL
            JNZ   LLL
            MOV   DX,   OCW2
            MOV   AL,   20H
            OUT   DX,   AL                  ;8259 的结束中断命令
            MOV   DX,   4000H
            MOV   AL,   0FFH
            OUT   DX,   AL                  ;熄灭 LED
            POP   SI
            POP   DS
            POP   DX
            POP   BX
            POP   AX
            IRET
DISPLAY     ENDP
```

4. LED 动态显示实例

【例 11.1】 某 8088 系统中,使用 8 位 LED 显示时间,格式为时-分-秒,画出硬件设计连接图和软件流程图。

解答:

(1) 动态 LED 显示接口电路如图 11.13 所示,图中 8088 通过数据线将显示的时间打入锁存器,锁存器/驱动器的作用是输出要显示的各段状态,8088 通过地址线到译码器到驱动器用来控制哪一位被点亮。

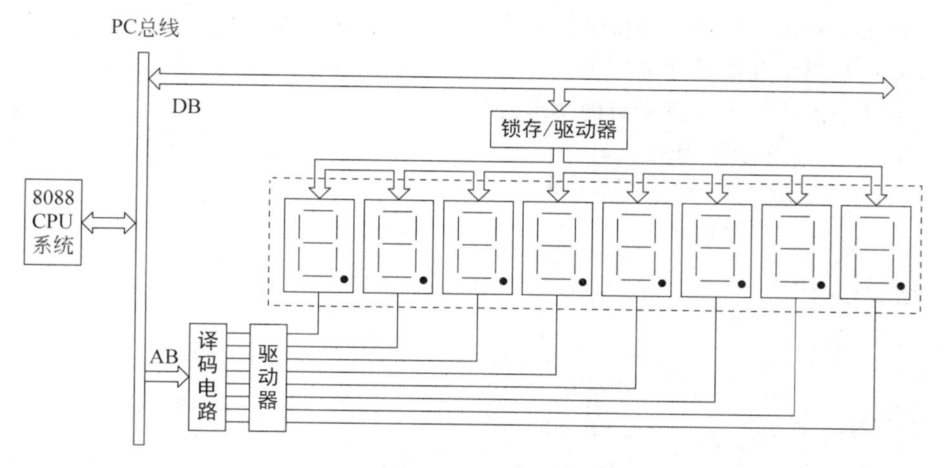

图 11.13　硬件设计连接图

(2) 系统的软件流程图如图 11.14 所示,通过延时循环输出各个码段的值。

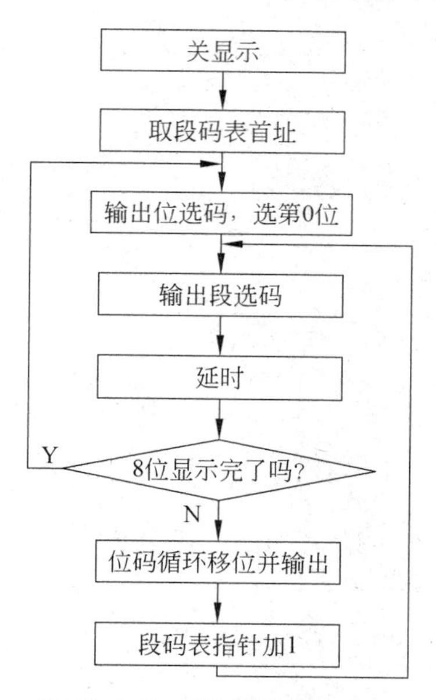

图 11.14　系统的软件流程图

习　题　11

1. 简述常用的人机交互设备有哪几类?
2. 简述键盘的编解码原理。
3. 什么是接触式键盘? 什么是非接触式键盘?
4. 什么是编码式键盘? 什么是非编码式键盘?
5. 矩阵式键盘和独立式键盘的区别?

6. 什么是抖动?如何去除按键抖动?按键查询有几种方法?
7. 简述扫描法和反转法的原理?
8. 简述非编码矩阵键盘接口的实现过程?
9. 简述 LED 显示原理?
10. 什么是动态显示?什么是静态显示?

第 12 章　模拟量的输入输出接口

在许多工业生产过程中，常常通过微型计算机对客观事物的变化信息进行采集、处理、分析和实时控制。客观事物变化的信息有温度、速度、压力、流量、电流、电压等一些连续变化的物理量。而计算机只能处理离散的数字量，那么这些模拟信号如何变化才能被计算机接收并可进行处理的数字量呢？外界的模拟量要输入计算机，首先要经过 A/D（Analog to Digit）转化器，将其转换成计算机所能接受的数字量，才能进行输入、运算、存储、传输、加工与输出。若计算机的控制对象是模拟量，也必须先把计算机输出的数字量经过 D/A（Digit to Analog）转换器，将其转换成模拟量形式的控制信号，才能去驱动有关的控制对象。本章中将主要介绍 D/A 和 A/D 的基本工作原理、典型的 D/A 和 A/D 转换芯片以及微处理器与 D/A 和 A/D 转换芯片的接口。

12.1　模拟量的输入输出通道

模拟量的输入输出通道是微型计算机与控制对象之间的重要接口，也是实现工业过程控制的重要组成部分。在计算机进行自动监测和控制领域，需要模拟量的输入输出通道来完成。模拟量输入输出结构如图 12.1 所示。

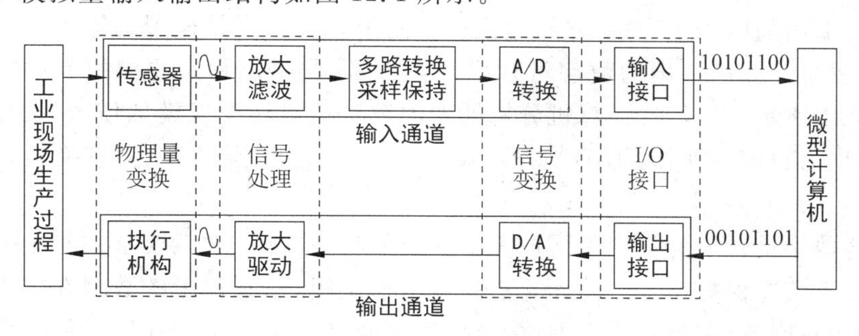

图 12.1　模拟接口通道的基本组成结构

1. 模拟量的输入通道

模拟量的输入通道一般有以下几部分组成。

（1）传感器（Transducer）。温度、速度、流量、压力等非电信号，称为物理量。要把这些物理量转换成电量，才能进行模拟量对数字量的转换，这种把物理量转换成电量的器件称为传感器。目前有温度、压力、位移、速度、流量等多种传感器。所以传感器是把一种物理量(或化学量、生物量)等非电量转换成另一种与之有确定对应关系的物理量(通常是电量如电压、电流)的装置,它是测量系统中最重要的环节。

(2) 变送器(Transformer)。一般来说传感器输出的信号比较微弱(通常在毫伏级或微伏级),变送器是把传感器的输出信号放大转变为可被控制器识别的标准的电信号的转换器。一般转换为 0~20mA 或 4~20mA 的统一电流信号,或 0~5V 或 0~10V 的统一电压信号。变送器一般有温度/湿度变送器,压力变送器,差压变送器,液位变送器,电流变送器,电量变送器,流量变送器,重量变送器等。

(3) 信号处理(Signal Processing)。信号处理环节主要包括信号的放大、整形、滤波,去除现场干扰信号等。如通过低通滤波器降低噪声,滤去不必要的干扰,以增加信噪比。

(4) 多路转换开关(Multiplexer)。通常,要监测的模拟量往往不止一个,尤其是在数据采集系统中,需要采集的模拟量一般比较多,且它们的变化缓慢。为了节省投资,可以用多路开关,使多个模拟量共用一个 A/D 转换器进行分时采样和转换。

(5) 采样保持电路(Sample Holder,S/H)。在 A/D 进行转换期间,保持输入信号不变的电路称采样保持电路。由于输入模拟信号是连续变化的,而 A/D 转换器完成一次转换需要一定的时间,这段时间称为转换时间。对于变化较快的模拟输入信号来说,在A/D 转换器前面增加一级采样保持电路,保证在转换过程中输入信号保持在其采样时的值不变,用于保证转换精度,减少误差。如果不采取措施,将会引起较大的转换误差,这个误差是由转换时间内输入模拟信号变化幅度较大引起的,因而影响检测系统和控制系数的精度。

(6) A/D 变换器(A/D Converter)。把连续变化的电信号转换为数字信号的器件称为模数转换器,即 A/D 转换器。这是模拟转换通道的重要环节,它的作用是将输入的模拟信号转换成计算机能够识别的数字信号,方便计算机进行进一步的分析和处理。

2. 模拟量的输出通道

计算机输出的信号是数字信号,而执行控制单元要求提供模拟的输入电流或电压信号,这就需要将计算机输出的数字量转化为模拟量,这个过程需要模拟量的输出通道完成,如图 12.1 所示。把经过计算机分析处理的数字信号转换成模拟信号,去控制执行机构的器件,称为数模转换器,即 D/A(Digital to Analog)转换器,D/A 转换器是输出通道的核心部件。

由于将数字量转换为模拟量同样需要一定的转换时间,也就要求在整个转换过程中待转换的数字量要保持不变。而计算机的运行速度很快,其输出的数据在数据总线上稳定的时间很短,因此,在计算机与 D/A 转换器之间必须加一级锁存器以保持数字量的稳定。D/A 转换器的输出端一般还要加上低通滤波器,以平滑输出波形。另外,为了能够驱动执行器件,还需要设置驱动放大电路将输出的小功率模拟量加以放大,以足够驱动执行元件动作。

由于 A/D 转换器的工作原理用到 D/A 转换器中的部分工作原理,所以先介绍 D/A 转换器。

12.2　D/A 转换与 DAC 0832

D/A 转换即数模转换，它是一种将二进制数字量形式的离散信号转换成以标准量(或参考量)为基准的模拟量的过程，实现 D/A 转换的电路称为 D/A 转换器，简称 DAC(Digital to Analog Converter)。

最常见的数模转换器是将并行二进制的数字量转换为直流电压或直流电流，它常用作过程控制计算机系统的输出通道，与执行器相连，实现对生产过程的自动控制，数模转换器电路还用在利用反馈技术的模数转换器设计中。数字量输入的位数有 8 位、12 位和 16 位等，输出的模拟量有电流和电压两种。

12.2.1　D/A 转换技术

D/A 转换器的作用就是把数字量转换成模拟量。数字量是用代码按数位组合起来表示的，为了将数字量转换成模拟量，必须将每一位的代码按其位权的大小转换成相应的模拟量，然后再将这些模拟量相加，即可得到与数字量成正比的总模拟量，从而实现数模转换。这就是组成 D/A 转换器的基本指导思想。

1. D/A 转换器原理

实现数模转换的电路有很多种，常用的是电阻网络 D/A 转换器，其中最常用的是 R-2R形电阻网络 D/A 转换器。

图 12.2 是一种 R-$2R$ 电阻网络型 D/A 转换器，该转换器由参考电压 V_{REF}、R-$2R$ 电阻网络、n 个模拟开关和集成运放组成。

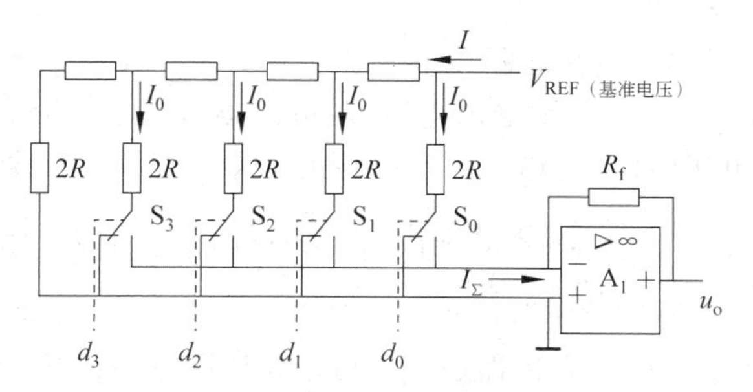

图 12.2　R-$2R$ 电阻型 D/A 转换器电路原理图

从模拟开关 S_0 向左看，等效电阻为 R，再从模拟开关 S_1 向左看，等效电阻也是 R，因此，流入电阻网络的总电流为：

$$I = \frac{V_{REF}}{R} \tag{12.2.1}$$

各支路上的电流分别为

$$I_0 = \frac{1}{2}I,\quad I_1 = \frac{1}{4}I,\quad I_2 = \frac{1}{8}I,\quad I_3 = \frac{1}{16}I \tag{12.2.2}$$

在输入数字量的作用下，流入集成运放反向输入端的电流为：

$$i_{\Sigma}=\frac{I}{2}d_0+\frac{I}{4}d_1+\frac{I}{8}d_2+\frac{I}{16}d_3 \tag{12.2.3}$$

进而求出集成运算放大器的输出电压为

$$\begin{aligned}u_O&=-i_{\Sigma}R=-\left(\frac{V_{REF}}{2R}d_0+\frac{V_{REF}}{4R}d_1+\frac{V_{REF}}{8R}d_2+\frac{V_{REF}}{16R}d_3\right)R\\&=-V_{REF}\left(\frac{1}{2}d_0+\frac{1}{4}d_1+\frac{1}{8}d_2+\frac{1}{16}d_3\right)\end{aligned} \tag{12.2.4}$$

设 $V_{REF}=10V$，$d_3d_2d_1d_0=0101$ 时，可求得

$$\begin{aligned}u_O&=-10\left(\frac{1}{2}\times1+\frac{1}{4}\times0+\frac{1}{8}\times1+\frac{1}{16}\times0\right)V\\&=-10(0.5+0.125)V=-6.25V\end{aligned} \tag{12.2.5}$$

【例 12.1】 已知 $R_f=20k\Omega$，$V_{REF}=10V$，其余电阻 R 的阻值均为 $10k\Omega$，电路如图 12.2 所示，试求：

① 输出 u_O 的关系式。

② 当 $u_O=-10V$ 时，该电路输入的数字量 $d_0d_1d_2d_3$ 为多少?

解答：

① $$\begin{aligned}u_O&=-V_{REF}R_f\left(\frac{1}{2\times R}d_0+\frac{1}{4\times R}d_1+\frac{1}{8\times R}d_2+\frac{1}{16\times R}d_3\right)\\&=-10V\times\frac{20\times10^3}{10\times10^3}\times\left(\frac{1}{2}d_0+\frac{1}{4}d_1+\frac{1}{8}d_2+\frac{1}{16}d_3\right)\\&=-\frac{20}{16}(8d_0+4d_1+2d_2+d_3)V\end{aligned}$$

② 当 $u_O=-10V$ 时代入关系式得 $d_0d_1d_2d_3=1000$。

2. D/A 转换器性能指标

D/A 转换器的主要特性指标包括以下几方面。

(1) 分辨率。分辨率是指最小输出电压(对应的输入数字量只有最低有效位为“1”，即 LSB)与最大输出电压(对应的输入数字量所有有效位全为“1”，即 V_{FS})之比，如 N 位 D/A 转换器，其分辨率为 $\frac{1}{2^N-1}$。分辨率代表转换器的分辨能力，与最低有效位 LSB 对应的模拟量，即最小数字量变化引起的最小模拟量值。例如，一个 D/A 转换器能够转换 8 位二进制数，若转换后的电压满量程是 5V，则它能分辨的最小电压为 5V/255=20mV。在实际使用中，一般用输入数字量的位数来表示分辨率大小，常说的 8 位 D/A 转换器，12 位 D/A 转换器等等，即分辨率取决于 D/A 转换器的位数。

(2) 转换精度。转换精度是指实际输出与理论值间的差，通常用绝对误差和相对误差反映转换的准确度，D/A 转换器的转换精度与 D/A 转换器的集成芯片的结构和接口电路配置有关，通常由噪声、增益误差、零点误差、参考电压、电子器件等综合因素造成。如果不考虑其他 D/A 转换误差时，D/A 的转换精度就是最低有效位(分辨率)的一半，即 1/2LSB，或最小数字量与满刻度 V_{FS} 的百分比，如 8 位的 DAC 0832，其精度为 8 位，其最大可能误差为 $\pm\frac{1}{2^8}V_{FS}$，或 $\pm\frac{1}{2^8}=\pm0.39\%$。

D/A 转换器的转换精度与 D/A 转换器的本身芯片的结构和与外接电路的配置有关。外接运算放大器，外接参考电源，都可影响 D/A 转换器的精度。

(3) 非线性度。非线性度也称为相对误差，当满刻度校准后，在整个转换范围内，各种数字输入对应的模拟输出量与理论值之差，可画成曲线表示，最大不超过±1/2LSB。

因此要获得高精度的 D/A 转换结果，首先要保证选择有足够分辨率的 D/A 转换器。同时 D/A 转换精度还与外接电路的配置有关，当外部电路器件或电源误差较大时，会造成较大的 D/A 转换误差，当这些误差超过一定程度时，D/A 转换就产生错误。在 D/A 转换过程中，影响转换精度的主要因素有失调误差、增益误差、非线性误差和微分非线性误差。但是值得一提的是，精度和分辨率是不同的概念，前者表示实际值与理想值的接近程度，而后者表示引起输出变化的最小输入量，并且分表率高不一定具有高的精度。

(4) 建立时间。建立时间是 D/A 转换器中的输入代码有满度值的变化时，其输出模拟信号电压(或模拟信号电流)达到满刻度值±1/2LSB(或与满刻度值差百分之多少)时所需要的时间。它是表明了 D/A 转换速率快慢的一个重要参数。不同型号的 D/A 转换器，其建立时间也不同，一般从几毫微秒到几微秒。若输出形式是电流的，其 D/A 转换器的建立时间是很短的；若输出形式是电压的，其 D/A 转换器的主要建立时间是输出运算放大器所需要的响应时间。在实际应用中，要正确选择 D/A 转换器，使它的转换时间小于数字输入信号发生变化的周期。

(5) 电源抑制比。对于高质量的 D/A 转换器，要求开关电路及运算放大器所用的电源电压发生变化时，对输出电压影响极小。通常把满量程电压变化的百分数与电源电压变化的百分数之比称为电源抑制比。

(6) 失调误差(零点误差)。失调误差定义为数字输入全为 0 码时，其模拟输出值与理想输出值之偏差值。对于单极性 D/A 转换，模拟输出的理想值为零伏点。对于双极性 D/A 转换，理想值为负域满量程。偏差值的大小一般用 LSB 的份数或用偏差值相对满量程的百分数来表示。

(7) 增益误差(标度误差)。D/A 转换器的输入与输出传递特性曲线的斜率称为D/A 转换增益或标度系数，实际转换的增益与理想增益之间的偏差称为增益误差。增益误差在消除失调误差后用满码(全“1”)输入时其输出值与理想输出值(满量程)之间的偏差表示，一般也用 LSB 的份数或用偏差值相对满量程的百分数来表示。

(8) 温度系数。在满刻度输出的条件下，温度每升高 1℃，输出变化的百分数定义为温度系数。这个参数表明 D/A 转换器受温度变化影响的特性。一般 D/A 转换器温度灵敏度为±50PPM/℃。1PPM 为百万分之一。

(9) 工作温度范围。一般情况下，影响 D/A 转换精度的主要环境和工作条件因素是温度和电源电压变化。由于工作温度会对运算放大器加权电阻网络等产生影响，所以只有在一定的工作范围内才能保证额定精度指标。较好的 D/A 转换器的工作温度范围为 −40℃～85℃，较差的 D/A 转换器的工作温度范围在 0℃～70℃之间。多数器件其静、动态指标均在 25℃的工作温度下测得的，工作温度对各项精度指标的影响用温度系数来描述，如失调温度系数、增益温度系数、微分线性误差温度系数等。

12.2.2 DAC 0832及应用

1. DAC 0832的特性

DAC 0832是美国国家半导体公司生产的8位数模转换芯片，具有双缓冲功能并且片内带有数据锁存器，可与通常的微处理器直接接口。电流输出型，使用CMOS电流开关和控制逻辑来获得低功耗和低输出泄漏电流误差。其主要技术指标如下：电流建立时间为1μs，8位的分辨率，功耗低，只需20mW，采用5～15V单电源供电，V_{REF}输入端电压±25V；最大电源电压VDD，满足TTL电平规范的逻辑输入，具有8、9或10位线性度(全温度范围均保证)，电路有极好的温度跟随性。

2. DAC 0832的结构和引脚功能

图12.3给出了DAC 0832芯片的引脚图。

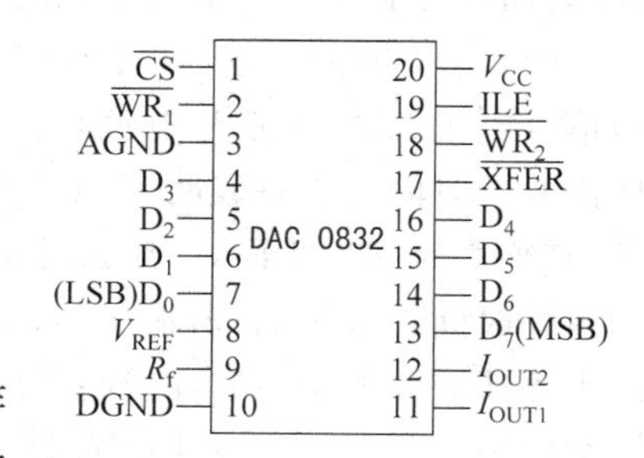

图12.3 DAC 0832引脚图

各个引脚功能如下。

ILE：数据锁存允许信号输入端，高电平有效。

$\overline{CS}$：片选信号输入端，低电平有效。

$\overline{WR_1}$：输入锁存器写选通信号，低电平有效。它作为第一级锁存信号将输入数据锁存到输入锁存器中，此信号需在$\overline{CS}$和ILE均有效时才能起操控作用。

$\overline{WR_2}$：DAC寄存器写选通信号，低电平有效。它将锁存在输入锁存器中可用的8位数据送到DAC寄存器中进行锁存。此时，传送控制信号$\overline{XFER}$必须有效。

$\overline{XFER}$：传送控制信号，低电平有效。

D_0～D_7：8位数据输入端，D_7为最高位。

I_{OUT1}、I_{OUT2}：模拟电流输出端，转换结果以一组差动电流(I_{OUT1}，I_{OUT2})输出。I_{OUT1}是逻辑电平为1的各位输出电流之和，I_{OUT2}是逻辑电平为0的各位输出电流之和。当DAC寄存器中的数字码全为"1"时，I_{OUT1}最大，全为"0"时，I_{OUT2}为零，$I_{OUT1}+I_{OUT2}=$常数，I_{OUT1}、I_{OUT2}随DAC寄存器的内容线性变化。

R_{FB}：反馈电阻引出端，DAC 0830内部已有15kΩ的反馈电阻，所以R_{FB}端可以直接接到外部运算放大器的输出端，这样，相当于将一个反馈电阻接在运算放大器的输入端和输出端之间。

V_{CC}：电源电压输入端，范围为5～15V，以15V时工作为最佳。

V_{REF}：基准参考电压输入端，此端可接一个正电压，也可接负电压，范围为－10～10V。外部标准电压通过V_{REF}与T型电阻网络相连。此电压越稳定，模拟输出精度就越高。

AGND：模拟地。

DGND：数字地。

DAC 0832的逻辑结构如图12.4所示，由8位输入锁存器、8位DAC寄存器和8位D/A转换电路组成。DAC 0832具有双缓冲功能，即输入数据可分别经过两个寄存器保存，第一个寄存器称为8位输入寄存器，数据输入端可直接连接到数据总线上，第二个寄存器为8位DAC寄存器。

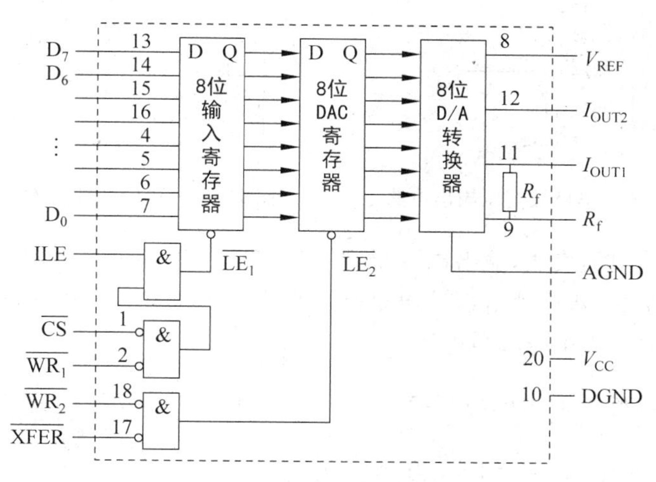

图12.4　DAC 0832逻辑结构图

当ILE为高电平，$\overline{CS}$为低电平，$\overline{WR_1}$为负脉冲时，在$\overline{LE_1}$端产生正脉冲；$\overline{LE_1}$为高电平时，输入寄存器的状态随数据输入线状态变化，$\overline{LE_1}$的负跳变将输入数据线上的信息存入输入寄存器。

当$\overline{XFER}$为低电平，$\overline{WR_2}$输入负脉冲时，则在$\overline{LE_2}$产生正脉冲；$\overline{LE_2}$为高电平时，DAC寄存器的输入与输出寄存器的状态一致，$\overline{LE_2}$的负跳变，输入寄存器内容存入DAC寄存器。实现第二级写缓冲操作，然后进行转换。

I_{OUT1}的输出与输入的数字量N成正比，关系为$I_{OUT1}=\frac{N}{256}\times\frac{V_{REF}}{R}$，其中$V_{REF}$为不低于5V的实测电压，$R$为15kΩ，$N$为输入的数字量，当$N$为全1最大时，$I_{OUT1}$输出最大电流，即$\frac{255}{256}\times\frac{V_{REF}}{R}$，当$N$为0时，$I_{OUT1}$为0，且$I_{OUT1}$方向随$V_{REF}$极性变化。

DAC 0832的直接输出是模拟电流信号，在微型计算机系统中，通常需要电压输出信号，电流信号输出端加接一个运算放大器，形成单极性接法，得到单一极性的电压形式的信号，原理如图12.5所示。

输出电压$U_1=-I_{OUT1}\times R_f=-\frac{N}{256}\times\frac{V_{REF}}{R}\times R_f=-\frac{N}{256}\times V_{REF}$，其中反馈电阻$R_f$等于电阻网络$R$，这里$N$为数字输入量的十进制数。例如，当$V_{REF}=5V$时，则$N=1$时，$U_1=-\frac{1}{256}\times 5V=-0.02V$，若$N=255$，则$U_1=-\frac{255}{256}\times 5V=-4.98V$，对应8为二进制数字量的输入，输出的模拟量范围是0～−5V，满刻度电压FSR为−5V。

如果在单极性电压输出电路输出端再增加一级运放，并且由V_{REF}为第二级运放提供偏移电压，形成双极性电压输出电路，如图12.6所示。

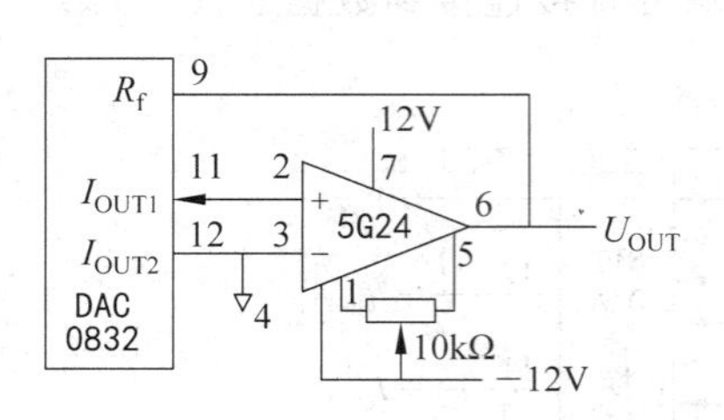

图 12.5 DAC 0832 单极性电压输出电路

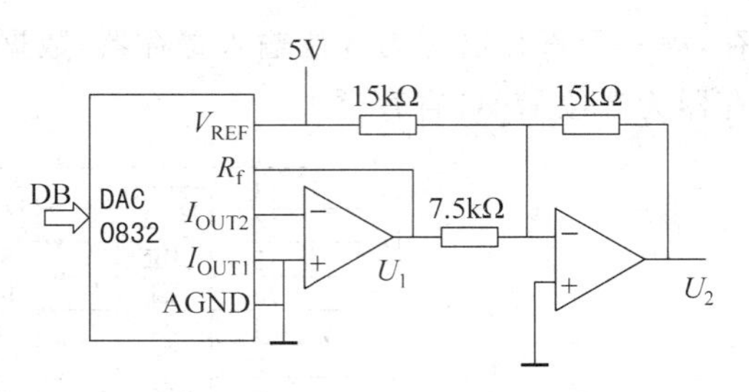

图 12.6 DAC 0832 双极性电压输出电路

单极性电压输出的接法，输出端可得到−5～5V、−10～10V 等范围的输出，但对于有正负意义的数字量，双极性电压输出电路可得到−5～5V、−10～10V 的输出，如马达的正转和反转需要的正电压和负电压。

于是第二级运放的输出电压 $U_2=-(2U_1+V_{REF})$，而 $U_1=-\frac{N}{256}\times V_{REF}$，所以 $U_2=\frac{N-128}{128}\times V_{REF}$。例如，$V_{REF}=5V$，当 $N=1$ 时，$U_2=\frac{1-128}{128}\times V_{REF}=-\frac{127}{128}\times 5V=-4.96V$，若 $N=255$，则 $U_2=4.96V$，若 $N=80H$，则 $U_2=0V$。单极性接法的电压输出和双极性接法的电压输出与相同数字量的对应如表 12.1 所示。

表 12.1 数字量与模拟量的对应 单位：伏(V)

数字量输入	模拟输出($V_{REF}=5V$)	
	单极性	双极性
00000000	0	−5
00000001	−0.02	−4.96
01111111	−2.48	0.04
10000000	−2.50	0
10000001	−2.52	0.04
11111110	−4.96	4.92
11111111	−4.98	4.96

3. DAC 0832 的工作方式

针对 DAC 0832 的输入锁存器和 DAC 寄存器的不同控制方法，形成了 DAC 0832 的 3 种工作方式，分别为单缓冲方式、双缓冲方式和直通方式。

(1) 单缓冲方式。控制输入寄存器和 DAC 寄存器可同时接收数据，或者只用输入寄存器而把 DAC 寄存器接成直通方式，只需一次写入即可进行转换。此方式适用于只有一路模拟量输出或几路模拟量非同步输出的情形。

(2) 双缓冲方式。分别使内部的寄存器接收数据，并可异步控制数据的接收和转换，内部形成流水工作线，提高模拟输出的转换率，而且可同时传送数据以实现多个 D/A 转换同步输出，所以此方式特别适用于多个 DAC 0832 同时输出的情形。

(3) 直通方式。此方式适用于连续反馈控制线路中，即数据不通过缓冲存储器，此时$\overline{WR_1}$、$\overline{WR_2}$、$\overline{XFER}$、$\overline{CS}$均接地，ILE 接高电平。此时必须通过 I/O 接口与 CPU 连接，以匹配 CPU 与 D/A 的转换。

通常，DAC 0832 的工作过程如下：首先，CPU 执行输出指令，输出 8 位数据给 DAC 0832；在 CPU 执行输出指令的同时，使 ILE、$\overline{WR_1}$、$\overline{CS}$三个控制信号端都有效，8 位数据锁存在 8 位输入寄存器中；最后，当$\overline{WR_2}$、$\overline{XFER}$两个控制信号端都有效时，8 位数据再次被锁存到 8 位 DAC 寄存器，这时 8 位 D/A 转换器开始工作，8 位数据转换为相对应的模拟电流，从 I_{OUT1} 和 I_{OUT2} 输出。

DAC 0832 的外部连接线如图 12.7 所示，由于 0832 内部已有数据锁存器，所以在控制信号作用下，可以对总线上的数据直接进行输入。在 CPU 执行输出指令时，$\overline{WR_1}$和$\overline{CS}$信号处于有效电平。此时电压输出是单极性的，极性与 V_{REF} 相反，于是 $U_{OUT}=-\frac{N}{2^8}\times\frac{V_{REF}}{3R}\times R_f$，即 $U_{OUT}=-\frac{N}{256}\times V_{REF}$。$N$ 取 00H～FFH 的数字值时，U_{OUT} 在 $0\sim-\frac{255}{256}\times V_{REF}$ 变化，其精度为 0.02V，满刻度输出为 −4.98V。

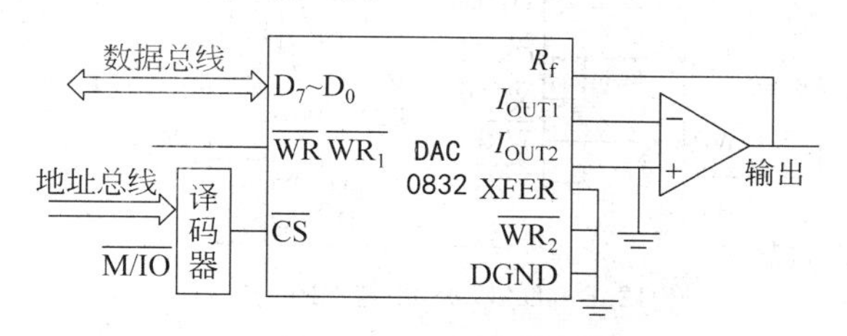

图 12.7　DAC 0832 外部接线图

若使 DAC 0832 实现一次 D/A 转换，可采用以下程序，程序中假设要转换的数据放在 4000H 单元中。

```
MOV  BX,    4000H
MOV  AL,    [BX];       数据送 AL
MOV  DX,    PORTA;      PORTA 为 D/A 转换器端口号
OUT  DX,    AT
```

在实际应用中，经常需要用到一个线性增长的电压去控制某一个检测过程或者作为扫描电压去控制一个电子束的移动。为了说明 D/A 转换器的应用，以利用 D/A 转换器产生一个锯齿电压，对于图 12.6 的电路，为产生一个锯齿电压，可采用以下程序：

```
ROTATE:  MOV  DX,    PORTA    ;PORTA 为 D/A 转换器端口号
         MOV  AL,    0FFH     ;初值为 0FFH
         INC  AL
         OUT  DX,    AL       ;往 D/A 转换器输出数据
         JMP ROTATE
```

实际上，上面程序在执行时得到的输出电压会有 256 个小台阶，从宏观上看，仍为连续上升的锯齿波。对于锯齿波的周期，可以利用延迟进行调整，如果延迟的时间比较短，

那么可以用几条 NOP 指令来实现,如果比较长,则可用延迟子程序。下面的程序段就是利用延迟子程序来控制锯齿波周期的。

```
ROTATE:  MOV  DX,    PORTA      ;PORTA 为 D/A 转换器端口号
         MOV  AL,    0FFH       ;初值为 0FFH
ROTATE:  INC  AL
         OUT  DX,    AL         ;往 D/A 转换器输出数据
         CALL DELAY             ;调用延迟子程序
         JMP  DX,    ROTATEP
         MOV  DX,    DATA       ;往 CX 中送延迟常数
DELAY:   LOOP DELAY
         RET
```

【例 12.2】 DAC 0832 与 CPU 连接如图 12.8 所示,DAC 寄存器端口地址 8FFFH,编程产生锯齿波。

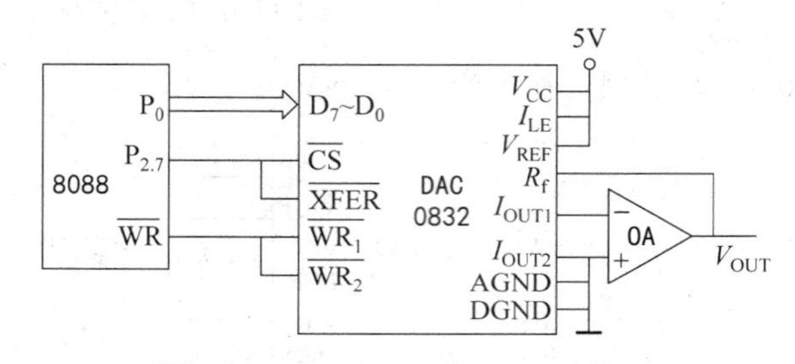

图 12.8 DAC 0832 与 CPU 连接图

解答:

程序如下:

```
        MOV  DX,    8FFFH
        MOV  AL,    0FFH
NEXT:   INC  AL
        OUT  DX,    AL
        NOP
        NOP
        NOP
        JMP  NEXT
```

【例 12.3】 采用单缓冲方式,通过 DAC 0832 输出产生三角波,三角波最高电压 5V,最低电压 0V。

分析:本题的解决需要从电路设计和软件设计两个方面入手。

电路设计:

① 从 CPU 送来的数据能否被保存:DAC 0832 内部有二级锁存寄存器,从 CPU 送来的数据能被保存,不用外加锁存器,可直接与 CPU 数据总线相连。

② 二级输入寄存器如何工作:按题意采用单缓冲方式,即经一级输入寄存器锁存。假设我们采用第一级锁存,第二级直通,那么第二级的控制端$\overline{WR_2}$和$\overline{XFER}$应处于有效电

平状态，使第二级锁存寄存器一直处于打开状态。第一级寄存器具有锁存功能的条件是ILE、$\overline{CS}$、$\overline{WR_1}$ 都要满足有效电平，为减少控制线条数，可使ILE一直处于高电平状态，控制$\overline{CS}$、$\overline{WR_1}$ 端，电路连接如图12.9所示。

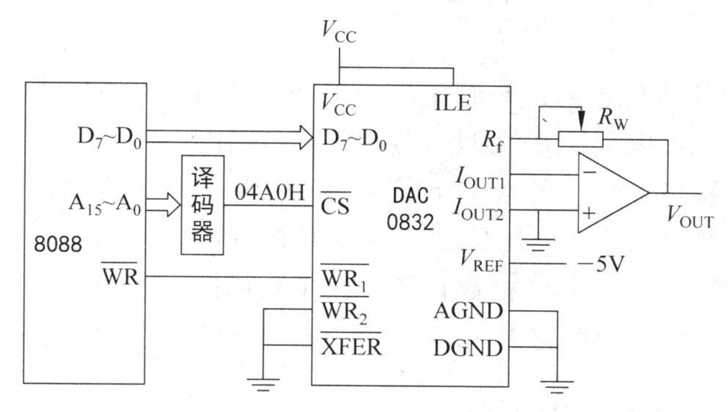

图12.9 例12.3的电路连接图

③ 输出电压极性：按题意输出波形变化范围为0～5V，需单极性电压输出。

软件设计：

① 单缓冲方式下输出数据的指令仅需一条输出指令即可，图12.10所示$\overline{CS}$端与译码电路的输出端相连，其地址数既是选中该DAC 0832芯片的片选信号，也是第一级寄存器打开的控制信号。另外由于CPU的控制信号$\overline{WR}$与DAC 0832的写信号$\overline{WR_1}$相连，当执行OUT指令时，CPU的$\overline{WR_1}$写信号有效，与$\overline{CS}$信号一起，打开第一级寄存器，输入数据被锁存。假设DAC 0832地址为04A0H，输出0V电压程序如下：

```
MOV  AL,    00H        ;设置输出电压值
MOV  DX,    04A0H      ;DAC 0832 片选地址
OUT  DX,    AL         ;输出数据,使 DAC 0832 输出端得到
                        0V 模拟电压输出
```

② 按题意产生三角波电压范围为0～5V，那么所对应输出数据00H～FFH，所以三角波上升部分，从00H起加1，直到FFH；三角波下降部分从FFH起减1，直到00H，流程图如图12.10所示。

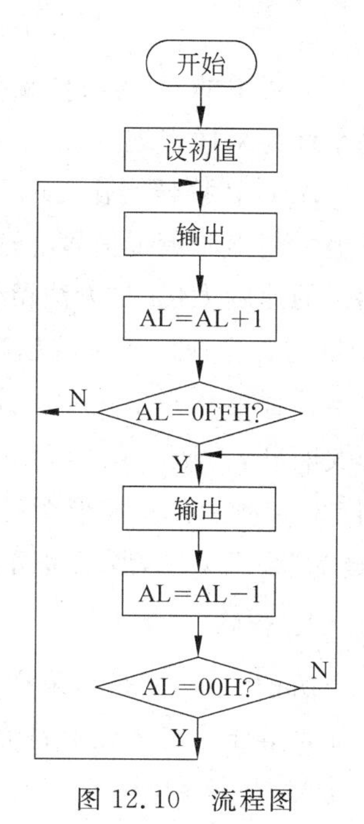

图12.10 流程图

```
      MOV  AL,   00H      ;设置输出电压值
      MOV  DX,   04A0H    ;DAC 0832 芯片地址送 DX
AA1:  OUT  DX,   AL
      INC  AL             ;修改输出数据
      CMP  AL,   0FFH
      JNZ  AA1
AA2:  OUT  DX,   AL
      DEC  AL             ;修改输出数据
      CMP  AL,   00H
      JNZ  AA2
```

```
JMP  AA1
```

12.3 A/D转换与ADC 0809

A/D转换器是用来将输入的模拟量转换成与其成比例的数字量,模拟量可以是电压、电流等电信号,也可以是压力、温度、湿度、位移、声音等非电信号,A/D转换器是模拟系统到数字系统的接口电路。在A/D转换前,输入到A/D转换器的输入信号必须经各种传感器把各种物理量转换成电压信号。A/D转换后,输出的数字信号可以有8位、10位、12位和16位等。一个完整的模数转换过程必须包括采样→保持→量化→编码等四个部分。前两步在采样保持电路中完成,后两步在A/D转换过程中同时实现。

12.3.1 A/D转换技术

1. 采样

采样是将一个时间上连续变化的模拟量转换为时间上断续变化的(离散的)模拟量,或者说,采样是把一个时间上连续变化的模拟量转换为一个串脉冲,脉冲的幅度取决于输入模拟量,时间上通常采用等时间间隔采样。采样过程的示意图如图12.11所示。

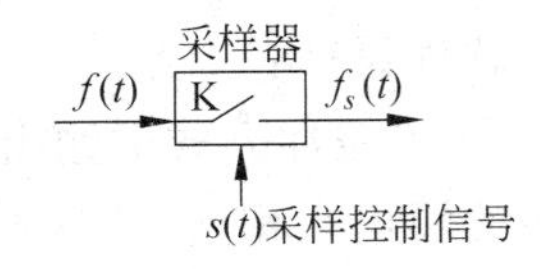

图12.11 信号采样过程

为了保证能从采样信号中将原信号恢复,必须满足条件:

$$f_s \geqslant 2f_i(\max) \tag{12.3.1}$$

上式中的 f_s 为采样频率,$f_i(\max)$ 为输入信号 $f(t)$ 中最高次谐波分量的频率,这一关系称为采样定理。

A/D转换器工作时的采样频率只有满足采样定理所规定的频率要求,才能做到不失真地恢复出原模拟信号。这就像用照相机拍摄世界级运动员跨栏瞬间的镜头一样,如果相机的速度太慢,是无法留住那精彩瞬间的。采样频率越高,进行转换的时间就越短,对A/D的工作速度要求就越高。一般取 $f_s=(3\sim5)f_i(\max)$。

采样器相当于一个受控的理想开关,$s(t)=1$ 时,开关闭合,$f_s(t)=f(t)$;$s(t)=0$ 时开关断开,$f_s(t)=0$。可用数字逻辑式表示为 $f_s(t)=f(t)s(t)$,也可用波形图表示,如图12.12所示。从波形图可见,在 $s(t)=1$ 期间,输出跟踪输入变化,相当于输出把输入的“样品”采下来了,所以也可把采样电路叫作跟踪电路。

2. 保持

所谓保持,就是将采样得到的模拟量值保持下来,即 $s(t)=0$ 期间,使输出不是等于0,而是等于采样控制脉冲存在的最后瞬间的采样值,如图12.12(d)所示。可见,保持发生在 $s(t)=0$ 期间。

最基本的采样——保持电路如图12.13所示,它由MOS管采样开关T、保持电容 C_h

和运放构成的跟随器三部分组成。$s(t)=1$ 时，T 导通，V_I 向 C_b 充电，V_c 和 V_O 跟踪 V_I 变化，即对 V_I 采样。$s(t)=0$ 时，T 截止，V_O 将保持前一瞬间采样的数值不变。只要 C_b 的漏电电阻、跟随器的输入电阻和 MOS 管 T 的截止电阻都足够大，大到可忽略 C_b 的放电电流的程度，V_O 就能保持到下次采样脉冲到来之前而基本不变。实际中，进行 A/D 转换时所用的输入电压，就是这种保持下来的采样电压，也就是每次采样结束时的输入电压。

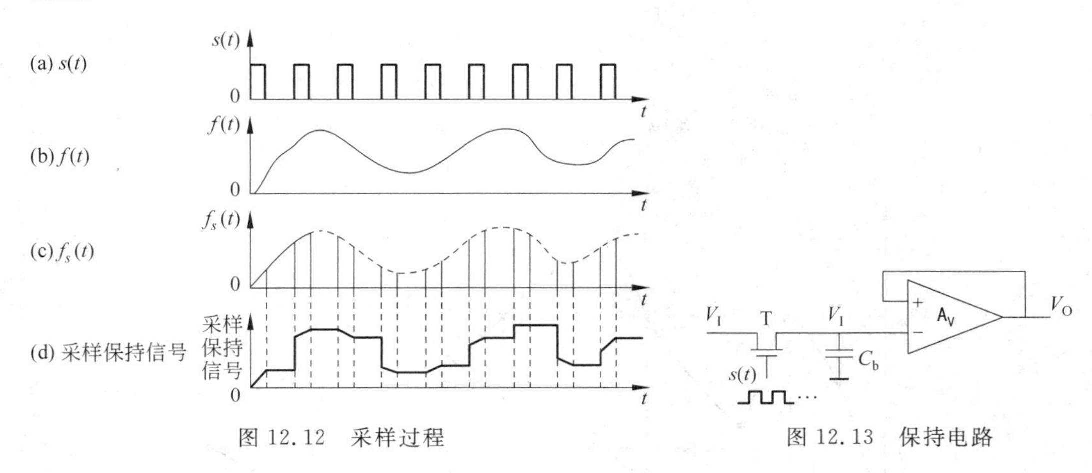

图 12.12　采样过程　　图 12.13　保持电路

3. 量化和编码

所谓量化，就是用基本的量化电平 q 的个数来表示采样——保持电路得到的模拟电压值。这一过程实质上是把时间上离散而数字上连续的模拟量以一定的准确度变为时间上、数字上都离散的、量级化的等效数字值。量级化的方法通常有两种：只舍不入法和有舍有入法(四舍五入法)。这两种量化法的示意图如图 12.14(a)和图 12.14(b)所示。图 12.14(c)给出了一个用只舍不入法量化的实例。从图中可看出，量化过程也就是把采样保持下来的模拟值舍入成整数的过程。显然，对于连续变化的模拟量，只有当数值正好等于量化电平的整数倍时，量化后才是准确值，如图 12.14(c)中 $T_1, T_2, T_4, T_6, T_8, T_{11}, T_{12}$ 时刻所示。否则量化的结果都只能是输入模拟量的近似值。这种由于量化而产生的误差，称之为量化误差，它直接影响了转换器的转换精度。量化误差是由于量化电平的有限性造成的，所以它是原理性误差，只能减小而无法消除。

为减小量化误差，根本的办法是取小的量化电平。另外，在量化电平一定的情况下，一般采用四舍五入法带来的量化误差是只舍不入法引起的量化误差的一半。

编码是把已经量化的模拟数值用二进制数码、BCD 码或其他码来表示，比如用二进制来对图 12.14(c)的量化结果进行编码，则可得到图中所示的编码输出。至此，即完成了 A/D 转换的全过程，将各采样点的模拟电压转换成了与之一一对应的二进制数码。

4. A/D 转换器分类及原理

实现 A/D 转换的方法很多，常用的有逐次逼近法、双积分法及电压频率转换法等。

(1) 逐次逼近法 A/D 转换器。逐次逼近法 A/D 转换是一个具有反馈回路的闭路系统，A/D 转换器可划分成三大部分：比较环节、控制环节、比较标准(D/A 转换器)。

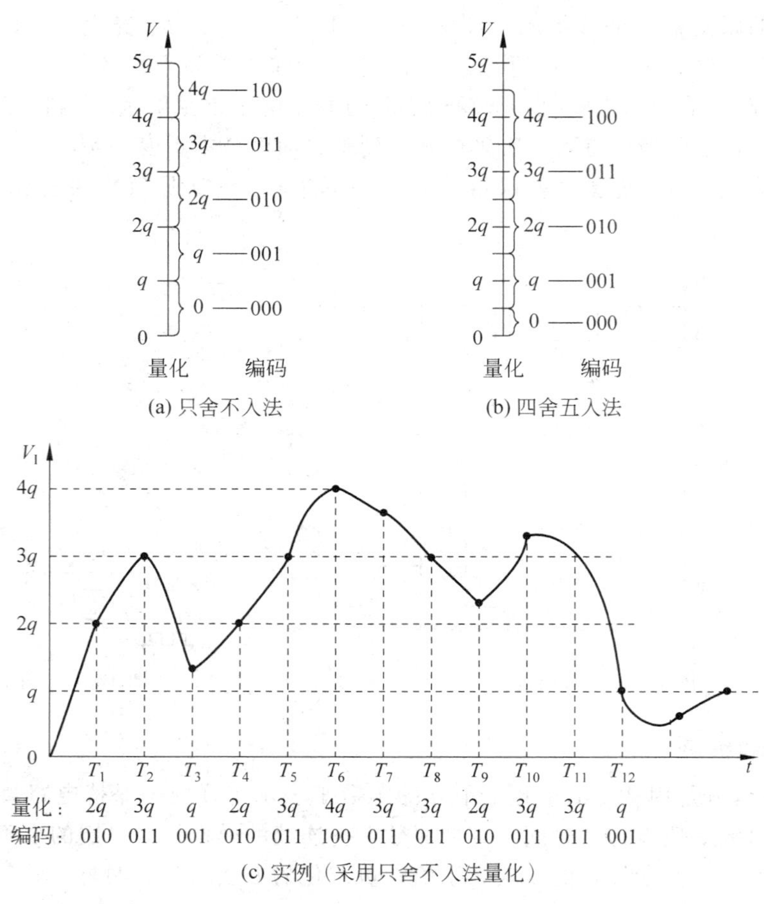

图 12.14　量化示意图

图 12.15 所示为逐次逼近法 A/D 转换器的原理电路，其主要原理是：将一个待转换的模拟输入信号 V_{IN} 与一个“推测”信号 V_1 相比较，根据推测信号是大于还是小于输入信号来决定减小还是增大该推测信号，以便向模拟输入信号逼近。推测信号由 D/A 变换器的输出获得，当推测信号与模拟输入信号“相等”时，向 D/A 转换器输入的数字即为对应的模拟输入的数字。它的基本思想就是从高位到低位逐位试探比较，好像用天平称物体，从重到轻逐级增减砝码进行试探、推测。

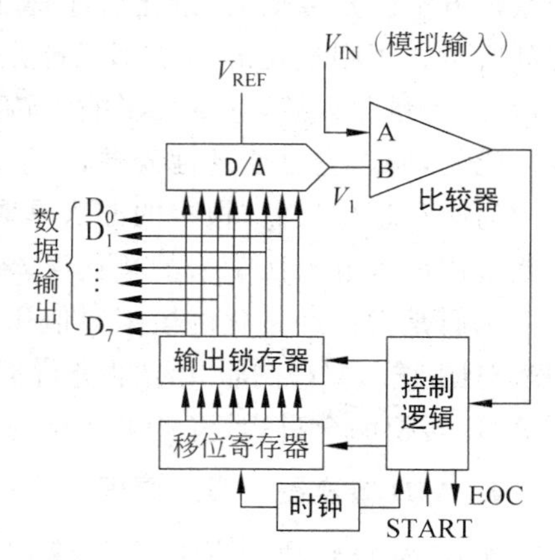

图 12.15　逐次逼近 A/D 转换器原理图

其“推测”的算法是使二进制计数器中的二进制数的每一位从最高位起依次置“1”，每接一位时，都要进行测试。若模拟输入信号 V_{IN} 小于推测信号 V_1，则比较器的输出为零，并使该位置“0”；否则比较器的输出为 1，并使该位保持 1。无论哪种情况，均应继续比较下一位，直到最末位为止。此时在 D/A 变换器的数字输入即为对应于模拟输入信号的数字量，将此数字输出，即完成其 A/D 转换过程。

逐次逼近法转换过程是，初始化时将逐次逼近寄存器各位清“0”；转换开始时，先将逐次逼近寄存器 SAR 最高位置“1”，送入 D/A 转换器，经 D/A 转换后生成的模拟量送入比较器，称为 V_C，与送入比较器的待转换的模拟量 V_X 进行比较，若 $V_X \geqslant V_C$，该位 1 被保留，否则被清除。然后再置逐次逼近寄存器次高位为 1，将寄存器中新的数字量送 D/A 转换器，输出的 V_C 再与 V_X 比较，若 $V_X \geqslant V_C$，该位 1 被保留，否则被清除。重复此过程，直至逼近寄存器最低位。转换结束后，将逐次逼近寄存器中的数字量送入缓冲寄存器，得到数字量的输出。逐次逼近的操作过程是在一个控制电路的控制下进行的。

(2) 双积分法 A/D 转换器。双积分法 A/D 转换器由电子开关、积分器、比较器和控制逻辑等部件组成，如图 12.16 所示。双积分法 A/D 转换器是将未知电压 V_X 转换成时间值来间接测量的，所以双积分法 A/D 转换器也叫作 T-V 型 A/D 转换器。

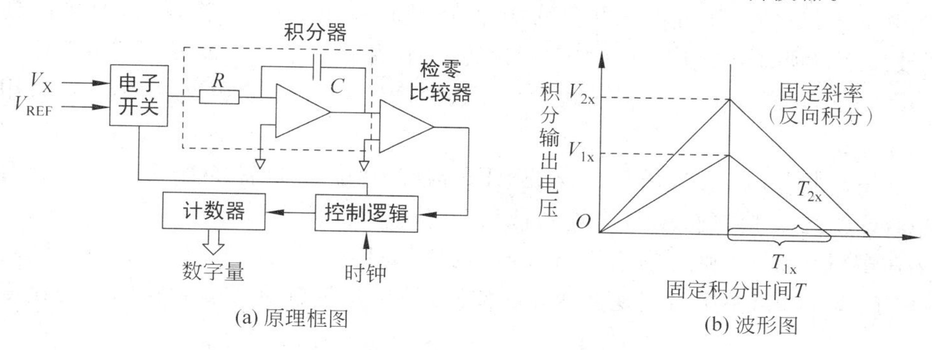

(a) 原理框图　(b) 波形图

图 12.16　双积分 A/D 转换器

在进行一次 A/D 转换时，开关先把 V_X 采样输入到积分器，积分器从零开始进行固定时间 T 的正向积分，时间 T 到后，开关将与 V_X 极性相反的基准电压 V_{REF} 输入到积分器进行反相积分，到输出为零伏时停止反相积分。

由图 12.16(b)所示的积分器输出波形可以看出：反相积分时积分器的斜率是固定的，V_X 越大、积分器的输出电压越大、反相积分时间越长。计数器在反相积分时间内所计的数值就是与输入电压 V_X 在时间 T 内的平均值对应的数字量。由于这种 A/D 要经历正、反两次积分，故转换速度较慢。

(3) 电压频率转换法 A/D 转换器。VFC(电压频率转换器)构成模数转换器时，由计数器、控制门及一个具有恒定时间的时钟门控制信号组成。图 12.17 所示为 VFC 型

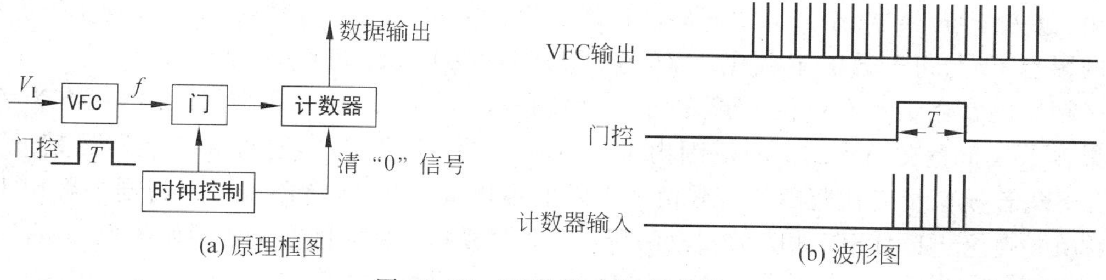

(a) 原理框图　(b) 波形图

图 12.17　VFC 型 A/D 转换器

A/D 转换装置的流程图和波形。当电压 V_I 加至 VFC 的输入端后，便产生频率 f 与 V_I 成正比的脉冲。该脉冲通过由时钟控制的门，在单位时间 T 内由计数器计数。计数器在每次计数开始时，原来的计数值被清零。这样，每个单位时间内，计数器的计数值就正比于输入电压 V_I，从而完成 A/D 变换。

VFC 与微型计算机结合起来，可方便的构成多位高精度的 A/D 转换器，且具有如下特点：

① VFC 价格不高，并且用它构成的 A/D 转换器，在零点漂移及非线性误差等方面，性能均优于逐次逼近式 A/D 转换器。

② VFC 输出频率为 f 的脉冲信号，只需要两根传输线就可进行传送。用这种方式对生产现场的信号进行采样和远距离传输都很方便，且传输过程中的抗干扰能力强。

③ VFC 的输入量为模拟信号，输出的是脉冲信号，只需采用光耦合器传输脉冲信号，便可实现模拟输入信号和计算机系统之间的隔离。

④ 由于 VFC 的工作过程具有积分特性，因此在构成 A/D 转换器时，对噪声具有良好的滤波作用。所以，采用 VFC 进行 A/D 转换时，其输入信号的滤波环节可简化。

采用 VFC 构成 A/D 转换器的缺点是转换速度较慢，为了克服这一缺点，可采用如下措施：

① 采用高频 VFC，如采用 5MHz 的 VFC 构成 10 位 A/D 转换器，则最大转换时间只需 200μs，这就进入了中速 A/D 转换的行列。

② 在多机系统中，利用单片机与 VFC 构成 A/D 转换器。由于系统是多机同时工作，即在同一时间内，系统可实现多功能的控制运算，这就解决了实时控制中在速度上的矛盾。

5. A/D 转换器性能指标

(1) 分辨率。分辨率是指 A/D 转换器能分辨的最小模拟输入量。分辨率表示转换器对微小输入量变化的敏感程度，通常用转换器输出数字量的位数来表示。例如对 8 位 A/D 转换器，其数字输出量的变化范围为 0～255，当输入电压满刻度为 5V 时，转换电路对输入模拟电压的分辨能力为 5V/255≈19.6mV。目前常用的 A/D 转换集成芯片的转换位数有 8 位、10 位、12 位和 16 位等。

(2) 精度。A/D 转换器的精度是指与数字输出量所对应的模拟输入量的实际值与理论值之间的差值。A/D 转换电路中与每个数字量对应的模拟输入量并非是单一的数值，而是一个范围 Δ，如图 12.18(a)所示。

图 12.16 中 Δ 的大小在理论上取决于电路的分辨率，例如，对满刻度输入电压为 5V 的 12 位 A/D 转换器，Δ 为 1.22mV。定义 Δ 为数字量的最小有效位 LSB。但在外界环境的影响下，与每一数字输出量对应的输入量实际范围往往偏离理论值 Δ。

精度通常用最小有效位 LSB 的分数值来表示。在图 12.18(a)中，设 Δ 的中点为 A，如果输入模拟量在 A±Δ/2 的范围内，产生唯一的数字量 D，则这时称转换器的精度为±0LSB。若模拟量变化范围的上限值和下限值各增减 Δ/4，转换器输出仍为同一数码 D，则称其精度为±1/4LSB，如图 12.18(b)所示。如果模拟量的实际变化范围如图 12.18(c)所示，这时称其精度为±1/2LSB。目前常用的 A/D 转换集成芯片的精度为 1/4～2LSB。

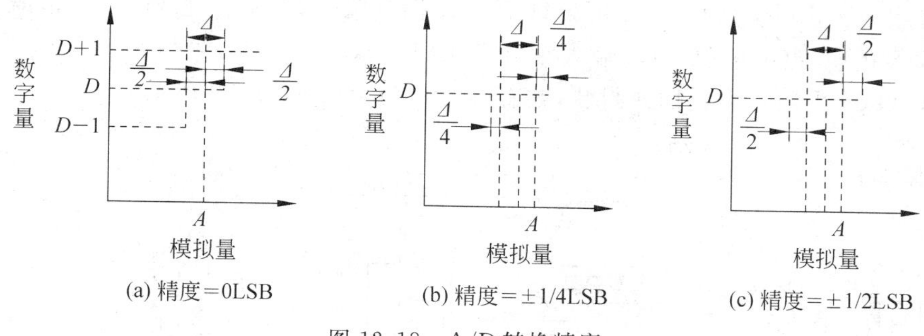

图 12.18　A/D 转换精度

（3）转换时间。转换时间是 A/D 转换器完成一次 A/D 转换所需要的时间，转换时间是编程时必须考虑的参数。若 CPU 采用无条件传送方式输入 A/D 转换后的数据，从启动 A/D 芯片转换开始，到 A/D 芯片转换结束，需要一定的时间，此时间为延时等待时间，实现延时等待的一段延时程序，要放在启动转换程序之后，此延时等待时间必须大于或等于 A/D 转换时间。

目前，常用的 A/D 转换集成芯片的转换时间约为 5～200μs。在选用 A/D 转换集成芯片时，应综合考虑分辨率、精度、转换时间、使用环境温度以及经济性等诸因素。12 位 A/D 转换器适用于高分辨率系统；陶瓷封装 A/D 转换芯片适用于－25℃～85℃或－55℃～125℃，塑料封装芯片适用于 0℃～70℃。

（4）温度系数和增益系数。这两项指标都是表示 A/D 转换器受环境温度影响的程度，一般用每摄氏度温度变化所产生的相对误差作为指标，以 ppm/℃为单位表示。

（5）对电源电压变化的抑制比。A/D 转换器对电源电压变化的抑制比（PSRR）用改变电源电压使数据发生±1LSB 变化时所对应的电源电压变化范围来表示。

（6）量程。量程是指所能转换的输入电压范围。

12.3.2　ADC 0809 及应用

ADC 0809 是 CMOS 单片型逐次逼近式 A/D 转换器。

1. 主要特性

（1）具有 8 路模拟量输入、8 位数字量输出功能，即分辨率 8 位；

（2）具有转换起停控制端；

（3）转换时间为 100μs；

（4）单个 5V 电源供电；

（5）模拟输入电压范围 0～5V，无须零点和满刻度校准；

（6）工作温度范围为－40℃～85℃；

（7）低功耗，约 15mW。

2. 内部结构及引脚功能

ADC 0809 是 CMOS 单片型逐次逼近式 A/D 转换器，内部结构如图 12.19 所示，它由八路模拟开关、地址锁存与译码器、比较器、DA 转换器、寄存器、控制电路和三态输出锁存器等组成。因此,ADC 0809 可处理 8 路模拟量输入,且有三态输出能力,既可与各种微处理器相连,也可单独工作,输入输出与 TTL 兼容。

ADC 0809 采用双列直插式封装,共有 28 条引脚,如图 12.20 所示。

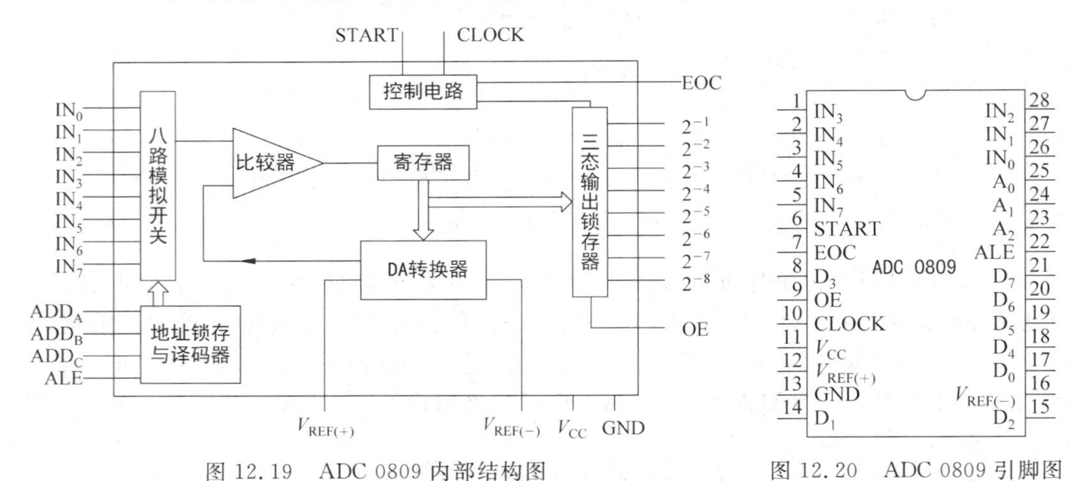

图 12.19 ADC 0809 内部结构图　　图 12.20 ADC 0809 引脚图

信号可分为 4 组:

(1) 模拟信号输入 IN_7～IN_0(8 条)。IN_7～IN_0 为 8 路模拟电压输入线,通过模拟转换开关,实现分时采集 8 路模拟信号。

(2) 地址输入和控制线(4 条)。A_0、A_1、A_2:地址输入线(Address),用于选择 IN_7～IN_0 上哪一路模拟电压送给比较器进行 A/D 转换,也可标示为 ADDA、ADDB 和 ADDC。

ALE:地址锁存允许输入线,高电平有效,用来控制通道选择开关的打开与闭合。当 ALE=1 时,ADDA、ADDB 和 ADDC 三条地址线上地址信号得以锁存,经译码器控制选择八路模拟开关工作。

(3) 数字量输出及控制线(12 条)。START:"启动脉冲"输入线,该线的正脉冲由 CPU 送来,宽度应大于 100ns,上升沿将寄存器清零,下降沿启动 ADC 工作。

EOC:转换结束输出线,该线高电平表示 AD 转换已结束,数字量已锁入"三态输出锁存器"。

D_7～D_0:数字量输出线,D_7 为最高位。OE 为"输出允许"端,高电平时可输出转换后的数字量。

$V_{REF(+)}$ 和 $V_{REF(-)}$:基准参考电压输入线,用于给 DA 转换器供给标准电压。$V_{REF(+)}$ 常和 V_{CC} 相连,$V_{REF(-)}$ 常接地。

(4) 电源线、地线(3 条)。

CLOCK:时钟输入线,用于为 ADC 0809 提供逐次比较所需的 640kHz 时钟脉冲。

V_{CC}:5V 电源输入线。

GND:地线。

3. ADC 的工作过程及与微处理器的连接

对 ADC 0809 的控制过程如下:第 1 步,确定 ADDA、ADDB、ADDC 三位地址,决定选择哪一路模拟信号；第2步，使ALE端接受一正脉冲信号，使该路模拟信号经选择开关达到比较器的输入端；第3步，使START端接受一正脉冲信号，START的上升沿将逐次逼近寄存器复位，下降沿启动A/D转换；第4步，EOC输出信号变低，指示转换正在进行。经A/D转换后的数字量保存在8位锁存寄存器中，当输出允许信号OE有效时，打开三态门，转换后的数据通过数据总线传送到CPU。由于ADC 0809具有三态门输出功能，因而ADC 0809数据线可直接挂在CPU数据总线上。

A/D转换结束，EOC变为高电平，指示A/D转换结束。此时，数据已保存到8位锁存器中。EOC信号可作为中断申请信号，通知CPU转换结束，可以读入经A/D转换后的数据。

数据的读取通常采用查询和中断方式。EOC信号可作为查询信号，查询EOC端是否变为高电平状态，若为低电平状态则等待，若为高电平状态，使OE信号变为高电平，打开ADC 0809三态门输出数据。中断方式下，中断服务程序所要作的事情是使OE信号变为高电平，打开ADC 0809三态输出，由ADC 0809输出的数字量传送到CPU。

ADC与CPU连接时，除了要有数据信息的传送外还应有控制信号和状态信息的联系。一般模拟输入来自采样保持器，而转换后的数据经数据缓冲器由数据输入端口输入至CPU。ADC的选通和启动转换由CPU控制端口送出控制信号至ADC启动端START，使ADC开始转换。A/D转换是否完成，由ADC的状态信号EOC决定，CPU通过查询该信号可判断转换是否完成，若完成则输入允许输入信号，然后通过数据端口将A/D转换结果读入。

ADC 0809的接口连接问题。

① ADDC、ADDB、ADDA三端可直接连接到CPU地址总线A_2、A_1、A_0三端，但此种方法占用的I/O口地址多。每一个模拟输入端对应一个口地址，8个模拟输入端占用8个口地址，对于微型计算机系统外设资源的占用太多，因而一般ADDC、ADDB、ADDA分别接在数据总线的D_2、D_1、D_0端，通过数据线输出一个控制字作为模拟通道选择的控制信号。

② ALE信号为启动ADC 0809选择开关的控制信号，该控制信号可以和启动转换信号START同时有效。

③ ADC 0809芯片只占用一个I/O口地址，即启动转换用此口地址，输出数据也用此口地址，区别是启动转换还是输出数据用IOR，IOW信号来区分。

【例12.4】 ADC 0809与CPU的接口。

图12.21为ADC 0809通过8255A与CPU(8086)的接口电路，0809输出数据通过8255A的PA端口给CPU，而地址译码输入信号ADDA、ADDB和ADDC以及地址锁存信号ALE由8255A的PB端口的PB_3～PB_0提供，A/D转换的状态信息EOC则由PC_4输入。

解答：若以查询方式读取转换的结果，则8255A可设定A端口为输入，B端口为输出，均为方式0，PC_4为输入。

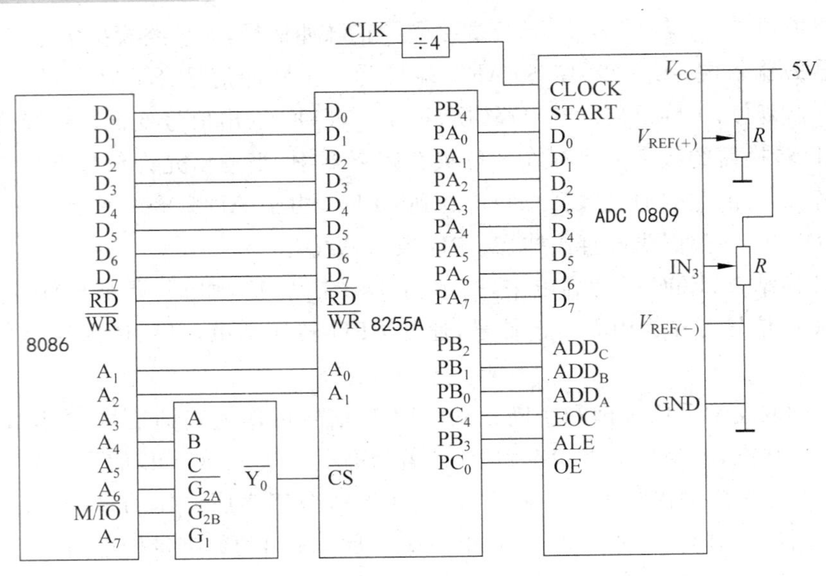

图 12.21 ADC 0809 与 CPU 的连接

转换程序如下：

```
START:  MOV   AL,     98H         ;8255A 控制字
        OUT   86H,AL              ;写入 8255A 控制端口地址
        MOV   AL,     0BH         ;选 IN3 输入端和地址锁存信号
        OUT   82H,AL              ;选 IN3 通道地址写入 8255A 的 B 端口
        MOV   AL,     1BH         ;START←PB4=0
        OUT   82H,AL              ;启动 A/D 转换
        MOV   AL,     0BH
        OUT   82H,AL              ;START←PB4=0
TEST:   IN    AL,     84H         ;读 C 端口状态
        AND   AL,     10H         ;检测 EOC 状态
        JN    TEST                ;如未转化完,再测试;转换完则继续
        MOV   AL,     01H
        OUT   84H,AL              ;PC0=1,OE 高电平
        IN    AL,80H              ;从 8255A 的 A 端口地址读取转换结果
        HLT                       ;暂停
```

【例 12.5】 设需要测试某加热炉的内部温度变化，若反应釜的温度变化范围为0℃～1200℃，如果要求误差不超过 0.4℃，应选用多少位的 A/D 转换芯片？

解答：1200/0.4＝3000＝1011 1011 1000 B 故应选用 12 位转换芯片。

习 题 12

1. 什么是 D/A 转换器？什么是 A/D 转换器？
2. 描述 D/A 转换器的性能指标主要有哪些？

3. DAC 0832 转换器有哪些特点？其内部结构由哪几部分组成？

4. ADC 0809 转换器有哪些特点？其内部结构由哪几部分组成？

5. 什么是多路模拟开关？采样保持电路能实现哪些功能？

6. 如果一个 8 位 D/A 转换器的满量程(对应于数字量 255)为 10V，分别确定模拟量为 2.0V 和 8.0V 所对应的数字量是多少？

7. 某 12 位 D/A 转换器，输出电压为 0～2.5V。当输入的数字量为 400H 时，对应的输出电压是多少？

8. 设被测温度的变化范围为 0℃～100℃，若要求测量误差不超过 0.1℃，应选用分辨率为多少位的 A/D 转换器？

9. 分析如图 12.22 所示电路的功能，并编写相应的软件程序。

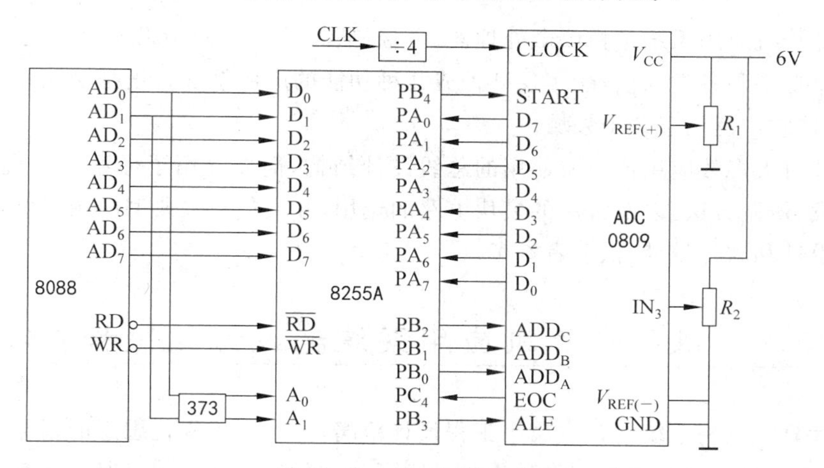

图 12.22 第 9 题的电路图

第13章 微型计算机应用系统设计

微型计算机应用系统是指以微处理器、微控制器、嵌入式集成芯片为核心，配以必要的外围电路扩展和各类软件，能实现某种或几种功能的应用系统。正是功能强、价格低这两大优势，使它广泛用于各个领域。

本章针对大多数应用场合所使用的总线设计结构，简要介绍了微型计算机应用系统的一般开发、研制方法，以及常用的模块电路的选用，并通过一些典型应用实例，说明了具体的硬件设计和软件设计，供读者参考。

13.1 微型计算机应用系统的设计过程和内容

微型计算机应用系统的开发属于工程设计范畴，可按照工程化思想的指导，进行整体到局部、规划到设计再到修正、调试、集成、试运行、交付等设计工程。对于计算机系统，一般包括系统的总体设计、硬件设计、软件设计、系统调试等几个阶段，如图13.1所示。这几个开发阶段并非完全独立、各自进行的。在总体设计进行硬件和软件功能划分后，可以把硬件设计和软件设计分开同时进行，但要根据开发过程的需要不断协调一致，有时甚至需交叉进行。

硬件设计完成后将制造出样机，样机可以做在试验板上，也可以加工成PCB板的形式。由于微型计算机应用系统一般都较为复杂，总线数量庞大，因此单元电路可以采用试验板的形式焊接和调试，而整个微型计算机系统样机的主板一般都采用PCB板上加装集成电路插座的方式构成。当硬件电路完成后，可进行模块调试和整体联调，最后进行性能评价，即检查其功能和性能是否满足系统设计任务的需要。这时可能需要返回修改整个设计，重新进行硬件和软件功能的划分。如果只有少数指标不够满意，应尽量少做硬件上的变动而用修改软件的方法改善其性能。

13.1.1 总体设计

总体设计是指通过调研和分析，确定应用系统的功能、性能、使用的主要器件以及软硬件分工，并制定设计任务书。设计任务书包括程序功能、技术指标、精度等级、实施方

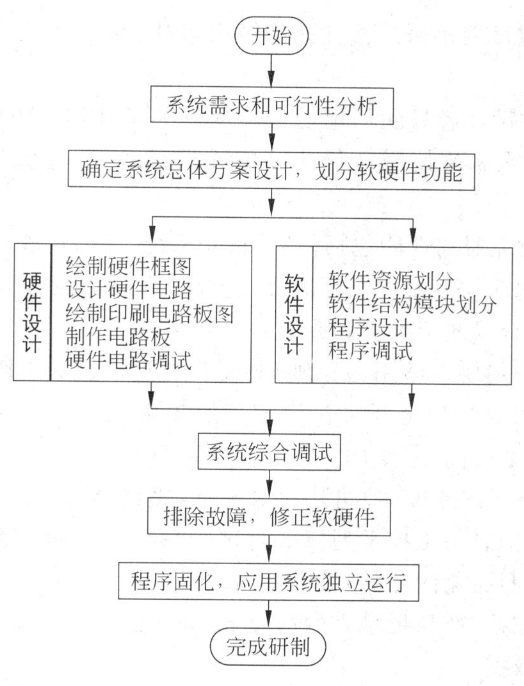

图 13.1　微型计算机应用系统开发流程

案、工程进度、所需设备、研制费用和人员分工等。总体设计是微型计算机应用系统设计中十分重要的环节，它决定着应用系统的性能指标、生产成本、开发效率和生命周期。合理的总体设计在于对系统要求的全面分析和在此基础上对系统功能与实现方法的综合考虑。

（1）确定系统功能技术指标。设计一个应用系统的基础是完备的系统分析。大多数微型计算机应用系统应用于测控领域，这一类系统要考虑的主要问题是开关量、模拟量的输入输出和过程控制算法。系统分析的目的是确定系统究竟要完成什么任务，并对控制对象及其控制要求进行文档化，定义应用系统所要达到的功能技术指标，具体如下：

① 系统需要检测的信号，对测试点、检测精度、检测元件及检测方法的要求；

② 控制算法的精度和实时性要求，可能出现的突发和平均数据率大小；

③ 系统输出信号的格式和电平，使用的驱动机构和执行机构；

④ 系统的操作方式，配备的外围设备，对显示、打印、通信等的要求；

⑤ 系统的工作环境及可靠性等级，与系统配合工作的其他电气设备的动态运行情况。

总之，在开始设计前，必须进行周密的调查研究，明确工业现场的硬件资源和工作环境、应用系统要求实现的各项功能技术指标，必要时可以进行现场勘察和小型试验，对产品的实时性、可靠性、通用性、可维护性、先进性以及成本等进行综合考虑，参考国内外同类产品的相关资料，使确定的技术指标更加合理可行有竞争力。

（2）微处理器的选择。可供选择的微处理器很多，须根据应用系统的设计目标、复杂程度、可靠性、精度和进度要求来选择性能价格比相对合理的微处理器。主要考虑以下几个方面。

① 市场货源:通常设计者只能从市场上可提供的微处理器中选择,特别是将作为产品生产的系统,微处理器需要使用性价比高的成熟产品,所选机型必须有稳定、充足的货源。

② 机型性能:微处理器的性能包括位数、指令系统、片内资源、扩展能力、运算速度和可靠性等方面。要根据应用系统的实际需要,选择最容易实现产品技术指标的微处理器,并留有一定的扩展空间,以便于维护和升级。

微处理器的选择一定要以够用为原则,避免盲目追求高频 CPU,因为随着频率的提高,与之相关的配件(如 RAM)也要工作于较高的频率,从而使系统发热量大幅增加,可靠性下降,整体制造成本提高。

③ 研制周期:在研制任务重、时间紧的情况下,要选择最熟悉的机型和器件,也可直接采用商品化的配件(如研华工控系列板卡),进行系统集成和二次开发。这种方法对于小批量的工程项目(非商品化的产品)特别有用。

当研制时间比较充裕、产品批量大的情况下,则需要把应用系统的性能价格比核算作为选择处理器的重要依据。

(3) 主要器件选择。除了微处理器外,系统中还有传感器、模拟电路、输入输出电路等部件和设备。这些部件在器件上应符合应用系统各方面要求,在实现技术指标的同时,再考虑性价比等因素。在总体设计过程中,不需要进行单元电路的设计。但可以对应用系统需要使用的主要器件进行查阅和建议。比如,传感器往往是制约系统性能指标的瓶颈,应根据工作环境和精度要求选择合适的传感器;A/D 转换器有多种形式,应根据模拟信号的变化速度选用合适的 A/D 转换器,如对缓变的温度输入宜采用慢速高精度的双积分型 A/D 转换器,对频率范围较大的声音输入信号宜采用高速的逐次比较型 A/D 转换器;如对视频信号进行采集和处理系统则应采用视频放大器和高速视频 A/D 转换器等。

(4) 硬件和软件功能划分。系统的硬件配置和软件设计应紧密联系、相互结合。硬件和软件的划分确定哪些功能由硬件电路来实现,哪些功能由软件来实现。这种划分和具体产品的要求有很大关系。在某些场合,硬件和软件具有一定的互换性。多用硬件可以提高工作速度,减少软件开发的工作量,但增加了硬件成本;反之,若用软件代替某些硬件的功能,可以节省硬件开支,增加了灵活性,有利于系统升级,但也增加了软件的复杂性。由于软件是一次性投资,因此在研制产品批量比较大的情况下,能够用软件实现的功能尽量由软件来完成,以便简化硬件结构,降低生产成本,提高系统的可靠性。

总体设计时,需权衡利弊,划分好软硬件的功能,并按照各部分任务列出其清单。再根据总体方案对软、硬件任务的划分,画出由硬件框图和软件功能图组成的系统结构框图。

(5) 总体设计可行性验证。对于较复杂的微型计算机应用系统或必须一次成功的系统,如巡航导弹伺服系统,在进行软硬件独立设计前需进行系统可行性验证,一般可通过人工论证、标准测试和软件仿真等三种技术途径检验设计的可行性。

13.1.2 硬件设计

硬件设计包括按硬件系统结构选择现成的功能模块、器件装置和自行设计市面上难于买到或虽能买到但不能满足设计要求的模拟、数字接口电路，并制作印刷电路板。微型计算机系统的硬件设计有从元件级上的设计和利用应用板（单片单板机）构成系统两大类。从元件级上的设计主要是配置必需的存储器、接口电路和外围设备而组成一个系统。要考虑的主要因素有微处理器选择、存储器配置、输入通道设计、输出通道设计、电源配置和打印、显示、报警、通信、操作、信号等接口电路；利用应用板设计主要指选用市面上销售的通用微处理器产品以缩短开发周期。硬件电路设计时应注意的几个问题：

（1）程序存储器：尽量避免用小容量的芯片组合扩充成大容量的存储器；

（2）数据存储器和 I/O 接口：应尽量减少芯片数量，使译码电路简单；

（3）地址译码电路：优先考虑线选法；

（4）总线驱动能力：数据总线宜采用双向 8 路三态缓冲器 74LS245 作为总线驱动器，地址和控制总线可采用单向 8 路三态缓冲器 74LS244 作为单向总线驱动器；

（5）系统速度匹配。

在实际工作中，微型计算机应用系统可能会受到各种外部和内部干扰，使系统工作产生错误或故障。为了减少这种错误和故障，就要采取各种提高可靠性的措施。因此在硬件整合中应认真考虑：整合后形成的系统总线负载大小和各部分负载分配；相互连接的各单元电路间信号电平是否兼容；系统中相互隔离部分的电路是否采用各自独立的电源和地；应尽量减少系统中电源电压的种类，合理安排不同类型电源和地线系统；双绞线抗共模干扰的能力较强，模块间需要进行长线连接的场合，是否选用了双绞线作为接口的信号线。

13.1.3 软件设计

微型计算机应用系统的软件设计是系统设计中最基本且工作量最大的任务，一个较为复杂的应用系统软件，如嵌入式操作系统，其设计往往需要很多人进行多年的工作才能完成。事实上软件设计可包括接口控制程序设计和整体应用程序设计两大部分。前者一般采用汇编语言进行设计，其目标是实现对各接口硬件电路的控制，一般由硬件设计员以子程序、软中断、驱动程序等形式给出；后者一般采用高级语言进行设计，可交给软件设计员完成，一般包括各种算法、人机对话、数据采集、输出控制等，其中数据采集和输出控制是通过调用接口控制程序实现的。以下介绍的软件设计，主要是指在硬件基础上的接口程序的设计。

根据软件程序流程，按模块化的原则设计应用程序。尽量利用经过运行实践证明是切实可靠的测控程序模块，包括实时管理程序，以减少软件设计的工作量。编写模块化程序时要注意使模块可以由多个任务在不同条件下调用，每个独立的模块以不超过 100 句为宜。各模块在逻辑上互相独立，并应尽量限制或减少模块间的信息交换，以利于各个模块的查询和调试。例行操作如延时、显示、标准函数等应尽量利用系统软件中提供的标准调用。

由于软件硬件的界面已经在总体设计方案中划分好,所以两者的设计基本上可以并行进行。由于硬件和软件相互间的联系很多,也可交叉进行。无论硬件还是软件设计,都需要边设计、边调试、边修改,一般需经过几次这样的循环反复才能完成,完成后即进入系统总装阶段。总装是进行实验室联调的前提及必要条件。

按照先粗后细的办法,把整个系统软件划分成多个功能独立、大小适当的模块,应有以下特点:

(1) 结构清晰、简捷、流程合理;

(2) 各功能块程序化、子程序化;

(3) 程序存储区、数据存储区规划合理;

(4) 各功能程序的运行状态、运行结果以及运行要求尽量设置状态标志;

(5) 做好抗干扰设计;

(6) 设置自诊断程序。

13.2 微型计算机应用系统开发

13.2.1 微型计算机应用的开发

开发需要解决的问题首先是编程。根据开发工具的性能,可以有机器语言、汇编语言和高级语言 3 种不同级别的编程方式;其次是排错,主要是指对单片机应用系统的硬件、软件进行综合调试;最后是仿真,实际上也是一种软件和硬件综合在一起的排错调试手段,它能加速目标应用系统的开发。开发的手段主要有通用机模拟开发和在线仿真开发。开发工具也有不同类型。主要有通用型微型计算机仿真器开发系统、实用型开发系统、通用机开发系统 3 种。而开发工具主要由主机、在线仿真器、仿真软件等组成。

13.2.2 微型计算机应用系统的调试

微型计算机应用系统调试包括硬件调试、软件调试和软硬件综合调试。

1. 硬件调试

硬件调试的任务是排除应用系统的硬件电路故障,包括设计性错误、工艺性故障和样机故障。

(1) 脱机测试。脱机调试是在样机加电之前,先用万用表等工具,根据硬件电路原理图和装配图仔细检查样机线路的正确性,并核对元器件的型号、规格和安装是否符合要求。应特别注意电源的走线,防止电源之间的短路和极性错误,并重点检查总线间是否存在相互间的短路或与其他信号线的短路。对于样机所用电源事先必须单独调试,调试好后,检查电压值、负载能力、极性等是否均符合要求,才能加到系统的各个部件上。在不插芯片的情况下,加电检查各插件上引线端的电位,仔细测量各点电位是否正常,尤其应注意 CPU 插座上的各点电位是否正常，若有高压，联机时会损坏系统。

（2）联机调试。通过脱机调试可排除一些明显的硬件故障。但有些隐性硬件故障还是要通过联机调试才能发现和排除。

若开发的是带有 CPU 的小系统，则应使用仿真器。在联机前先断电，把开发系统的仿真插头插到样机上，检查一下开发机与样机之间的电源、接地是否良好。一切正常，即可打开电源。通电后执行开发系统的读写命令，对用户样机的存储器、I/O 端口进行读写操作和逻辑检查。若有故障，可用示波器观察有关波形（如选中的译码器输出波形和读写控制信号、地址线、数据线的波形以及有关控制电平）。通过对波形的观察分析寻找故障原因，并进一步排除故障。可能的故障有线路连接上有逻辑错误，有断路或短路现象，还有集成电路失效等。

若开发的是总线接口板，则可将其插入到总线槽中，通过 CPU 板对其进行调试。插入前应设置好接口地址、中断号和 DMA 通道号，以免与 CPU 板的相关编号重叠。对于各接口板（如 A/D、D/A、数字 I/O、通信等）也可通过上述方法进行调试，在调试过程中如发现用户系统工作不稳定，一定要查出原因，进行排除。

2. 软件调试

软件调试包括单步运行、断点运行、连续运行、检查和修改存储器单元的内容、检查和修改寄存器的内容、符号化调试等。

3. 软硬件综合调试

在系统综合调试时，应将全部硬件（包括外部设备）连接好，应用程序也都组合好。进行完整系统的软硬件调试，不断地调整修改应用系统的软硬件，进一步排除较难发现的软硬件错误，使系统达到预期的技术指标。

13.2.3 实验模拟运行

将整个联调好的系统在实验室中模拟现场的运行，此步骤称为离线仿真。这时，可由人工输入模拟信号（电压），用仪表（如万用表、示波器等）对输出进行指示，使系统连续在实验室模拟运行过程中，设计人员必须仔细观察运行过程中的各种状态，对任何不正常情况必须仔细分析其原因。必要时，可人为地制造一些干扰，以便观察系统的可靠性，也可将电源拉偏，观察系统的适应能力等。

13.2.4 现场调试、试运行

将所研制的系统放到用户现场，接上用户的常规及专用外部设备，对专用外设进行逐一调试，使它们进入正常状态。然后，执行用户程序，由用户使用，完成用户提出的功能，使系统进入试运行状态。在试运行过程中，开发者与使用者需要密切配合，仔细观察并记录系统运行的状态。如发现问题，要认真分析，务求尽快解决。在试运行过程中，系统的设计开发人员要认真编写大量的文件、资料。例如，研制项目的背景、研制报告、技术报告、使用维护手册、软件资料、硬件图纸、标准化规范、用户使用报告等。

13.3 应用系统设计实例

本节通过一些典型实例介绍微型计算机系统级的应用设计。

13.3.1 温度控制系统的设计

【例 13.1】 现要求设计一个单片机温度控制系统,自动控制一个温室的温度,实现如下功能:

(1) 要求温室温度为三档:第 1 档为室温,第 2 档为 40℃,第 3 档为 50℃。温度控制误差≤±2℃。

(2) 升温由 3 台 1kW 的电炉实现。若 3 台电炉同时工作时,可保证温室温度在 3min 内超过 60℃。

(3) 要求实时显示温室温度,显示位数为 3 位,即××.×℃(如 38.7℃)。

(4) 当不能保证所要求温度范围时,发出声光报警信号。

(5) 对升温和降温过程时间不作要求。

解答:

1. 整体分析与初步设计

(1) 对温度控制系统的分析。

① 温度测量:模拟信号到数字信号的转换(A/D)。

② 温度控制:电炉的通电或断电实现温度控制,需要开关量输出通道。

③ 温度给定:要有相应的给定输入装置,如键盘。

④ 温度显示:按要求实时显示温室的温度值。

⑤ 报警:声光报警信号。

(2) 控制方案的确定。对温度控制选用继电器控制方式。

① 第 1 档:给定温度为室温,切除所有电炉。

② 第 2 档:给定温度为 40℃,一般情况为 1 台电炉工作。

③ 第 3 档:给定温度为 50℃,一般情况为两台电炉工作。

④ 检测温室:取 A/D 采样周期为 30s。

(3) 硬件和软件功能划分。本系统的设计软硬件划分,电路部分用硬件实现,硬件驱动和控制程序采用软件实现。

① 硬件系统包括:

温度测量电路:传感器、放大器、A/D 转换及接口;

温度控制电路:开关量输出和电炉驱动;

温度显示电路和输出报警电路等。

② 软件功能包括:

温度检测(定时采样、软件滤波)功能;

利用定时器实现 30s 定时,以满足采样周期的要求;

温度控制的实现，三台电炉的通电与断电；

实现定时器 30s 定时，满足采样周期的要求；

显示温度和输出报警。

(4) 系统结构框图如图 13.2 所示。

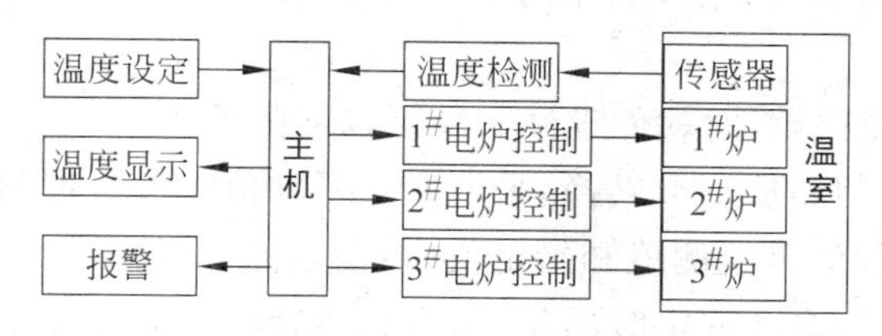

图 13.2　温度控制系统结构框图

2. 系统的硬件电路设计

(1) 微型计算机的选择。系统的硬件设计包括温度检测、定时、显示和报警、继电器控制机构等部分。温度检测通过温度传感器、ADC 和 8255 实现，提供中断方式的传输；定时电路完成采样周期的控制，比如每 60s 采样一次，控制采样过程；显示和报警电路通过 8255 输出利用 LED 显示当前温度；继电器控制机构通过 8255、DAC 和继电器实现对加温、降温机构的控制。局部硬件模块的设计框架如图 13.3 所示。

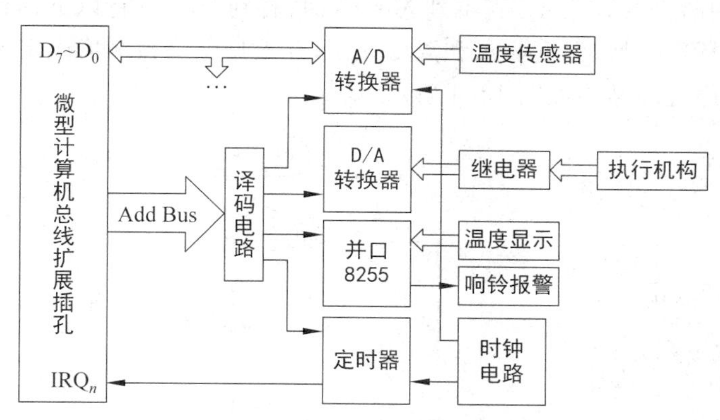

图 13.3　环境温度测控系统硬件模块示例

(2) 输入通道设计。包括温度传感器、放大器和 A/D 转换器三部分。温度检测采用温度传感器 AD590，运算放大器 OP07 作为信号放大器，A/D 转换器采用 ADC 0809。

(3) 输出通道设计。输出通道有 3 条，光电耦合双向晶闸管驱动电路，分别控制 3 台电炉通电和断电。

(4) 人机接口设计。

① 温度设定电路：如采用 BCD 码拨盘。

② 温度显示电路：温度值采用 LED 显示。可以利用串行口的移位寄存器功能，扩展为三位静态显示 LED 接口电路。

③ 报警电路：报警电路仅需要一位开关量输出控制，采用微型计算机的 I/O 端口线即可。

3. 系统的软件设计

(1) 软件总体设计。为减少外界对温度测量的干扰,用软件进行滤波处理,如每个采样周期采集多个数据,去掉最大值和最小值,然后计算平均值作为最后的结果;调节效果的保障可采用PID算法实现;采样频率通过8253实现对采集过程的控制;转换的数据传输采用中断处理程序。

根据题目要求及硬件设计,软件设计需满足以下要求:

① 温度检测:定时启动A/D转换,采取四点平均值滤波法抑制信号的干扰。

② 温度控制:比较温度检测值和给定值,控制电路的通断。

③ 定时采样:利用8253的定时器T0或T1,进行30s定时,以满足采样周期的要求。

④ 温度显示:在每次检测温度后,将新的温度检测值经过标度变换后由串行口输出给LED显示器。

⑤ 蜂鸣报警:将每次温度检测值与设定值作比较,如果其差值超出允许范围,输出报警信号,并将程序转入事故处理程序。

(2) 软件设计的模块结构。

① 程序结构设计。应用程序结构采用中断方式,由定时器发出定时中断申请。主程序进行系统初始化,包括定时器、I/O端口和中断系统的初始化,等待定时中断。在中断服务程序中,先判断是否到30s。若不到30s,返回;若到30s,进行以下操作:拨盘设定值检测、温度检测、标度变换、温度显示和温度控制,并根据温度检测值决定是否报警。据此可设计出应用程序总体结构如图13.4所示。

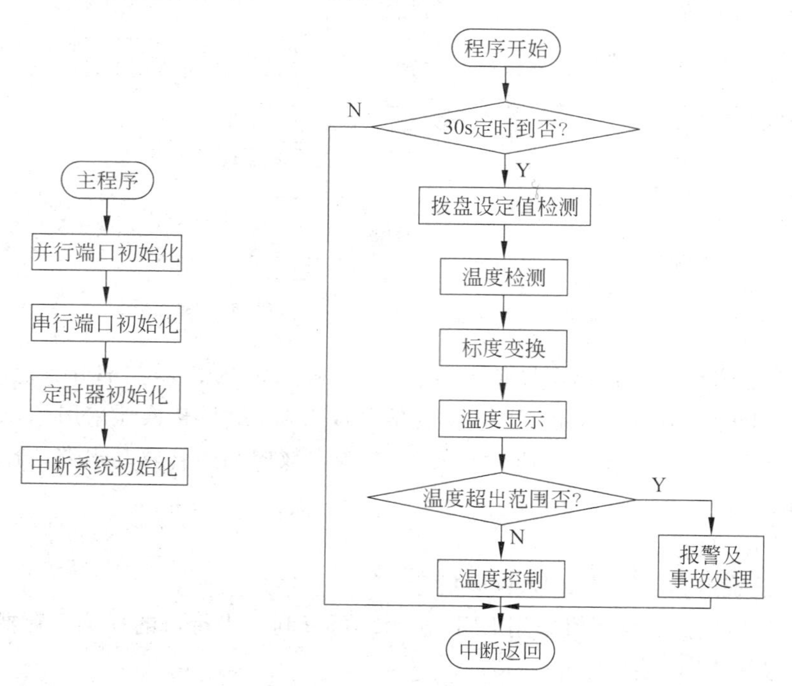

图13.4 应用程序总体流程图

② 程序模块划分。在应用程序总体结构中,将以下6个功能程序作为模块程序:温度设定输入、温度检测、温度值标度变换、温度显示、温度控制和报警程序模块。

13.3.2　步进电动机控制系统

制造设备的测控系统中步进电动机是一种常用的装置,步进电动机是一种脉冲电动机,是开环伺服运动系统执行元件。广泛用于数字控制系统,是工业控制过程和精密仪器设备的重要部件。其运动方式有旋转式步进电动机和直线式步进电动机,通过将脉冲信号转换为角位移或线位移,步进电动机的工作速度与脉冲频率成正比,能够提供高精度的位移和速度控制,具有快速启停的特点,广泛用于精密定位的场合,如打印机、绘图仪、机器人和机床设备等都以步进电动机为动力核心。

通常电动机的转子为永磁体,当电流流过定子绕组时,定子绕组产生一矢量磁场。该磁场会带动转子旋转一角度,使得转子的一对磁场方向与定子的磁场方向一致。当定子的矢量磁场旋转一个角度。转子也随着该磁场转一个角度。每输入一个电脉冲,电动机转动一个角度前进一步。它输出的角位移与输入的脉冲数成正比、转速与脉冲频率成正比。改变绕组通电的顺序,电动机就会反转。所以可用控制脉冲数量、频率及电动机各相绕组的通电顺序来控制步进电动机的转动。这里以感应子式三相步进电动机为例,简单说明其工作原理和控制。

三相步进电动机的定子绕有三相线圈,分别称为A、B、C三相,按星状连接,两个相邻磁极之间的夹角为60°,中间的转子是永磁铁,没有线圈,转子圆周均匀分布若干矩形小齿。当A、B、C三相线圈轮流通过一定节拍的电流脉冲信号,即励磁时,产生的磁场吸引转子转动,每转动一次的角度称为步距。三相步进电动机有3种工作方式:一种是三相三拍式,正转的励磁相序为A→B→C→A,反转时的励磁相序为A→C→B→A;一种是三相双三拍式,正转时的励磁相序为AB→BC→CA→AB,反转时的励磁相序为AC→CB→BA→AC;一种是三相六拍式,正转时的励磁相序为A→AB→B→BC→C→CA→A,反转时的励磁相序为A→AC→C→CB→B→BA→A;为减少一相线圈交替通电、断电时容易造成失步和振荡,采用双相轮流通电控制方式,可改善步进电动机性能,获得较好的稳定性,这里为减小步距角度,可选择单双相轮流通电方式,即第三种方式。其步距角按如下公式计算:

$$\theta=\frac{360}{m\times Z\times K}\quad(\text{单位:度})$$

其中,m为步进电动机的相数,Z为步进电动机转子的齿数,K为通电方式($K=1$:相邻两次通电的相数相同;$K=2$:相邻两次通电的相数不同)。

步进电动机不同的轮流通电方式称为“分配方式”,每循环一次所包含的通电状态数称为拍数$n=m\times K$,对于三相六拍式步进电动机$n=3\times2=6$拍,如果转子的齿数$Z=40$,齿距角为9°,而其步距角$\theta=360/6\times40=1.5°$,即通电6次转子转过一个齿距。通过滚珠杆可以将角位移转换为线位移。如果转子转动一周,线位移为Lmm,则容易计算线位移与脉冲拍数间的关系。

【例 13.2】 三相六拍方式步进电动机控制。

三相六拍方式步进电动机的三相线圈按励磁相序按一定频率给出通电信号，电动机会平稳转动，如正转时的励磁相序为 A→AB→B→BC→C→CA→A，转换为 ABC 三相线圈顺序控制字为 001、011、010、110、100、101，通过并口实现多路脉冲循环分配电路，连接控制三相线圈驱动，也可以通过软件用查相序表的办法实现控制字的发送。电动机的转向、速度控制、显示等需要加入开关、ADC、定时器、数码显示等电路。

硬件系统的设计示例如图 13.5 所示。

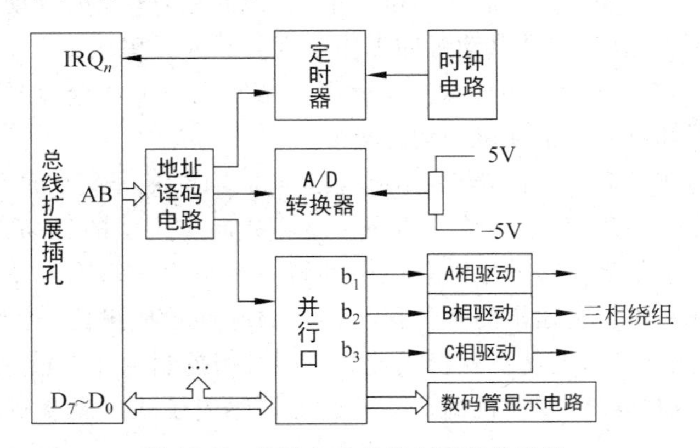

图 13.5 步进电动机控制系统的设计

软件部分主要涉及 8255、ADC 的应用，读者可自行设计。

13.4 基于嵌入式的应用系统设计

13.4.1 典型嵌入式应用系统的构成

一个典型的 MCU 为核心的嵌入式系统硬件构成如图 13.6 所示，通常由单片机、片外 ROM、RAM、扩展 I/O 端口及对系统工作过程进行人工干预和结果输出的人机对话通道等组成。

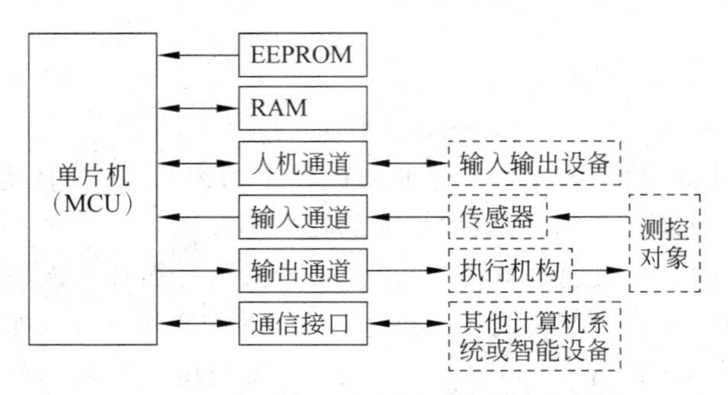

图 13.6 典型嵌入式应用系统的构成框图

单片机常用的输入输出设备有键盘、LED、LCD 显示器、打印机等；用于检测信号采集的输入通道一般由传感器、信号处理电路和相应的接口电路组成；向操作对象发出各种控制信号的输出通道，通常包括输出信号电参量的变换、通道隔离和驱动电路等；另外就是与其他计算机系统或智能设备实现信息交换的通信接口，

13.4.2 嵌入式应用系统的构成方式

应用系统的构成方式因设计思想和使用要求的不同有较大差异。

1. 专用系统

这是最典型和最常用的构成方式，它的最突出的特征是系统全部的硬件资源完全按照具体的应用要求配置，系统软件就是用户的应用程序。专用系统的硬、软件资源利用得最充分，但开发工作的技术难度较高。

2. 模块化系统

由图13.6可见，单片机应用系统的系统扩展与通道配置电路具有典型性，因此有些厂家将不同的典型配置做成系列模板，用户可以根据具体需要选购适当的模块板组合成各种常用的应用系统。它以提高制作成本为代价换取了系统开发投入的降低和应用上的灵活性。

3. 单机与多机应用系统

一个应用系统只包含一块MCU或MPU，称为单机应用系统，这是目前应用最多的方式。

如果在单机应用系统的基础上再加上通信接口，通过标准总线和通用计算机相连，即可实现应用系统的联机应用。在此系统中，单片机部分用于完成系统的专用功能，如信号采集和对象控制等，称为应用系统。通用计算机称为主机，主要承担人机对话、大容量计算、记录、打印、图形显示等任务。由于应用系统是独立的计算机系统，对于快速测控过程，可由其独立处理，大大减轻了总线的通信压力，提高了运行速度和效率。

在多点多参数的中、大型测控系统中，常采用多机应用系统。在多机系统中，每一个单片机相对独立地完成系统的一个子功能，同时又和上级机保持通信联系，上级机向各子功能系统发布有关测控命令，协调其工作内容和工作过程，接收和处理有关数据。多机应用系统还可以以局部网络的方式工作。

13.4.3 嵌入式应用系统的设计原则

单片机是嵌入式系统的心脏，其机型选择是否合适，对系统的性能优劣、构成繁简，开发工作的难易，产品的价格等方面影响较大。选择单片机首先考虑单片机的功能和性能满足应用系统的要求，其次要考虑供货渠道是否畅通，开发环境是否具备，对于熟悉的机型，无疑将提高开发的效率。

基于需求合理选择芯片，如集成性、资源、接口以及开发环境和工具等，设计中充分利用单片机内的硬件资源、简化系统的扩展，利于提高系统的可靠性。单片机和服务对象往往结合成一个紧密的整体，应了解服务对象的特性，进行一体化设计，在性能指标上应留

有余地。

在保证系统的功能和性能的前提下,不用刻意追究单片机或其他器件的精度,如8位单片机满足要求就无须选16位单片机,以降低成本,增加竞争优势。总之,单片机用于产品的设计,要求性价比高,开发速度快,以便赢得市场。

软件采用模块设计,便于调试、链接、修改和移植,对于实时性较强的采用汇编语言编程比较合适,对复杂的计算或实时性要求不高的,对C语言比较熟悉,采用C语言编程比较合适。

另外,还应考虑应用系统的使用环境,采取相应的措施,如抗干扰等。

13.4.4 电子显示屏设计

电子显示屏广泛用于火车站显示火车到站时刻表、银行利率显示、股市行情显示等公众信息场合,仔细观察可以发现,它是由成千上万个发光二极管(LED)组成,为方便安装,将若干个LED组合在一个模块上,若干个模块再组成大屏幕。

市售的模块按LED的排列有5×7、5×8、8×8等几种类型,LED的直径也有大有小,如1.9、3.0、5.0…,点阵模块按颜色分有单色(红色)或双色,双色的LED在一个玻璃管中有红和绿两个LED,如果红绿同时发亮,即可显示黄色,因此双色实际上可显示红、绿、黄三色。如图13.7所示的是一个8×8的单色LED点阵模块图,型号为LMM 2088DX。由图可见,LED排列成点阵的形式,同一行的LED阴极连在一起,同一列的阳极连在一起,仅当阳极和阴极的电压被加上,使LED为正偏的LED才发亮,对于双色的LED模块,同一行的红管和绿管阴极连在一起控制,阳极分别控制。

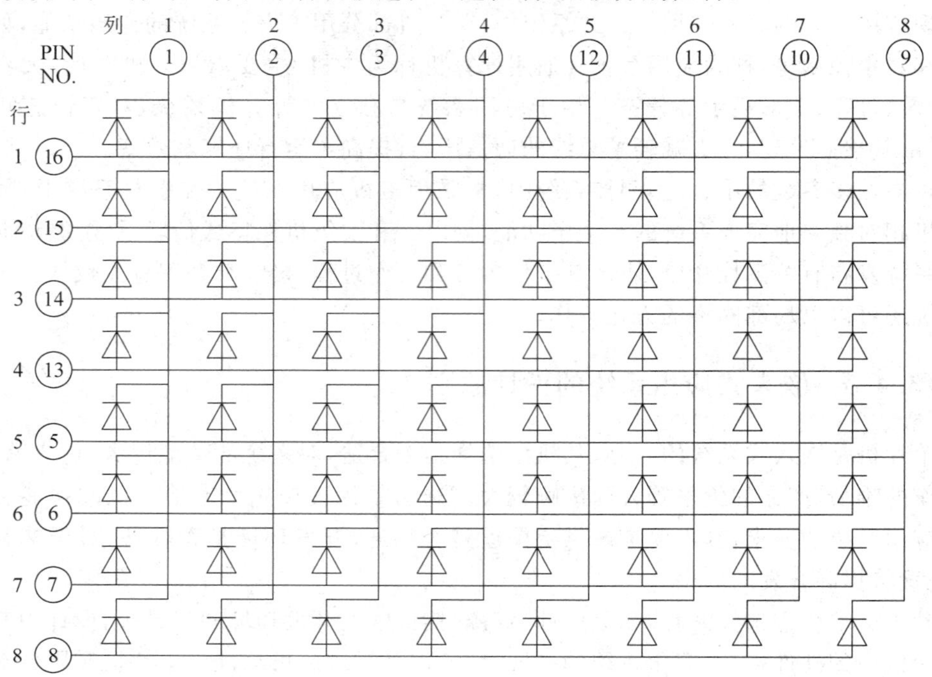

图13.7 LMM 2088DX(8×8单色)引脚图

为了了解电子屏幕的设计原理，便于实验实现，用 6 块 5×8 的模块构成一个 15×16 点阵的小型显示屏，可以显示一个汉字，控制电路如图 13.8 所示。

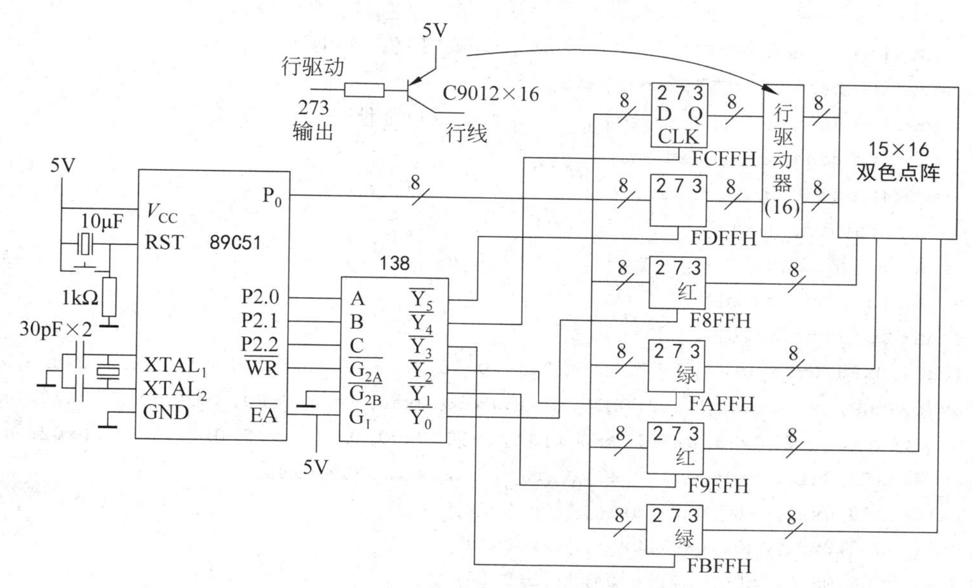

图 13.8　显示控制电路图

如果采用行循环扫描法，即左块第一行亮，右块第一行亮，然后左块第二行亮，右块第二行亮……对于列而言，一列只一个亮点，而对一行而言有多个 LED 同时发亮，一个 LED 亮需 10～20mA 的电流。因此在行线上加上行驱动三极管，列上只用了锁存器而省去了列驱动。

15 行的行选由 2 个 273 完成，地址分别为 FCFFH 和 FDFFH，16 根列选也由 2 个 273 完成，由于列线分为红、绿两色共需 4 片 273 控制，红色的列选地址为 FAFFH 和 FBFFH。按照"1"亮的规则，一个 16×16 的汉字点阵信息(字模编码)需占 32 个字节，一个"中"的汉字字模编码显示在图 13.9 中，按照从左到右从上到下的原则顺序排列，存放于字模编码表(数组)中。行选轮流选通，列选查表输出，一个字循环扫描多次，就能看到稳定的汉字。

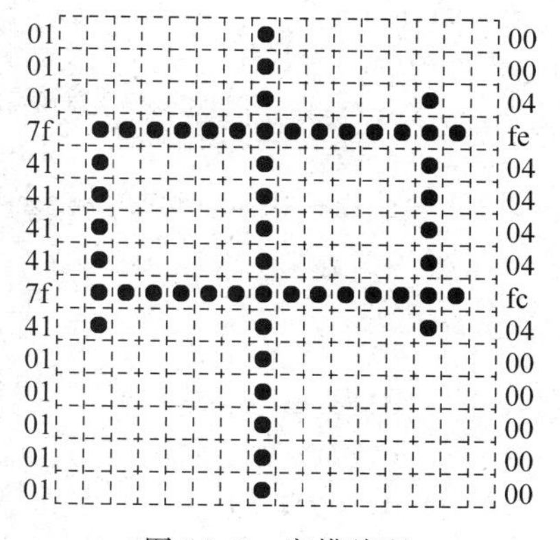

图 13.9　字模编码

如在小显示屏上轮流显示"我爱中华"4 个绿色汉字，4 个字模编码占 128B，存放于 buff[128]数组中，每字循环扫描显示 1000 遍，再换下一汉字，根据行、列序号，利用公式计算字模编码在数组中的位置，为消除拖尾，显示间有清屏，显示和清屏的延时由定时器 T0 控制，程序清单如下：

```
#include <reg51.h>
#include <absacc.h>
```

```
  #define red1 XBYTE[0xf8ff]          /* 第一红色 273 地址 */
  #define red2 XBYTE[0xf9ff]          /* 第二红色 273 地址 */
  #define green1 XBYTE[0xfaff]        /* 第一绿色 273 地址 */
  #define green2 XBYTE[0xfbff]        /* 第二绿色 273 地址 */
  #define hang1 XBYTE[0xfcff]
  #define hang2 XBYTE[0xfdff]         /* 行 273 地址 */
  #define uchar unsigned char
  #define uint unsigned int
void delay(unint t);
void clr(void);
void display(uint b);
uchar code buff[128]=
{0x04,0x80,0x0e,0xa0,0x78,0x90,0x08,0x90,0x08,0x84,0xff,0xfe,0x08,0x80,0x08,
0x90,0x0a,0x90,0x0c,0x60,0x18,0x40,0x68,0xa0,0x09,0x20,0x0a,0x14,0x28,0x14,
0x10,0x0c,0x00,0x78,0x3f,0x80,0x11,0x10,0x09,0x20,0x7f,0xfe,0x42,0x02,0x82,
0x04,0x7f,0xf8, 0x04,0x00,0x07,0xf0,0x0a,0x20,0x09,0x40,
0x10,0x80,0x11,0x60,0x22,0x1c,0x0c,0x08,
0x01,0x00,0x01,0x00,0x01,0x04,0x7f,0xfe,
0x41,0x04,0x41,0x04,0x41,0x04,0x41,0x04,
0x7f,0xfc,0x41,0x04,0x01,0x00,0x01,0x00,
0x01,0x00,0x01,0x00,0x01,0x00,0x01,0x00,
0x04,0x40,0x04,0x48,0x08,0x58,0x08,0x60,
0x18,0xc0,0x29,0x40,0x4a,0x44,0x08,0x44,
0x09,0x3c,0x01,0x00,0xff,0xfe,0x01,0x00,
0x01,0x00,0x01,0x00,0x01,0x00,0x01,0x00 }     /* "我爱中华"字模  */
main()
{ char m;
    for(;;)
{
      for(m=0;m<=96;m=m+32)

{
      clr();
      display(m);                     /* 显示 */
      clr();                          /* 清屏 */
      delay(10);                      /* 延时 */
}
}
void display(uint b)                  /* 显示函数 */
{
   uchar i,j,k,n=1;
   uint c;
for(c=0;c<1000;c++)
{clr();
```

```
    for(k=0;k<2;k++)                    /* k用以选择两个左右不同的 273 */
  {for(i=0;i<8;i++)                     /* i选择不同行 */
  {green1=~buff[b+16*k+2*i];            /* 查字模表,并取反 */
  green2=~buff[b+16*k+2*i+1];
  if(k==0)
  {
      hang1=~n;hang2=0xff;
  }
  else
  {hang2=~n;hang2=0xff;                 /* K=0,选上面一个 273,同时关闭下半屏显示 */
    }
  hang1=0xff;hang1=0xff;n=n*2;
  }
  n=1;}}}
  void delay(uint t) {                  /* 延时子程序,延时 t*10ms */
        uint i;
        for(i=0;i<t;i++){
    TMOD=0x11;
        TL0=-10000%256;  TH0=-10000/256;
        TR0=1;
        do{}
      while(TF0!=1);
      TF0=0;  }
  }
  void clr(void)                        /* 清屏子程序 */
  {uchar xdata *ad_drl;
     ad_drl=&green1;
     hang1=0xff;hang2=0xff;
     red1=0xff;red2=0xff;
     *ad_drl=0xff;
     ad_drl++;
     ad_drl=0;
  }
```

读者修改程序不难变换显示颜色及跑马式显示等显示方式,如改换显示的汉字可从汉字库中提取字模,提取汉字字模的方法可以查阅有关资料。

习　题　13

1. 微型计算机怎样进行系统级的总体设计?

2. 什么是脱机调试?什么是联机调试?

3. 分析身边涉及微型计算机应用系统设计的实例,概括其设计思路、所采用的技术及其难点。

附录 A　ASCII 编码表及特殊字符的说明

ASCII 编码表及其特殊字符的含义如表 A.1 和表 A.2 所示。

表 A.1　ASCII 编码表

<table>
<tr><td colspan="2" rowspan="2">高 3 位
低 4 位</td><td>0</td><td>1</td><td>2</td><td>3</td><td>4</td><td>5</td><td>6</td><td>7</td></tr>
<tr><td>000</td><td>001</td><td>010</td><td>011</td><td>100</td><td>101</td><td>110</td><td>111</td></tr>
<tr><td>0</td><td>0000</td><td>NUL</td><td>DLE</td><td>SP</td><td>0</td><td>@</td><td>P</td><td>`</td><td>p</td></tr>
<tr><td>1</td><td>0001</td><td>SOH</td><td>DC1</td><td>!</td><td>1</td><td>A</td><td>Q</td><td>a</td><td>q</td></tr>
<tr><td>2</td><td>0010</td><td>STX</td><td>DC2</td><td>″</td><td>2</td><td>B</td><td>R</td><td>b</td><td>r</td></tr>
<tr><td>3</td><td>0011</td><td>ETX</td><td>DC3</td><td>#</td><td>3</td><td>C</td><td>S</td><td>c</td><td>s</td></tr>
<tr><td>4</td><td>0100</td><td>EOT</td><td>DC4</td><td>$</td><td>4</td><td>D</td><td>T</td><td>d</td><td>t</td></tr>
<tr><td>5</td><td>0101</td><td>ENG</td><td>NAK</td><td>%</td><td>5</td><td>E</td><td>U</td><td>e</td><td>u</td></tr>
<tr><td>6</td><td>0110</td><td>ACK</td><td>SYN</td><td>&</td><td>6</td><td>F</td><td>V</td><td>f</td><td>v</td></tr>
<tr><td>7</td><td>0111</td><td>BEL</td><td>ETB</td><td>′</td><td>7</td><td>G</td><td>W</td><td>g</td><td>w</td></tr>
<tr><td>8</td><td>1000</td><td>BS</td><td>CAN</td><td>(</td><td>8</td><td>H</td><td>X</td><td>h</td><td>x</td></tr>
<tr><td>9</td><td>1001</td><td>HT</td><td>EM</td><td>)</td><td>9</td><td>I</td><td>Y</td><td>i</td><td>y</td></tr>
<tr><td>A</td><td>1010</td><td>LF</td><td>SUB</td><td>*</td><td>:</td><td>J</td><td>Z</td><td>j</td><td>z</td></tr>
<tr><td>B</td><td>1011</td><td>VT</td><td>ESC</td><td>+</td><td>;</td><td>K</td><td>[</td><td>k</td><td>{</td></tr>
<tr><td>C</td><td>1100</td><td>FF</td><td>FS</td><td>,</td><td><</td><td>L</td><td>\</td><td>l</td><td>|</td></tr>
<tr><td>D</td><td>1101</td><td>CR</td><td>GS</td><td>—</td><td>=</td><td>M</td><td>]</td><td>m</td><td>}</td></tr>
<tr><td>E</td><td>1110</td><td>SO</td><td>RS</td><td>.</td><td>></td><td>N</td><td>↑</td><td>n</td><td>~</td></tr>
<tr><td>F</td><td>1111</td><td>SI</td><td>US</td><td>/</td><td>?</td><td>O</td><td>←</td><td>o</td><td>DEL</td></tr>
</table>

表 A.2　ASCII 编码表中特殊字符的说明

字　符	含　义	字　符	含　义
NUL	空	DLE	数据链换码
SOH	标题开始	DC1	设备控制 1
STX	正文开始	DC2	设备控制 2
ETX	正文结束	DC3	设备控制 3
EOT	传输结束	DC4	设备控制 4
ENG	询问字符	NAK	否认
ACK	认可	SYN	同步
BEL	报警	ETB	信息组传输结束
BS	退格	CAN	作废
HT	横向列表	EM	纸尽
LF	换行	SUB	替换
VT	垂直制表	ESC	换码
FF	走纸控制	FS	文字分隔符
CR	回车	GS	组分隔符
SO	移位输出	RS	记录分隔符
SI	移位输入	US	单元分隔符
SP	空格	DEL	删除

附录B 汇编语言程序的上机过程

汇编语言源程序的建立、汇编及在计算机上运行汇编语言程序的步骤包括源程序的录入编辑、汇编、连接形成可执行程序、运行等过程。为运行汇编语言程序，需建立汇编语言的工作环境，在磁盘上至少要有以下文件。

编辑程序：如 EDIT. EXE。

汇编程序：如 ASM. EXE 或 MASM. EXE。

链接程序：如 LIKE. EXE。

调试程序：如 DEBUG. COM。

有时还需要 CREF. EXE、EXE2BIN. EXE 等文件。

汇编语言程序设计中涉及的文件类型扩展名及含义如下。

. ASM：汇编语言的源文件。

. CRF：被 CREF 使用的交叉引用文件。

. LST：可打印或显示的汇编语言源列表文件。

. OBJ：可浮动的目标文件，用于生成可执行文件。

在对汇编语言程序进行编辑、汇编、链接、运行的任何步骤有错误出现时，都必须对源程序重新编辑、汇编、链接。以下举例说明汇编语言程序上机运行的过程。

1. 建立 ASM 源程序文件

例如：把 40 个字母 a 的字符串从源缓冲区 source_buffer 传送到目的缓冲区 dest_buffer。

可以用编辑程序 EDIT 等创建源程序文件 okk. asm。

```
;PROGRAM TITLE
;********************************************
data segment                             ;定义数据段
  source_buffer db 40 dup('a')
data ends
;********************************************
extra segment                            ; 定义附加数据段
  dest_buffer db 40 dup(?)
extra ends
;********************************************
code segment                             ; 定义代码段
```

```
;______________________________________________
main proc far                              ;主程序
  assume cs:code,ds:data,es:extra
start:
  push ds
  sub ax,ax
  push ax
  mov ax,data
  mov ds,ax
  mov ax,extra
  mov es,ax
  lea si,source_buffer
  lea di,dest_buffer
  cld
  mov cx,40
  rep movsb
  ret                                      ; 返回 DOS
main endp                                  ;主程序结束
;______________________________________________
code ends                                  ;代码段结束
;**********************************************
  end start                                ;结束汇编
```

2. 用 ASM 或 MASM 程序产生 OBJ 文件

建立源程序后，用汇编程序 MASM. EXE 对源文件进行汇编。汇编格式及过程如下。

交互式汇编的格式：

```
[d:][PATH]MASM(回车)
```

系统提示：

```
Source filename[ASM]:
```

此时用户输入汇编源程序文件名(缺省文件扩展名为. ASM)，回车。或直接在提示符下输入 MASM 源程序文件

```
D:\ASM>MASM okk.asm                              ;对源文件汇编
Microsoft (R) Macro Assembler Version 5.00
Copyright (C) Microsoft Corp 1981-1985, 1987.  All rights reserved.
Object filename [eg_movs.OBJ]:回车                ;产生目标文件 okk.OBJ
Source listing  [NUL.LST]: okk                   ;在当前目录生成 LST 列表文件
Cross-reference [NUL.CRF]: okk                   ;产生 CRF 交叉引用表
                                                 ;开始汇编
49318+434634 Bytes symbol space free
      0 Warning Errors
```

```
0 Severe  Errors
```

在以上汇编过程中,汇编程序输入的源文件是 okk.asm,其输出可以有 3 个文件。第一个是需要的.OBJ 文件,这是汇编的主要目的,对提示项[okk.OBJ]:直接回车,就在磁盘上建立了目标文件 okk.OBJ。第二个是.LST 文件,称为列表文件。这个文件是可有可无的,如不需要则可对[NUL.LST]:回车;如果要产生这个文件,则可输入文件名后回车。如果在汇编过程中发现错误,则汇编程序将在屏幕上显示错误信息,同时也将错误信息写入列表文件中。当然汇编程序只能指出源程序中的语法错误,至于程序的算法或逻辑错误,则应在程序调试时解决。

汇编过程中汇编程序对源程序进行两遍扫描。在第一遍扫视要确定源程序每一行的偏移地址,建立一张符号表。它把用户所定义的符号赋予地址计数器 $ 的值。第二遍扫视中,据符号表、机器指令表、伪指令表把汇编语言指令翻译成机器语言指令。机器指令表是每条汇编指令所对应的机器码。伪操作表是指伪指令名及有关信息。

源列表文件.LST 同时列出源程序和机器语言程序清单,并给出符号表、汇编后的出错信息等内容,因而可使程序调试更加方便。源程序 okk.asm 文件的列表文件 okk.LST 如下:

```
Microsoft (R) Macro Assembler Version 5.00          5/27/10 17:31:28
                                                    Page     1-1
1          ;PROGRAM TITLE
2          ;*******************************************
3 0000     data segment   ; 定义数据段 t
4 0000     0028[     source_buffer db 40 dup('a')
5     61
6          ]
7
8 0028     data ends
9          ;*******************************************
10 0000    extra segment   ; 定义附加数据段 t
11 0000    0028[      dest_buffer db 40 dup(?)
12        ??
13   ]
14
15 0028     extra ends
16         ;*********************************************
17 0000    code segment ; 定义代码段
18         ;_____________________________________________
19 0000    main proc far ; 主程序
20            assume cs:code,ds:data,es:extra
21 0000    start:
22         ;set up stack for return
23 0000    1E        push ds
24 0001    2B C0      sub ax,ax
```

```
25 0003  50        push ax
26                 ;set DS register to current data segment
27 0004  B8 ----R  mov ax,data
28 0007  8E D8     mov ds,ax
29                 ;set ES register to current extra segment
30 0009  B8----R  mov ax,extra
31 000C  8E C0     mov es,ax
32                 ;MAIN PART OF PROGRAM GOES HERE
33 000E  8D 36 0000 R  lea si,source_buffer
                   ;put offset addr of source buffer in DI
34 0012  8D 3E 0000 R  lea di,dest_buffer
                   ;put offset addr of source buffer in SI
35 0016  FC        cld
36 0017  B9 0028   mov cx,40
37 001A  F3/ A4    rep movsb
38 001C  CB    ret           ; 返回 DOS
39 001D    main endp         ; 主程序结束
40   ;_______________________________________________
41 001D    code ends         ; 代码段结束
42   ;*********************************************
43       end start           ; 结束汇编

Microsoft (R) Macro Assembler Version 5.00          5/27/10 17:31:28
                                                    Symbols-1

Segments and Groups:
N a m e              Length  Align  Combine Class
CODE..........       001D    PARA   NONE
DATA ..........      0028    PARA   NONE
EXTRA ...........    0028    PARA   NONE
Symbols:
N a m e                     Type     Value  Attr
DEST_BUFFER...........      L BYTE   0000   EXTRA    Length=0028
MAIN ...........            F PROC   0000   CODE     Length=001D
SOURCE_BUFFER ...........   L BYTE   0000   DATA     Length=0028
START ...........           L NEAR   0000   CODE
@ FILENAME ...........      TEXT     okk
     37 Source  Lines
     37 Total   Lines
      9 Symbols
  49318+434634 Bytes symbol space free
      0 Warning Errors
      0 Severe  Errors
```

列表文件分别列出源程序的行号、地址计数器的值、以字节为单位的语句长度、机器码、源程序,列表文件的尾部列出符号表及其他信息包括:段名、段的大小及有关属性,以及用户定义的符号名、类型及属性等。

汇编程序能提供的第三个文件是交叉引用表.CRF,它给出了用户定义的所有符号,对于每个符号列出了其定义所在行号(加上#)及引用的行号。它为大程序的修改提供了方便。而一般较小的程序则不使用.CRF文件。如果不需要生成.CRF文件,直接键入回车即可。

通过汇编无严重错误后,进行链接从而将目标文件(.OBJ)生成可执行文件,若一个程序有多个模块组成时,也应该通过LINK把它们连接在一起。

3. 用LINK程序产生EXE文件

汇编程序产生的OBJ文件必须经过链接程序(LINK)文件转换为可执行文件(.EXE)才能被执行,命令的格式是:

```
[d:][PATH]LINK(回车)
```

其中可选项d:是链接文件LINK.EXE所在的驱动器名,PATH为系统链接文件的路径。

对于此例可直接输入如下命令进行链接:

```
D:\ASM>link okk                                ;链接过程开始
Microsoft (R) Overlay Linker  Version 3.60
Copyright (C) Microsoft Corp 1983-1987.  All rights reserved.
Run File [OKK.EXE]:回车                         ;产生可执行的 EXE 文件 okk.EXE
List File [NUL.MAP]: OKK                       ;产生.MAP 文件
Libraries [.LIB]: 回车                          ;无需要用到的库文件
LINK : warning L4021: no stack segment         ;无堆栈段例行提示
```

LINK程序有两个输入文件名.OBJ和.LIB。.OBJ是需要链接的目标文件,.LIB则是程序中所需要用到的库文件,如无特殊需要,直接在项[.LIB]:回车。LINK程序有两个输出文件,一个是EXE文件,直接在[OKK.EXE]:回车,就在磁盘上生成可执行文件OKK.EXE。LINK的另一个输出文件为MAP文件,它是链接程序的列表文件,又称为链接映像,它给出每个段在存储器中的分配情况。下面给出此例的链接映像OKK.MAP文件。

```
LINK : warning L4021: no stack segment
Start  Stop   Length Name                   Class
00000H 00027H 00028H DATA
00030H 00057H 00028H EXTRA
00060H 0007CH 0001DH CODE
Program entry point at 0006:0000
```

连接程序给出的无堆栈段的警告性错误,是指明本程序中未定义堆栈段,它并不影响程序的运行。至此,连接过程结束,可以执行OKK.EXE程序了。

4. 程序的执行

在建立了EXE文件之后,就可以直接在DOS环境执行程序,即输入可执行文件名。

```
D:\ASM>okk
D:\ASM>_
```

程序运行结束并返回 DOS。如果在用户程序中直接把结果显示在终端上，那么程序运行一结束，结果在终端上就得到了。但 okk.asm 程序并未显示出结果，是存储在内存中。只能通过调试程序 debug 才能知道程序执行后的内存情况，另外程序中的错误也需要通过调试程序才能够得到纠正。下面以 OKK.EXE 为例说明 DEBUG 的简单应用。

```
D:\ASM>debug okk.exe                              ;用调试程序调试 OKK.EXE
-u                                                ;反汇编结果
18AB:0000 1E            PUSH    DS
18AB:0001 2BC0          SUB     AX,AX
18AB:0003 50            PUSH    AX
18AB:0004 B8A518        MOV     AX,18A5   ;数据段寄存器的值 18A5
18AB:0007 8ED8          MOV     DS,AX
18AB:0009 B8A818        MOV     AX,18A8   ;附加段寄存器的值 18A8
18AB:000C 8EC0          MOV     ES,AX
18AB:000E 8D360000      LEA     SI,[0000]
18AB:0012 8D3E0000      LEA     DI,[0000]
18AB:0016 FC            CLD
18AB:0017 B92800        MOV     CX,0028
18AB:001A F3            REPZ
18AB:001B A4            MOVSB
18AB:001C CB            RETF              ;过程结束
18AB:001D 3E            DS:
18AB:001E E704          OUT     04,AX
-
```

DEBUG 可以查看内部寄存器，结果如下：

```
D:\ASM>debug okk.exe
-r                                               ;查看寄存器的内容
AX=0000  BX=0000  CX=007D  DX=0000  SP=0000  BP=0000  SI=0000  DI=0000
DS=1895  ES=1895  SS=18A5  CS=18AB  IP=0000   NV UP EI PL NZ NA PO NC
18AB:0000 1E            PUSH    DS
```

用 DEBUG 运行程序至断点 001c，且显示附加段和数据段的数据如下：

```
-g=0000 001c
AX=18A8  BX=0000  CX=0000  DX=0000  SP=FFF8  BP=0000  SI=0028  DI=0028
DS=18A5  ES=18A8  SS=18A5  CS=18AB  IP=001C   NV UP EI PL ZR NA PE NC
18AB:001C CB            RETF
-d18a8:0                                         ;显示附加段的内容
18A8:0000  61 61 61 61 61 61 61 61-61 61 61 61 61 61 61 61   aaaaaaaaaaaaaaaa
18A8:0010  61 61 61 61 61 61 61 61-61 61 61 61 61 61 61 61   aaaaaaaaaaaaaaaa
18A8:0020  61 61 61 61 61 61 61 61-00 00 00 00 00 00 00 00   aaaaaaaa........
```

```
18A8:0030  1E 2B C0 50 B8 A5 18 8E-D8 B8 A8 18 8E C0 8D 36   .+.P...........6
18A8:0040  00 00 8D 3E 00 00 FC B9-28 00 F3 A4 CB 3E E7 04   ...>....(....>..
18A8:0050  00 75 03 E9 9A 00 BE E7-04 E8 69 02 80 3E 3C 04   .u.......i..><.
18A8:0060  00 74 6A 2E A1 4B E8 BB-22 00 BA 01 00 BF 01 00   .tj..K..".......
18A8:0070  CD 21 72 50 8B D8 B8 00-44 CD 21 F6 C2 80 75 68   .! rP....D.!...uh
-d18a5:0                                           ;显示数据段的内容
18A5:0000  61 61 61 61 61 61 61 61-61 61 61 61 61 61 61 61   aaaaaaaaaaaaaaaa
18A5:0010  61 61 61 61 61 61 61 61-61 61 61 61 61 61 61 61   aaaaaaaaaaaaaaaa
18A5:0020  61 61 61 61 61 61 61 61-00 00 00 00 00 00 00 00   aaaaaaaa........
18A5:0030  61 61 61 61 61 61 61 61-61 61 61 61 61 61 61 61   aaaaaaaaaaaaaaaa
18A5:0040  61 61 61 61 61 61 61 61-61 61 61 61 61 61 61 61   aaaaaaaaaaaaaaaa
18A5:0050  61 61 61 61 61 61 61 61-00 00 00 00 00 00 00 00   aaaaaaaa........
18A5:0060  1E 2B C0 50 B8 A5 18 8E-D8 B8 A8 18 8E C0 8D 36   .+.P...........6
18A5:0070  00 00 8D 3E 00 00 FC B9-28 00 F3 A4 CB 3E E7 04   ...>....(....>..
-q;                                               退出 DEBUG 程序回到 DOS。
D:\ASM>_
```

在运行程序前可查看一下附加段的内容,并比较运行程序前后附加段内容的变化情况。对于汇编语言程序,汇编和连接通过,逻辑上正确,表示程序无语法错误和语义错误,但不一定能够执行得到正确结果,需要进一步利用 DEBUG 调度程序跟踪调试或修改程序实现设计的功能正确。

附录 C 8086/8088 的指令系统

8086/8088 的指令系统如表 C.1 所示。

表 C.1 8086/8088 的指令系统

指令操作符	功能	说明
MOV	数据传送	源操作数→目的操作数
XCHG	数据交换	两个操作数内容互换
XLAT	查表(换码)	[BX+AL]→AL
PUSH POP	入栈 出栈	PUSHA/POPA 对 8 个 16 位通用寄存器操作
PUSHF LAHF	16 位标志寄存器入栈 16 位标志寄存器低字节→AH	对应的出栈指令 POPF 对应的恢复标志寄存器低字节指令 SAHF
LEA LDS	取偏移地址 取段地址	16 位有效地址→寄存器 32 位远指针→DS:16 位寄存器 (类似地有 LES/LSS 指令)
IN OUT	从端口输入数据 从端口输出数据	端口地址的数据→AL AL→端口地址
ADD ADC INC	加法指令 带进位的加 加 1	源操作数+目的操作数→目的操作数 源操作数+目的操作数+CF→目的操作数
SUB SBB DEC	减法指令 带借位的减 减 1	目的操作数-源操作数→目的操作数 目的操作数-源操作数-CF→目的操作数
CMP	比较	目的操作数-源操作数,只影响标志位
MUL IMUL	无符号整数乘法 有符号整数乘法	AL/AX * 操作数→AX/DX:AX AL/AX * 操作数→AX/DX:AX
DIV IDIV	无符号整数除法 有符号整数除法	AX/DX:AX÷操作数→AH:AL/DX:AX(商:余数) AX/DX:AX÷操作数→AH:AL/DX:AX(商:余数)

续表

指令操作符	功　能	说　明
DAA AAA DAS AAS AAM AAD	十进制运算后的调整 10 * AH+AL→AL;0→AH	十进制加调整为压缩 BCD 码 十进制加调整为非压缩 BCD 码 十进制差调整为压缩 BCD 码 十进制差调整为非压缩 BCD 码 十进制乘积调整为非压缩 BCD 码 十进制除法的非压缩 BCD 码调整
CBW CWD	字节扩展为字 字扩展为双字	把 AL 的符号位扩展到 AH 把 AX 的符号位扩展到 DX
AND OR XOR TEST NOT	逻辑与 逻辑或 逻辑异或 测试位 按位取反	
SAL SAR SHL SHR	算术左移 算术右移 逻辑左移 逻辑右移	操作数最高位→CF;0→操作数最低位 操作数最高位不变;操作数最低位→CF 同 SAL 0→操作数最高位;操作数最低位→CF
ROL ROR RCL RCR	循环左移 循环右移 带进位的循环左移 带进位的循环右移	操作数最高位→CF,CF→操作数最低位 操作数最低位→CF;CF→操作数最高位 操作数最高位→CF;CF→操作数最低位 CF→操作数最高位;操作数最低位→CF
MOVS CMPS SCAS STOS LODS REP REPE/REPZ REPNE/REPNZ INS OUTS	串传送 串比较 串扫描 存字符串 取字符串 重复操作前缀 有条件重复操作前缀 有条件重复操作前缀 从端口输入字符串 从端口输出字符串	(DS:SI)→(ES:DI) (DS:SI)-(ES:DI),影响 CF、PF、ZF、SF、OF AL/AX-(ES:DI),影响 CF、PF、ZF、SF、OF AL/AX→(ES:DI) (DS:SI)→AL/AX 重复 CX 指定的次数,直到 CX=0 CX≠0 且 ZF=1 重复 CX≠0 且 ZF=0 重复
JMP JE/JZ JNE/JNZ JS/JNS JC/JNC JO/JNO JP/JPE JNP/JPO JCXZ LOOP LOOPZ/LOOPE LOOPNZ/LOOPNE	无条件跳转 结果相等/为 0 则转移 不相等/不为 0 则转移 为负/为正则转移 有进位/无进位则转移 溢出/无溢出则转移 结果为偶数个 1 则转移 结果为奇数个 1 则转移 计数减为 0 则转移 循环操作	 ZF=1 则转移 ZF=0 则转移 SF=1/0 则转移 CF=1/0 则转移 OF=1/0 则转移 PF=1 则转移 PF=0 则转移(类似还有 JB/JA/JL/JG 等) CX=0 则转移 CX≠0 则循环 CX≠0 且 ZF=1 则循环 CX≠0 且 ZF=0 则循环

续表

指令操作符	功 能	说 明
CALL	子程序调用	CS:IP 入栈并转移到目标程序
RET	子程序返回	CS:IP 出栈并返回
INT N	中断调用 N	
INTO	中断调用 4	
IRET	中断返回	CS:IP 和 FLAG 出栈并返回
STC/CLC	置位/复位进位标志	1/0→CF
CMC	进位标志取反	CF 取反
STI/CLI	置位/复位中断标志	1/0→IF
STD/CLD	置位/复位方向标志	1/0→DF
NOP	空操作	
HLT	停机	
WAIT	等待	
ESC	交权给外部处理器	
LOCK	封锁总线	

附录D　8086/8088伪操作表

8086/8088伪操作表如表D.1所示。

表D.1　8086/8088伪操作表

伪操作指令	使用格式	功能说明
ASSUME	ASSUME 段寄存器:段名(,…)	定义段所属的段寄存器
DB	变量名 DB 操作数(,…)	定义字节变量(类似的还有DW/ DD/DQ/DT/)
END	END 标号	源程序结束
EQU	表达式名 EQU 表达式	赋值(类似的还有=)
EVEN	EVEN	使地址计数器成为偶数
EXTRN	EXTRN 名:类型(,…)	说明用在本模块的外部符号
GROUP	名字 GROUP 段名(,…)	使指定段在64K物理段内
INCLUDE	INCLUDE 文件说明	把另外的源文件放在当前源文件中
LABLE	名字 LABLE 类型	类型如BYTE/WORD/DWORD/NEAR/FAR
NAME	NAME 模块名	给模块命名
ORG	ORG 表达式	地址计数器置为表达式的值
PROC	过程名 PROC 类型(NEAR/FAR)	定义过程
NEDP	过程名 NEDP	
PUBLIC	PUBLIC 符号名(,…)	说明用在模块中定义的外部符号
SEGMENT … ENDS	段名 SEGMENT(定位类型) (组合类型)('类别型') 段名 ENDS	定位类型：PARA/BYTE/WORD/PAGE 组合类型：PUBLIC/COMMON/ AT 表达式/STACK/MEMORY
STRUC STRUC ENDS	结构名 STRUC … STRUC ENDS	定义结构

IF
…
ELSE
…
ENDIF
	IF XX 变量
	…
	[ELSE]
	..
	ENDIF
		条件伪操作结构

续表

伪操作指令	使用格式	功能说明
IF	IF 表达式	表达式不为 0 则为“真”(类似的还有 IFE/IF1/IF2/IFDEF/IFNDEF/IFB/IFNB/IFDIF)
MACRO ⋮ ENDM	名字 MACRO(哑元表) ⋮ ENDM	宏定义
&	字符串 & 字符串	合并字符串
PAGE	PAGE(操作数 1)(操作数 2)	控制列表文件的格式和打印，建立页的长度和宽度
SUBTTL	SUBTTL 字符串	在每页标题后一行打印出一个子标题
TITLE	TITLE 字符串	指定第一页第一行要打印的标题

附录E　中断与功能调用

ROM-BIOS的功能调用如表E.1所示。

表E.1　ROM-BIOS的功能调用

中断号	功能说明
10H	显示器I/O调用,完成显示模式设置、字符和图形显示功能
11H	设备检测调用,提供系统硬件配置服务
12H	存储器检测调用,可获得常规内存大小
13H	磁盘I/O调用,提供磁盘读写、检测、格式化、复位等服务
14H	异步串行通信调用,完成串口初始化、收发字符、提示状态的功能
15H	磁带机I/O服务
16H	键盘I/O服务,读取按键、判别按键、提供键盘状态等
17H	打印机服务,初始化、打印字符、提供状态
19H	自举程序入口
1AH	时钟调用
1BH	Ctrl+Break控制
1CH	定时处理
1DH	显示器参数表
1EH	软盘参数表
33H	鼠标功能

DOS的软件中断如表E.2所示。

表E.2　DOS的软件中断

中断号INTn	功　能	入口参数	出口参数
20H	程序正常退出		
21H	系统功能调用	AH=子功能号 其他入口参数	调用返回参数
22H	结束退出		

续表

中断号 INTn	功　能	入口参数	出口参数
23H	Ctrl+Break 中止退出		
24H	出错退出		
25H	读盘	AL=盘号 CX=读入扇区数 DX=起始逻辑扇区号 DS:BX=缓冲区地址	CF=1(出错)
26H	写盘	AL=盘号 CX=写入扇区数 DX=起始逻辑扇区号 DS:BX=缓冲区地址	CF=1(出错)
27H	驻留退出		

DOS 系统的功能调用如表 E.3 所示。

表 E.3　DOS 系统的功能调用

子功能号 AH	功　能	入口参数	出口参数
00H	程序终止	CS=程序段前缀地址	
01H	键盘输入		AL=输入的字符
02H	显示输出	DL=显示输出的字符	
03H	串行通信输入		AL=接收的字符
04H	串行通信输出	DL=发送的字符	
05H	打印输出	DL=打印的字符	
06H	控制台 I/O	DL=FF(输入) DL=字符(输出)	AL=输入的字符
07H	无回显控制台直接输入		AL=输入的字符
08H	无回显键盘输入字符		AL=输入的字符
09H	输出字符串	DS:DX=缓冲区首地址	
0AH	输入字符串	DS:DX=缓冲区首地址	
0BH	检查键盘输入状态		AL=00 无输入 AL=FF 有输入
0CH	清除输入缓冲区并执行指定的输入功能	AL=功能号(1、6、7、8、A)	
0DH	磁盘复位		
0EH	选择磁盘	DL=盘号	AL=系统的盘数

续表

子功能号 AH	功　能	入 口 参 数	出 口 参 数
0FH	打开文件	DS:DX=FCB 首地址	AL=00 文件找到 AL=FF 文件未找到
10H	关闭文件	DS:DX=FCB 首地址	AL=00 目录修改成功 AL=FF 文件未找到
11H	查找第一个目录项	DS:DX=FCB 首地址	AL=00 找到 AL=FF 未找到
12H	查找下一个目录项	DS:DX=FCB 首地址	AL=00 找到 AL=FF 未找到
13H	删除文件	DS:DX=FCB 首地址	AL=00 删除成功 AL=FF 未找到
14H	顺序读	DS:DX=FCB 首地址	AL=00 读成功 AL=01 文件结束,记录无数据 AL=02 DTA 空间不够 AL=03 文件结束,记录不完整
15H	顺序写	DS:DX=FCB 首地址	AL=00 写成功 AL=01 盘满 AL=02 DTA 空间不够
16H	创建文件	DS:DX=FCB 首地址	AL=00 创建成功 AL=FF 无磁盘空间
17H	文件改名	DS:DX=FCB 首地址 DS:DX+1=旧文件名 DS:DX+17=新文件名	AL=00 改名成功 AL=FF 改名不成功
19H	取当前磁盘号		AL=当前驱动器号
1AH	设置 DTA 地址	DS:DX=DTA 地址	
1BH	取当前驱动器 FAT 信息		DS:BX=FAT 标志字节 AL=每簇扇区数 CX=扇区大小 DX=驱动器总簇数
1CH	取指定驱动器 FAT 信息	DL=盘号(0=默认值,1=A)	DS:BX=FAT 标志字节 AL=每簇扇区数 CX=扇区大小 DX=驱动器和簇数
21H	随机读一个记录	DS:DX=FCB 首地址	AL=00 读成功 AL=01 文件结束 AL=02 缓冲区溢出 AL=03 缓冲区不满
22H	随机写一个记录	DS:DX=FCB 首地址	AL=00 成功 AL=FF 盘满

续表

子功能号 AH	功能	入口参数	出口参数
23H	取文件长度	DS:DX=FCB 首地址	AL=00 成功,长度在 FCB; AL=01 未找到
24H	设置随机记录号	DS:DX=FCB 首地址	
25H	设置中断向量	DS:DX=中断向量 AL=中断向量号	
26H	建立 PSP	DX=新的 PSP	
27H	随机块读	DS:DX=FCB 首地址 CX=记录数	AL=00 读成功 AL=01 文件结束 AL=02 缓冲区溢出 AL=03 缓冲区不满
28H	随机块写	DS:DX=FCB 首地址 CX=记录数	AL=00 写成功 AL=01 盘满 AL=02 缓冲区溢出
29H	分析文件名	ES:DI= FCB 首地址 DS:SI=ASCII 串 AL=控制分析标志	AL=00 标准文件 AL=01 多义文件 AL=FF 非法盘符
2AH	取日期		CX:DH:DL=年:月:日
2BH	设置日期	CX:DH:DL=年:月:日	
2CH	取时间		CH:CL=时:分,DH:DL=秒:百分秒
2DH	设置时间	CH:CL=时:分,DH:DL=秒:百分秒	
2EH	设置磁盘读写标志	AL=00 关闭标志 AL=01 打开标志	
2FH	取 DTA 地址		ES:BX=数据缓冲区 DTA 首地址
30H	取 DOS 版本号		AH:AL=主版本号:辅版本号
31H	程序结束并驻留	AL=返回码 DX=驻留大小	
33H	Ctrl+Break 检测	AL=00 取状态 AL=01 置状态	DL=00 关闭检测 DL=01 打开检测
35H	取中断向量	AL=中断类型号	ES:BX=中断向量
36H	取磁盘空闲空间	DL=驱动器号(0=缺省,1=A,2=B…)	失败:AX=FFFF 成功:AX=每簇扇区数 BX=有效簇数 CX=扇区大小 DX=驱动器总簇数

续表

子功能号 AH	功　　能	入 口 参 数	出 口 参 数
38H	取国家信息	DS:DX=信息区首地址	BX=国家代码
39H	建立子目录	DS:DX=ASCII 串	AX=错误码
3AH	删除子目录	DS:DX= ASCII 串	AX=错误码
3BH	改变当前目录	DS:DX= ASCII 串	AX=错误码
3CH	建立文件	DS:DX=ASCII 串 CX=文件属性	AX=文件号(成功);错误码(失败)
3DH	打开文件	DS:DX=ASCII 串 AL=0 读;1 写;2 读写	AX=文件号(成功);错误码(失败)
3EH	关闭文件	BX=文件号	AX=错误码(失败)
3FH	读文件或设备	DS:DX=数据缓冲区地址 BX=文件号 CX=读取字节数	AX=实际读入的字节数(成功); 错误码(失败); 0 读到文件尾
40H	写文件或设备	DS:DX=数据缓冲区地址 BX=文件号 CX=写入字节数	AX=实际写入的字节数(成功); 错误码(失败)
41H	删除文件	DS:DX=ASCII 串地址	AX=00(成功);错误码(失败)
43H	文件属性操作	DS:DX=ASCII 串地址 AL=0 取文件属性 AL=1 置文件属性 CX=文件属性	CX=文件属性(成功);错误码(失败)
44H	设备 I/O 控制	BX=文件号 AL=0 取状态;1 置状态;2 读数据;3 写数据;6 取输入状态;7 取输出状态	DX=设备信息
45H	复制文件号	BX=文件号 1	AX=文件号 2(成功);错误码(失败)
46H	强制文件号	BX=文件号 1;CX=文件号 2	AX=文件号 1(成功);错误码(失败)
47H	取当前路径名	DL=驱动器号,DS:SI=ASCII 串地址	DS:SI= ASCII 串(成功);错误码(失败)
48H	分配内存空间	BX=申请内存容量	AX=分配的内存首址(成功); BX=最大可用空间(失败)
49H	释放内存空间	ES=内存起始地址	AX=错误码(失败)
4AH	调整分配的内存空间	ES=原内存起始地址 BX=再申请内存容量	AX=错误码,BX=最大可用空间(失败)

续表

子功能号 AH	功　能	入口参数	出口参数
4BH	装入/执行程序	DS:DX= ASCII 串地址 ES:BX=参数区首地址 AL=0 执行，3 装入不执行	AX=错误码（失败）
4CH	程序终止	AL=返回码	
4DH	取返回码		AL=返回码
4EH	查找第一个匹配文件	DS:DX= ASCII 串地址 CX=属性	AX=错误码 02/18（失败）
4FH	查找下一个匹配文件	DS:DX= ASCII 串地址（文件名带 * /?）	AX=错误码 18（失败）
54H	读取磁盘读写标志		AL=当前标志值
56H	文件改名	DS:DX= ASCII 串地址(旧) ES:DI= ASCII 串地址(新)	AX=错误码 03/05/17（失败）
57H	文件日期时间操作	BX=文件号 AL=0 读取 AL=1 设置(DX: CX)	AX=错误码(失败) DX: CX=日期和时间(成功)

附录 F　DEBUG 及其命令

DEBUG 是 DOS 的一个外部命令，其命令格式如下：

```
[path]DEBUG [filename] [parm1] [parm2]
```

使用 DEBUG 的几种情况如下。

(1) 如果启动时指定的 filename 是.EXE 文件，则 DEBUG 启动后将自动把指定的文件装入内存，并置 CS 为程序代码段段地址，IP 为第一条要执行指令的偏移地址，SS 为堆栈段段地址，SP 为堆栈底部+1 单元的偏移地址，DS 和 ES 是装入文件前第一个可用内存段的段地址(即 DEBUG 程序后的第一个段地址)，标志寄存器的所有标志位为 0，BX(0)和 CX 是装入的文件长度，其余寄存器为 0。

(2) 如果启动 DEBUG 时指定的文件 filename 不是.EXE 文件，则 DEBUG 将把文件装入内存，并置四个段寄存器为 DEBUG 程序后面的第一个段地址，IP 指向 100H，SP 指向这个段的段尾，标志寄存器的所有标志位为 0，BX 和 CX 是装入的文件长度，其余寄存器为 0。

(3) 如果启动 DEBUG 时不指定 filename，则只是把 CPU 的各寄存器进行初始化，初始化结果与上述的第(2)点相同。这时要想显示、修改文件，可以通过 DEBUG 的子命令装入文件，命令如表 F.1 所示。

表 F.1　DEBUG 子命令

命令	功能	格　式	作用说明
A	汇编	A [地址]	从指定地址开始汇编一段小程序，省略地址，则从 CS:100H 开始或上次 A 命令结束位置开始
C	比较	C 范围 地址	比较两个内存块的内容，范围是起始地址、块长或起始地址、结束地址
D	显示	D [地址/范围]	显示十六进制数据内容
E	修改	E [地址/地址 表]	用表或输入的内容替换指定地址的内容
F	填充	F 范围 表	用表的内容反复覆盖填充指定范围的内存空间
H	运算	H 值 1 值 2	用十六进制计算值 1、值 2 的和与差
G	执行	G[=地址][断点地址]	从当前地址或指定地址开始执行到断点或程序结束
L	装入	L [地址] [盘号 起始扇区号 扇区数]	把打开的文件或磁盘扇区装入指定开始地址的内存(盘号 0=A 盘、盘号 1=B 盘、盘号 2=C 盘……)

续表

命令	功能	格　式	作用说明
N	命名	N 文件名	命名文件,要装入内存或写到磁盘的文件的名字(包括盘符和路径)
I	输入	I 端口地址	从指定端口地址输入数据并显示
O	输出	O 端口地址	从指定端口地址输出数据
M	传送	M 范围 地址	传送指定范围的内容到指定地址开始的内存
Q	退出	Q	退出 DEBUG 环境,返回系统
R	寄存器	R[寄存器名] RF	显示所有寄存器内容或显示并修改指定寄存器;显示并修改标志寄存器
S	检索	S 范围 字符串	在指定范围搜索某个字符串
T	跟踪	T[=地址] 条数	从当前或指定地址处执行一条指令,同时显示寄存器内容、标志位信息
P	跟踪	P[=地址]	与 T 类似,但可以跟踪一个过程或软中断
U	反汇编	U[=地址][范围]	从上次或指定地址开始的范围内存进行反汇编成为指令序列
W	写盘	W [地址][盘号 起始扇区号 扇区数]	由 CS:100H 或指定地址开始、长度由 BX、CX 给定的内存数据写入磁盘或由指定地址开始、长度由扇区数 * 扇区容量给定的内存数据写入指定磁盘、指定起始扇区的若干逻辑扇区中

另外需要注意：

(1) DEBUG 下显示和修改的数据为十六进制,无须加“H”。

(2) 数据操作命令默认段为 DS,指令操作命令默认段为 CS。

(3) DEBUG 的命令参数大多数是地址或地址范围，地址书写格式为：[段地址:]偏移地址,段地址可以用段寄存器名表示，也可以用一个十六进制数表示;地址范围的书写格式为：[段地址:]起始偏移地址 终止偏移地址,或者,[段地址:]起始地址 L 长度;

(4) 命令经常组合操作,完成一定的功能。

(5) 标志寄存器的含义如表 F.2 所示。

表 F.2　标志寄存器的含义

	OF	DF	IF	SF	ZF	CF	PF	AF
置位	OV:有	DN:减	EI:允	NG:负	ZR:零	CV:有	PE:偶	AC:有
复位	NV:无	UP:增	DI:禁	PL:正	NZ:否	NC:无	PC:奇	NA:无

附录G　实验项目推荐

围绕课程内容，建议一些实验项目，根据课程实际的要求和执行，选择一定内容形成若干实验。实验分为微机环境和实验平台环境的两大类，即软件实验和硬件实验，其实根据需要还可以在不同层面上分为基本实验、拓展实验以及综合设计等。实验的进行可以结合具体的实验设备和软件环境、软件工具或仿真环境，如英国 Labcenter 公司开发的电路分析与仿真软件 Proteus、电路逻辑教学工具 Logisim 等。

1. 软件实验

(1) 程序设计类。熟悉汇编语言程序上机环境、步骤、基本调试；掌握汇编程序结构、语句格式、伪指令等内容，完成常用指令的编程，如算术运算指令、逻辑运算指令、查表、转换、数据与字符操作、基本输入和输出等。

(2) 程序结构类。完成诸如多分支程序、循环程序、子程序设计与调用、宏操作、条件汇编等。

(3) 中断调用类。完成 DOS/BIOS 中断程序设计，如磁盘读写、屏幕显示、程序驻留、时钟中断、键盘输入、文件操作与管理、目录操作与管理、内存分配、中断向量操作、数据通信与输出等内容。

(4) DEBUG 应用。完成 DEBUG 下的编程、程序调试等。

(5) 程序设计综合实验。进制转换与编码工具设计、简单计算器设计、磁盘加密设计、磁盘维护设计、时钟日历设计等。

2. 硬件实验

(1) 8259 中断实验。完成 8259 原理认知、硬件连接、初始化、基本功能用法、编程使用等内容。

(2) 8255 并口实验。掌握 8255 基本功能和工作原理、构成并口电路的基本方法、8255 三种工作方式的使用、初始化编程、查询和中断数据的 I/O 操作；实际应用系统设计，如交通灯控制、集成电路测试、八段数码管显示、走马灯控制、I/O 口扩展、数据采集等。

(3) 定时/计数器实验。掌握 8253 基本功能和工作原理、初始化方法、8253 的几种工作方式、8253 在接口电路中的实际应用系统；8253 芯片用于中断请求的产生、定时功能、单脉冲实现、频率发生器、硬件触发选通等。

(4) DMA 实验。掌握 8237 基本功能和工作原理、初始化方法、DMA 方式数据传送等。

(5) 串行通信实验。掌握 8251、8250 的基本功能和工作原理、硬件连接、初始化方法、查询和中断方式的数据通信、双机通信等。

(6) 键盘与显示实验。掌握 8255 构成非编码键盘的硬件设计和软件驱动设计、指示灯、LCD 或 LED 数码显示输出、8279 接口等。

(7) A/D、D/A 转换实验。熟悉 ADC 和 DAC 工作原理和芯片功能特性、运用 ADC 和 DAC 构成硬件系统，并编程实现模拟/数字信号的 A/D 转换和 D/A 转换，得到相关波形(如三角波、锯齿波)、音频驱动、电位数字化输出、温度显示等。

(8) 综合性设计性实验。借助一些基于 x86 的软硬件平台环境或仿真系统、设计平台、辅助工具等，采用多芯片构成复杂系统，如 8253-8259、8255-8253、8255-8253-8259、8250-8251-8259、ADC/DAC-8255、ADC/DAC-8255-8259-8253 等，涉及接口电路设计、驱动程序与应用程序设计；设计诸如电子时钟、密码锁、定时中断的数据采集、实时控制、设备检测、温控系统、监控报警系统、电子琴、交通灯控制、机电控制系统、大屏幕显示、聊天系统、文件传输系统、电机控制、智能系统等综合应用的软硬件系统。

参 考 文 献

[1] 孙德文. 微型计算机技术[M]. 3 版. 北京：高等教育出版社，2010.

[2] 杨全胜. 现代微机原理与接口技术[M]. 北京：电子工业出版社，2005.

[3] 教育部高等学校计算机科学与技术教学指导委员会. 高等学校计算机科学与技术专业发展战略研究报告暨专业规范(试行)[M]. 北京：高等教育出版社，2006.

[4] 邹逢兴. 计算机硬件技术基础简明教程[M]. 北京：高等教育出版社，2011.

[5] 刘乐善. 微型计算机原理与接口技术[M]. 武汉：华中科技大学出版社，2010.

[6] 冯博琴，吴宁. 微型计算机原理与接口技术[M]. 3 版. 北京：清华大学出版社，2011.

[7] 龚尚福. 微机原理与接口技术[M]. 西安：西安电子科技大学出版社，2006.

[8] 马伟. 计算机 USB 系统原理及其主从设计[M]. 北京：北京航空航天大学出版社，2004.

[9] 徐敏，孙凯，潘峰. 开源软核处理器 OpenRisc 的 SOPC 设计[M]. 北京：北京航空航天大学出版社，2008.

[10] R E Bryant，D O'Hallaron. 深入理解计算机系统[M]. 北京：机械工业出版社，2010.

[11] 袁芳，王兵. 计算机导论[M]. 北京：清华大学出版社，2009.

[12] 陈国良. 计算思维导论[M]. 北京：高等教育出版社，2012.

[13] 董荣胜，古天龙. 计算机科学与技术方法论[M]. 北京：人民邮电出版社，2002.

[14] 郑学坚. 微型计算机原理与接口应用技术[M]. 北京：清华大学出版社，2008.

[15] 周悦芝. 微型计算机接口技术实验教程——基于 FPGA 设计[M]. 北京：清华大学出版社，2011.